华章图书

一本打开的书，
一扇开启的门，
通向科学殿堂的阶梯，
托起一流人才的基石。

数据库 技术丛书

Efficient Database Optimization
Architecture, Specification and SQL Skills

数据库高效优化

架构、规范与SQL技巧

马立和 高振娇 韩锋 著

机械工业出版社
China Machine Press

图书在版编目（CIP）数据

数据库高效优化：架构、规范与 SQL 技巧 / 马立和，高振娇，韩锋著 . —北京：机械工业出版社，2020.6
（数据库技术丛书）

ISBN 978-7-111-65808-5

I. 数… II. ① 马… ② 高… ③ 韩… III. SQL 语言 IV. TP311.132.3

中国版本图书馆 CIP 数据核字（2020）第 098068 号

数据库高效优化：架构、规范与 SQL 技巧

出版发行：机械工业出版社（北京市西城区百万庄大街 22 号　邮政编码：100037）			
责任编辑：董惠芝		责任校对：李秋荣	
印　　刷：北京文昌阁彩色印刷有限责任公司		版　　次：2020 年 7 月第 1 版第 1 次印刷	
开　　本：186mm×240mm　1/16		印　　张：27.25	
书　　号：ISBN 978-7-111-65808-5		定　　价：99.00 元	

客服电话：（010）88361066　88379833　68326294　　　　投稿热线：（010）88379604
华章网站：www.hzbook.com　　　　　　　　　　　　　　读者信箱：hzit@hzbook.com

对于一个从事 DBA 工作十几年的"老鸟"来说，你要问我管理数据库最头疼的事是啥？我会告诉你，无休止的优化会是很多 DBA 的噩梦，相信这也是很多同行的感受。为什么会这样？是 DBA 的能力不行，做不好优化吗？

本书是一本关于数据库优化的专业书，从书中可以看出数据库优化不只是 DBA 的事，而是需要所有相关人员在设计、开发、测试、运维以及硬件选型等环节相互配合，这样才能最大可能地提升数据库的性能。如果仅凭 DBA，那肯定是事倍功半，效率低下。

本书与很多数据库专著的不同之处就是作者能从一线开发工程师的角度去解读和探讨数据库优化的思路，同时给出了大量的代码示例和参考 SQL，使得读者完全可以根据书中示例一一实践，有助于加深对数据库优化的理解。在阅读本书的过程中，你也会欣喜地发现，作者在展开篇幅的同时，深入浅出地介绍了很多数据库的知识点。这些基础知识对于开发人员理解数据库的工作原理，以及 DBA 掌握和运维数据库，都会有巨大帮助。

祝贺我的老朋友韩锋新书付梓，相信本书会帮到很多人。

周彦伟

极数云舟创始人兼 CEO

中国计算机行业协会开源数据库专委会会长

前 言 *Preface*

为什么要写这本书

我曾长期从事 ERP、电子政务类软件的开发工作，作为数据库的深度使用者，接触到大量数据库，如 FoxPro、SQLServer、Oracle、Informix⋯⋯在实践过程中，对这一领域也愈发感兴趣，并最终选择从事数据库相关工作。我曾长期担任多家公司 DBA、数据库架构师，参与过很多项目的数据库设计、开发、优化工作，并在这一过程中积累了不少经验。特别是近期的一段工作经历，让我有机会将之前对数据库的很多想法积累沉淀下来，与此同时，我还和团队伙伴一起不断实践改进，也取得了不错的效果。

在多年的工作中，我发现数据库领域存在一些现象。

现象一，开发人员将数据库视为"黑盒子"。开发人员不关心、不重视数据库，也不了解 SQL 语句的执行情况、数据库的运行机制，甚至因为引入很多 ORM 工具，导致开发人员不了解数据库是如何完成请求并获得数据的，优化自然无从谈起。

现象二，SQL 优化只是 DBA 的事情。在很多设计、开发、测试人员的眼中，SQL 优化只是 DBA 的事情，他们不需要去关心。反映到具体工作中，他们缺乏相应的优化意识，只注重功能的实现而忽略了相应的执行成本。最终的结果往往就是代码质量不高，软件上线后问题多。

现象三，盲目优化。有些公司很重视 SQL 优化工作，但又缺乏必要的技术投入。经常见到这样的开发规范——所有 WHERE 条件字段都必须加上索引，结果就是数据库被"过分"优化，适得其反。

现象四，SQL 优化很简单。有些人认为 SQL 优化很简单，甚至觉得 SQL 优化就是加索引的事！我就曾遇到因为索引过多导致执行性能低的案例。

现象五，硬件技术发展很快，不用再计较 SQL 优化。硬件技术近年来发展迅速，使得服务器的处理能力有了极大的提升。但我们要清醒地看到，SQL 优化才是问题的根本解决之道。

现象六，开发人员想提高 SQL 语句质量却无从下手。有些开发人员认识到了 SQL 语句质量的重要性，想要提高却无从下手。一方面，他们本身不具备数据库的专业知识；另一方面，SQL 编程本身也有其特殊性，与其他常用开发语言有较大差异。正是这些因素，导致开发人员想要提高 SQL 语句质量却困难重重。

现象七，重运行维护，轻开发优化和架构设计。大多公司意识到了数据库的重要性，但往往只重视运维而忽视了前期的架构设计、开发优化。我们经常会看到一个项目中，公司会花大笔费用购买昂贵的硬件、备份软件等，却不舍得购买与数据库优化、SQL 审计相关的软件。此外，随着自动化运维的逐步推广以及数据库云服务的逐渐成熟，传统意义的数据库运维工作必然会逐步萎缩，取而代之的则是数据库的设计、开发乃至整体架构开发。这也是 DBA 未来发展的一个方向。

现象八，资料繁多，却无从选择。Oracle 数据库在国内流行多年，该领域的书也非常多，但涉及优化书的相对较少，特别是局限在 SQL 语句优化范畴的。近年来，我也发现了几本不错的书，但普遍存在技术偏深、可操作性不强的问题，对于广大数据库开发的初学者或者有一定经验但急需提高的从业者不太适用。

上述种种现象促使我有了将多年的经验汇集成册、编写出版的想法。一方面是能够帮助有相关需求的人，另一方面也是对自己多年的工作进行总结。最后，希望这本书能够引导开发人员、DBA 在 SQL 语句的编写优化上能有进一步提高。倘若本书能够帮助大家解决实际工作中遇到的问题，我将非常荣幸。

本书特色

本书具有以下几个特点：

❑ 书中内容由项目而生，以一线开发工程师的视角展开。

❑ 注重实战。几乎所有的章节都配有代码，读者可在实际工作环境中直接编写代码并运行。大部分代码附有详细的说明，便于读者理解。

❑ 涵盖了 SQL 语句的诸多方面，特别是第二部分，可作为工作手册供大家优化时查阅使用。

读者对象

本书主要讲解了与 Oracle 数据库的 SQL 语句优化相关的内容，除了个别 Oracle 自有的优化特性外，书中介绍的核心优化思想也适用于其他关系型数据库。书中没有讲解 Oracle 体系结构和 SQL 语言本身，这里假设大部分人已熟悉 Oracle 和 SQL 语言。

具体来说，本书适读的重点对象包括但不局限于下列人员：

❑ Oracle 数据库开发人员。
❑ 数据库架构师、数据库管理员。
❑ 其他关系型数据库的从业者。
❑ 对 SQL 语句优化感兴趣的人员。
❑ 大专院校计算机相关专业的学生。

如何阅读

本书分为四大部分。

第一部分为引入篇（第 0～1 章）。

这部分首先结合我多年的工作经验，总结了 SQL 语句优化时可能会面临的一些困难，然后讲述了一些常见的关于 SQL 优化的误区，以便读者正确看待 SQL 语句优化。

第 1 章讲述了我曾经处理的几个案例。通过这些活生生的案例，可以让读者更直观地感受到 SQL 语句优化的重要性。同时在每个案例后面，我还针对案例出现的问题进行了总结。

第二部分为原理篇（第 2～9 章）。

第 2 章讲述了 SQL 语句优化的核心组件——优化器，以及优化的最基础概念——成本。这部分非常重要，建议初学者仔细阅读。

第 3～6 章介绍了和优化相关的几个重要概念：执行计划、统计信息、SQL 解析、游标、绑定变量。这部分较为基础，建议初学者根据情况选择阅读。

第 7～8 章介绍了 SQL 语句的实体对象及它们在物理上是如何存储数据的。这部分对于数据库结构设计有较大帮助。此外，在对 SQL 语句进行优化时，也需要考虑相关对象，因为优化措施可能会影响该对象的其他语句，需要统筹考虑。

第 9 章介绍了 Oracle 专有的一些 SQL 语句。使用这些语句有时可以达到意想不到的效果。如果你不考虑数据库平台迁移的问题，可以充分利用这些语句。

原理篇是我们是迈入实践篇的基础，它几乎覆盖了 SQL 优化相关的所有原理知识。通过对这些内容的学习，读者可以为后面的 SQL 优化打下良好的基础。如果你已经拥有相关知识基础，可以直接进入实践篇。

第三部分为 SQL 篇（第 10～16 章）。

第 10 章介绍了一个重要的优化手段——查询转换。这章内容相对来说比较难，市面上相关资料较少，可作为重点来看。

第 11 章介绍了数据对象的访问方式。这章内容非常基础，也可作为重点来看。

第12～16章介绍了多种操作及常见的优化手段,包括表关联、半/反连接、子查询、排序、并行等。对于这部分内容,读者可根据实际需求有重点地阅读。

第四部分为实践篇(第17～22章)。

第17章针对不同的数据库,如Oracle及MySQL等,详细介绍如何从其结构设计、SQL开发等方面制定一系列的规范,目的是让一线的架构、研发、运维人员有章可循。

第18章主要分析建立完善的数据库架构评估模型的方法。通过建立性能基线和业务压力模型来模拟压力测试,以及根据测试结果来确定优化方案。根据性能问题的相关特征,如整体或局部、偶尔慢还是持续慢等,从语句级、对象级、数据库级、数据库架构级、应用架构级、业务架构级等维度逐层分析,找到问题的瓶颈点。

第19章主要介绍勾勒数据库画像的方法。数据库画像,即依托于现有的数据库对象、语句、访问特征、性能表现等进行数据的采集和分析,帮助我们形成对数据库的基本认知,并据此来制定运维管理策略、技术方案、迁移方案以及工作量等。

第20～22章深度剖析打造数据库审核平台的方法。借助平台设定的审核规则,我们可以快速发现数据库中潜在的风险。对于研发人员而言,可以借助平台来定位问题,并且达到辅助设计和开发工作的目的。对于DBA而言,可以借助平台快速掌握多个系统的整体情况,批量筛选低效SQL,以及快速诊断一般性问题。

附录部分介绍了前面各章节提到的数据库参数、数据字典、等待事件、提示等内容,以及如何构造样例数据,方便读者实际操作。

以上是本书各章的要点和写作思路,希望有助于读者阅读。

勘误和支持

由于水平有限,加之编写时间仓促,书中难免会出现一些错误或者不准确的地方,恳请读者批评指正。大家可以通过邮箱 hanfeng7766@126.com 与我取得联系,我将尽量为大家提供满意的解答。期待能够得到大家的真挚反馈。

致谢

首先要特别感谢本书另外两位作者,因为他们与我共同努力,才有了本书的出版。其中,高振娇老师在数据库优化方面拥有丰富的实战经验,她把自己多年的心得都凝聚成文字,毫无保留地融入本书,在此感谢她的无私付出;马立和老师在本书撰写过程中也付出很多,在此对他的无私付出表示感谢。

其次要感谢每位帮助过我及另外两位作者的老师、同事,是你们让我们有了学习和总结的机会。感谢宜信公司的各级领导对我们的支持和鼓励，这也充分体现了宜信开放、分享的企业文化。

还要感谢机械工业出版社华章公司的编辑孙海亮，在这一年多的时间中耐心支持我们的写作。写作过程漫长而艰辛，正是你的鼓励和帮助，引导我们顺利完成全部书稿。

更要感谢曾经的宜信数据库团队的小伙伴们，你们在工作上团结一致、勇于实践，在技术上不断突破。正是这样一支朝气蓬勃的团队，在不断鞭策我努力前行。同时，我也很欣慰地看到团队成员的快速成长。目前，他们都在各大 IT 公司发挥着中坚骨干的作用。这里一并感谢郑继伟、王琦、袁友、邵航、俄广宁、赵玉龙、邢兆柳、金京、荣淮海、孙帅佳、林绅武等（排名不分前后）。

最后，谨以本书献给我及团队成员的家人和朋友，以及正在为自我实现而奋斗的、充满朝气的 IT 工程师们！

韩　锋

Contents 目　录

第一部分 *Part 1*

引　入　篇

引　言

　　笔者早年间从事了多年开发工作，后因个人兴趣转做数据库。在长期的工作实践中，看到了数据库工作（特别是 SQL 优化）面临的种种问题，同时也发现人们在对数据库优化的认识上存在一些误区。

1. 面临的问题

- ❏ **没有专职人员**：很多公司或者说绝大多数公司没有独立的数据库团队，往往由开发人员完成部分 DBA 的职责，包括结构设计、SQL 优化甚至部分运维工作，受限于自身的精力，开发人员很难做到专业化。

- ❏ **"赶工期"现象**：在项目驱动的公司，经常出现赶工期的现象，而且往往牺牲的就是数据库的设计、评测、优化时间。常常只是开发完毕后就匆忙上线，直到在线上运行出现问题后才会回头进行处理，但这时往往已经造成了很大的损失。

- ❏ **话语权不大**：数据库团队在公司中或者在项目中往往话语权不高。在很多产品、项目决策过程中，常常会忽略 DBA 的声音。

- ❏ **需求不明**：很多项目在设计初期往往对业务描述很详尽，但对数据库却只字未提。相关数据库的存储量、访问特征、高峰时间的 TPS 及 QPS 等往往只有到上线后才有比较清晰的认识。其后果就是需要大量优化工作，甚至导致需要对底层架构进行修改，这样最终会导致成本大大提高，有时增加的成本甚至是不可接受的。

- ❏ **重运维、不重架构设计**：有些公司认识到数据库的重要性，但往往只重视运维而忽视了前期的架构设计、开发优化等问题。系统上线暴露出问题后，只能采取事后补救措施，但这往往会带来高昂的成本。

❑ **盲目优化**：有些公司确实很重视 SQL 优化工作，但又缺乏必要的技术投入。经常见到这样的开发规范——所有 WHERE 条件字段都必须加上索引。其结果就是数据库被"过分"优化，适得其反。

2. 常见误区

❑ **关系型数据库已死**：近些年来，随着 NoSQL 的蓬勃发展，有一种观点也逐渐盛行——关系型数据库必将死亡，NoSQL 将取而代之！随之而来的就是 SQL 优化没有必要，不必在其上再花费很大力气。NoSQL 作为一种新兴的技术，的确有其鲜明的特点，也适用于一些场合。但我们要看到，很多需要 ACID 的场景，传统数据库仍然是不二选择，不可取代。

❑ **"SQL 优化"很简单**：有些人认为，SQL 优化很简单，甚至碰到过这种观点——SQL 优化不就是加几个索引嘛，有啥难的！其带来的直接后果就是，不重视这部分工作。笔者也确实在某业务系统（OLTP）中观察到单表存在 30 多个索引的情况，也遇到过因为索引过多导致执行性能出现问题的情况。这种情况，往往只有在出事故后才能引起领导的重视。

❑ **硬件技术发展很快，不用再计较 SQL 优化**：硬件技术近些年来发展迅速，特别是以多核 CPU 为代表的并行处理技术和以 SSD 为代表的存储技术的使用，使得服务器的处理能力有了极大的提升。但我们清醒地看到，SQL 优化才是问题的根本解决之道。后面可以看到，一条 SQL 语句可以轻易跑死一个数据库。这不是简单地通过硬件升级就可以解决的问题。

❑ **SQL 优化只是 DBA 的事情**：在很多设计、开发、测试人员的眼中，SQL 优化只是 DBA 的事情，他们不需要去关心。落实到具体工作中，相关人员就缺乏相应的优化意识，只注重自身功能的实现而忽略了相应的执行成本。最终的结果往往就是代码质量不高，上线后问题多。

❑ **数据仓库都使用 Hadoop，不用传统关系型数据库了**：Hadoop 作为一种新兴技术，被越来越多地用在数据分析领域，很多国内外的大型公司都采用了这个解决方案。但我们清醒地看到，它的定位更倾向于是一种"离线数据分析平台"，而不是"分布式数据库"，其时效性、准确性等难以满足特定需求。现在有很多公司在 Hadoop 上面做了类似"SQL 引擎"的东西，就是仿照关系型数据库的处理方式处理 Hadoop 中的数据，但要想达到发展了数十年的数据库水平，还有很长的路要走。笔者对这两者的认识是：各有所长，互为补充。

与 SQL 优化相关的几个案例

案例 1 一条 SQL 引发的"血案"

1. 案例说明

某大型电商公司数据仓库系统，正常情况下每天 0～9 点会执行大量作业，生成前一天的业务报表，供管理层分析使用。但某天早晨 6 点开始，监控人员就频繁收到业务报警，大批业务报表突然出现大面积延迟。原本 8 点前就应跑出的报表，一直持续到 10 点仍然没有结果。公司领导非常重视，严令在 11 点前必须解决问题。

DBA 紧急介入处理，通过 TOP 命令查看到某个进程占用了大量资源，杀掉后不久还会再次出现。经与开发人员沟通，这是由于调度机制所致，非正常结束的作业会反复执行。暂时设置该作业无效，并从脚本中排查可疑 SQL。同时对比从线上收集的 ASH/AWR 报告，最终定位到某条 SQL 比较可疑。经与开发人员确认系一新增功能，因上线紧急，只做了简单的功能测试。正是因为这一条 SQL，导致整个系统运行缓慢，大量作业受到影响，修改 SQL 后系统恢复正常。

具体分析：

```
SELECT /*+ INDEX (A1 xxxxx) */ SUM(A2.CRKSL),  SUM(A2.CRKSL*A2.DJ) ...
FROM xxxx A2, xxxx A1
WHERE A2.CRKFLAG=xxx AND A2.CDATE>=xxx AND A2.CDATE<xxx;
```

这是一个很典型的两表关联语句，两张表的数据量都较大。下面来看看执行计划，如图 1-1 所示。

执行计划触目惊心，优化器评估返回的数据量为 3505T 条记录，计划返回量 127P 字节，总成本 9890G，返回时间 999:59:59。

Id	Operation	Name	Rows	Bytes	Cost (%CPU)	Time	Pstart	Pstop
0	SELECT STATEMENT				9890G(100)			
1	SORT AGGREGATE		1	41				
2	MERGE JOIN CARTESIAN		3505T	127P	9890G (1)	999:59:59		
3	PARTITION RANGE ITERATOR		25M	1010M	170K (1)	00:34:12	153	243
4	TABLE ACCESS FULL	▨▨▨▨▨▨▨▨▨▨▨	25M	1010M	170K (1)	00:34:12	153	243
5	BUFFER SORT		135M		9890G (1)	999:59:59		
6	INDEX FULL SCAN	▨▨▨▨▨▨▨▨▨▨	135M		382K (1)	01:16:34		

图 1-1　执行计划

分析结论：从执行计划中可见，两表关联使用了笛卡儿积的关联方式。我们知道笛卡儿连接是指两表没有任何条件限制的连接查询。一般情况下应尽量避免笛卡儿积，除非某些特殊场合，否则再强大的数据库也无法处理。这是一个典型的多表关联缺乏连接条件，导致笛卡儿积，引发性能问题的案例。

2. 给我们的启示

从案例本身来讲并没有什么特别之处，不过是开发人员疏忽导致了一条质量很差的 SQL。但从更深层次来讲，这个案例可以给我们带来如下启示。

- ❑ 开发人员的一个疏忽造成了严重的后果，原来数据库竟是如此的脆弱。需要对数据库保持"敬畏"之心。
- ❑ 电脑不是人脑，它不知道你的需求是什么，只能根据写好的逻辑进行处理。
- ❑ 不要去责怪开发人员，谁都会犯错误，关键是如何从制度上保证不再发生类似的问题。

3. 解决之道

（1）SQL 开发规范

加强对数据库开发人员的培训工作，提高其对数据库的理解能力和 SQL 开发水平。将部分 SQL 运行检查的职责前置，在开发阶段就能规避很多问题。要向开发人员灌输 SQL 优化的思想，在工作中逐步积累，这样才能提高公司整体开发质量，也可以避免很多低级错误。

（2）SQL Review 制度

对于 SQL Review，怎么强调都不过分。从业内来看，很多公司也都在自己的开发流程中纳入了这个环节，甚至列入考评范围，对其重视程度可见一斑。其常见典型做法是利用 SQL 分析引擎（商用或自研）进行分析或采取半人工的方式进行审核。审核后的结果可作为持续改进的依据。SQL Review 的中间结果可以保留，作为系统上线后的对比分析依据，进而可将 SQL 的审核、优化、管理等功能集成起来，完成对 SQL 整个生命周期的管理。

（3）限流 / 资源控制

有些数据库提供了丰富的资源限制功能，可以从多个维度限制会话对资源（CPU、MEMORY、IO）的使用，可避免发生单个会话影响整个数据库的运行状态。对于一些开源数据库，部分技术实力较强的公司还通过对内核的修改实现了限流功能，控制资源消耗较多的 SQL 运行数量，从而避免拖慢数据库的整体运行。

案例 2　糟糕的结构设计带来的问题

1. 案例说明

这是某公司后台的 ERP 系统，系统已经上线运行了 10 多年。随着时间的推移，累积的数据量越来越大。随着公司业务量的不断增加，数据库系统运行缓慢的问题日益凸显。为提高运行效率，公司计划有针对性地对部分大表进行数据清理。在 DBA 对某个大表进行清理时出现了问题。这个表本身有数百吉字节，按照指定的清理规则只需要根据主键字段范围（运算符为 >=）选择出一定比例（不超过 10%）的数据进行清理即可。但在实际使用中发现，该 SQL 是全表扫描，执行时间大大超出预期。DBA 尝试使用强制指定索引方式清理数据，依然无效，整个 SQL 语句的执行效率达不到要求。为了避免影响正常业务运行，不得不将此次清理工作放在半夜进行，还需要协调库房等诸多单位进行配合，严重影响正常业务运行。

为了尽量减少对业务的影响，DBA 求助笔者帮助协同分析。这套 ERP 系统是由第三方公司开发的，历史很久远，相关的数据字典等信息都已经找不到了，只能从纯数据库的角度进行分析。这是一个普通表（非分区表），按照主键字段的范围查询一批记录并进行清理。按照正常理解，执行索引范围扫描应该是效率较高的一种处理方式，但实际情况都是全表扫描。进一步分析发现，该表的主键是没有业务含义的，仅仅是自增长的数据，其来源是一个序列。但奇怪的是，这个主键字段的类型是变长文本类型，而不是通常的数字类型。当初定义该字段类型的依据，现在已经无从考证，但实验表明正是这个字段的类型"异常"，导致了错误的执行路径。

下面通过一个实验重现这个问题。

（1）数据准备

两个表的数据类型相似（只是 ID 字段类型不同），各插入了 320 万数据，ID 字段范围为 1~3200000。

```
create table t1 as select * from dba_objects where 1=0;
alter table t1 add id int primary key;
```

```
create table t2 as select * from dba_objects where 1=0;
alter table t2 add id varchar2(10) primary key;

insert into t1
select 'test','test','test',rownum,rownum,'test',sysdate,sysdate,'test','test',
    '','','',rownum
from dual
connect by rownum<=3200000;
insert into t2
select 'test','test','test',rownum,rownum,'test',sysdate,sysdate,'test','test',
    '','','',rownum
from dual
connect by rownum<=3200000;
commit;
execdbms_stats.gather_table_stats(ownname => 'hf',tabname => 't1',cascade
    =>true,estimate_percent => 100);
execdbms_stats.gather_table_stats(ownname => 'hf',tabname => 't2',cascade
    =>true,estimate_percent => 100);
```

（2）模拟场景

相关代码如下：

```
select * from t1 where id>= 3199990;
11 rows selected.
-----------------------------------------------------------------------------
| Id | Operation                   | Name        |Rows |Bytes|Cost (%CPU)| Time      |
-----------------------------------------------------------------------------
|  0 | SELECT STATEMENT            |             | 11  | 693 |   4   (0) | 00:00:01 |
|  1 | TABLE ACCESS BY INDEX ROWID | T1          | 11  | 693 |   4   (0) | 00:00:01 |
|* 2 | INDEX RANGE SCAN            |SYS_C0025294 | 11  |     |   3   (0) | 00:00:01 |
-----------------------------------------------------------------------------

Statistics
-----------------------------------------------------------
1   recursive calls
0   db block gets
6   consistent gets
0   physical reads
```

对于普通的采用数值类型的字段，范围查询就是正常的索引范围扫描，执行效率很高。

```
select * from t2 where id>= '3199990';
755565 rows selected.
-----------------------------------------------------------------------------
| Id | Operation         | Name  | Rows  | Bytes | Cost (%CPU)| Time      |
-----------------------------------------------------------------------------
|  0 | SELECT STATEMENT  |       | 2417K | 149M  | 8927   (2) | 00:01:48 |
|* 1 | TABLE ACCESS FULL | T2    | 2417K | 149M  | 8927   (2) | 00:01:48 |
-----------------------------------------------------------------------------

Statistics
-----------------------------------------------------------
```

```
1   recursive calls
0   db block gets
82568  consistent gets
0   physical reads
```

对于文本类型字段的表，范围查询就是对应的全表扫描，效率较低是显而易见的。

（3）分析结论

❏ 字符类型在索引中是"乱序"的，这是因为字符类型的排序方式与我们的预期不同。从"select * from t2 where id>= '3199990'"执行返回 755 565 条记录可见，不是直观上的 10 条记录。这也是当初在做表设计时，开发人员没有注意的问题。

❏ 字符类型还导致了聚簇因子很大，原因是插入顺序与排序顺序不同。详细点说，就是按照数字类型插入（1..3200000），按字符类型（'1'...'32000000'）t 排序。

```
select table_name,index_name,leaf_blocks,num_rows,clustering_factor
from user_indexes
where table_name in ('T1','T2');
TABLE_NAME           INDEX_NAME       LEAF_BLOCKS    NUM_ROWS    CLUSTERING_FACTOR
-------------------- ---------------- --------------- ----------- --------------------
T1                   SYS_C0025294           6275      3200000                 31520
T2                   SYS_C0025295          13271      3200000                632615
```

❏ 在对字符类型使用大于运算符时，会导致优化器认为需要扫描索引大部分数据且聚簇因子很大，最终导致弃用索引扫描而改用全表扫描方式。

（4）解决方法

具体的解决方法如下：

```
select * from t2 where id between '3199990' and '3200000';
-------------------------------------------------------------------------------
| Id  | Operation                    | Name          |Rows|Bytes |Cost(%CPU)| Time     |
-------------------------------------------------------------------------------
|   0 | SELECT STATEMENT             |               |   6|  390 |   5 (0)|00:00:01|
|   1 |  TABLE ACCESS BY INDEX ROWID| T2            |   6|  390 |   5 (0)|00:00:01|
|*  2 |   INDEX RANGE SCAN           | SYS_C0025295  |   6|      |   3 (0)|00:00:01|

Statistics
-------------------------------------------------------
1   recursive calls
0   db block gets
13  consistent gets
0   physical reads
```

将 SQL 语句由开放区间扫描（>=），修改为封闭区间（between xxx and max_value）。使得数据在索引局部顺序是"对的"。如果采用这种方式仍然走全表扫描，还可以进一步细化分段或者采用"逐条提取+批绑定"的方法。

2. 给我们的启示

这是一个典型的由不好的数据类型带来的执行计划异常的例子。它给我们带来如下启示：

- ❑ 糟糕的数据结构设计往往是致命的，后期的优化只是补救措施。只有从源头上加以杜绝，才是优化的根本。
- ❑ 在设计初期能引入数据库审核，可以起到很好的作用。

案例 3　规范 SQL 写法好处多

1. 案例说明

某大型电商公司数据仓库系统，开发人员反映作业运行缓慢。经检查是一个新增业务中某条 SQL 语句导致。经分析是非标准的 SQL 引起优化器判断异常，将其修改成标准写法后，SQL 恢复正常。

（1）具体分析

看下面的代码：

```
select ... from ...
where
(
    (
        order_creation_date>= to_date(20120208,'yyyy-mm-dd') and
        order_creation_date<to_date(20120209,'yyyy-mm-dd')
    )
or
    (
        send_date>= to_date(20120208,'yyyy-mm-dd') and send_date<to_date(20120209,
            'yyyy-mm-dd')
    )
)
andnvl(a.bd_id,0) = 1
```

```
-------------------------------------------------------------------------------
| Id | Operation                | Name     |Cost (%CPU)| Time     |Pstart | Pstop |
-------------------------------------------------------------------------------
|  0 | SELECT STATEMENT         |          | 2470K(100)|          |       |       |
|  1 |  SORT GROUP BY           |          |           |          |       |       |
|  2 |   TABLE ACCESS BY GLOBAL INDEX ROWID                                      |
|                              | XXXX     |     5 (0) | 00:00:01 | ROW L | ROW L |
|  3 |    NESTED LOOPS          |          | 2470K (1) | 08:14:11 |       |       |
|  4 |     VIEW                 |VW_NSO_1  | 2470K (1) | 08:14:10 |       |       |
|  5 |      FILTER              |          |           |          |       |       |
|  6 |       HASH GROUP BY      |          | 2470K (1) | 08:14:10 |       |       |
|  7 |        TABLE ACCESS BY GLOBAL INDEX ROWID                                 |
|                              | XXXX     |     5 (0) | 00:00:01 | ROW L | ROW L |
|  8 |         NESTED LOOPS     |          | 2470K (1) | 08:14:10 |       |       |
```

```
|  9 |          SORT UNIQUE    |        | 2340K (2)| 07:48:11 |        |      |
| 10 |            PARTITION RANGE ALL
                                |        | 2340K (2)| 07:48:11 |   1    |  92  |
| 11 |            TABLE ACCESS FULL
                                | XXXX   | 2340K (2)| 07:48:11 |   1    |  92  |
| 12 |            INDEX RANGE SCAN
                                | XXXX   |     3 (0)| 00:00:01 |        |      |
| 13 |        INDEX RANGE SCAN | XXXX   |     3 (0)| 00:00:01 |        |      |
-----------------------------------------------------------------------------
```

这个 SQL 中涉及的主要表是一个分区表，从执行计划（Pstart、Pstop）中可见，扫描了所有分区，分区裁剪特性没有起效。

（2）解决方法

见下面的代码：

```
select ...
from ...
where
    order_creation_date >= to_date(20120208,'yyyy-mm-dd') and
    order_creation_date<to_date(20120209,'yyyy-mm-dd')
union all
select ...
from ...
where
send_date>= to_date(20120208,'yyyy-mm-dd') and
    send_date<to_date(20120209,'yyyy-mm-dd') and
nvl(a.bd_id,0) = 5
```

尝试通过引入 union all 来分解查询，以便于优化器做出更准确的判断。采用这个方法后，确实起效了，当然不可避免会扫描两遍表。

```
select ...
from ...
where
(
    (
        order_creation_date>= to_date(20120208,'yyyymmdd') and
        order_creation_date<to_date(20120209,'yyyymmdd')
    )
or
    (
        send_date>= to_date(20120208,'yyyymmdd') and
        send_date<to_date(20120209,'yyyymmdd')
    )
);
-----------------------------------------------------------------------------
| Id  | Operation          | Name | Cost(%CPU)|Time     | Pstart | Pstop |
-----------------------------------------------------------------------------
|   0 | SELECT STATEMENT   |      | 42358 (1)| 00:08:29 |        |       |
```

```
|      1 | SORT AGGREGATE          |      |            |          |       |       |
|      2 |  CONCATENATION          |      |            |          |       |       |
|      3 |   PARTITION RANGE SINGLE |      |            |          |       |       |
|        |                         |      | 17393 (1)| 00:03:29 |    57 |    57 |
|*     4 |    TABLE ACCESS FULL     |      |            |          |       |       |
|        |                         | XXXX | 17393 (1)| 00:03:29 |    57 |    57 |
|*     5 |    TABLE ACCESS BY GLOBAL INDEX ROWID                               |
|        |                         | XXXX | 24966 (1)| 00:05:00 | ROWID | ROWID |
|*     6 |     INDEX RANGE SCAN     |      |            |          |       |       |
|        |                         | XXXX |   658 (1)| 00:00:08 |       |       |
```

通过调整日期FORMAT格式，优化器很精准地判断了分区（Pstart=57、Pstop=57），整体SQL性能得到了很大的提高，作业运行时间从8个多小时缩减到8分钟。

（3）分析结论

对于非标准的日期格式，Oracle在复杂逻辑判断的情况下分区裁剪特性无法识别，不起作用。这种情况下，会走全表扫描，结果是正确的，但是执行效率会很低。通过使用union all，简化了条件判断。使得Oracle在非保准日期格式下也能使用分区裁剪特性，但最佳修改方式还是规范SQL的写法。

2.给我们的启示

- ❑ 规范的SQL写法，不但利于提高代码可读性，还有利于优化器生成更优的执行计划。
- ❑ 分区功能是Oracle应对大数据的利器，但在使用中要注意是否真正会用到分区特性；否则，可能适得其反，使用分区会导致效率更差。

案例4　"月底难过"

1.案例说明

某大型电商公司数据仓库系统经常出现在月底运行缓慢的情况，但在平时系统运行却非常正常。这是因为月底往往有月报等大批量作业运行，而就在这个时间点上，常常会出现缓慢情况，所以业务人员一到月底就非常紧张。这也成了一个老大难问题，困扰了很长时间。

DBA介入处理，发现一个很奇怪的现象：某条主要SQL是造成执行缓慢的主因，其执行计划是不确定的，也就是说因为执行计划的改变，导致其运行效率不同。而往往较差的执行计划发生在月底几天，且由于月底大批作业的影响，整体性能比较饱和，更突显了这个问题。针对某个出现问题的时间段做了进一步分析，结果表明是由于统计信息的缺失导致了优化器产生了较差的执行计划，并据此指定了人工策略，彻底解决了这个问题。

（1）具体分析

先来看下面的代码：

```
select...
from xxx a join xxx b on a.order_id = b.lyywzdid
left join xxx c on b.gysid = c.gysid
whereb.cdate>= to_date('2012-03-31', 'yyyy-mm-dd') - 3 and ...
a.send_date>= to_date('2012-03-31', 'yyyy-mm-dd') - 1 and
      a.send_date<to_date('2012-03-31', 'yyyy-mm-dd');
```

Id	Operation	Name	Rows	Bytes	Cost (%CPU)	Pstart	Pstop
0	SELECT STATEMENT		1	104	9743(1)		
1	HASH JOIN OUTER		1	104	9743(1)		
2	TABLE ACCESS BY LOCAL INDEX ROWID						
		XXXX	1	22	0(0)	1189	1189
3	NESTED LOOPS		1	94	9739(1)		
4	PARTITION RANGE ITERATOR						
			1032	74304	9739(1)	123	518
5	TABLE ACCESS FULL						
		XXXX	1032	74304	9739(1)	123	518
6	PARTITION RANGE SINGLE						
			1		0(0)	1189	1189
7	INDEX RANGE SCAN						
		XXXX	1		0(0)	1189	1189
8	TABLE ACCESS FULL						
		XXXX	183	1830	3(0)		

执行计划中，多表关联使用了嵌套循环，这点对于 OLAP 系统来说是比较少见的。一般优化器更倾向于使用 SM 和 HJ。进一步检查发现其成本竟然是 0，怪不得优化器使用了嵌套循环。

（2）深入分析

检查发现索引数据统计信息异常，这是分区索引，仅两天的分区统计信息都是 0。导致优化器认为嵌套循环的执行效率更高，而不是使用哈希连接。结合业务发现，月底是业务高峰期，对于系统统计信息的作业收集，在指定的时间窗口内无法完成。最后导致统计信息不完整，优化器采用了错误的执行计划。

（3）解决方法

解决的代码如下：

```
exec dbms_stats.gather_index_stats(
     ownname=>'xxx',
     indname=>'xxx',
     partname=>'PART_xxx',
     estimate_percent => 10);
```

分析完对象的统计信息即恢复正常。

2. 给我们的启示

- ❑ 统计信息是优化器优化的重要参考依据，一个完整、准确的统计信息是必要条件。往往在优化过程中，第一步就是查看相关对象的统计信息。
- ❑ 分区机制是 Oracle 针对大数据的重要解决手段，但也很容易造成所谓"放大效应"。即对于普通表而言，统计信息更新不及时可能不会导致执行计划偏差过大；但对于分区表、索引来说，很容易出现因更新不及时出现 0 的情况，进而导致执行计划产生严重偏差。

案例 5　COUNT(*) 到底能有多快

1. 案例说明

一个大表的 COUNT 究竟能有多快？除类似物化视图的做法，我们所能做到的极限能有多快？这不是一个真实的案例，而是根据笔者在网上发的一篇帖子整理而来。通过对一条 SQL，采用多种方式持续优化过程，表明 SQL 优化的手段随着优化者掌握的技能增多，其可能存在的手段也在不断增多。

（1）数据准备

数据准备的代码如下：

```
create table t2 select * from dba_objects;
insert into t2 select * from t2;
...
select count(*) from t2; =>102400000       --数据量有1亿多条
select bytes/1024/1024 from user_segments where segment_name='T2';   => 10972
    --数据对象超过10GB
```

（2）全表扫描

全表扫描的代码如下（共用 124 秒）：

```
select count(*) from t2;
Elapsed: 00:02:04.09
-------------------------------------------------------------
| Id  | Operation          | Name | Rows  | Cost (%CPU)| Time     |
-------------------------------------------------------------
|   0 | SELECT STATEMENT   |      |     1 |  381K  (1) | 01:16:19 |
|   1 |  SORT AGGREGATE    |      |     1 |            |          |
|   2 |   TABLE ACCESS FULL| T2   |  102M |  381K  (1) | 01:16:19 |
-------------------------------------------------------------
Statistics
-------------------------------------------------------------
```

```
1  recursive calls
0  db block gets
1400379  consistent gets
1068862  physical reads
```

由上可知，全表扫描耗时较长。

（3）主键索引

主键索引的代码如下：

```
alter table t2 add constraint pk_t2 primary key(id);
execdbms_stats.gather_index_stats('hf', 'pk_t2', estimate_percent =>10);
select count(*) from t2;
Elapsed: 00:00:33.18
-----------------------------------------------------------------------
| Id | Operation             | Name  | Rows | Cost (%CPU) | Time     |
-----------------------------------------------------------------------
|  0 | SELECT STATEMENT      |       |    1 | 64271   (2) | 00:12:52 |
|  1 |  SORT AGGREGATE       |       |    1 |             |          |
|  2 |   INDEX FAST FULL SCAN| PK_T2 | 102M | 64271   (2) | 00:12:52 |
-----------------------------------------------------------------------

Statistics
---------------------------------------------------------------
1  recursive calls
0  db block gets
228654  consistent gets
205137  physical reads
```

通过引入索引，执行计划变成索引快速全扫描，由于扫描块数较少，因此耗时也大大减少，共用 33 秒，快多了。

（4）常数索引

常数索引的代码如下：

```
create index idx_0 on t2(0);
execdbms_stats.gather_index_stats('hf', 'idx_0', estimate_percent =>10);
select count(*) from t2;
Elapsed: 00:00:28.92
-----------------------------------------------------------------------
| Id | Operation             | Name  | Rows | Cost (%CPU) | Time     |
-----------------------------------------------------------------------
|  0 | SELECT STATEMENT      |       |    1 | 49601   (2) | 00:09:56 |
|  1 |  SORT AGGREGATE       |       |    1 |             |          |
|  2 |   INDEX FAST FULL SCAN| IDX_0 | 102M | 49601   (2) | 00:09:56 |
-----------------------------------------------------------------------
Statistics
---------------------------------------------------------------
1  recursive calls
0  db block gets
185899  consistent gets
```

```
167726  physical reads
```

常数索引在存储密度上要高于普通字段索引，因此扫描块数更少，耗时也更少，共用 29 秒。

（5）常数压缩索引

常数压缩索引的代码如下：

```
create index idx_0 on t2(0) compress;
execdbms_stats.gather_index_stats('hf', 'idx_0', estimate_percent =>10);
select count(*) from t2;
Elapsed: 00:00:27.85
-------------------------------------------------------------------
| Id  | Operation             | Name  | Rows  | Cost (%CPU)| Time     |
-------------------------------------------------------------------
|  0  | SELECT STATEMENT      |       |     1 | 43812    (3)| 00:08:46 |
|  1  |   SORT AGGREGATE      |       |     1 |             |          |
|  2  |    INDEX FAST FULL SCAN| IDX_0 |  102M | 43812    (3)| 00:08:46 |
-------------------------------------------------------------------

Statistics
-------------------------------------------------------------
1  recursive calls
0  db block gets
    157636  consistent gets     //压缩后，减少了
141651  physical reads
```

索引压缩进一步减少了扫描规模，耗时缩减到 27 秒。

（6）位图索引

位图索引的代码如下：

```
create bitmap index idx_status2 on t2(status);
execdbms_stats.gather_index_stats('hf', 'idx_status2', estimate_percent=> 10);
select count(*) from t2;
Elapsed: 00:00:00.9
------------------------------------------------------------------------
| Id  | Operation             | Name      | Rows  | Cost(%CPU)| Time     |
------------------------------------------------------------------------
|  0  | SELECT STATEMENT      |           |     1 | 2262   (1) | 00:00:28 |
|  1  |   SORT AGGREGATE      |           |     1 |            |          |
|  2  |    BITMAP CONVERSION COUNT        |       |            |          |
|     |                       |           |  102M | 2262   (1)| 00:00:28 |
|  3  |     BITMAP INDEX FAST FULL SCAN   |       |            |          |
|     |                       | IDX_STATUS2 |     |            |          |
------------------------------------------------------------------------

Statistics
-------------------------------------------------------------
1  recursive calls
0  db block gets
    2502  consistent gets     //大大减少
```

```
351  physical reads
```

位图索引不同于 B 树索引，其存储密度更高。这里是采用 status 字段，如果使用常数索引，其规模将更小。这种手段用时 0.9 秒，这是质的飞跃。

（7）位图索引 + 并行

```
alter index idx_status2 parallel 8;
select count(*) from t2;
Elapsed: 00:00:00.03
```

```
-------------------------------------------------------------------------------
| Id  | Operation                  | Name       |Rows  |Time    |  TQ |IN-OUT|PQ Distrib|
-------------------------------------------------------------------------------
|  0  | SELECT STATEMENT           |            |   1 |00:00:27|     |      |          |
|  1  |  SORT AGGREGATE            |            |   1 |        |     |      |          |
|  2  |   PX COORDINATOR           |            |     |        |     |      |          |
|  3  |    PX SEND QC (RANDOM)     |            |     |        |     |      |          |
|     |                            | :TQ10000   |   1 |        |Q1,00| P->S | QC (RAND)|
|  4  |     SORT AGGREGATE         |            |     |        |     |      |          |
|     |                            |            |   1 |        |Q1,00| PCWP |          |
|  5  |      PX BLOCK ITERATOR     |            |     |        |     |      |          |
|     |                            |            | 102M|00:00:27|Q1,00| PCWC |          |
|  6  |       BITMAP CONVERSION COUNT |         |     |        |     |      |          |
|     |                            |            | 102M|00:00:27|Q1,00| PCWP |          |
|  7  |        BITMAP INDEX FAST FULL SCAN |    |     |        |     |      |          |
|     |                            |IDX_STATUS2 |     |        |Q1,00| PCWP |          |
-------------------------------------------------------------------------------
```

```
Statistics
-----------------------------------------------------------
265  recursive calls
3  db block gets
3059  consistent gets
0  physical reads
```

并行技术可以加快执行速度。一致性读有所增加，但并行还是能加快整体运行速度，这种手段耗时 0.03 秒，竟然又快了不少。

（8）分析结论

❑ 位图索引可以按很高密度存储数据，因此往往比 B 树索引小很多，但前提是基数比较小。

❑ 位图索引是保存空值的，因此可以在 COUNT 中利用。

❑ 众所周知，位图索引不太适合 OLTP 类型数据库。该实例仅为了测试展示。

2. 给我们的启示

优化没有止境，对数据库了解越多，你能想到的方法就越多。

案例 6　"抽丝剥茧"找出问题所在

1. 案例说明

这个案例本身不是为了说明某种技术，而是展现 DBA 在分析处理问题时的一种方式。其采用的方法往往是根据自己掌握的知识，分析判断某种可能性，然后再验证是否是这个原因。在不断地抛出疑问、不断地验证纠错中，逐步接近问题的本质。

这是某数据仓库系统，有一个作业在某天出现较大延迟。原来作业只需要运行十几分钟，现在需要运行 2 个多小时，这是业务不能接受的。为了不影响明天的业务系统，必须在今天解决这个问题。经和开发人员的沟通，该业务的 SQL 语句没有修改，相关的数据结构也没有变更类似的其他业务（SQL 语句相似的）也都正常运行，数据库系统本身也没有异常。

在排除了诸多异常后，这个问题似乎变得很棘手，原本运行正常的 SQL 语句，忽然在某一天变得异常缓慢。针对这个问题，我采取步步为营的策略，逐步排除可能的原因，并最终找到问题本质，圆满地解决了该问题。

看下面的代码：

```
INSERT INTO xxx
SELECT  ...
FROM ...
LEFT JOIN t1 a ON t.product_id = a.product_id AND ...
LEFT JOIN t2 b ON t.product_id = b.product_id AND ...
LEFT JOIN t3 c ON t.product_id = c.product_id AND ...
LEFT JOIN t4 d ON t.product_id = d.spxxid AND ...
LEFT JOIN t5 e ON t.product_id = e.spxxid AND ...
LEFT JOIN t6 f ON t.product_id = f.spxxid AND ...
LEFT JOIN t7 g ON t.product_id = g.spxxid AND ...
LEFT JOIN t8 h ON t.product_id = h.product_idAND ...
LEFT JOIN t9 I ON t.product_id = i.prod_id
LEFT JOIN t10 j ON t.product_id = j.prod_id AND ...
LEFT JOIN t11 k ON t.product_id = k.prod_id AND ...
LEFT JOIN t12 l ON t.product_id = l.prod_id AND ...
LEFT JOIN t13 m ON t.product_id = m.prod_id AND ...
LEFT JOIN t14 o ON t.product_id = o.product_id;
```

这是一个多达 15 个表的关联查询（非常佩服开发人员，逻辑思维太强了）。查询的结果集有 400 多万条，并插入目标表中。其中目标表较大，有 7 亿多条记录，物理大小为 380GB。在之前的运行过程中，用时十几分钟。

第一步猜测——执行计划异常导致的问题？（固化执行计划）

最开始想到的方法很简单，既然类似的 SQL 执行效率没问题，而这个 SQL 由于其他 SQL 执行计划偏差较大，可以手工采取固化执行计划的方法。这里使用了抽取 OUTLINE

的方式，具体方法可参见后面的内容。

其调整后的执行计划如下，跟其他类似 SQL 的执行计划相同。整个执行计划基本可概括为"HASH JOIN"+"FULL TABLE SCAN"。

```
INSERT INTO RPT_PROD_DAY
SELECT
/*+
    ...
    ...
    FULL(@"SEL$30069D69" "T"@"SEL$4")
    FULL(@"SEL$30069D69" "O"@"SEL$1")
    FULL(@"SEL$30069D69" "J"@"SEL$21")
    FULL(@"SEL$30069D69" "I"@"SEL$19")
    FULL(@"SEL$30069D69" "F"@"SEL$13")
    ...
    LEADING(@"SEL$30069D69" "T"@"SEL$4" ...
    USE_HASH(@"SEL$30069D69" "O"@"SEL$1")
    USE_HASH(@"SEL$30069D69" "J"@"SEL$21")
    USE_HASH(@"SEL$30069D69" "I"@"SEL$19")
    ...
*/
...
```

采用上述方式处理后，整体运行时长减少了 10 多分钟，但仍然超过了 2 个小时。显然，对执行计划异常的判断，不是问题的主因。

第二步猜测——缓存捣的鬼?

进一步检查发现，在执行过程中发现了大量的"db file sequential read"等待事件。这个不太寻常。一般情况下，全表扫描会产生"db file scattered read"等待事件。产生后者的原因通常是在 buffer 中缓存了大部分数据，优化器才可能决定不使用顺序读的方式从文件中读取数据。因此数据库版本是 10g，不能直接干预全表扫描是从缓冲区中读取还是文件中读取（11g 是可以的），只能采取其他方式。建议更换相关作业执行顺序，避免缓冲区干扰。经测试，速度还是没有明显提升。第二步猜测失败。

第三步猜测——究竟是哪个对象导致的?

进一步分析 SQL 执行时的情况，发现忽略了一个关键信息，那就是产生"db file sequential read"等待事件的对象。我想当然地认为全表扫描是表，经检查后发现其是一个索引，而且这个索引是目标表的全局索引，相关聚簇因子非常大，接近表的行数。在插入的过程中，需要大量维护索引成本。此表本身还有另外两个索引，都是本地分区索引，维护成本很低。

跟开发人员沟通后，该索引是前一天临时加入的，且没有通过 DBA 审核。开发人员个人觉得全局索引效率较高，因此就建成了全局的。后续将此索引修改为本地分区索引。经测试，速度从 2 个多小时缩减到 12 分钟，问题得到解决。

2. 给我们的启示

❑ 优化 SQL 就是一个抽丝剥茧找到问题本质的过程。在不断猜测、不断试错的过程中，逐步接近事件的本质。你所掌握的知识点越多，可"猜测"的可能性就越多。

❑ 数据结构的变更要经过 DBA 的审核，这样可以避免很多问题，也可以尽早发现问题、解决问题。

第二部分 *Part 2*

原　理　篇

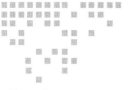

优化器与成本

优化器是数据库最核心的功能，也是最复杂的一部分。它负责将用户提交的 SQL 语句根据各种判断标准，制定出最优的执行计划，并交由执行器来最终执行。优化器算法的好坏、能力的强弱，直接决定了语句的执行效率。笔者也使用了其他诸如 MySQL、PostgreSQL、SQLServer 等关系型数据库。综合比较来说，Oracle 的优化器是功能最强大的。学习 SQL 优化，从本质来讲就是学习从优化器的角度如何看待 SQL，如何制定出更优的执行计划。当然，优化器本身是数据库系统中最复杂的一个部分，本书会就优化器的分类、工作原理等做简单介绍，不会深入细节。

成本是优化器（基于成本的优化器）中反映 SQL 语句执行代价的一个指标。优化器通过比较不同执行计划的成本，选择成本最小的作为最终的执行计划。如何理解成本、成本如何计算也就成为我们学习基于成本的优化器的关键所在。

2.1 优化器

优化器在整个 SQL 语句的执行过程中充当了非常重要的角色。图 2-1 是一个 SQL 语句从提交到最终得到结果的示意图，从中我们可以看到优化器充当的角色及其主要功能。

Oracle 的优化器也是在不断演变中的。在早期的版本中，Oracle 使用一种基于规则的优化器。顾名思义，它是按照某种特定的规则来制定执行计划的。这种方式比较简单直观，但对数据库自身情况及 SQL 语句中对象本身的情况都没有考虑。在后期的 Oracle 版本中，又推出了另外一种优化器——基于成本的优化器。下面将对两种主要的优化器分别加以介绍，并对和优化器相关的数据库参数和提示进行说明。

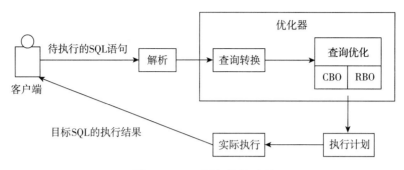

图 2-1 SQL 语句执行过程

2.1.1 基于规则的优化器

基于规则的优化器（Rule Based Optimizer，RBO）内部采用了一种规则列表，其中每一种规则代表一种执行路径并被赋予一个等级，不同的等级代表不同的优先级别。等级越高的规则越会被优先采用。Oracle 会在代码里事先给各种类型的执行路径定一个等级，一共有 15 个等级，从等级 1 到等级 15。Oracle 会认为等级值低的执行路径的执行效率比等级值高的执行效率高。在决定目标 SQL 的执行计划时，如果可能的执行路径不止一条，则 RBO 就会从该 SQL 多种可能的执行路径中选择一条等级最低的执行路径来作为其执行计划。

1. RBO 的具体规则

下面我们就来看看 RBO 的具体规则，如表 2-1 所示。

表 2-1 RBO 规则

等 级 序 号	执 行 路 径	等 级
RBO Path 1	Single Row by Rowid	最高
RBO Path 2	Single Row by Cluster Join	
RBO Path 3	Single Row by Hash Cluster Key with Unique or Primary Key	
RBO Path 4	Single Row by Unique or Primary Key	
RBO Path 5	Clustered Join	
RBO Path 6	Hash Cluster Key	
RBO Path 7	Indexed Cluster Key	
RBO Path 8	Composite Index	
RBO Path 9	Single-Column Indexes	
RBO Path 10	Bounded Range Search on Indexed Columns	
RBO Path 11	Unbounded Range Search on Indexed Columns	
RBO Path 12	Sort Merge Join	
RBO Path 13	MAX or MIN of Indexed Column	
RBO Path 14	ORDER BY on Indexed Column	
RBO Path 15	Full Table Scan	最低

下面针对表 2-1 中所示的每一种规则的含义及其用法进行说明。

❑ Single Row by ROWID：根据 ROWID，返回一条记录。这种规则发生在 SQL 语句的 WHERE 部分，指定了记录的 ROWID 或者使用了 CURRENT OF CURSOR 形式的 SQL。

❑ Single Row by Cluster Join：根据聚簇连接，返回一条记录。这种规则发生在 SQL 语句中 WHERE 部分，包含了两表关联，且关联字段为一个聚簇，同时还存在一个过滤条件为一个表的唯一索引或主键。

❑ Single Row by Hash Cluster Key with Unique or Primary Key：根据哈希聚簇键，返回一条记录。这种规则发生在 SQL 语句的 WHERE 部分所包含的过滤条件中，字段是一个哈希聚簇键且这个字段为唯一或主键索引字段。

❑ Single Row by Unique or Primary Key：根据主键或唯一索引键值，返回一条记录。这种规则发生在 SQL 语句中 WHERE 部分，为唯一或主键所有字段的等值连接条件。

❑ Clustered Join：根据聚簇连接，返回一组记录。这种规则跟 Path 2 类似，只不过过滤条件中没有唯一限制，可以返回多条记录。

❑ Hash Cluster Key：根据哈希聚簇键值，返回一条记录。这种规则跟表 2-1 所示 Path 3 类似，只不过过滤条件中没有唯一限制，可以返回多条记录。

❑ Indexed Cluster Key：根据一个索引的聚簇键字段，返回一组记录。

❑ Composite Index：根据一个组合索引字段，返回一组记录。这种规则中 WHERE 部分需要指定组合索引字段且通过逻辑"与"运算符进行连接。

❑ Single-Column Indexes：根据单一索引字段，返回一组记录。

❑ Bounded Range Search on Indexed Columns：根据索引字段的有限范围搜索，返回一组记录。这里所说的有限范围搜索，包括字段的等值比较、大于等于和小于等于、BETWEEN...AND、LIKE 等过滤条件。

❑ Unbounded Range Search on Indexed Columns：根据索引字段的无限范围搜索，返回一组记录。这里所说的无限范围搜索，包括字段的大于等于、小于等于过滤条件。

❑ Sort Merge Join：根据排序合并关联，返回一组记录。

❑ MAX or MIN of Indexed Column：获取一个索引字段的最大、最小值。这种规则需要遍历整个索引。

❑ ORDER BY on Indexed Column：根据一个索引字段，进行排序操作。

❑ Full Table Scan：通过全表扫描方式，获取一个结果集。

2. RBO 在实际工作中的应用

在一般的工作场景中，很少会涉及使用 RBO 的情况。随着 Oracle 自身技术的发展，CBO 优化器成为首选。只有在极个别的情况下，需要手工调整执行计划时，可采取指定优化器参数或引用相关的提示（参见后面的介绍）。需要注意的是，因为 RBO 技术出现比较早，很多新的技术不支持，所以在很多情况下即使手工指定使用 RBO 优化器，也可能会失效，Oracle 仍然会使用 CBO 优化器。下面介绍一下失效的情况。

只要出现如下的情形之一（包括但不限于这些情形），那么即便修改了优化器模式或者使用了 RULE Hint，Oracle 依然不会使用 RBO（而是强制使用 CBO）。

- ❏ 目标 SQL 中涉及的对象有 IOT。
- ❏ 目标 SQL 中涉及的对象有分区表。
- ❏ 使用了并行查询或者并行 DML。
- ❏ 使用了星型连接。
- ❏ 使用了哈希连接。
- ❏ 使用了索引快速全扫描。
- ❏ 使用了函数索引。

2.1.2　基于成本的优化器

基于成本的优化器（Cost Based Optimizer，CBO）在坚持实事求是的基础上，通过对具有现实意义的诸多要素的分析和计算来完成最优路径的选择工作。这里的关键点在于对成本的理解，后面会有对成本的专门介绍。这里简单交代一句，成本可以理解为 SQL 执行的代价。成本越低，SQL 执行的代价越小，CBO 也就认为这是一个更优异的执行路径。

随着 Oracle 版本的不断演变，CBO 优化器变得越来越智能，但需要注意的是，CBO 仍然存在一些特殊情况，导致其可能产生较差的执行计划。这也是以后 CBO 发展需要弥补的弱点。CBO 存在的问题主要有以下几个方面。

- ❏ 多列关联关系：在默认情况下，CBO 认为 WHERE 条件中的各个字段之间是独立的，并据此计算其选择率，进而估计成本来选择执行计划。但如果各列之间有某种关系，则估算的结果与实际结果之间往往存在较大误差。可以通过动态采样或者多列统计信息的方法解决部分问题，但都不是完美的解决方案。
- ❏ SQL 无关性：CBO 认为 SQL 语句运行都是相对独立的，之间没有任何关系；但在实际运行中可能是有关联的。例如前一条语句访问某个索引，则相关数据块会被缓存到 Data Buffer 中，后续 SQL 如果也需要访问这个索引，则可以从 Cache 获得，这将大大减少读取成本，但这一点 CBO 是无法感知的。

❑ 直方图统计信息：一方面在 12c 之前，基于频率的直方图的桶的个数不能超过 254，这可能导致一些精度的丢失。另一方面，对于文本型字段的直方图收集，Oracle 只会提取前 32 字节（对于多字节字符集来说更加严重），这样获得的数据会失真，可能会导致优化器获得错误的执行计划。

❑ 复杂多表关联：对于复杂的多表关联，其可能的表间关联顺序组合随着表的数量增加呈几何级数增长。假设多表关联的目标 SQL 包含表的数量为 n，则该 SQL 各表之间可能的连接顺序的总数就是 $n!$。CBO 在处理这个问题时，是有所取舍的。在 11gR2 的版本中，CBO 在解析这种多表关联的目标 SQL 时，所考虑的各个表连接顺序的总和会受到隐含参数 _OPTIMIZER_MAX_PERMUTATIONS 的限制。这意味着不管目标 SQL 在理论上有多少种可能的连接顺序，CBO 至多只会考虑其中根据 _OPTIMIZER_MAX_PERMUTATIONS 计算出来的有限种可能。这同时也意味着只要该目标 SQL 正确的执行计划不在上述有限种可能之中，则 CBO 一定会漏选最优的执行计划。

2.1.3 对比两种优化器

RBO 和 CBO 的优缺点对比如表 2-2 所示。

表 2-2　RBO 和 CBO 的优缺点对比

	优　点	缺　点
RBO	❑ RBO 的判断有章可循、有律可依，易于用户对其判断进行正确的预测 ❑ 在已经创建了战略性索引的前提下这些规则的普遍适用性就变得非常高	❑ 忽视了具有实际意义的统计信息而导致判断误差比较大 ❑ 由于使用 RBO 导致制定出比较差的执行计划的概率比较大 ❑ 使用 RBO，执行计划一旦出了问题，很难对其做调整 ❑ 使用 RBO，容易受 SQL 写法的不同导致选择不同执行计划 ❑ Oracle 中很多好的特性、功能不能在 RBO 下使用
CBO	❑ 考虑到了对象特征信息，因此是更具有现实性的最优化 ❑ 可以通过对统计信息的管理来控制最优化 ❑ 减少最坏情况的发生概率，不容易产生特别差的执行计划	❑ CBO 的算法十分复杂，提前预测执行计划比较困难 ❑ 不同的版本中存在严重变化，这也导致了升级数据库带来的风险较大 控制执行计划比较困难，但还是有手段可以控制的

在通常情况下，已经没有理由不选用 CBO 优化器了，这也是 Oracle 强大之所在。在极个别的情况下，也存在对 CBO 优化器不适合使用的情况，原因可能是 BUG 或者 CBO 设计问题。此时可以考虑使用 RBO 优化器，但即使是这种情况，也要严格限制特定范围，一般只在语句级使用 RBO 优化器。

2.1.4　优化器相关参数

本小节重点介绍几个与优化器密切相关的参数。想真正了解优化器，这些参数是必须掌握的。

1. optimizer_mode

数据库使用哪种优化器主要是由 optimizer_mode 初始化参数决定的。

（1）取值说明

❑ RULE：使用 RBO 优化器。需要注意的是即使指定数据库使用 RBO 优化器，但有时 Oracle 数据库还是会采用 CBO 优化器，这并不是 Oracle 的 BUG，主要是由于从 Oracle 8i 后引入的许多新特性都必须在 CBO 下才能使用，而你的 SQL 语句可能正好使用了这些新特性，此时数据库会自动转为 CBO 优化器执行这些语句。

❑ CHOOSE：根据实际情况，如果数据字典中包含被引用的表的统计数据，即引用的对象已经被分析，那么使用 CBO 优化器，否则为 RBO 优化器。CHOOSE 是 Oracle 9i 的默认值。

❑ ALL_ROWS：为 CBO 优化器使用的第一种具体的优化方法，以数据的吞吐量为主要目标，以便可以使用最少的资源完成语句；是 10g 以及后续版本中 optimizer_mode 的默认值数。

❑ FIRST_ROWS：为优化器使用的第二种具体的优化方法，以数据的响应时间为主要目标，以便快速查询出开始的几行数据。

❑ FIRST_ROWS_[1 | 10 | 100 | 1000]：为优化器使用的第三种具体的优化方法，让优化器选择一个能够把响应时间减到最小的查询执行计划，以迅速产生查询结果的前 n 行。该值为 Oracle 9i 新引入的。注意以前的 FIRST_ROWS 已经不再使用，仅仅是为了向后兼容的需要。

（2）默认值变化

❑ 在 8i、9i 等版本中，CHOOSE 为默认值；在 10g 及以后不再支持基于 RULE 的优化器中，新的默认值为 ALL_ROWS。因此，参数值 CHOOSE 和 RULE 都不再被支持。

❑ 虽然从 Oracle 10g 开始，RBO 优化器已不再被 Oracle 支持，但 RBO 优化器的相关实现代码并没有从 Oracle 数据库的代码中移除，这意味着即使是在 11gR2 中，依然可以通过修改优化器模式或使用 RULE Hint 来继续使用 RBO。

（3）相关操作

初始化参数 optimizer_mode 是动态的，可以在实例级或会话级改变。此外使用提示（hint），也可以在 SQL 级别设置优化器。

```
//查看实例级优化器设置
select name,value,isdefault,ismodified,description
from v$system_parameter
where name like '%optimizer_mode%';

//修改会话级优化器设置
alter session set optimizer_mode=..;

//查看当前会话设置
select name,value,isdefault,ismodified,description
fromv$parameter
where name like '%optimizer_mode%';

//相关提示
/*+ all_rows ... */
/*+ first_rows(n) ... */
```

2. optimizer_features_enable

optimizer_features_enable 参数控制使用的优化器特征的版本，比如从 Oracle 8i 升级到了 Oracle 9i，默认情况下参数为 9.2.0，如果将它设置为 8.1.6，那么将使用 Oracle 8i 的优化器特征。Oracle 不推荐显式设置该参数，而是更改应用程序中的相关 SQL。参数 optimizer_features_enable 不仅能禁用特性，而且能禁用 BUG 修复。

（1）相关操作

1）查看可用的版本号，代码如下：

```
select value
fromv$parameter_valid_values
where name='optimizer_features_enable';
VALUE
---------
8.0.0
8.0.3
...
10.2.0.4
10.2.0.4.1
```

10gR1 以前的版本不存在这个视图。要获得可用版本号，可以执行一个错误的设置，由系统提供可选项。类似下面的做法：

```
alter session set optimizer_features_enable='1.0.0';
ERROR:
ORA-00096: invalid value 1.0.0 for parameter optimizer_features_enable, must be
    from among
10.2.0.4.1, 10.2.0.4, 10.2.0.3, 10.2.0.2, 10.2.0.1, 10.1.0.5, 10.,9.0.1, 9.0.0,
    8.1.7,
8.1.6, 8.1.5, 8.1.4, 8.1.3, 8.1.0, 8.0.7, 8.0.6, 8.0.5, 8.0.4, 8.0.3, 8.0.0
```

2）设置版本号：可以在实例、会话、SQL 级别设定 optimizer_features_enable 参数。

设置示例分别如下。

```
alter system set optimizer_features_enable='9.2.0';        //实例级别
alter session set optimizer_features_enable='9.2.0';       //会话级别
/*+ optimizer_features_enable('9.2.0') */                   //SQL级别(Hint)
```

（2）测试案例

下面通过一个简单的案例说明 optimizer_features_enable 参数的作用。案例通过设置 optimizer_features_enable 参数，模拟了不同版本数据库中不同的表间关联处理方式。具体关于表间关联的细节，可参见本书相应章节，这里只是说明参数的使用方法。案例中数据库版本为 11gR2。

1）准备工作，具体如下：

```
create table anti_test1 as select * from dba_objects;
create table anti_test2 as select * from dba_objects;

desc anti_test1;
Name                      Null?     Type
------------------- -------- --------------------
OWNER                               VARCHAR2(30)
OBJECT_NAME                         VARCHAR2(128)
SUBOBJECT_NAME                      VARCHAR2(30)
OBJECT_ID                           NUMBER
DATA_OBJECT_ID                      NUMBER
OBJECT_TYPE                         VARCHAR2(19)
CREATED                             DATE
LAST_DDL_TIME                       DATE
TIMESTAMP                           VARCHAR2(19)
STATUS                              VARCHAR2(7)
TEMPORARY                           VARCHAR2(1)
GENERATED                           VARCHAR2(1)
SECONDARY                           VARCHAR2(1)
NAMESPACE                           NUMBER
EDITION_NAME                        VARCHAR2(30)
//注意测试表中的OBJECT_ID字段是可以为空的。
```

2）测试 11g 的情况，具体如下：

```
select *
from anti_test1 a
where a.object_id not in
(select b.object_id from anti_test2 b);
--------------------------------------------------------------------------
| Id  | Operation              | Name        | Rows  | Cost (%CPU)| Time     |
--------------------------------------------------------------------------
|   0 | SELECT STATEMENT       |             | 65273 |  1384   (1)| 00:00:17 |
|*  1 |  HASH JOIN RIGHT ANTI NA|            | 65273 |  1384   (1)| 00:00:17 |
|   2 |   TABLE ACCESS FULL    | ANTI_TEST2  |  102K |   292   (1)| 00:00:04 |
```

```
|   3 |   TABLE ACCESS FULL      | ANTI_TEST1 | 65273 |   292   (1)| 00:00:04 |
-----------------------------------------------------------------------------
/*
在11g R2的版本中，对于上述表间关联，优化器采用了哈希连接的处理方式。这是一个在11g版本中新增的特
性，称为NULL AWARE，可以支持空字段的反连接操作使用哈希连接处理。在老的版本中，不支持这样处理，
因此只能使用较原始的嵌套循环方式处理。这个在后面的表连接的章节中会详细讲解。
*/
```

3）测试 10g 的情况。

```
select /*+ optimizer_features_enable('10.2.0.5') */ *
from anti_test1 a
wherea.object_id not in
(selectb.object_id from anti_test2 b);
-----------------------------------------------------------------------------
| Id  | Operation            | Name       | Rows  | Cost (%CPU)| Time     |
-----------------------------------------------------------------------------
|   0 | SELECT STATEMENT     |            | 65241 |  4372   (1)| 00:00:53 |
|*  1 |   FILTER             |            |       |            |          |
|   2 |    TABLE ACCESS FULL | ANTI_TEST1 | 65273 |   292   (1)| 00:00:04 |
|*  3 |    TABLE ACCESS FULL | ANTI_TEST2 | 97664 |     2   (0)| 00:00:01 |
-----------------------------------------------------------------------------

/*
与上面的执行计划不同，这里是因为通过提示的方式修改了optimizer_features_enable参数，指定优化
器使用较老的版本。指定的10.2.0.5版本中，只能使用这种原始的嵌套循环方式处理表间关联。
*/
```

2.1.5 优化器相关 Hint

在 SQL 优化中，除了可以通过修改参数的方式干预优化器工作外，还可以使用提示的
方式进行干预，而且这种方式更加精准、不影响其他 SQL，故使用场景更加广泛。关于提
示——Hint，将在后面的章节中详细介绍。

1. ALL_ROWS
说明：

- ❏ ALL_ROWS 是针对整个目标 SQL 的 Hint，它的含义是让优化器启用 CBO，而且
  在得到目标 SQL 的执行计划时会选择那些吞吐量最佳的执行路径。这里的"吞吐
  量最佳"是指资源消耗量（即对 I/O、CPU 等硬件资源的消耗量）最小，也就是说
  在 ALL_ROWS Hint 生效的情况下，优化器会启用 CBO，而且会依据各个执行路径
  的资源消耗量来计算它们各自的成本。

- ❏ ALL_ROWS Hint 其实就相当于对目标 SQL 启用 CBO，其优化器为 ALL_ROWS。
  从 Oracle 10g 开始，ALL_ROWS 就是默认的优化器模式。这也意味着自 Oracle
  10g 以来，默认情况下优化器启用的就是 CBO，而且会依据各条执行路径的资源消
  耗量来计算它们各自的成本。

❑ 如果在目标 SQL 中除了 ALL_ROWS 之外还使用了其他与执行路径、表连接相关的 Hint，则优化器会优先考虑 ALL_ROWS。

格式：

```
/*+ ALL_ROWS */
```

范例：

```
select /*+ all_rows */ empno,ename,sal,job from emp where empno=7369;
```

2. FIRST_ROWS(n)

说明：FIRST_ROWS(n) 是针对整个目标 SQL 的 Hint，它的含义是让优化器启用 CBO 模式，而且在得到目标 SQL 的执行计划时会选择那些以最快响应并返回头 n 条记录的执行路径，也就是说在 FIRST_ROWS(n) Hint 生效的情况下，优化器会启用 CBO，而且会依据返回头 n 条记录的响应时间来决定目标 SQL 的执行计划。

格式：

```
/*+ FIRST_ROWS(n) */
```

范例：

```
select /*+ first_rows(10) */ empno,ename,sal,job from emp where empno=7369;
```

优化器模式 –FIRST_ROWS_n：FIRST_ROWS(n) Hint 和优化器模式 FIRST_ROWS_ n 不是一一对应的。优化器模式 FIRST_ROWS_n 中只能是 1、10、100 和 1000，但 FIRST_ ROWS(n) Hint 中的 n 可以是除 1、10、100 和 1000 之外的所有值。

```
alter session set optimizer_mode=first_rows_10;
```

忽略情况：如果在 UPDATE、DELETE 或者含如下内容的查询语句中使用了 FIRST_ ROWS(n) Hint，则该 FIRST_ROWS(n) Hint 会被 Oracle 忽略。

❑ 集合运算（如 UNION、INTERSECT、MINUS、UNION ALL 等）
❑ GROUP BY
❑ FOR UPDATE
❑ 聚合函数（比如 SUM 等）
❑ DISTINCT
❑ ORDER BY（对应的排序列上没有索引）

这里优化器会忽略 FIRST_ROWS(n) Hint 是因为对于上述类型的 SQL 语言而言，Oracle 必须访问所有的行记录后才能返回满足条件的头 n 行记录，即在上述情形下，使用 FIRST_ROWS(n) Hint 是没有意义的。

3. RULE

说明：RULE 是针对整个 SQL 的 Hint，它表示对目标 SQL 启用 RBO。

格式：

```
/*+ RULE */
```

范例：

```
select /*+ rule */ empno,ename,sal,job from emp where empno=7369;
```

RULE 与其他 Hint：RULE 通常不能与除 DRIVING_SITE 以外的 Hint 联用，当 RULE 与除 DRIVING_SITE 以外的 Hint 联用时，其他的 Hint 可能会失效。但是，当 RULE 和 DRIVING_SITE 联用时，它自身可能会失效，所以 RULE Hint 最好是单独使用。

最佳实践：不推荐使用 RULE Hint。一是因为 Oracle 早就不支持 RBO 了，二是因为启用 RBO 后优化器在执行目标 SQL 时选择的执行路径将大大减少，很多执行路径 RBO 根本就不支持（比如哈希连接），这也就意味着启用 RBO 后目标 SQL 跑出正确执行计划的概率将大大降低。

忽略情况：因为很多执行路径 RBO 根本就不支持，所以即使在目标 SQL 中使用了 RULE Hint，如果出现了如下情况（包括但不限于），RULE Hint 依然会被 Oracle 忽略。

❏ 目标 SQL 除 RULE 之外还联合使用了其他 Hint（比如 DRIVING_SITE）。

❏ 目标 SQL 使用了并行执行。

❏ 目标 SQL 所涉及的对象有 IOT。

❏ 目标 SQL 所涉及的对象有分区表。

4. 测试案例

下面通过一个完整的案例，介绍混合使用各种不同的提示并观察其效果。

准备工作，代码如下：

```
create table t1 as select * from dba_objects;
insert into t1 select * from t1;
insert into t1 select * from t1;
commit;
select count(*) from t1; => 292280
//构造了一张测试表，数据规模接近30万

create index idx_t1 on t1(object_id);
//对OBJECT_ID字段创建了索引

update t1 set object_id=1 where rownum<288280;
commit;
select count(*) from t1 where object_id=1; => 288279
//手动修改了OBJECT_ID的值，将表中绝大多数记录的OBJECT_ID设置为1
```

```
exec dbms_stats.gather_table_stats(
    ownname=>'HF',
    tabname=>'T1',
    estimate_percent=>100,
    method_opt=>'for columns size auto object_id',
    cascade=>true);
//收集表的统计信息，注意此时也收集了相关对象—索引的统计信息

select clustering_factor from dba_indexes where index_name='IDX_T1'; => 4213
/*
查看当前索引的聚簇因子为4213。关于聚簇因子，后面章节有详细说明。这里简单说明一下，聚簇因子反映了
索引字段的顺序和表中数据存储的有序关系。聚簇因子越小，说明索引字段顺序与表中数据存储顺序一致性越
高；反之，则一致性越低，即越无序
*/

exec dbms_stats.set_index_stats(
    ownname=>'HF',
    indname=>'IDX_T1',
    clstfct=>10000,
    no_invalidate=>false);
select clustering_factor from dba_indexes where index_name='IDX_T1'; => 10000
/*
这里手动修改了聚簇因子，将其设置为10000。手动修改统计信息是一种常用的优化手段，可以
便于我们分析问题。后面的统计信息的章节会有详细说明
*/
```

测试 SQL- 默认情况，具体如下：

```
select object_name,object_id from t1 where object_id=1;
-----------------------------------------------------------------------
| Id  | Operation          | Name | Rows  | Bytes | Cost (%CPU)| Time     |
-----------------------------------------------------------------------
|  0  | SELECT STATEMENT   |      | 287K  | 19M   | 1170   (1)| 00:00:15 |
|* 1  |  TABLE ACCESS FULL | T1   | 287K  | 19M   | 1170   (1)| 00:00:15 |
-----------------------------------------------------------------------

/*
在默认情况下，上面的SQL应该是采用的索引扫描。因为上面手工修改了索引的聚簇因子，大大增加了索引扫
描的成本。所以，这里选择使用了全表扫描。注意此时是使用了CBO，且优化器模式为默认值——ALL_ROWS
*/
```

测试 SQL-first_rows(10)，具体如下：

```
select /*+ first_rows(10) */ object_name,object_id from t1 where object_id=1;
-------------------------------------------------------------------------------
| Id  | Operation                    | Name   | Rows | Cost (%CPU)| Time     |
-------------------------------------------------------------------------------
|  0  | SELECT STATEMENT             |        | 12   |    4   (0)| 00:00:01 |
|  1  |  TABLE ACCESS BY INDEX ROWID | T1     | 12   |    4   (0)| 00:00:01 |
|* 2  |   INDEX RANGE SCAN           | IDX_T1 |      |    3   (0)| 00:00:01 |
-------------------------------------------------------------------------------
```

```
/*
这里使用了一个提示first_rows(10)，其作用是优先返回10条记录。在使用提示后，Oracle认为此时扫描
索引IDX_T1能够以最短的响应时间返回满足上述SQL的where条件object_id=1的头10条记录，因此这里使
用了索引范围扫描
*/
```

测试 SQL-first_rows(9)，具体如下：

```
select /*+ first_rows(9) */ object_name,object_id from t1 where object_id=1;
------------------------------------------------------------------------------
| Id  | Operation                    | Name   | Rows | Cost (%CPU)| Time     |
------------------------------------------------------------------------------
|   0 | SELECT STATEMENT             |        |   11 |    4   (0)| 00:00:01 |
|   1 |  TABLE ACCESS BY INDEX ROWID| T1     |   11 |    4   (0)| 00:00:01 |
|*  2 |   INDEX RANGE SCAN           | IDX_T1 |      |    3   (0)| 00:00:01 |
------------------------------------------------------------------------------

/*
使用提示first_rows(9)，带来的变化就是优化器对基数的估算不同。注意观察执行计划中的Rows部分。从
first_rows(10)的12变成了11
*/
```

测试 SQL-all_rows，具体如下：

```
select /*+ all_rows */ object_name,object_id from t1 where object_id=1;
-------------------------------------------------------------------------
| Id  | Operation          | Name | Rows  | Bytes | Cost (%CPU)| Time     |
-------------------------------------------------------------------------
|   0 | SELECT STATEMENT   |      | 287K|   19M| 1170    (1)| 00:00:15 |
|*  1 |  TABLE ACCESS FULL| T1    | 287K|   19M| 1170    (1)| 00:00:15 |
-------------------------------------------------------------------------

/*
ALL_ROWS Hint其实就相当于对目标SQL启用CBO且优化器模式为ALL_ROWS，而ALL_ROWS本身就是自
10g以来优化器模式的默认设置，即在默认情况下单独使用ALL_ROWS Hint和不使用任何Hint的效果是一
样的
*/
```

测试 SQL-rule，具体如下：

```
select /*+ rule */ object_name,object_id from t1 where object_id=1;
-----------------------------------------------
| Id  | Operation                    | Name   |
-----------------------------------------------
|   0 | SELECT STATEMENT             |        |
|   1 |  TABLE ACCESS BY INDEX ROWID| T1     |
|*  2 |   INDEX RANGE SCAN           | IDX_T1 |
-----------------------------------------------
Note
-----
   - rule based optimizer used (consider using cbo)
/*
注意执行计划中的关键字rule based...，并且显示的具体执行步骤中并没有Cost列，这说明RULE起作用
```

了（现在用的是RBO）
*/

测试 SQL-rule + parallel，具体如下：

```
alter table t1 parallel;
select /*+ rule */ object_name,object_id from t1 where object_id=1;
-----------------------------------------------------------
| Id  | Operation               | Name     |Cost (%CPU)|
-----------------------------------------------------------
|   0 | SELECT STATEMENT        |          |    81   (0)|
|   1 |  PX COORDINATOR         |          |            |
|   2 |   PX SEND QC (RANDOM)   | :TQ10000 |    81   (0)|
|   3 |    PX BLOCK ITERATOR    |          |    81   (0)|
|*  4 |     TABLE ACCESS FULL   | T1       |    81   (0)|
-----------------------------------------------------------
/*
```
输出中包含了Cost列，这表示上述SQL在解析时使用的是CBO，这也验证了之前的观点：如果目标SQL使用了并行执行，就意味着其中的RULE Hint会失效，此时Oracle会自动启用CBO
*/

2.2 成本

在对 SQL 语句进行优化的过程中，对于成本的理解非常重要。因为 Oracle 绝大多数情况下就是使用基于成本的优化器对 SQL 语句制定执行计划的。只有对成本有更深层次的认识，才能理解优化器的行为，也更容易找出产生较差执行计划的原因。但对于成本及其计算方法，Oracle 公司并没有开放很多资料，因而只能从一些公开的资料揣摩其工作原理、计算方法等。

下面会对成本的基本概念、计算方法加以简单说明。后面会结合一个 SQL 案例，阐述如何计算一个成本。

2.2.1 基本概念

成本是指花费在单数据块读取上的时间，加上花费在多数据块读取上的时间，再加上所需的 CPU 处理时间，然后将总和除以单数据块读取所花费的时间。也就是说，成本是语句的预计执行时间的总和，以单数据块读取时间单元的形式来表示。

成本的概念也是在不断演化中的，在不同的 Oracle 版本中是不同的。在 Oracle 8i 的版本中，成本是考虑了 I/O 子系统所做的请求数，并没有考虑到 CPU 资源的使用开销以及多数据块访问和单数据块访问的不同。在 Oracle 9i 中，引入了对 CPU 成本的计算，此外也加入了对单数据块和多数据块 I/O 请求的不同的考虑。到了 Oracle 10g，又引入了对数据分布特征、缓存数据块等因素的考虑。

2.2.2 计算公式

成本的具体计算公式如下：

Cost = (#SRDs * sreadtim +#MRDs * mreadtim +#CPUCycles /cpuspeed) / sreadtim

公式说明：

- ❑ #SRDs：单数据块读取的次数。
- ❑ #MRDs：多数据块读取的次数。
- ❑ #CPUCycles：CPU 时钟频率。
- ❑ sreadtim：随机读取单数据块的平均时间，单位为毫秒。
- ❑ mreadtim：顺序读取多数据块的平均时间，也就是多数据块平均读取时间，单位为毫秒。
- ❑ cpuspeed：代表有负载 CPU 速度，CPU 速度为每秒钟 CPU 周期数，也就是一个 CPU 一秒能处理的操作数，单位是百万次 / 秒。

2.2.3 计算示例

下面通过一个例子，说明如何通过上述公式计算一条 SQL 语句的运行成本。在此特别强调一下，成本的计算非常复杂，Oracle 官方也没有公布其具体的算法。在计算中，受影响的因素也比较多。下面的示例，仅仅作为一个参考，简单描述了计算过程。

下面的示例是在 Oracle 10gR2 的版本中进行的，此版本的成本计算中既包含了 I/O 成本，也包含了 CPU 成本。下面的计算中就包含了两个部分的计算过程。

1）准备工作：

```
create table t1 as select * from dba_objects;
exec dbms_stats.gather_table_stats(ownname=>'HF',tabname=>'T1',estimate_
    percent=>100);
//创建了一个测试表
```

2）优化器计算成本：

```
select * from t1;
---------------------------------------------------------------------------
| Id  | Operation          | Name  | Rows  | Bytes | Cost (%CPU)| Time     |
---------------------------------------------------------------------------
|   0 | SELECT STATEMENT   |       | 51054 |  4636K|   200   (1)| 00:00:03 |
|   1 |  TABLE ACCESS FULL | T1    | 51054 |  4636K|   200   (1)| 00:00:03 |
---------------------------------------------------------------------------
//对于上述这条SQL语句，优化器采用了全表扫描的执行方式，其估算的成本为200
```

3）10053 Trace：在开始计算之前，先对上述 SQL 语句进行一次 10053 的 Trace。通过这个跟踪事件可以观察到 CBO 是如何选择执行计划的。关于这个跟踪事件的具体用法，可参见本书后面的讲解。在后面的计算过程中，我们可以参看这个跟踪事件的输出。

```
alter session set events '10053 trace name context forever';
select * from t1;
alter session set events '10053 trace name context off';
```

4）系统统计信息：先来查看一下计算公式，在公式中指标 Sreadtim、Mreadtim、cpuspeed 跟具体的物理硬件有关。在 Oracle 数据库中，可通过收集系统级的统计信息得到相关的数据（关于系统的统计信息，可参看后面的统计信息部分）。如果数据库没有收集相应的信息，则此时处于 NOWORKLOAD 状态，这种情况下可通过几个新的统计参数折算得到我们需要的指标。

在 10053 的跟踪事件中，我们可以找到相关的部分：

```
*****************************
SYSTEM STATISTICS INFORMATION
*****************************
  Using NOWORKLOAD Stats
  CPUSPEED: 1251 millions instruction/sec
  IOTFRSPEED: 4096 bytes per millisecond (default is 4096)
  IOSEEKTIM: 10 milliseconds (default is 10)
```

从上面输出中可见，这条语句执行时是使用 NOWORKLOAD 的状态，即此时没有收集系统的统计信息。CPUSEED 已经给出，此外还给出另外两个统计参数 IOTFRSPEED、IOSEEKTIM。我们所需要的指标可以通过如下关系进行折算。在计算中，还涉及另外两个系统参数：一个是块大小，由 db_block_size 参数设定，当前系统为 8K；另外一个是一次多数据块读取的块数，由 db_file_multiblock_read_count 参数设定，当前系统为 8。

```
Sreadtim = ioseektim + db_block_size/iotrfrspeed
    = 10 + 8192/4096 = 12
Mreadtim = ioseektim + db_file_multiblock_read_count * db_block_size/iotrfrspeed
    = 10 + 8*8192/4096 = 26
```

5）对象统计信息：在优化器计算成本时，还需要参考对象级的统计信息。我们可以通过数据字典查看，也可以在 10053 的 Trace 文件中找到。在此跟踪输出中，相关部分如下。

```
*****************************************
BASE STATISTICAL INFORMATION
***********************
Table Stats::
  Table: T1  Alias: T1
    #Rows: 51054  #Blks:  723  AvgRowLen:  93.00
//从上面的输出中可见，表T1的块数为723。对应于全表扫描而言，需要读取723个8K的数据块。
```

6）计算 I/O 成本：前面提到过，成本的计算分为两个部分，分别为 I/O 和 CPU。下面简单看一下 I/O 的计算过程。前面提到的计算公式如下。

```
Cost = (
        #SRDs * sreadtim +
        #MRDs * mreadtim +
        #CPUCycles /cpuspeed
        ) / sreadtim
```

简单变换一下：

```
Cost = (
        #SRDs +
        #MRDs * mreadtim/sreadtim +
        #CPUCycles/(cpuspeed * sreadtim)
        )
```

其中前两行为 I/O 成本，暂不考虑最后一行，因为这条语句为全表扫描，使用的是多数据块读取的方式，所以，I/O 成本计算值考虑到第二行即可。

```
IO_Cost = #MRDs * mreadtim/sreadtim
        = ceil(723/8) * 26 / 12
           = 197.17
//系统总共需要读取723个数据块，每次读取8个块，共需要ceil(723/8)=91次
```

7）计算 CPU 成本：

```
CPU_Cost = #CPUCycles/(cpuspeed * sreadtim)
         = 25059861/(1251*12000)
             = 1.67
//总的CPU处理次数是从10053中得到的，后面会说明。整体CPU成本为1.67
```

8）验证成本：下面解读一下 10053 的成本计算，可与上面我们手工计算的部分进行对比。

```
*****************************************
SINGLE TABLE ACCESS PATH
  ---------------------------------------
  BEGIN Single Table Cardinality Estimation
  ---------------------------------------
  Table: T1  Alias: T1
    Card: Original: 51054  Rounded: 51054  Computed: 51054.00  Non Adjusted: 51054.00
  ---------------------------------------
  END   Single Table Cardinality Estimation
  ---------------------------------------
  Access Path: TableScan
    Cost:  199.67  Resp: 199.67  Degree: 0      //CPU成本为199.67 - 198 = 1.67
Cost_io: 198.00  Cost_cpu: 25059861             //IO成本为198
Resp_io: 198.00  Resp_cpu: 25059861
  Best::AccessPath: TableScan
        Cost: 199.67  Degree: 1  Resp: 199.67  Card: 51054.00  Bytes: 0
```

从 10053 可见，优化器计算的 I/O 成本为 198.00（对应于 Cost_io）。这一点和计算得到的 197.17 非常接近。考虑到系统中有隐含参数，计算成本时一般向上取整。可以认为两者就是一致的。对于 CPU 成本计算，Cost_cpu: 25059861 就是前边引用的 CPUCycles。整体 CPU 成本为总成本减去 I/O 成本，即 199.67–198＝1.67。这和我们前面计算的完全一致。

执 行 计 划

执行计划是 SQL 优化的基础，只有在充分了解执行计划的基础上才能判断语句执行是否高效。如何获得执行计划？怎样读取执行计划？常见的执行计划有哪些？如何干预执行计划？这些是本章阐述的重点。

3.1 概述

3.1.1 什么是执行计划

数据库执行 SQL 语句是按照一定顺序、分步骤完成的。至于采用怎样的顺序、用什么方法访问数据，是由优化器来决定的。一旦优化器确定好了一个它认为最高效的执行方法，这一系列的顺序、步骤就被称为执行计划。简言之，Oracle 用来执行目标 SQL 语句的这些步骤的组合就被称为执行计划。

下面通过一个示例说明 SQL 语句如何通过多个步骤处理得到需要的结果集。

```
select e.ename,d.dname from emp e,dept d where e.deptno=d.deptno and e.empno=7900;
-------------------------------------------------------------------------------
| Id  | Operation                    | Name    | Rows | Cost (%CPU)| Time     |
-------------------------------------------------------------------------------
|   0 | SELECT STATEMENT             |         |    1 |     2  (0)| 00:00:01 |
|   1 |  NESTED LOOPS                |         |    1 |     2  (0)| 00:00:01 |
|   2 |   TABLE ACCESS BY INDEX ROWID| EMP     |    1 |     1  (0)| 00:00:01 |
|*  3 |    INDEX UNIQUE SCAN         | PK_EMP  |    1 |     0  (0)| 00:00:01 |
|   4 |   TABLE ACCESS BY INDEX ROWID| DEPT    |    4 |     1  (0)| 00:00:01 |
|*  5 |    INDEX UNIQUE SCAN         | PK_DEPT |    1 |     0  (0)| 00:00:01 |
```

```
------------------------------------------------------------------------
Predicate Information (identified by operation id):
------------------------------------------------------------------------
   3 - access("E"."EMPNO"=7900)
   5 - access("E"."DEPTNO"="D"."DEPTNO")
```

1. 访问步骤

① Id＝0：操作为 SELECT STATEMENT。这一行实际表示语句的类型是一条 SELECT 语句，而非一个真正的操作。因此在一些执行计划显示当中，没有显示 ID＝0 的操作。

② Id＝1：操作为 NESTED LOOPS，表明以嵌套循环的方式进行表间关联。

③ Id＝2：操作为 TABLE ACCESS BY INDEX ROWID，而索引上的 ROWID 则是通过子步骤 (ID＝3) 来获取的。

④ Id＝3：操作为 INDEX UNIQUE SCAN，表明对索引进行唯一键值的访问以获取父操作所需要的 ROWID。前面带有 * 号，说明这个操作有相关的谓词条件（访问条件或过滤条件），后面会有详细说明。

⑤ Id＝4：操作为 TABLE ACCESS BY INDEX ROWID，而索引上的 ROWID 则是通过子步骤（ID＝5）来获取的。

⑥ Id＝5：操作为 INDEX UNIQUE SCAN，表明对索引进行唯一键值的访问以获取父操作所需要的 ROWID。前面也带有 * 号。

2. 谓词条件

1）3 - access("E"."EMPNO"=7900)：这是操作 ID＝3 的谓词条件，其中 access 是访问条件，表示通过指定条件定位到了数据。

2）5 - access("E"."DEPTNO"="D"."DEPTNO")：这是操作 ID＝5 的谓词条件，access 同样是访问条件，与前面不同的是，这里的条件值不是直接指定的，而是由嵌套循环传入的。

3. 执行过程

上面语句的执行是由多个步骤组成的，具体的步骤这里就不详细介绍了，下面仅描述一下整体执行过程。

①首先根据指定的 EMPNO=7900 的条件，通过索引 PK_EMP 进行读取。

②根据读取到的索引数据中的 ROWID 信息，返回查询 EMP 表，获得其他需要的字段。

③按照上面的方式循环读取整个 EMP 表，对于获得的每条记录进入内层循环。

④内层循环中，根据传入的 DEPTNO 的条件，通过索引 PK_DEPT 进行读取。

⑤根据读取到的索引数据的 ROWID 信息，返回查询 DEPT 表，获得需要的字段，然后返回上层循环。

⑥整体循环结束后，返回结果集。

3.1.2　库执行计划存储方式

数据库生成执行计划，是一个开销很大的工作。因此，一般数据库都会采取缓存策略。将生成好的执行计划保存起来，下次可以重用，避免了再次生成产生开销。在 Oracle 数据库中有一块内存区域称为库高速缓存（它是共享池的一部分）。用户执行的 SQL 语句或者 PL/SQL 块，其执行计划会被缓存在这个区域中。当相同的 SQL 语句或者 PL/SQL 块再次执行时，就可以直接利用缓存在该区域中的执行计划，而不用再进行昂贵的解析操作。

在 Oracle 数据库中，每条 SQL 语句都有一个称为 SQL_ID 的唯一标识。在对一条 SQL 语句的解析中，Oracle 会查询在库高速缓存中是否存在 SQL_ID。如果不存在，则会申请一块内存区域用来保存解析后的结果。在逻辑上，这块内存区域保存的数据结构称为游标。在内存区域中，一部分是与 SQL 语句相关的，被称为父游标；另一部分是与语句的执行计划相关的，被称为子游标。从名字就可以看出，二者是有主从关系的。对于同一条 SQL 语句，可能会存在多个子游标，我们称之为不同版本的子游标。不同的子游标的执行计划可能相同，也可能不同，但它们都属于同一个父游标。每个子游标都会被赋予一个序列号，即 CHILD_NUMBER。一条语句生成的第一个游标的 CHILD_NUMBER 为 0，相应的 Oracle 会为每个执行计划生成一个哈希值以作区分。

下面通过一个实例，说明一下。

```
<user scott>
conn scott/tiger
select empno,ename from emp;
/*
当一条SQL第一次被执行的时候,Oracle会同时产生一个父游标(Parent Cursor)和一个子游标(Child Cursor)
*/

select sql_text,sql_id,version_count
from v$sqlarea
where sql_text like 'select empno,ename%';
SQL_TEXT                                            SQL_ID         VERSION_COUNT
--------------------------------------------------- -------------- --------------
select empno,ename from emp                         78bd3uh4a08av              1
/*
目标SQL在V$SQLAREA中只有一条匹配记录,且这条记录的VERSION_COUNT的值为1（VERSION_COUNT表示
某个Parent Cursor拥有的所有Child Cursor的数量），这说明了Oracle在执行这条SQL时确实只产生了
一个Parent Cursor和一个Child Cursor
*/

select plan_hash_value,child_number from v$sql where sql_id='78bd3uh4a08av';
PLAN_HASH_VALUE CHILD_NUMBER
```

```
--------------- ------------
     3956160932               0
/*
```

从V$SQL中查看所有Child Cursor的信息。根据SQL_ID查询V$SQL，发现只有一条匹配记录，而且这条记录的CHILD_NUMBER的值为0(CHILD_NUMBER表示某个Child Cursor所对应的子游标号)，说明Oracle在执行原目标SQL时确实只产生了一个编号为0的Child Cursor
```
*/

<user hf>
conn hf/hf
create table emp as select * from scott.emp;
select empno,ename from emp;
select sql_text,sql_id,version_count
from v$sqlarea
where sql_text like 'select empno,ename%';
SQL_TEXT                                              SQL_ID           VERSION_COUNT
-------------------------------------------------- -------------- -------------
select empno,ename from emp                           78bd3uh4a08av              2
/*
```
在V$SQLAREA中发现匹配记录的VERSION_COUNTW为2，说明这个SQL语句有一个Parent Cursor和两个Child Cursor
```
*/

select plan_hash_value,child_number from v$sql where sql_id='78bd3uh4a08av';
PLAN_HASH_VALUE CHILD_NUMBER
--------------- ------------
     3956160932               0
     3956160932               1
/*
```
查看V$SQL，可以看到CHILD_NUMBER的值分别为0和1，表示有两个Child Cursor。这里产生两个Child Cursor的原因是，虽然上面的SQL语句("select empno,ename from emp")看起来是一样的，但是是由两个不同用户执行的，其实是两个完全不同的SQL，所以要生成两个游标，当然其对应的执行计划也就不能共享了，对应着也就有了两个不同的执行计划
```
*/
```

3.2 解读执行计划

3.2.1 执行顺序

当我们阅读一个执行计划时，理解执行计划的执行顺序非常重要。这对于我们理解语句实际执行过程，评估各个步骤可能的开销并进而采取优化策略等都有很大的帮助。遗憾的是，Oracle本身并没有提供一个直观的方法可以一目了然地看到语句的执行顺序，需要我们自己根据一些规则去判断执行顺序。下面针对这些规则加以说明。

- ❑ 执行计划是由很多步骤组成的，步骤之间有一定的执行顺序。每个步骤都有一个编号。
- ❑ 步骤之间存在父子关系。父子关系是通过缩进来体现的，子节点会较父节点向右

缩进。而父节点就是子节点上面离它最近的左移节点。如图 3-1 所示，节点 1 是父亲，节点 2、3 是它的孩子，而节点 3 又是节点 4、5 的父亲。

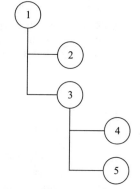

☐ 父子节点之间的缩进结构形成了一个树形图。真正执行顺序是从树形顶部开始，自上而下、自左向右寻找，直到到达某个节点（这个节点没有子节点），首先执行此节点。此后执行此节点同级的节点，执行顺序从上而下。在树形结构中，如果某个节点还有子节点，则先执行子节点；执行结果不断上移到父节点，直到汇总到顶级节点。还以图 3-1 所示为例，按照自上而下、自左向右的顺序，找到第一个没有子节点的节点是节点 2，执行此

图 3-1　步骤之间的父子关系

节点；然后自上而下找到节点 3，因为节点 3 还有子节点，所以先执行这些子节点。以此类推，整个的执行顺序就是 2-4-5-3-1。

下面通过一个示例，详细说明执行顺序。

```
SELECT ename,job,sal,dname
FROM emp,dept
WHERE dept.deptno=emp.deptno and not exists
(
    SELECT * FROM salgrade WHERE emp.sal between losal and hisal
);
-----------------------------------------------------
| Id  | Operation                   | Name     |
-----------------------------------------------------
|   0 | SELECT STATEMENT            |          |
|*  1 |  FILTER                     |          |
|   2 |   NESTED LOOPS              |          |
|   3 |    TABLE ACCESS FULL        | EMP      |
|   4 |    TABLE ACCESS BY INDEX ROWID| DEPT   |
|*  5 |     INDEX UNIQUE SCAN       | PK_DEPT  |
|*  6 |   TABLE ACCESS FULL         | SALGRADE |
-----------------------------------------------------
```

☐ 整个执行计划有 Id=0～6，总共 7 个步骤。在 Operation 列采用缩进格式显示。

☐ 执行顺序从 Id=0 开始，按照自上而下、自左到右，寻找缩进层次最深且没有子节点的节点。在上面的执行计划中，Id=3 是满足条件的节点（Id=5 虽然缩进层次更深且没有子节点，但其父节点 Id=4 与 Id=3 的节点是兄弟关系，且从 Id=0 顶节点往下找到第一个没有子节点的节点是 Id=3 的节点，因此 Id=3 的节点是先执行的节点）。

☐ 对于 Id=4 和 Id=5 这两个节点，是父子关系。按照先子节点后父节点的顺序执行，

即先执行 Id＝5 节点，然后执行 Id＝4 节点。

❑ 子节点执行完毕后，将结果返回到上级节点。例如上面的 Id＝3、4、5 执行完毕后，结果集汇总到 Id＝2。

上例整个执行顺序为 3－5－4－2－6－1－0。

3.2.2 访问路径

在执行计划中的 Operation 列，对应的就是访问路径，即这个步骤是如何访问数据的。常见的有如下的一些分类。

❑ 表相关的访问路径：这部分主要包括 ROWID 表扫描、采样表扫描、全表扫描三种方式。即针对表的访问，可以按照上面三种方式中的一种进行。

❑ 索引相关的访问路径：这部分又可分为 B 树索引访问路径和位图索引访问路径。B 树索引访问路径主要包括索引唯一扫描、索引范围扫描、索引全扫描、索引快速全扫描、索引跳跃扫描等方式。位图索引访问路径包括位图索引单键扫描、范围扫描、全扫描、快速全扫描及按位与、或、减等方式扫描。

❑ 表关联相关的访问路径：这部分主要包括嵌套循环连接、排序合并连接、哈希连接、笛卡儿连接等方式。

❑ 和 SORT 相关的访问路径：这部分包括聚合、去重、分组、排序等排序访问方式。

❑ 其他的访问路径：这部分包括视图、集合、层次查询等访问方式。

如何理解访问路径这个概念呢？这里举一个简单的示例，后文将有对这些执行路径的详细介绍。例如，我们需要对一个数据表做计数工作，即统计有多少条记录。如果是采用全表扫描的访问路径，则是按照表中记录的存储顺序，以块为单位，全部访问所有数据记录。

3.3 执行计划操作

3.3.1 查看执行计划

对于执行计划的操作，最常见的就是查看执行计划，这是对 SQL 进行优化的前提条件。取得一个真实、准确、有效的执行计划是一个最基本的要求。然而，在 Oracle 中存在一定的不确定性，即我们看到的执行计划和真实执行的可能完全不同，这取决于我们采用的收集方法。下面我们会着重介绍几种执行计划的查看方法，大家需要区分不同方法的优缺点、适用情况等。

1. EXPLAIN PLAN

执行这条命令可以显示指定 SQL 语句的执行计划和相关信息，并将它们作为输出存储到一张数据表中，这张表称为计划表（plan table）。在使用这个命令之前，首先要确保计划表存在，否则会抛出错误。在不同版本的 Oracle 中，创建计划表的方式也不同。以 11g 为例，如果需要手工创建计划表，执行 $ORACLE_HOME/rdbms/admin/utlxplan.sql 脚本即可。Oracle 默认创建的是名称为 plan_table 的计划表，我们也可以创建自己的计划表，结构和 plan_table 一致即可。需要注意的是，该工具的特点是并没有真正执行语句，实际的执行过程可能与 Explain 分析结果不一样。

下面简单介绍一下这个命令的使用方法，包括如何获取执行计划、如何查看执行计划及查询输出的含义。

（1）获取执行计划

获取执行计划的方法如下：

```
explain plan {set statement_id='<your ID>'}
{into table <table name>}
for <sql statement>
```

参数说明：

❑ sql statement：指定需要提供执行计划的 SQL。支持 select、insert、update、merge、delete、create table、create index 和 alter index 等类型。

❑ statement_id：指定一个名字，用来区分存储在计划表中的多个执行计划。名字可以是包含任意字符的字符串，但是每个名字所含字符不能超过 30 个。这个参数为可选项，默认值是 null。

❑ table_name：指定计划表的名字。这个参数可选，默认为 plan_table。当需要的时候，甚至可以为它指定 schema、db link 等。

相关权限： 数据库用户在执行 explain plan 语句时，必须对作为参数传递过来的 SQL 语句有执行权限。注意当参数里包含视图时，也需要该用户对视图所基于的基础表及视图有访问权限。

其他说明：

❑ EXPLAIN PLAN 是 DML 语句，而不是 DDL 语句。这意味着该会话不会对当前事务进行隐式提交，仅仅是插入几条记录到计划表。

❑ 如果只想看 ORACLE 采用什么执行计划，而不真正执行语句，可以使用 explain plan 命令。类似于 set autotrace traceonly explain，也可以使用 dbms_xplan。这个包也是读取 plan_table 表。

（2）查看执行计划

查看 Explain 目录的执行计划有很多种方法，笔者推荐使用 DBMS_XPLAN 包的方式。

❑ 直接查询计划表。

```
explain plan set statement_id='query1' for select * from t1;
column plan format a70
select lpad (' ', 3*level) || operation || '(' || options ||') '|| object_name || ' '
    ||object_type
from plan_table
connect by prior id=parent_id and statement_id='query1';
```

❑ 调用 dbms_xplan.display 函数。

```
explain plan for select ...;
select * from table(dbms_xplan.display)
//在9iR2以后的版本中，可以使用这个方式查询，效果更好也更容易。函数display允许带有参数调用
```

❑ 调用脚本。

```
explain plan for select ...;

@ $ORACLE_HOME/rdbms/admin/utlxpls.sql  //查看串行执行计划
@ $ORACLE_HOME/rdbms/admin/utlxplp.sql  //查看并行执行计划
//9i下只能查看串行执行计划，10g既可以查看串行计划，也可以查看并行执行计划
```

（3）输出说明

在 Explain 的输出中，包含很多信息。辨析这些字段的具体含义十分重要。下面结合一个示例，针对主要的字段加以说明：

```
SQL> explain plan for select count(*) from t1;
Explained.

SQL> select * from table(dbms_xplan.display);
PLAN_TABLE_OUTPUT
--------------------------------------------------------------------------------
Plan hash value: 3724264953
-----------------------------------------------------------------
| Id  | Operation          | Name | Rows  | Cost (%CPU)| Time     |
-----------------------------------------------------------------
|  0  | SELECT STATEMENT   |      |     1 |   344   (1)| 00:00:05 |
|  1  |  SORT AGGREGATE    |      |     1 |            |          |
|  2  |   TABLE ACCESS FULL| T1   | 85773 |   344   (1)| 00:00:05 |
-----------------------------------------------------------------
9 rows selected.
```

❑ COST：指 cbo 中这一步所耗费的资源，这个值是相对值。

❑ CARD：指计划中这一步所处理的行数。

❑ BYTES：指 cbo 中这一步处理的所有记录的字节数，是估算出来的一组值。

❑ ROWID：是一个伪列，对每个表都有一个 ROWID 的伪列，但是表中并不物理存储 ROWID 列的值。不过你可以像使用其他列那样使用它，但是不能删除、修改列。一旦一行数据插入数据库，则 ROWID 在该行的生命周期内是唯一的，即使该行产

生行迁移，行的 ROWID 也不会改变。

❏ RECURSIVE SQL：有时为了执行用户发出的一个 SQL 语句，Oracle 必须执行一些额外的语句，我们将这些额外的语句称为 recursive calls。如当一个 DDL 语句发出后，ORACLE 总是隐含发出一些 RECURSIVE SQL 语句，来修改数据字典信息，在需要的时候，ORACLE 会自动在内部执行这些语句。当然 DML 语句与 SELECT 都可能引起 RECURSIVE SQL。简单说，我们可以将触发器视为 RECURSIVE SQL。

❏ ROW SOURCE：行源。用在查询中，由上一操作返回的符合条件的行的集合，既可以是表的全部行数据的集合，也可以是表的部分行数据的集合，还可以是对前两个 row source 进行连接操作（如 join 连接）后得到的行数据集合。

❏ PREDICATE：谓词。一个查询中的 WHERE 限制条件。

❏ DRIVING TABLE：驱动表，又称为外层表 OUTER TABLE。这个概念用于嵌套与哈希连接中。如果该 row source 返回较多的行数据，则对所有的后续操作有负面影响。如果一个大表能够有效过滤数据（例如在 WHERE 条件有限制条件），则该大表作为驱动表也是合适的，所以并不是只有小表可以作为驱动表。正确说法应该为：应用查询的限制条件后，返回较少行源的表作为驱动表。在执行计划中，应该为靠上的那个 row source，在后面描述中，一般将该表称为连接操作的 row source 1。

❏ PROBED TABLE：被探查表。该表又称内层表 INNER TABLE。在我们从驱动表中得到具体一行的数据后，在该表中寻找符合连接条件的行。所以该表应当为大表（实际上应该为返回较大 row source 的表）且相应列上应该有索引。在后面的描述中，一般将该表称为连接操作的 row source 2。

❏ CONCATENATED INDEX：组合索引。由多个列构成的索引，如 create index idx_emp on emp(col1,col2)。在组合索引中有一个重要的概念——引导列（leading column）。在上面的例子中，col1 列为引导列。当我们进行查询时可以使用 "where col1 = ?"，也可以使用 "where col1 = ? and col2 = ?"，两者都会使用索引，但是 "where col2 = ?" 查询就不会使用该索引。所以限制条件中包含引导列时，该限制条件才会使用该组合索引。

❏ SELECTIVITY：可选择性。比较一下列中唯一键的数量和表中的行数，就可以判断该列的可选择性。如果该列的"唯一键的数量 / 表中的行数"的比值越接近 1，则该列的可选择性越高，该列就越适合创建索引，同样索引的可选择性也越高。在可选择性高的列上进行查询时，返回的数据就较少，比较适合使用索引查询。

2. AUTOTRACE

AUTOTRACE 是较简单的一种获取执行计划的方式，往往也是最常用的方法。有一点需要注意：使用 AUTOTRACE 有多种选型，不同选型决定了是否真正执行这条 SQL，其对

应的执行计划有可能是真实的，也有可能是虚拟的，要加以区分。从本质上来讲，当使用
AUTOTRACE 时，Oracle 实际上启动了两个会话连接。一个会话用于执行查询，另一个会
话用于记录执行计划和输出最终的结果。如果进一步查询可以发现，这两个会话是由同一
个进程派生出来的（一个进程对应多个会话）。

下面简单介绍一下这个命令的使用方法，包括必要的准备工作，不同选型的区别及查
询输出的含义。

（1）准备工作

❑ 创建 plan table：

```
connect / as sysdba
@ $ORACLE_HOME/rdbms/admin/utlxplan
```

❑ 创建同义词：

```
create public synonym plan_table for plan_table;
```

❑ 授权：

```
grant all on plan_table to public;
```

❑ 创建 plustrace 角色：

```
@ $ORACLE_HOME/sqlplus/admin/plustrce.sql
```

❑ 将 plustrace 角色授予 public：

```
grant plustrace to public;
```

（2）常用选项

注意不同选型的区别，可根据自己的需要进行选择。

❑ SET AUTOTRACE OFF：不生成 AUTOTRACE 报告，这是默认模式。

❑ SET AUTOTRACE ON EXPLAIN：AUTOTRACE 只显示优化器执行路径报告。

❑ SET AUTOTRACE ON STATISTICS：只显示执行统计信息。

❑ SET AUTOTRACE ON：包含执行计划和统计信息。执行完语句后，会显示 explain
plan 与 统计信息。这个语句的优点就是它的缺点，这样在用该方法查看执行时间较
长的 SQL 语句时，需要等待该语句执行成功后，才返回执行计划，使优化的周期
大大增长。

❑ SET AUTOTRACE TRACEONLY：同 SET AUTOTRACE ON，但是不显示查询输
出。如果想得到执行计划，而不想看到语句产生的数据，可以采用这种方式。这样
还是会执行语句。它与 SET AUTOTRACE ON 相比的优点是：不会显示出查询的数
据，但是还是会将数据输出到客户端，这样当语句查询的数据比较多时，语句执行
将会花费大量的时间，因为大部分时间用在将数据从数据库传到客户端上了。笔者

一般不用这种方法。

❑ SET AUTOTRACE TRACEONLY EXPLAIN：如同用 EXPLAIN PLAN 命令。对于 SELECT 语句，不会执行语句，而只是产生执行计划。但是对于 DML 语句，还是会执行语句，不同版本的数据库可能会有小的差别。这样在优化执行时间较长的 SELECT 语句时，大大减少了优化时间，解决了"SET AUTOTRACE ON"与"SET AUTOTRACE TRACEONLY"命令优化时执行时间长的问题，但同时带来一个新的问题：不会产生 statistics 数据，而通过 statistics 数据的物理 I/O 的次数，我们可以简单地判断语句执行效率的优劣。

❑ SET AUTOTRACE TRACEONLY STATISTICS：和 SET AUTOTRACE TRACEONLY 一样，但只显示执行路径。

（3）输出说明

AUTOTRACE 的输出有两个部分——查询计划报告和统计数据。下面结合一个示例进行说明：

```
SQL> set autotrace on
SQL> select count(*) from t1;
  COUNT(*)
----------
     86262


Execution Plan
----------------------------------------------------------
Plan hash value: 3724264953
--------------------------------------------------------------------
| Id  | Operation          | Name | Rows  | Cost (%CPU)| Time     |
--------------------------------------------------------------------
|   0 | SELECT STATEMENT   |      |     1 |   344   (1)| 00:00:05 |
|   1 |  SORT AGGREGATE    |      |     1 |            |          |
|   2 |   TABLE ACCESS FULL| T1   | 85773 |   344   (1)| 00:00:05 |
--------------------------------------------------------------------


Statistics
----------------------------------------------------------
        31  recursive calls
         0  db block gets
      1275  consistent gets
      1234  physical reads
         0  redo size
       536  bytes sent via SQL*Net to client
       523  bytes received via SQL*Net from client
         2  SQL*Net roundtrips to/from client
         6  sorts (memory)
         0  sorts (disk)
         1  rows processed
```

查询计划报告如下：

```
SELECT STATEMENT OPTIMIZER=CHOOSE(Cost=10 Card=328 Bytes=3842)
```

这个部分包含了若干的属性输出，下面简单介绍一下各个属性。

❑ Cost：CBO 赋予执行计划的每个步骤的成本。

❑ Card：基数的简写，它是特定查询计划步骤输出的记录行数的估算。

❑ Bytes：CBO 预测的每一个计划步骤将返回的数据字节数量。

如果 Cost、Card 和 Bytes 值不存在，就清楚地表明此查询使用的是 RBO。统计数据如下。

❑ Recursive calls：为执行 SQL 语句递归调用 SQL 语句的数目。

❑ Db block gets：用当前方式从缓冲区高速缓存中读取的总块数。

❑ Consistent gets：在缓冲区高速缓存中一个块被请求进行读取的次数。读取方式为一致性读取。一致性读取可能需要读取回滚段的信息。

❑ Physical reads：从数据文件到缓冲区高速缓存物理读取的数目。

❑ Redo size：语句执行过程中产生的重做信息的字节数。

❑ Bytes sent via SQL*Net to client：从服务器发送到客户端的字节数。

❑ Bytes received via SQL*Net from client：从客户端接收的字节数。

❑ SQL*Net roundtrips to/from client：从客户机发送和接收的 SQL*Net 消息的总数，包括从多行的结果集中提取的往返消息。

❑ Sorts(memory)：在内存中的排序次数。

❑ Sorts(disk)：磁盘排序次数。

❑ Rows processed：更改或选择返回的行数。

3. SQL Trace（10046）

SQL Trace 是 Oracle 提供的用于进行 SQL 跟踪的手段，是强有力的辅助诊断工具。在日常的数据库问题诊断和解决中，SQL Trace 是常用的方法。对数据库进行性能诊断可以使用 SQL 跟踪的方法，把一些信息记录在 Trace 文件里以便以后分析。

10046 事件是 Oracle 提供的内部事件，是对 SQL_TRACE 的增强。当 SQL 跟踪用于高于 1 的等级时，也称为扩展的 SQL 跟踪。对应 10046 有不同的级别，级别越高跟踪的粒度越细，如表 3-1 所示。

表 3-1 10046 的级别

Level	含　义
0	停用 SQL 跟踪（相当于 SQL_TRACE=FALSE），禁止调试事件

（续）

Level	含　义
1	标准 SQL 跟踪（相当于 SQL_TRACE=TRUE）。针对每个被处理的数据库调用，给定如下信息：SQL 语句、响应时间、服务时间、处理的行数、逻辑读数量、物理读与写的数量、执行计划以及一些额外信息
4	在 Level 1 的基础上增加绑定变量的信息，主要是数据类型、精度及每次执行时所用的值
8	在 Level 1 的基础上增加等待事件的信息，包括等待事件的名称、持续时间及一些额外的参数等
12	同时启动 Level 4 + 8

下面简单介绍一下这个事件的使用方法，包括必要的准备工作、如何跟踪、格式化输出结果及输出含义。

（1）准备工作

在做 SQL Trace 之前，需要设置一些参数。这些参数控制跟踪事件的详细程度或者限制跟踪文件大小。

计时信息

参数 timed_statistics，用于控制计时信息是否可用，其默认值依赖于另外一个参数 statistics_level。如果将 statistics_level 设定为 basic，则 timed_statistics 默认为 false；否则，timed_statistics 默认为 true。

文件大小

Trace 文件的最大尺寸（单位为操作系统块），UMLIMITED 表示没有限制。Oracle 8 以后可以在后面加上 K 或 M 来表示文件大小。决定 Trace 文件大小的因素：跟踪级别、跟踪时长、会话的活动级别和 MAX_DUMP_FILE_SIZE 参数。

文件名称

生成的文件有内置的命名规则，也可以手动指定名称，便于辨识。

1）默认规则：

```
<instance name>_<process name>_<process id>.trc
```

其中：

❑ instance name：初始化参数 instance_name 的小写值。在 RAC 中，与初始化参数 db_name 不同，通过 v$instance 视图的 instance_name 列可以得到这个值。

❑ process name：产生跟踪文件进程的小写值。对于专有服务器进程，使用 ora；对于共享服务器进程，可以通过 v$dispatcher 或 v$shared_server 视图的 name 列获得；对于并行从属进程，可以通过 v$px_process 视图 server_name 列获得；对于其他多数后台进程来说，可以通过 v$bgprocess 视图的 name 列获得。

❑ process id：操作系统的进程标识，可以通过 v$process 视图的 spid 列获得。

2）人工标记文件：在生成的文件名中就有这个标记，方便寻找生成的跟踪文件。

❑ 格式：

```
alter session set tracefile_identifier='test';
alter session set sql_trace=true;
```

❑ 名称格式：

```
<instance name>_<process name>_<process id>_<tracefile identifier>.trc
```

❑ 注意事项：该方法只对专有服务器进程有效。每次会话动态改变该参数的值，都会自动创建一个新的跟踪文件。参数 tracefile_identifier 的值通过 v$process 视图的 traceid 列可以得到。这只对该参数的会话有效，其他会话看到的值为 NULL。

文件路径

跟踪文件生成的路径跟服务器的参数设置有关系。不同的数据库版本，文件路径也有差异。如果使用 Oracle 的共享服务器连接，就会使用一个后台进程，因此，跟踪文件的位置是由 BACKUPGROUND_DUMP_DEST 确定。如果使用的是专用服务器连接，就会使用一个用户进程和 Oracle 交互，此时的文件路径在 USER_DUMP_DEST 下。10g 及以前版本的查看方式如下：

```
select rtrim(c.value,'/')||'/'||d.instance_name||'_ora_'||ltrim(to_char(a.spid))
    ||'.trc' as trace_file_name
from v$process a,v$session b,v$parameter c,v$instance d
where a.addr=b.paddr and
    b.sid=(select sid from v$mystat where rownum<2) and
    b.audsid=sys_context('userenv','sessionid') and
    c.name='user_dump_dest';
```

11g 中的查看方式不太一样。在 11g 中，Oracle 以更简便的方式提供了跟踪文件的名称，这依赖于 ADR（Automatic Diagnostic Repository）的引入。初始化参数 user_dump_dest 与 backupgroup_dump_dest 失效，转而支持初始化参数 diagnostic_dest。不过新的初始化参数只设定基本目录，可以使用 v$diag_info 视图获得跟踪文件的准确位置。

```
select value from v$parameter where name='diagnostic_dest';
select value from v$diag_info where name = 'Default Trace';       //跟踪目录
select value from v$diag_info where name = 'Default Trace File';  //跟踪文件
```

这里的 Default Trace File 就是默认的会话跟踪文件名称。

（2）使用方法（传统方式）

可以以多种粒度去跟踪对象，包括全局、会话等，下面分别说明。

全局

启用全局会导致所有进程的活动被跟踪，包括后台进程及所有用户进程。这通常会导致比较严重的性能问题，所以在生产环境中要谨慎使用。通过启用全局，可以跟踪到所有后台进程的活动，很多在文档中的抽象说明，通过跟踪文件的实时变化，我们可以清晰地看到各个进程之间的紧密协调。具体使用方法可以通过修改参数文件加入以下参数：

```
sql_trace=true
or
event="10046 trace name context forever,level 12"
```

当前会话

大多数时候我们使用 sql_trace 跟踪当前进程。通过跟踪当前进程可以发现当前操作的后台数据库递归活动（这在研究数据库新特性时尤其有效），研究 SQL 执行，会发现后台错误等。具体使用方法如下：

```
alter session set sql_trace=true;
alter session set sql_trace=false;
or
alter session set events '10046 trace name context forever';
alter session set events '10046 trace name context forever, level 8';
alter session set events '10046 trace name context off';
```

其他用户会话

除了跟踪当前会话外，也可以跟踪其他会话，方法有很多种。

1）dbms_system 方法，具体如下：

```
exec dbms_system.set_sql_trace_in_session( 1234, 56789, true);
exec dbms_system.set_sql_trace_in_session( 1234, 56789, false);
```

默认情况下，dbms_system 包只能被 sys 用户执行。如果执行所需的权限给了其他用户，需要慎重，因为这个包含了其他过程，set_ev 过程自身也能用来设定其他事件。如果确实需要提供给其他用户在任意会话内激活或禁止 SQL 跟踪的能力，建议使用另外包含必需过程的包，这个包就是 dbms_support。

2）dbms_support 方法，具体如下：

```
exec dbms_support.start_trace_in_session(sid => 1234,serial# => 56789,waits =>
    true,binds => true);
exec dbms_support.stop_trace_in_session(sid => 1234,serial# => 56789);
```

3）dbms_system.set_ev 方法，具体如下：

```
exec dbms_system.set_ev(si=>9,se=>437,ev=>10046,le=>8,nm=>'test');
exec dbms_system.set_ev(9,437,10046,0,'hf');
```

其中：

❑ si：session id，即会话 ID。

- ❑ se：serial number，即会话序列号。
- ❑ ev：event number，即事件号。
- ❑ le：level，即 TRACE 的级别，0 表示跟踪结束。

（3）使用方法（新方式）

10g 以后提供的 dbms_monitor 包来开启或关闭 SQL 跟踪。可以根据会话属性（客户端标记、服务名、模块名以及操作名），开启或关闭 SQL 跟踪。在大量使用连接池的场合下，用户不用依赖特定的会话，这一特性很重要。默认情况下，只有 dba 角色的用户才能执行 dbms_monitor 包提供的过程。可以对会话级、客户端级、组件级、数据库级等多种粒度进行跟踪。

会话级

1）使用方法：跟踪内容是通过 waits、binds 参数设置完成，不同于以前的通过 level 来设置。

```
dbms_monitor.session_trace_enable(session_id=>123,serial_num=>23733,waits=>true,
    binds=>false);
dbms_monitor.session_trace_disable(session_id=>123,serial_num=>23733);
```

2）查看会话是否被跟踪：

```
select sql_trace,sql_trace_waits,sql_trace_binds
from v$session
where sid=xxx;
```

在 10gR2 中，当启用跟踪后，v$session 会设置相应值。但需要注意的是，只有在 session_trace_enable 已经被使用且被跟踪的会话至少执行了一个 SQL 语句的时候才是这样。

3）注意事项：在 RAC 中，session_trace_enable 与 session_trace_disable 过程要在会话所在的实例上执行。

客户端级

1）使用方法如下：

```
dbms_monitor.client_id_trace_enable(client_id='hanfeng',waits=>true,binds=>false);
dbms_monitor.client_id_trace_disable(client_id='hanfeng');
```

其中：

- ❑ client_id：没有默认值，区分大小写。
- ❑ waits：是否跟踪等待事件，默认为 true。
- ❑ binds：是否跟踪绑定变量，默认为 false。

2）查看客户端是否被跟踪：

```
select primary_id as client_id,waits,binds
from dba_enabled_traces
where trace_type='CLIENT_ID';
```

3）注意事项：只有在会话属性客户端标记已经设定后才有用。

组件级

1）使用方法：

```
dbms_monitor.serv_mod_act_trace_enable(service_name=>'xxxx',module_name=>'mymodule',
    action_name=>'myaction',waits=>true,binds=>false,instance_name=>null);
dbms_monitor.serv_mod_act_trace_diable(service_name=>'xxxx',module_name=>'mymodule',
    action_name=>'myaction',instance_name=>null);
```

其中：

❑ service_name：和数据库相关联的逻辑名字。可以通过初始化参数 service_names 来进行设置。一个数据库可以有多个服务名。

❑ module_name：默认值 any_module，null 也是有效值。

❑ action_name：默认值 any_action，null 也是有效值。如果指定了参数 action_name，必须指定参数 module_name，否则会抛出 ORA-13859 错误。

❑ waits：是否跟踪等待事件，默认为 true。

❑ binds：是否绑定变量，默认为 false。

❑ instance_name：如果使用 RAC，使用参数 instance_name 能够用来限制对单实例进行跟踪。默认情况下，SQL 跟踪对所有实例都是开启的。

2）查看组件是否被跟踪：

```
select primary_id as service_name,qualifier_id1 as module_name,qualifier_id2 as
    action_name,waits,binds
from dba_enabled_traces
where trace_type='SERVICE_MODULE_ACTION';
```

如果启用 SQL 跟踪没有指定服务名、模块名、操作名这三个属性，trace_type 列将设定为 SERVICE 或 SERVICE_MODULE，具体设定为哪个取决于使用了哪个参数。

数据库级

1）使用方法：

```
dbms_monitor.database_trace_enable(waits=>true,binds=>true,instance_name=>null);
dbms_monitor.database_trace_disable(instance_name=>null);
```

其中：

❑ waits：是否跟踪等待事件，默认为 true。

❑ binds：是否跟踪绑定变量，默认为 false。

❑ instance_name：限制只对单一实例进行跟踪。如果参数 instance_name 设定为 null，也就是默认值，将对所有的实例开启 SQL 跟踪。

2）查看数据库是否被跟踪：

```
select instance_name,waits,binds
from dba_enabled_traces
where trace_type='DATABASE';
```

（4）分析日志

无论上面采用哪种方式收集日志，都需要对这些日志进行分析。对于日志的分析有两种情况，一种是针对原始日志文件，另外一种是针对 TKPROF 处理后的日志文件。

原始日志

一般情况下，不会直接对原始日志进行分析。但对于处理后的日志，有些信息会丢失，因此必要时还是会对原始日志进行分析。相对而言，原始日志看起来不是很方便。

下面对内容指标进行说明。

1）PARSING IN CURSOR ... END OF STMT：主要记录 SQL 语句文本。

- ❏ len：被分析的 SQL 的长度。
- ❏ dep：产生递归 SQL 的深度。
- ❏ uid：user id。
- ❏ otc：Oracle command type 命令的类型。
- ❏ lid：私有用户的 ID。
- ❏ tim：时间戳。
- ❏ hv：hash value。
- ❏ ad：sql address。

2）PARSE 表示解析，EXEC 表示执行，FETCH 表示获取。

- ❏ c：消耗的 cpu time。
- ❏ e：elapsed time 操作的用时。
- ❏ p：physical reads 物理读的次数。
- ❏ cr：consistent reads 一致性方式读取的数据块。
- ❏ cu：current 方式读取的数据块。
- ❏ mis：cursor miss in cache 硬解析次数。
- ❏ r：rows 处理的行数。
- ❏ dep：depth 递归 SQL 的深度。
- ❏ og：optimzer goal 优化器模式。
- ❏ tim：timestamp 时间戳。

3）BINDS：绑定变量的定义和值。

4）WAIT：在处理过程中发生的等待事件。

5）STAT：产生的执行计划以及相关的统计。

❑ id：执行计划的行源号。

❑ cnt：当前行源返回的行数。

❑ pid：当前行源的父号。

❑ pos：执行计划中的位置。

❑ obj：当前操作的对象 ID（如果当前行原是一个对象的话）。

❑ op：当前行源的数据访问操作。

下面我们来看一个实际示例。

```
Oracle Database 10g Enterprise Edition Release 10.2.0.1.0 - Production
With the Partitioning, OLAP and Data Mining options
ORACLE_HOME = /opt/oracle/products/10.2.0/db_1
System name:    Linux
Node name:      server1
Release:        2.6.16.60-0.21-default
Version:        #1 Tue May 6 12:41:02 UTC 2008
Machine:        i686
Instance name: testdb
Redo thread mounted by this instance: 1
Oracle process number: 19
Unix process pid: 25750, image: oracle@server1 (TNS V1-V3)

*** 2010-08-31 15:05:14.035
*** ACTION NAME:() 2010-08-31 15:05:14.035
*** MODULE NAME:(SQL*Plus) 2010-08-31 15:05:14.035
*** SERVICE NAME:(SYS$USERS) 2010-08-31 15:05:14.035
*** SESSION ID:(139.1453) 2010-08-31 15:05:14.035
```

上面是 Trace 文件的头部，记录了 Trace 文件路径和名称，Trace 生成的时间、数据库版本、操作系统版本、实例名等。

```
...
PARSING IN CURSOR #4 len=210 dep=2 uid=0 oct=3 lid=0 tim=1253162423406877 hv=
    864012087 ad='2b691784'
select /*+ rule */ bucket_cnt, row_cnt, cache_cnt, null_cnt, timestamp#, sample_
    size, minimum, maximum, distcnt, lowval, hival, dens
ity, col#, spare1, spare2, avgcln from hist_head$ where obj#=:1 and intcol#=:2
END OF STMT
PARSE #4:c=0,e=101,p=0,cr=0,cu=0,mis=0,r=0,dep=2,og=3,tim=1253162423406868
EXEC #4:c=0,e=69,p=0,cr=0,cu=0,mis=0,r=0,dep=2,og=3,tim=1253162423407167
FETCH #4:c=0,e=44,p=0,cr=2,cu=0,mis=0,r=0,dep=2,og=3,tim=1253162423407253
STAT #4 id=1 cnt=0 pid=0 pos=1 obj=255 op='TABLE ACCESS BY INDEX ROWID HIST_HEAD$
    (cr=2 pr=0 pw=0 time=55 us)'
STAT #4 id=2 cnt=0 pid=1 pos=1 obj=257 op='INDEX RANGE SCAN I_HH_OBJ#_INTCOL# (cr=2
    pr=0 pw=0 time=47 us)'
```

```
EXEC #1:c=4000,e=4202,p=0,cr=2,cu=0,mis=1,r=0,dep=1,og=1,tim=1253162423410127
FETCH #1:c=4001,e=2300,p=0,cr=69,cu=0,mis=0,r=1,dep=1,og=1,tim=1253162423412502
STAT #1 id=1 cnt=1 pid=0 pos=1 obj=0 op='SORT AGGREGATE (cr=69 pr=0 pw=0
   time=2299 us)'
STAT #1 id=2 cnt=4622 pid=1 pos=1 obj=51785 op='TABLE ACCESS SAMPLE T2 (cr=69
   pr=0 pw=0 time=98 us)'
```

上面是 Oracle 对 SQL 语句做分析，并且有一个游标号——CURSOR #4。这个号在整个 Trace 文件中不是唯一的。当一条 SQL 语句执行完毕后，这个号会被另外的 SQL 语句重用。从上面可以看出这个 SQL 语句分析了一次，执行两次，FETCH 两次。STAT# 就是对 SQL 执行这个步骤资源消耗的一个统计。

TKPROF 日志

TKPROF 用来解释 Trace 文件内容，把原始的 Trace 文件转化为容易理解的文件。其实就是合并汇总 Trace 文件中的一些项，规范化文件的格式，使文件更具可读性。需要注意 TKPROF 只能处理 10046 事件产生的 Trace 文件。下面解释一下 TKPROF 的日志输出。

1）纵行（执行的几个阶段）：

❑ Parse（分析）：这步将 SQL 语句转换成执行计划，包括检查是否有正确的授权和所需使用的表、列以及其他引用到的对象是否存在。此阶段是 Oracle 在共享池中查找（软解析）或创建查询计划（硬解析）的所在。

❑ Execute（执行）：这步真正由 Oracle 来执行。对于 insert、update、delete 操作，这步会修改数据；对于 select 操作，这步就只是确定选择的记录，在很多情况下为空；对于 update 语句，此阶段将执行所有工作。

❑ Fetch（提取）：返回查询语句中获得的记录，这步只有 select 语句会被执行；对于 update，将不显示任何工作。

2）横行（各信息项）：

❑ COUNT（计数）：数据库调用数量，即这个语句被 parse、execute、fetch 的次数。

❑ CPU：这个语句对于所有的 parse、execute、fetch 所消耗的 CPU 的时间，以秒为单位。

❑ ELAPSED（占用时间）：这个语句所有消耗在 parse、execute、fetch 的总的时间。如果花费的时间大于 CPU 时间，意味着花费了等待时间。在报告的底部可以看到具体的等待事件。

❑ DISK（磁盘）：物理读的数据块数量。注意，不是物理 IO 的数量。如果这个值大于逻辑读的数量（disk>query+current），意味着数据块填充进了临时表空间。

❑ QUERY（查询）：在一致性读模式下从高速缓存逻辑读取的块数量。

❑ CURRENT（当前）：在当前模式下从高速缓存逻辑读取的块数量。通常这类逻辑读被 insert、delete、merge 及 update 等语句使用。

❑ ROWS（行）：所有 SQL 语句返回的记录数目，但是不包括子查询中返回的记录数目。对于 select 语句，返回记录是在 fetch 这步；对于 insert、update、delete 操作，返回记录则是在 execute 这步。

3）查询环境

❑ "Misses in library cache during parse: n"：是否在库中进行了解析（0 为软解析 1 为硬解析）。

❑ "Misses in library cache during execute: n"：执行调用阶段硬解析的数量。

❑ "Optimizer goal: xxx"：优化器模式。

❑ "Parsing user id: xxx"：解析 SQL 语句用户 ID

❑ " (recursive depth: n)"：递归深度。只针对递归 SQL 语句提供。直接由应用程序执行的 SQL 语句深度为 0，深度为 n 仅表示另一个深度为 n-1 的 SQL 语句执行了这条语句。

4）查询计划：

❑ "两部分"：如果指定了 explain 参数的话可能会看到两部分。第一部分被不够准确地称为行源操作（Row Source Operation），是游标关闭且开启跟踪情况下写到跟踪文件中的执行计划。这意味着如果应用程序不关闭游标而重用它们的话，不会有新的针对重用游标的执行计划写入跟踪文件中。第二部分称为执行计划，是由指定 explain 参数的 tkprof 生成的。既然是随后生成的，所以和第一部分不完全匹配。如果看到不一致，前者是正确的。

❑ 统计信息：

  ○ cr（number of buffers retrieved for CR reads）：一致性模式下逻辑读出的数据块数。

  ○ pr（number of physical reads）：磁盘物理读出的数据块数。

  ○ pw（number of physical writes）：物理写入磁盘的数据块数。

  ○ time：百万分之一秒记的占用时间；us 代表微秒。

  ○ cost：操作的开销评估（以下项 11g 才提供，以下各项均是如此）。

  ○ size：操作返回的预估数据量（字节数）。

  ○ card：操作返回的预估行数（除了 card，上述都是累计的）。

5）等待事件：总结了 SQL 语句的等待事件，对每种类型的等待事件提供了如下值。

❑ Times Waited：等待事件占用时间。

❑ Max Wait：单个等待事件最大等待时间，单位为秒。

❑ Total Waited：针对一个等待事件总的等待秒数。

6）跟踪文件信息：输出文件的结尾给出所有关于跟踪文件的信息。这部分信息很重要，可以知道整个跟踪文件消耗的时间。

❑ 跟踪文件名称、版本号、用于这个分析所使用的参数 sort 的值。

❑ 所有会话数量与 SQL 语句数量。

❑ 组成跟踪文件的行数。对于 10g，可以看到所有 SQL 用去的时间。

7）案例说明：

Trace 文件头部的信息描述了 tkprof 的版本，以及报告中一些列的含义。在下面的报告中，每一条 SQL 都包含了这条 SQL 执行过程中的所有信息。

```
TKPROF: Release 10.2.0.1.0 - Production on Tue Aug 31 15:22:45 2010

Copyright (c) 1982, 2005, Oracle.  All rights reserved.

Trace file: testdb_ora_25750_hf.trc
Sort options: default


********************************************************************
count     = number of times OCI procedure was executed
cpu       = cpu time in seconds executing
elapsed   = elapsed time in seconds executing
disk      = number of physical reads of buffers from disk
query     = number of buffers gotten for consistent read
current   = number of buffers gotten in current mode (usually for update)
rows      = number of rows processed by the fetch or execute call
********************************************************************
```

下面是 SQL 在解析过程中访问数据字典视图。如果不需要，可以使用 tkprof sys=no 的方式来屏蔽它们。

```
alter session set sql_trace=true
...
select i.obj#,i.ts#,i.file#,i.block#,i.intcols,i.type#,i.flags,i.property,
  i.pctfree$,i.initrans,i.maxtrans,i.blevel,i.leafcnt,i.distkey,i.lblkkey,
  i.dblkkey,i.clufac,i.cols,i.analyzetime,i.samplesize,i.dataobj#,
  nvl(i.degree,1),nvl(i.instances,1),i.rowcnt,mod(i.pctthres$,256),
  i.indmethod#,i.trunccnt,nvl(c.unicols,0),nvl(c.deferrable#+c.valid#,0),
  nvl(i.spare1,i.intcols),i.spare4,i.spare2,i.spare6,decode(i.pctthres$,null,
  null,mod(trunc(i.pctthres$/256),256)),ist.cachedblk,ist.cachehit,
  ist.logicalread
from
  ind$ i, ind_stats$ ist, (select enabled, min(cols) unicols,
  min(to_number(bitand(defer,1))) deferrable#,min(to_number(bitand(defer,4)))
  valid# from cdef$ where obj#=:1 and enabled > 1 group by enabled) c where
  i.obj#=c.enabled(+) and i.obj# = ist.obj#(+) and i.bo#=:1 order by i.obj#
```

下面的语句是 CBO 做动态采样的 SQL 语句，这说明了这个表没有被分析。

```
...
```

```
SELECT /* OPT_DYN_SAMP */ /*+ ALL_ROWS IGNORE_WHERE_CLAUSE
  NO_PARALLEL(SAMPLESUB) opt_param('parallel_execution_enabled', 'false')
  NO_PARALLEL_INDEX(SAMPLESUB) NO_SQL_TUNE */ NVL(SUM(C1),:"SYS_B_0"),
  NVL(SUM(C2),:"SYS_B_1")
FROM
  (SELECT /*+ NO_PARALLEL("T2") FULL("T2") NO_PARALLEL_INDEX("T2") */
  :"SYS_B_2" AS C1, :"SYS_B_3" AS C2 FROM "T2" SAMPLE BLOCK (:"SYS_B_4" ,
  :"SYS_B_5") SEED (:"SYS_B_6") "T2") SAMPLESUB
```

下面我们执行的 SQL。这条语句分析了 1 次，执行了 1 次，数据提取了 2 次（数据提取不一定一次就能提取完成）。

消耗 CPU 资源 0.02 秒，总耗时 0.01 秒。物理读取 0 个数据块，一致性读取 693 个块。没有发生 current 方式的读取，一共提取数据记录数为 1。

```
...
select count(1) from t2

call     count       cpu    elapsed       disk      query    current       rows
------- ------  -------- ---------- ---------- ---------- ---------- ----------
Parse        1      0.00       0.00          0          1          0          0
Execute      1      0.00       0.00          0          0          0          0
Fetch        2      0.01       0.01          0        692          0          1
------- ------  -------- ---------- ---------- ---------- ---------- ----------
total        4      0.02       0.01          0        693          0          1
```

shared pool 中没有命中，说明有一个硬解析。如果是软解析，此处是 0。

```
Misses in library cache during parse: 1
```

当前优化器模式是 CBO ALL_ROWS

```
Optimizer mode: ALL_ROWS
```

分析用户的 ID

```
Parsing user id: 55   (HF)
```

下面是实际的执行路径。这个计划中的信息不是 CBO 根据表分析数据估算出的数值，而是 SQL 实际执行过程中消耗的资源信息。

```
Rows     Row Source Operation
-------  ---------------------------------------------------
      1  SORT AGGREGATE (cr=692 pr=0 pw=0 time=11699 us)
  49934  TABLE ACCESS FULL T2 (cr=692 pr=0 pw=0 time=89 us)
```

其中：

❑ Rows：当前操作返回的实际记录数。

❑ Row Source Operation：行源操作（表示当前操作的数据访问方式）。

❑ cr (consistent read)：一致性方式读取的数据块（相当于 query 列上 fetch 步骤的值）。

❑ pr（physical read）：物理读取的数据块（相当于 disk 列上的 fetch 步骤的值）。

❑ pw（physical write）：物理写。

❑ time：当前操作执行的时间。

下面是使用 explain for 方式生成的 SQL 执行计划：

```
Rows     Execution Plan
-------  ---------------------------------------------------
      0  SELECT STATEMENT   MODE: ALL_ROWS
      1   SORT (AGGREGATE)
  49934    TABLE ACCESS (FULL) OF 'T2' (TABLE)
```

下面是对这个 SQL_TRACE 期间所有非递归 SQL 语句（NON-RECURSIVE STATEMENTS）的执行信息统计汇总。

```
...
OVERALL TOTALS FOR ALL NON-RECURSIVE STATEMENTS

call     count       cpu    elapsed       disk      query    current       rows
-------  ------  --------  ---------  ---------  ---------  ---------  ----------
Parse         4      0.01       0.00          0          1          0          0
Execute       5      0.00       0.00          0          0          0          2
Fetch         2      0.01       0.01          0        692          0          1
-------  ------  --------  ---------  ---------  ---------  ---------  ----------
total        11      0.02       0.02          0        693          0          3

Misses in library cache during parse: 2
```

下面是所有递归的 SQL 语句的信息统计。递归语句是指执行一条 SQL 语句衍生出执行一些其他的 SQL。比如读取数据字典表等。

```
OVERALL TOTALS FOR ALL RECURSIVE STATEMENTS

call     count       cpu    elapsed       disk      query    current       rows
-------  ------  --------  ---------  ---------  ---------  ---------  ----------
Parse         4      0.00       0.00          0          0          0          0
Execute       4      0.00       0.00          0          0          0          0
Fetch        17      0.00       0.00          0         77          0         14
-------  ------  --------  ---------  ---------  ---------  ---------  ----------
total        25      0.01       0.01          0         77          0         14

Misses in library cache during parse: 1
Misses in library cache during execute: 1

    6  user  SQL statements in session.
    3  internal SQL statements in session.
    9  SQL statements in session.
    1  statement EXPLAINed in this session.
```

下面是整个 TRACE 文件的概要说明，包括文件名、扩展参数、SQL 语句数量等内容。

```
**************************************************************************
Trace file: testdb_ora_25750_hf.trc
Trace file compatibility: 10.01.00
Sort options: default

      1  session in tracefile.
      6  user  SQL statements in trace file.
      3  internal SQL statements in trace file.
      9  SQL statements in trace file.
      8  unique SQL statements in trace file.
      1  SQL statements EXPLAINed using schema:
          HF.prof$plan_table
            Default table was used.
            Table was created.
            Table was dropped.
    112  lines in trace file.
     18  elapsed seconds in trace file.
```

4. V$SQL 和 V$SQL_PLAN

使用数据字典视图也可以查看执行计划。因这种方式显示的执行计划不太直观，故不太常用。下面给出简单示例。

```
SQL> select /*hf*/ count(*) from t1;
  COUNT(*)
----------
    86262

SQL> col oper format a20
SQL> col options format a20
SQL> col object_name format a10
SQL> select lpad(' ',2*depth)||operation,options,object_name,cost
     from v$sql_plan
     where sql_id='dnfpxwhzrkpm7';
OPER                 OPTIONS              OBJECT_NAM     COST
-------------------- -------------------- ---------- ----------
SELECT STATEMENT                                          344
  SORT               AGGREGATE
    TABLE ACCESS     FULL                 T1             344
```

5. DBMS_XPLAN

DBMS_XPLAN 是 Oracle 数据库内置的一个包，通过它可以查看存储在不同位置的执行计划，包括计划表、库缓存、自动负载信息库（AWR）和 SQL 调优集。笔者认为，它是在众多查看执行计划的方式中最好的一种，不仅支持从多种数据源显示执行计划，而且显示信息比较丰富。

根据不同的数据源，需要调用 DBMS_XPLAN 包的不同方法。不同方法对比如表 3-2

所示。

表 3-2　不同数据源调用的不同方法

方　　法	使　　用	数　据　源
DISPLAY	Explain plan	计划表
DISPLAY_CURSOR	Real Plan	库缓存中的游标缓存
DISPLAY_AWR	History	AWR 仓库基表 WRH$SQL_PLAN
DISPLAY_SQLSET	SQL Tuning Set	SQL Set 视图

下面针对不同的方法，分别加以说明。

（1）DBMS_XPLAN.DISPLAY

DISPLAY 函数返回存储在计划表中的执行计划，返回值为集合 dbms_xplan_type_table 实例。其中，集合里的元素是对象类型 dbms_xplan_type 的实例。此对象类型的唯一属性称为 plan_table_output，类型为 varchar2。注意：使用前把 sqlplus 的 linesize 参数调整到至少 120。

语法：

```
select * from table(dbms_xplan.display('table_name','statement_id','format','filter_
    preds));
```

参数：

❑ table_name：指定计划表的名字，默认值为 plan_table。

❑ statement_id：指定 SQL 语句的名字，当 SQL 语句 explain plan 执行时，此参数是可选的。默认值是 null，在使用默认值的情况下，将显示最近插入计划表中的执行计划（如果没有指定 filter_preds 参数）。

❑ format：指定输出哪些内容。除了基本的 basic、typical、serial、all 和 advanced，为了更好地控制，还有一些额外的修饰符可以添加在后面（alias、bytes 等）。如果需要某些特殊的信息，就在修饰符前加一个 " + " 字符（比如 basic+predicate）。如果不需要哪些信息，就在修饰符前加一个 " – " 字符（比如 typical-bytes）。可以同时指定多个修饰符（typical+alias-bytes）。默认值为 typical，同时基本值 advanced 和所有修饰符从 10gR2 开始可供使用。

❑ filter_preds：指定在查询计划表时添加的一个约束。约束的内容是基于计划表中某个字段一个寻常的 SQL 谓词（比如 statement_id='xxx'），默认值是 null。如果使用默认值，将显示最近一条插到计划表中的执行计划。这个参数从 10gR2 开始使用。

下面来重点介绍一个非常重要的参数——FORMAT 参数。

基本值：

- ❑ basic：仅显示很少的信息。基本上只包含操作和操作的对象。
- ❑ typical：显示大部分相关内容，基本上包含除了别名、提纲和字段投影外的所有信息。
- ❑ serial：和 typical 类似，只是并行操作没有显示出来。
- ❑ all：显示除了提纲外的所有信息。
- ❑ advanced：显示所有信息。

修饰符：

- ❑ alias：控制包含查询块名和对象别名部分的显示。
- ❑ bytes：控制执行计划表中字段 Bytes 的显示。
- ❑ cost：控制执行计划表中字段 Cost 的显示。
- ❑ note：控制包含注意信息（note）部分的显示。
- ❑ outline：控制包含提纲（outline）部分的显示。
- ❑ parallel：控制并行处理信息的显示，尤其是执行计划表中字段 TQ、IN-OUT 和 PQ Distrib 的显示。
- ❑ partition：控制分区信息的显示，尤其是执行计划表中字段 Pstart 和 Pstop 的显示。
- ❑ peeked_binds：控制包含被窥视的绑定变量部分的显示。既然 SQL 语句 explain plan 的当前实现不执行绑定变量窥视，这部分内容就不会显示。
- ❑ predicate：控制包含谓词 filter 和 access 部分的显示。
- ❑ projection：控制包含字段投影信息部分的显示。
- ❑ remote：控制远程执行的 SQL 语句的显示。
- ❑ rows：控制执行计划表中字段 Rows 的显示。

示例：

```
SQL> explain plan for select count(*) from t1;
Explained.

SQL> select * from table(dbms_xplan.display(null,null,'basic'));
PLAN_TABLE_OUTPUT
--------------------------------------------------------------------------------
Plan hash value: 3724264953


-----------------------------------
| Id  | Operation          | Name |
-----------------------------------
|   0 | SELECT STATEMENT   |      |
|   1 |  SORT AGGREGATE    |      |
|   2 |   TABLE ACCESS FULL| T1   |
-----------------------------------
```

（2）DBMS_XPLAN.DISPLAY_CURSOR

显示存储在库缓存中的执行计划。注意此函数从 10g 开始可供使用。返回值是集合 dbms_xplan_type_table 的一个实例。

语法：

```
select * from table(dbms_xplan.display_cursor('sql_id', cursor_child_no, 'format'));
```

参数：

- ❏ sql_id：指定被返回执行计划的 SQL 语句的父游标。默认值是 null。如果使用了默认值，当前会话的最后一条 SQL 语句的执行计划将被返回。
- ❏ cursor_child_no：指定父游标下子游标的序号，即指定被返回执行计划的 SQL 语句的子游标，默认值是 0。如果设定为 null，sql_id 所指父游标下所有子游标的执行计划都将被返回。
- ❏ format：指定要显示那些信息，默认值为 typical。可用参数和 display 相同。此外，如果执行统计打开（参数 statistics_level 为 all 或 SQL 语句使用了提示 gather_plan_statistics），则可以显示更多的信息。

下面来重点介绍一个重点参数——FORMAT 参数。

修饰符⊖：

- ❏ allstats：这是 iostats+memstats 的快捷方式。
- ❏ iostats：控制 I/O 统计的显示。
- ❏ last：显示所有执行计算过的统计。如果指定了这个值，只显示最后一次执行的统计信息。
- ❏ memstats：控制 PGA 相关统计的显示。
- ❏ runstats_last：和 iostats last 相同，只能用于 10gR1。
- ❏ runstats_tot：和 iostats 相同，只能用于 10gR1。

示例：

```
SQL> select count(*) from t1;
  COUNT(*)
----------
     86262

SQL> select sql_id, address, hash_value ,plan_hash_value ,child_number
  2  from v$sql
  3  where sql_text like '%select count(*) from t1%' and sql_text not like '%v$sql%';

SQL_ID          ADDRESS          HASH_VALUE PLAN_HASH_VALUE CHILD_NUMBER
```

⊖ 除了最后两个外，都要从 10gR2 起可以使用。

```
------------- ---------------- ---------- --------------- ------------
5bc0v4my7dvr5 000000006AA92650 4235652837      3724264953           0
```

```
SQL> select * from table(dbms_xplan.display_cursor('5bc0v4my7dvr5',0,'advanced
    +allstats'));
```

```
PLAN_TABLE_OUTPUT
--------------------------------------------------------------------------------
SQL_ID  5bc0v4my7dvr5, child number 0
-------------------------------------
select count(*) from t1
```

```
Plan hash value: 3724264953
```

```
----------------------------------------------------------------------
| Id  | Operation          | Name | E-Rows | Cost (%CPU)| E-Time    |
----------------------------------------------------------------------
|   0 | SELECT STATEMENT   |      |        | 344  (100)|           |
|   1 |  SORT AGGREGATE    |      |     1 |           |           |
|   2 |   TABLE ACCESS FULL| T1   | 85773 |  344    (1)| 00:00:05 |
----------------------------------------------------------------------
```

```
Query Block Name / Object Alias (identified by operation id):
-------------------------------------------------------------
   1 - SEL$1
   2 - SEL$1 / T1@SEL$1
```

```
Outline Data
-------------
```

```
PLAN_TABLE_OUTPUT
--------------------------------------------------------------------------------
```

```
  /*+
      BEGIN_OUTLINE_DATA
      IGNORE_OPTIM_EMBEDDED_HINTS
      OPTIMIZER_FEATURES_ENABLE('11.2.0.4')
      DB_VERSION('11.2.0.4')
      ALL_ROWS
      OUTLINE_LEAF(@"SEL$1")
      FULL(@"SEL$1" "T1"@"SEL$1")
      END_OUTLINE_DATA
  */
```

```
PLAN_TABLE_OUTPUT
--------------------------------------------------------------------------------
```

```
Column Projection Information (identified by operation id):
-----------------------------------------------------------
```

```
    1 - (#keys=0) COUNT(*)[22]

Note
-----
    - Warning: basic plan statistics not available. These are only collected when:

PLAN_TABLE_OUTPUT
--------------------------------------------------------------------------------
      * hint 'gather_plan_statistics' is used for the statement or
      * parameter 'statistics_level' is set to 'ALL', at session or system level
```

（3）DBMS_XPLAN.DISPLAY_AWR

DISPLAY_AWR 函数返回存储在 AWR 中的执行计划，从 10g 起可用。返回值是集合 dbms_xplan_type_table 的一个实例。

语法：

```
select * from table(dbmx_xplan.display_awr('sql_id',plan_hash_value,db_id,'format'));
```

参数：

❑ sql_id：指定被返回执行计划的 SQL 语句的父游标。此参数没有默认值。

❑ plan_hash_value：指定被返回执行计划的 SQL 语句的哈希值，默认值为 null。如果使用了默认值，与 sql_id 参数指定的父游标相关的所有执行计划都会返回。

❑ db_id：指定被返回执行计划的 SQL 语句所在的数据库，默认为 null。如果使用了默认值，则数据库为当前库。

❑ format：指定要显示哪些信息。和 display 函数中的 format 有相同的参数，默认为 typical。

（4）输出说明

无论使用哪种方法，其大致都包含相同的输出项。下面针对输出的各个部分进行详细说明。

第一部分：

```
sql_id xxxxxxxxxx,child number 0
------------------------------------
select t2.* from t t1, t t2 where t1.n = t2.n and t1.id > 6 and t2.id between 6 and 19;
```

其中：

❑ sql_id：标识父游标。只有调用 display_cursor 或 display_awr 函数时才有此信息。

❑ child number：属于这个 sql_id 的子游标序号，可以标识出子游标。只有调用 display_cursor 函数时才会产生这个数据。

❑ select …：SQL 语句内容。只有在调用 display_cursor 或 display_awr 函数时产生。

第二部分：

```
PLAN_TABLE_OUTPUT
--------------------------------------------------------------------------
Plan hash value: 1338433605
--------------------------------------------------------------------------
| Id  | Operation                     | Name  | Rows  | Bytes | Cost (%CPU)| Time     |
--------------------------------------------------------------------------
|   0 | SELECT STATEMENT              |       |    14 |  7756 |    42   (3)| 00:00:01 |
|*  1 |  HASH JOIN                    |       |    14 |  7756 |    42   (3)| 00:00:01 |
|   2 |   TABLE ACCESS BY INDEX ROWID |       |       |       |            |          |
|     |                               | T     |    14 |  7392 |     5   (0)| 00:00:01 |
|*  3 |    INDEX RANGE SCAN           | T_PK  |    14 |       |     2   (0)| 00:00:01 |
|*  4 |   TABLE ACCESS FULL           | T     |   982 | 25532 |    36   (0)| 00:00:01 |
--------------------------------------------------------------------------
```

包含执行计划的哈希值和以表格形式展现的执行计划本身。表格中提供了每一步操作的执行路径、对象、影响行数、成本等信息。此外，关于分区、并行处理、运行统计部分只有在存在时才会显示。

1）基本字段（总是可用的）：

❑ Id：执行计划中每一个操作（行）的标识符。如果数据前面带有星号，意味着将在随后提供这行包含的谓词信息。

❑ Operation：执行的操作，又称行源操作。

❑ Name：操作的对象。

2）查询优化器评估：

❑ Rows(E-Rows)：评估中操作返回的记录条数。

❑ Bytes(E-Bytes)：评估中操作返回的记录字节数。

❑ TempSpc：评估中操作使用的临时空间大小。

❑ Cost(%CPU)：评估中操作的开销。在括号内列出了 CPU 开销的百分比。注意这些值是通过执行计划计算出来的。换句话说，父操作的开销包含子操作的开销。

❑ Time：评估中执行操作需要的时间（HH:MM:SS）。

3）分区：

❑ Pstart：访问的第一个分区。如果解析时不知道是哪个分区，就设为 KEY、KEY(I)、KEY(MC)、KEY(OR) 或 KEY(SQ)。

❑ Pstop：访问的最后一个分区。如果解析时不知道是哪个分区，就设为 KEY、KEY(I)、KEY(MC)、KEY(OR) 或 KEY(SQ)。

4）并行和分布式处理：

❑ Inst：在分布式操作中，指操作使用的数据库链的名字。

❑ TQ：在并行操作中，用于从属线程间通信的表队列。

❏ IN-OUT：并行或分布式操作间的关系。

❏ PQ Distrib：在并行操作中，生产者为发送数据给消费者进行的分配。

5）运行时统计（统计开启时可用）：

❏ Starts：指定操作执行的次数。

❏ Rows：操作返回的真实记录数。

❏ Time：操作执行的真实时间（HH:MM:SS.FF）

6）I/O 统计（统计开启时可用）：

❏ Buffers：执行期间进行的逻辑读操作数量。

❏ Reads：执行期间进行的物理读操作数量。

❏ Writes：执行期间进行的物理写操作数量。

7）内存使用统计：

❏ 0Mem：最优执行所需内存的评估值。

❏ 1Mem：一次通过（one-pass）执行所需内存的评估值。

❏ 0/1/M：最优 / 一次 / 多次通过（multipass）模式操作执行的次数。

❏ Used-Mem：最后一次执行时操作使用的内存量。

❏ Used-Tmp：最后一次执行时操作使用的临时空间大小。这个字段必须扩大 1024 倍才能和其他衡量内存的字段一致（比如，32KB 意味着 32MB）。

❏ Max-Tmp：操作使用的最大临时空间大小。这个字段必须扩大 1024 倍才能和其他衡量内存的字段一致（比如，32KB 意味着 32MB）。

第三部分：

```
Query Block Name / Object Alias (identified by operation id):
-------------------------------------------------------------
   1 - SEL$1
   2 - SEL$1 / T2@SEL$1
   3 - SEL$1 / T2@SEL$1
   4 - SEL$1 / T1@SEL$1
```

对执行计划中的每一步操作，都可以看到所涉及的查询块，同时可能看到相关的执行对象。这部分信息只从 10g 才可以使用。

第四部分：

```
Outline Data
----------------
/*+
    BEGIN_OUTLINE_DATA
    IGNORE_OPTIM_EMBEDDED_HINTS
    OPTIMIZER_FEATURES_ENABLE('10.2.0.3')
    ALL_ROWS
```

```
    OUTLINE_LEAF(@"SEL$1")
    INDEX_RS_ASC(@"SEL$1" "T2"@"SEL$1"("T"."ID"))
    FULL(@"SEL$1" "T1"@"SEL$1")
    LEADING(@"SEL$1" "T2"@"SEL$1" "T1"@"SEL$1")
    USE_HASH(@"SEL$1" "T1"@"SEL$1")
    END_OUTLINE_DATA
*/
```

仅在 10gR2 后才开始生效，显示强制产生一个特殊执行计划所必需的一组提示的集合。
这些提示的集合称为提纲（outline）。

第五部分：

```
Predicate Information (identified by operation id):
---------------------------------------------------
   1 - access("T1"."N"="T2"."N")
   3 - access("T2"."ID">=6 AND "T2"."ID"<=19)
   4 - filter("T1"."ID">6)
```

显示使用的谓词。对其中的每一个谓词，显示在第几行和以什么样的方式（访问或过
滤）操作数据。

第六部分：

```
Column Projection Information (identified by operation id):
-----------------------------------------------------------
   1 - (#keys=1)  "T2"."N"[NUMBER,22], "T2"."ID"[NUMBER,22], "T2"."PAD"[VARCHAR2,
       1000]
   2 - "T2"."ID"[NUMBER,22], "T2"."N"[NUMBER,22], "T2"."PAD"[VARCHAR2,1000]
   3 - "T2".ROWID[ROWID,10], "T2"."ID"[NUMBER,22]
   4 - "T1"."N"[NUMBER,22]
```

这部分信息仅从 10g 开始可用，显示每一步操作执行时，那些字段作为输出返回。

第七部分：

```
Note
-----
   - dynamic sampling used for this statement
```

提供优化阶段、环境或 SQL 语句本身的一些注意和警告信息。此处，提醒查询优化器
使用了动态采样来收集对象统计信息。在 9iR2 中，这部分内容是没有标题的，也没包含多
少信息（例如，是否使用动态采样）。从 10g 开始，这部分内容就详细多了。

3.3.2　固定执行计划

在实际工作中经常面临这样一个问题，就是 SQL 语句的执行计划因为各种原因产生
变化导致执行效率低下。此时，就需要一种技术可以将 SQL 语句的执行计划固定下来。
Oracle 数据库本身提供了多种方法，可以固定执行计划，如表 3-3 所示。后面将对各种技

术，进行简单说明。

表 3-3　Oracle 数据库提供的方法

技　　术	是否修改 SQL	版 本 要 求
提示	是	所有版本
存储概要	否	8i 及以上版本
SQL 概要	否	10g 及以上（企业版）
SQL 计划基线	否	11g 及以上（企业版）

1. 提示

通过使用提示，强制 SQL 语句按照指定的方式执行。这是一种相对简单的处理方式，缺点是必须修改 SQL 语句，且有些情况下可能会出现忽略提示的现象。关于提示的使用方法，会在后面详细说明，这里指通过一个简单的示例说明一下它的用法。

```
SQL> create table t1 as select * from dba_objects;
Table created.

SQL> alter table t1 add primary key(object_id);
Table altered.

SQL> exec sys.dbms_stats.gather_table_stats('hf','t1',cascade=>true);
PL/SQL procedure successfully completed.

SQL> set autotrace on
SQL> select count(*) from t1;
  COUNT(*)
----------
     86267


Execution Plan
----------------------------------------------------------
Plan hash value: 716119113
---------------------------------------------------------------------------------
| Id  | Operation             | Name         | Rows  | Cost (%CPU)| Time     |
---------------------------------------------------------------------------------
|   0 | SELECT STATEMENT      |              |     1 |    50   (0)| 00:00:01 |
|   1 |  SORT AGGREGATE       |              |     1 |            |          |
|   2 |   INDEX FAST FULL SCAN| SYS_C0011089 | 86267 |    50   (0)| 00:00:01 |
---------------------------------------------------------------------------------

SQL> select /*+ full(t1) */ count(*) from t1;
  COUNT(*)
----------
     86267


Execution Plan
```

```
--------------------------------------------------------------
Plan hash value: 3724264953
--------------------------------------------------------------
| Id  | Operation          | Name | Rows  | Cost (%CPU)| Time     |
--------------------------------------------------------------
|   0 | SELECT STATEMENT   |      |     1 |   344  (1)| 00:00:05 |
|   1 |  SORT AGGREGATE    |      |     1 |           |          |
|   2 |   TABLE ACCESS FULL| T1   | 86267 |   344  (1)| 00:00:05 |
--------------------------------------------------------------
```

在这个示例中，通过指定 full 这个提示，将原来的 "INDEX FAST FULL SCAN" 变成了 "TABLE ACCESS FULL"。

2. 存储概要

存储概要（stored outlines）被设计用来提供稳定的执行计划，以消除执行环境或对象统计信息的改变造成的影响。这个特性又称计划稳定性。计划稳定性阻止执行计划和应用程序性能因环境和配置的改变而改变。计划稳定性把执行计划保存在存储概要中。启用存储概要时，优化器从概要中产生相应的执行计划，从而使 SQL 语句的访问路径稳定下来。存储概要中的计划不会改变，即使数据库配置或 Oracle 版本发生变化。计划稳定性还可以在从基于规则优化器移植到基于成本优化器时和升级到新版本 Oracle 时稳定应用程序性能。要使用存储概要，执行的 SQL 语句应与存储的 SQL 语句完全匹配。执行计划的固定依赖于判定一个查询是否存在存储概要时查询语句是否完全一致，与判定 shared pool 里一个执行计划是否可以重用时的匹配方式是一致的。下面通过一个简单的示例说明具体用法。

```
SQL> create table t as select * from dba_objects;
Table created.

SQL> set autotrace on
SQL> select * from t where object_id=10;
--------------------------------------------------------------------------
| Id  | Operation          | Name | Rows | Bytes | Cost (%CPU)| Time     |
--------------------------------------------------------------------------
|   0 | SELECT STATEMENT   |      |   14 |  2898 |   344  (1)| 00:00:05 |
|*  1 |  TABLE ACCESS FULL| T    |   14 |  2898 |   344  (1)| 00:00:05 |
--------------------------------------------------------------------------

SQL> create index idx_t on t(object_id);
Index created.

SQL> select * from t where object_id=10;
------------------------------------------------------------------------------
| Id  | Operation          | Name  | Rows  | Bytes | Cost (%CPU)| Time     |
------------------------------------------------------------------------------
```

```
|  0 | SELECT STATEMENT          |        |  1 |  207 |    2   (0)| 00:00|
|  1 |   TABLE ACCESS BY INDEX ROWID
                                  | T      |  1 |  207 |    2   (0)| 00:00|
|* 2 |    INDEX RANGE SCAN        | IDX_T  |  1 |      |    1   (0)| 00:00|
---------------------------------------------------------------------------
```

在有索引的情况下，这条语句为"INDEX RANGE SCAN"；没有索引的情况下，这条语句为"TABLE ACCESS FULL"。

```
SQL> drop index idx_t;
Index dropped.

SQL> create or replace outline myoutline for category mycategory on
    select * from t where object_id=10;
Outline created.
```

在没有索引的情况下，为这条语句生成一个存储概要。

```
SQL> create index idx_t on t(object_id);
Index created.

SQL> select * from t where object_id=10;
-------------------------------------------------------------------------------
| Id  | Operation                   | Name  | Rows | Bytes | Cost (%CPU)| Time |
-------------------------------------------------------------------------------
|  0 | SELECT STATEMENT             |       |  1 |  207 |    2   (0)| 00:00|
|  1 |  TABLE ACCESS BY INDEX ROWID| T     |  1 |  207 |    2   (0)| 00:00|
|* 2 |   INDEX RANGE SCAN           | IDX_T |  1 |      |    1   (0)| 00:00|
-------------------------------------------------------------------------------

SQL> alter session set use_stored_outlines=mycategory;
Session altered.

SQL> select * from t where object_id=10;
---------------------------------------------------------------------------
| Id  | Operation          | Name | Rows | Bytes | Cost (%CPU)| Time     |
---------------------------------------------------------------------------
|  0 | SELECT STATEMENT    |      | 1029 | 208K|  344   (1)| 00:00:05 |
|* 1 |  TABLE ACCESS FULL| T    | 1029 | 208K|  344   (1)| 00:00:05 |
---------------------------------------------------------------------------


Note
-----
   - outline "MYOUTLINE" used for this statement
```

在会话级使用先前定义的存储概要，在即使有索引的情况下，仍然执行的是"TABLE ACCESS FULL"。需要特别关注的是，后面的 Note 一节，明确说明了这个语句使用了名称为"MYOUTLINE"的存储概要。

3. SQL 概要

SQL 概要是一个对象，它包含了可以帮助查询优化器为一个特定的 SQL 找到高效执行计划的信息。这些信息包括执行环境、对象统计和对查询优化器所做评估的修正信息。它最大的优点是在不修改 SQL 和会话执行环境的情况下影响查询优化器的决定。下面通过一个简单示例说明一下它的用法。

下面的代码准备了一个数据环境。

```
SQL> create table t1 as select rownum as id,t.* from dba_objects t;
Table created.
SQL> create index idx_t1 on t1(id);
Index created.
SQL> exec dbms_stats.gather_table_stats(user,'T1');
PL/SQL procedure successfully completed.
```

按照下面的查询，检索一部分数据，执行计划走的是索引范围扫描。

```
SQL> set autotrace traceonly exp
SQL> select count(*) from t1 where id<100;
--------------------------------------------------------------------------
| Id  | Operation        | Name   | Rows  | Bytes | Cost (%CPU)| Time     |
--------------------------------------------------------------------------
|   0 | SELECT STATEMENT |        |     1 |     5 |     2   (0)| 00:00:01 |
|   1 |  SORT AGGREGATE  |        |     1 |     5 |            |          |
|*  2 |   INDEX RANGE SCAN| IDX_T1 |    99 |   495 |     2   (0)| 00:00:01 |
--------------------------------------------------------------------------
```

下面的代码使用了 full 提示，模拟了一个性能较差的 SQL 语句，使用了全表扫描的方式检索数据。下面尝试使用 SQL 概要的方式解决这个问题。

```
SQL> select /*+ full(t) */ count(*) from t1 t where id<100;
--------------------------------------------------------------------------
| Id  | Operation        | Name | Rows  | Bytes | Cost (%CPU)| Time     |
--------------------------------------------------------------------------
|   0 | SELECT STATEMENT |      |     1 |     5 |   361   (1)| 00:00:05 |
|   1 |  SORT AGGREGATE  |      |     1 |     5 |            |          |
|*  2 |   TABLE ACCESS FULL| T1 |    99 |   495 |   361   (1)| 00:00:05 |
--------------------------------------------------------------------------
```

使用下面的方法，可生成一个 SQL 概要。可以按照输出报告的方法，接受一个 SQL 概要。

```
SQL> set autotrace off
SQL> declare
  2      v_task_name varchar2(30);
  3  begin
  4      v_task_name:=dbms_sqltune.create_tuning_task(sql_text=>'select /*+
          full(t) */ count(*) from t1 t where id<100',task_name=>'task_t1');
```

```
  5        dbms_sqltune.execute_tuning_task(v_task_name);
  6        dbms_output.put_line(v_task_name);
  7  end;
  8  /
PL/SQL procedure successfully completed.

select dbms_sqltune.report_tuning_task('task_t1') from dual;
GENERAL INFORMATION SECTION
-------------------------------------------------------------------------------
Tuning Task Name                     : task_t1
Tuning Task Owner                    : HF
Scope                                : COMPREHENSIVE
Time Limit(seconds)                  : 1800
Completion Status                    : COMPLETED
Started at                           : 12/10/2010 17:18:03
Completed at                         : 12/10/2010 17:18:03
Number of SQL Profile Findings       : 1
-------------------------------------------------------------------------------
Schema Name: HF
SQL ID      : 3k0zyq1s87nuc
SQL Text    : select /*+ full(t) */ count(*) from t1 t where id<100
-------------------------------------------------------------------------------
FINDINGS SECTION (1 finding)
-------------------------------------------------------------------------------

1- SQL Profile Finding (see explain plans section below)
```
//找到一个SQL Profile，具体的执行计划在下面
```
  -----------------------------------------------------
  A potentially better execution plan was found for this statement.
  Recommendation (estimated benefit: 98.78%)
  -----------------------------------------
  - Consider accepting the recommended SQL profile.
    execute dbms_sqltune.accept_sql_profile(task_name => 'task_t1', replace =>
        TRUE);
```
//采用这个SQL Profile，只需要执行这个即可
```
-------------------------------------------------------------------------------
EXPLAIN PLANS SECTION
-------------------------------------------------------------------------------

1- Original With Adjusted Cost
```
//原始的执行计划
```
------------------------------
Plan hash value: 3724264953

-----------------------------------------------------------------------------
| Id | Operation          | Name | Rows | Bytes | Cost (%CPU)| Time     |
-----------------------------------------------------------------------------
|  0 | SELECT STATEMENT   |      |    1 |     5 |   165   (2)| 00:00:02 |
|  1 |  SORT AGGREGATE    |      |    1 |     5 |            |          |
|* 2 |   TABLE ACCESS FULL| T1   |   96 |   480 |   165   (2)| 00:00:02 |
-----------------------------------------------------------------------------

Predicate Information (identified by operation id):
-------------------------------------------------

  2 - filter("ID"<100)
```

```
2- Using SQL Profile
//使用SQL Profile后的执行计划
-------------------
Plan hash value: 1970818898
----------------------------------------------------------------------------
| Id | Operation          | Name  | Rows | Bytes | Cost (%CPU)| Time     |
----------------------------------------------------------------------------
|  0 | SELECT STATEMENT   |       |    1 |     5 |    2   (0)| 00:00:01 |
|  1 |  SORT AGGREGATE    |       |    1 |     5 |           |          |
|* 2 |   INDEX RANGE SCAN | IDX_T1|   96 |   480 |    2   (0)| 00:00:01 |
----------------------------------------------------------------------------
Predicate Information (identified by operation id):
-------------------------------------------------
   2 - access("ID"<100)
----------------------------------------------------------------------------
```

下面的操作接受了这个 SQL 概要。虽然在 SQL 代码中存在提示，但 Oracle 优化器还是会根据 SQL 概要选择更合适的执行计划。在执行计划的 Note 部分，标明使用了 SQL 概要。

```
SQL> execute dbms_sqltune.accept_sql_profile(task_name => 'task_t1', replace => TRUE);
PL/SQL procedure successfully completed.

SQL> set autotrace traceonly exp
SQL> select /*+ full(t) */ count(*) from t1 t where id<100;
----------------------------------------------------------------------------
| Id | Operation          | Name  | Rows | Bytes | Cost (%CPU)| Time     |
----------------------------------------------------------------------------
|  0 | SELECT STATEMENT   |       |    1 |     5 |    2   (0)| 00:00:01 |
|  1 |  SORT AGGREGATE    |       |    1 |     5 |           |          |
|* 2 |   INDEX RANGE SCAN | IDX_T1|   99 |   495 |    2   (0)| 00:00:01 |
----------------------------------------------------------------------------
Note
-----
   - SQL profile "SYS_SQLPROF_01498bec08ca0000" used for this statement
```

4. SQL 计划基线

从 11g 开始，存储概要被 SQL 计划基线取而代之，可以认为 SQL 计划基线是存储概要的一个改进版本。SQL 计划基线是一个与 SQL 语句相关联的对象，它被设计用来影响查询优化器产生执行计划时的决定。具体来说，SQL 计划基线主要是一个提示的集合。基本上，SQL 计划基线就是用来迫使查询优化器给一条给定的 SQL 语句产生一个特定的、稳定的执行计划。SQL 计划基线是存储在数据字典中的。

下面通过一个示例说明 SQL 计划基线的使用方法。

下面的代码准备了一个数据环境。

```
SQL> create table t1 as select rownum as id,t.* from dba_objects t;
```

```
Table created.

SQL> create index idx_t1 on t1(id);
Index created.

SQL> exec dbms_stats.gather_table_stats(user,'T1');
PL/SQL procedure successfully completed.
```

按照下面查询检索一部分数据，执行计划是索引范围扫描。

```
SQL> set autotrace on explain
SQL> select count(*) from t1 where id between 100 and 200;
-----------------------------------------------------------------------------
| Id  | Operation        | Name   | Rows  | Bytes | Cost (%CPU)| Time     |
-----------------------------------------------------------------------------
|   0 | SELECT STATEMENT |        |     1 |     5 |     2   (0)| 00:00:01 |
|   1 |  SORT AGGREGATE  |        |     1 |     5 |            |          |
|*  2 |   INDEX RANGE SCAN| IDX_T1 |   102 |   510 |     2   (0)| 00:00:01 |
-----------------------------------------------------------------------------
```

下面使用 full 提示，模拟了一个性能较差的 SQL 语句，使用了全表扫描的方式检索数据。下面尝试使用 SQL 计划基线的方式解决这个问题。

```
SQL> select /*+ full(t) */ count(*) from t1 t where id between 100 and 200;
-----------------------------------------------------------------------------
| Id  | Operation         | Name | Rows | Bytes | Cost (%CPU)| Time     |
-----------------------------------------------------------------------------
|   0 | SELECT STATEMENT  |      |    1 |     5 |   361   (1)| 00:00:05 |
|   1 |  SORT AGGREGATE   |      |    1 |     5 |            |          |
|*  2 |   TABLE ACCESS FULL| T1   |  102 |   510 |   361   (1)| 00:00:05 |
-----------------------------------------------------------------------------
```

下面的操作接受了这个 SQL 计划基线。虽然在 SQL 代码中存在提示，但 Oracle 优化器还是会根据 SQL 计划基线选择更合适的执行计划。在执行计划的 Note 部分，标明使用了 SQL 计划基线。

```
SQL> set autotrace off
SQL> alter session set optimizer_capture_sql_plan_baselines = true;
Session altered.

SQL> select /*+ full(t) */ count(*) from t1 t where id between 100 and 200;

SQL> select /*+ full(t) */ count(*) from t1 t where id between 100 and 200;

SQL> alter session set optimizer_capture_sql_plan_baselines=false;
Session altered.

SQL> select /*+ full(t) */ count(*) from t1 t where id between 100 and 200;
```

```
SQL> select * from table(dbms_xplan.display_cursor);

-----------------------------------------------------------------------
| Id | Operation          | Name | Rows | Bytes | Cost (%CPU)| Time     |
-----------------------------------------------------------------------
|  0 | SELECT STATEMENT   |      |      |       | 361 (100)|           |
|  1 |  SORT AGGREGATE    |      |    1 |     5 |          |           |
|* 2 |   TABLE ACCESS FULL| T1   |  102 |   510 | 361   (1)| 00:00:05 |
-----------------------------------------------------------------------
Note
-----
   - SQL plan baseline SQL_PLAN_bgn8rnrj73kjc616acf47 used for this statement
```

3.3.3　修改执行计划

修改执行计划的方法很多，这里以 SQL 概要为例进行说明。其原理是构造一个与原始 SQL 在逻辑上、结构上完全相同的 SQL。强制逻辑上和结构上相同，SQL 解析的用户名、SQL 中引用对象的用户名甚至是一些谓词条件都可以不同。当然能够完全一样会更省事。然后执行构造的 SQL，并取得构造 SQL 的概要数据。使用原始 SQL 的文本和构造 SQL 的概要数据创建一个 SQL Profile。下面通过一个示例说明这种方法。

下面的代码是一些数据准备工作。

```
SQL> create table t1 as select * from dba_objects;
Table created.

SQL> create table t2 as select * from dba_objects;
Table created.

SQL> create index idx_t2 on t2(object_id);
Index created.

SQL> exec dbms_stats.gather_table_stats(user,'T1');
PL/SQL procedure successfully completed.
SQL> exec dbms_stats.gather_table_stats(user,'T2');
PL/SQL procedure successfully completed.
```

我们生成了一个"原始"SQL，它的执行计划是哈希连接。

```
SQL> select /*+ orig_sql full(t1) full(t2) use_hash(t1 t2) */ t1.*,t2.owner from t1,t2
  2  where t1.object_name like '%T1%' and t1.object_id=t2.object_id;

SQL> select sql_id, child_number,plan_hash_value
  2    from v$sql
  3   where sql_text like '%orig_sql%' and sql_text not like '%v$sql%';
SQL_ID        CHILD_NUMBER PLAN_HASH_VALUE
------------- ------------ ---------------
8s5ddx4hhwzwp            0      1838229974
```

```
SQL> select * from table(dbms_xplan.display_cursor('8s5ddx4hhwzwp',0));
-----------------------------------------------------------------------------
| Id  | Operation          | Name | Rows  | Bytes | Cost (%CPU)| Time     |
-----------------------------------------------------------------------------
|   0 | SELECT STATEMENT   |      |       |       |  688  (100)|          |
|*  1 |  HASH JOIN         |      |  4314 |  459K |  688    (1)| 00:00:09 |
|*  2 |   TABLE ACCESS FULL| T1   |  4314 |  412K |  344    (1)| 00:00:05 |
|   3 |   TABLE ACCESS FULL| T2   | 86273 |  926K |  344    (1)| 00:00:05 |
-----------------------------------------------------------------------------
```

下面的代码生成了一个"构造"SQL，它的执行计划是嵌套扫描。

```
SQL> select /*+ modify_sql index(t1) index(t2) use_nl(t1 t2) */ t1.*,t2.owner
       from t1,t2
  2    where t1.object_name like '%T1%' and t1.object_id=t2.object_id;

SQL>  select sql_id, child_number,plan_hash_value
  2     from v$sql
  3     where sql_text like '%modify_sql%' and sql_text not like '%v$sql%';

SQL_ID        CHILD_NUMBER PLAN_HASH_VALUE
------------- ------------ ---------------
fyhbm2tj967wk            0      1054738919
SQL> select * from table(dbms_xplan.display_cursor('fyhbm2tj967wk',0));
-----------------------------------------------------------------------------
| Id  | Operation              | Name  | Rows | Bytes | Cost (%CPU)| Time     |
-----------------------------------------------------------------------------
|   0 | SELECT STATEMENT       |       |      |       | 8974 (100)|          |
|   1 |  NESTED LOOPS          |       | 4314 |  459K | 8974   (1)| 00:01:48 |
|   2 |   NESTED LOOPS         |       | 4314 |  459K | 8974   (1)| 00:01:48 |
|*  3 |    TABLE ACCESS FULL   | T1    | 4314 |  412K |  344   (1)| 00:00:05 |
|*  4 |    INDEX RANGE SCAN    | IDX_T2|    1 |       |    1   (0)| 00:00:01 |
|   5 |   TABLE ACCESS BY INDEX ROWID                                          |
|     |                        | T2    |    1 |   11  |    2   (0)| 00:00:01 |
-----------------------------------------------------------------------------
```

下面的代码生成"构造"SQL 的 SQL Profile。方法是调用了一个脚本——coe_xfr_sql_profile.sql。附录部分会有这个脚本。

```
SQL> @ coe_xfr_sql_profile.sql
Parameter 1:
SQL_ID (required)
Enter value for 1: fyhbm2tj967wk
PLAN_HASH_VALUE AVG_ET_SECS
--------------- -----------
     1054738919        .096
Parameter 2:
PLAN_HASH_VALUE (required)
Enter value for 2: 1054738919
```

```
Values passed to coe_xfr_sql_profile:
~~~~~~~~~~~~~~~~~~~~~~~~~~~~~~~~~~~~~~
SQL_ID          : "fyhbm2tj967wk"
PLAN_HASH_VALUE: "1054738919"
. . .
Execute coe_xfr_sql_profile_fyhbm2tj967wk_1054738919.sql
on TARGET system in order to create a custom SQL Profile
with plan 1054738919 linked to adjusted sql_text.

COE_XFR_SQL_PROFILE completed.
```

下面的代码生成"原始"SQL 的 SQL Profile。方法是调用了一个脚本——coe_xfr_sql_profile.sql。

```
SQL>@ coe_xfr_sql_profile.sql
Parameter 1:
SQL_ID (required)
Enter value for 1: 8s5ddx4hhwzwp
PLAN_HASH_VALUE AVG_ET_SECS
--------------- -----------
    1838229974         .111

Parameter 2:
PLAN_HASH_VALUE (required)
Enter value for 2: 1838229974
Values passed to coe_xfr_sql_profile:
~~~~~~~~~~~~~~~~~~~~~~~~~~~~~~~~~~~~~~
SQL_ID          : "8s5ddx4hhwzwp"
PLAN_HASH_VALUE: "1838229974"
. . .
Execute coe_xfr_sql_profile_8s5ddx4hhwzwp_1838229974.sql
on TARGET system in order to create a custom SQL Profile
with plan 1838229974 linked to adjusted sql_text.

COE_XFR_SQL_PROFILE completed.
```

下面的代码执行了"原始"SQL，其执行计划变成"构造"SQL 的执行方式。这就达到了修改执行计划的目的。

```
vi coe_xfr_sql_profile_8s5ddx4hhwzwp_1838229974.sql
h := SYS.SQLPROF_ATTR(
q'[BEGIN_OUTLINE_DATA]',
q'[IGNORE_OPTIM_EMBEDDED_HINTS]',
q'[OPTIMIZER_FEATURES_ENABLE('11.2.0.4')]',
q'[DB_VERSION('11.2.0.4')]',
q'[ALL_ROWS]',
q'[OUTLINE_LEAF(@"SEL$1")]',
q'[FULL(@"SEL$1" "T1"@"SEL$1")]',
q'[INDEX(@"SEL$1" "T2"@"SEL$1" ("T2"."OBJECT_ID"))]',
q'[LEADING(@"SEL$1" "T1"@"SEL$1" "T2"@"SEL$1")]',
```

```
q'[USE_NL(@"SEL$1" "T2"@"SEL$1")]',
q'[NLJ_BATCHING(@"SEL$1" "T2"@"SEL$1")]',
q'[END_OUTLINE_DATA]');
```

//将SYS.SQLPROF_ATTR部分修改为coe_xfr_sql_profile_fyhbm2tj967wk_1054738919.sql中的
对应部分，具体参见上面

. . .

```
force_match => TRUE
```

//由false修改成true

```
SQL> @ coe_xfr_sql_profile_8s5ddx4hhwzwp_1838229974.sql

select /*+ orig_sql full(t1) full(t2) use_hash(t1 t2) */ t1.*,t2.owner from t1,t2
    where t1.object_name like '%T1%' and t1.object_id=t2.object_id;
--------------------------------------------------------------------------------
| Id  | Operation                   | Name   | Rows  | Bytes | Cost (%CPU)| Time     |
--------------------------------------------------------------------------------
|   0 | SELECT STATEMENT            |        | 4314  |  459K |  8974   (1)| 00:01:48 |
|   1 |  NESTED LOOPS               |        | 4314  |  459K |  8974   (1)| 00:01:48 |
|   2 |   NESTED LOOPS              |        | 4314  |  459K |  8974   (1)| 00:01:48 |
|*  3 |    TABLE ACCESS FULL        | T1     | 4314  |  412K |   344   (1)| 00:00:05 |
|*  4 |    INDEX RANGE SCAN         | IDX_T2 |   1   |       |     1   (0)| 00:00:01 |
|   5 |   TABLE ACCESS BY INDEX ROWID
                                    | T2     |   1   |   11  |     2   (0)| 00:00:01 |
--------------------------------------------------------------------------------

Note
-----
   - SQL profile "coe_8s5ddx4hhwzwp_1838229974" used for this statement
```

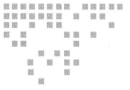

统 计 信 息

Oracle 的统计信息是存储在数据字典中的一组数据。它可以从多个维度描述存储在 Oracle 数据库中的对象或 Oracle 系统本身的详细信息。基于成本的优化器正是利用了统计信息来分析生成执行计划的。因为统计信息的缺失导致优化器制定出低效率执行计划的情况很多，因此在进行 SQL 语句的优化工作中，第一步的操作往往就是查看相关对象的统计信息是否完整、准确。

下面将针对几类统计信息分别进行介绍。

4.1　统计信息分类

统计信息可大致分为系统统计信息、对象统计信息、数据字典统计信息、内部对象统计信息等，下面分别介绍。

4.1.1　系统统计信息

Oracle 数据库从 9i 开始增加了收集操作系统统计信息的功能。通过收集到的统计信息判断操作系统的 CPU、I/O 的处理能力。这为优化器选择执行计划提供了额外的判断依据。通过使用系统统计信息，优化器能够更加准确地判断、评价 CPU 和 I/O 代价，进而选择更好的查询计划。根据度量 I/O 子系统的方法不同，可将系统统计信息分为两类。

❑ 非工作量统计信息（noworkload statistics）
❑ 工作量统计信息（workload statistics）

这两者的区别是，前者使用人工基准测试，后者使用应用程序基准测试。这里解释一下，所谓人工基准测试是指并非实际运行的程序产生的工作量。人工基准测试的主要目的是通过执行近似的操作，以模拟应用程序的负载。虽然能够以轻易可控的方式运行，但通常情况下无法产生像应用程序基准测试那么好的性能数据。所谓应用程序基准测试是指基于实际应用程序正常操作产生的工作量进行的。通常可以很好地提供实际运行系统的性能信息。关于收集方法，后面会有专门说明。下面对系统统计信息项加以说明。

1. 指标项说明

非工作量统计信息和工作量统计信息这两类所包含的指标不同，在计算时会进行一定的换算。

（1）非工作量统计信息

从 10g 开始，非工作量统计信息总是可用的，主要包含以下指标项。

❑ CPUSPEEDNW：代表无负载 CPU 速度。CPU 速度为每秒 CPU 周期数，也就是一个 CPU 一秒能处理的操作数，单位是百万次 / 秒。

❑ IOSEEKTIM：I/O 查找时间，也就是平均寻道时间，其等于查找时间、延迟时间、OS 负载时间三者之和，单位为毫秒，默认为 10。

❑ IOTFRSPEED：I/O 传输速度，也就是平均每毫秒从磁盘传输的字节数，单位为字节 / 毫秒，默认为 4096。

（2）工作量统计信息

工作量统计信息只有在显式地收集以后才可用。要进行显式收集，就不能使用空闲的系统，因为数据库引擎要利用正常的数据库负载来评估 I/O 子系统。另一方面，衡量 CPU 速度的方法与进行非工作统计时一样。工作量统计信息主要包含以下指标项。

❑ CPUSPEED：代表有负载 CPU 速度。CPU 速度为每秒 CPU 周期数，也就是一个 CPU 一秒能处理的操作数，单位为百万次 / 秒。

❑ SREADTIM：随机读取单块的平均时间，单位为毫秒。

❑ MREADTIM：顺序读取多块的平均时间，也就是多块平均读取时间，单位为毫秒。

❑ MBRC：平均每次读取的块数量，单位为块数。

❑ MAXTHR：最大 I/O 吞吐量，单位为字节 / 秒。

❑ SLAVETHR：并行处理中从属线程的平均 I/O 吞吐量，单位为字节 / 秒。

2. 数据字典统计信息查询

系统统计信息保存在 aux_stats 表里面。Oracle 没有提供数据字典视图来供外部表访问。我们可以通过对这个内表的访问，了解系统统计信息各个方面的情况。例如下面的命令，可查看系统统计信息收集的时间及状态。

```
[sys@testdb] SQL> col pval2 format a20
[sys@testdb] SQL> select pname,pval1,pval2
2  fromsys.aux_stats$
3  wheresname='SYSSTATS_INFO';
PNAME                             PVAL1 PVAL2
------------------------------ ---------- --------------------
DSTART                                   08-24-2013 12:04
DSTOP                                    08-24-2013 12:04
FLAGS                                1
STATUS                                   COMPLETED
```

如果收集是正确的，则显示为 COMPLETED 状态。下面的命令可查询系统统计信息的结果集。

```
[sys@testdb] SQL> select pname,pval1 from sys.aux_stats$ where sname='SYSSTATS_MAIN';
PNAME                             PVAL1
------------------------------ ----------
CPUSPEED
CPUSPEEDNW                       3074.07407
IOSEEKTIM                               10
IOTFRSPEED                            4096
MAXTHR
MBRC
MREADTIM
SLAVETHR
SREADTIM
```

3. 相关操作

针对系统统计信息，可以有多种操作，下面简单说明一下。

（1）收集统计信息

针对非工作量和工作量的统计信息，收集的方法是不同的。针对非工作量的系统统计信息，可采用如下方法收集：

```
dbms_stats.gather_system_stats(gathering_mode=>'noworkload');
```

针对工作量的统计信息，可使用多种方法进行收集。一种方法是，执行两次收集动作，在两次快照之间计算其差值。具体方法参考如下：

```
dbms_stats.gather_system_stats(gathering_mode=>'start');
wait a moment
dbms_stats.gather_system_stats(gathering_mode=>'stop');
```

这里关于等待时间需要注意，数据库引擎并不控制数据库负载，因此必须等待足够的时间来产生一个有代表性的负载之后再进行另一次快照，一般等待至少 30 分钟。

另一种方法是，立即启动收集一个快照，而第二次收集快照动作在指定时长后执行。这个处理过程并不会一直持续，它会通过系统的调度工具完成。

```
dbms_stats.gather_system_stats(gathering_mode=>'interval', interval=>N);
*上述过程中，参数interval就是指定收集间隔时长
```

（2）设置统计信息

除了利用上面的方法收集系统统计信息外，还可以手工设置系统统计信息。但一般不建议这样做，有一定操作风险。手工设置系统统计信息如下：

```
begin
dbms_stats.delete_system_stats();
dbms_stats.set_system_stats(pname=>'CPUSPEED',pvalue=>772);
dbms_stats.set_system_stats(pname=>'SREADTIM',pvalue=>5.5);
dbms_stats.set_system_stats(pname=>'MREADTIM',pvalue=>19.4);
dbms_stats.set_system_stats(pname=>'MBRC',pvalue=>53);
dbms_stats.set_system_stats(pname=>'MAXTHR',pvalue=>1243434334);
dbms_stats.set_system_stats(pname=>'SLAVETHR',pvalue=>1212121);
end;
```

（3）删除统计信息

如果感觉系统收集的统计信息有问题，也可以采用下面的方式进行删除。

```
execdbms_stats.delete_system_stats;
```

4. 系统统计信息对优化器的影响

系统统计信息会直接影响优化器的成本计算。如果存在工作量统计，则优化器会使用它而忽略非工作量统计信息。如果工作量统计信息不正确，那么数据库会使用非工作量统计信息。但要注意，查询优化器会运行一些健康检查，可能禁用或部分替换工作量统计信息。

在未引入系统统计信息之前，CBO 所计算的成本值全部是基于 I/O 来计算的；在 Oracle 引入了系统统计信息之后，实际上就额外地引入了 CPU 成本计算模型。从此之后，CBO 所计算的成本值就不再仅仅包含 I/O 成本，而是包含 I/O 成本和 CPU 成本两部分。CBO 在计算成本的时候就会分别对它们进行计算，并将计算出的 I/O 成本和 CPU 成本值的总和作为目标 SQL 的新成本值。

4.1.2　对象统计信息

1. 表统计信息

表是数据库里最基础的对象。下面通过一个简单例子，看看表都有哪些常见的统计信息。

在下面的例子中，我们手工创建了一个表，然后收集了相关统计信息，最后查看数据字典，得到相关的统计信息。

```
[hf@testdb] SQL> create table t1 as select * from dba_objects;
Table created.

[hf@testdb] SQL> exec dbms_stats.gather_table_stats(user, 't1');
PL/SQL procedure successfully completed.

[hf@testdb] SQL> select table_name,num_rows,blocks,empty_blocks,avg_space,
    chain_cnt,avg_row_len
2   fromuser_tables t
3   wheretable_name='T1';
TABLE_NAME   NUM_ROWS      BLOCKS EMPTY_BLOCKS   AVG_SPACE   CHAIN_CNT AVG_ROW_LEN
---------- ---------- ---------- ------------ ---------- ---------- -----------
T1              86273       1260            0          0          0          98
```

其中，统计信息的含义如下。

❑ num_rows：数据的行数。

❑ blocks：高水位线下的数据块个数。

❑ empty_blocks：高水位线以上的数据块个数。dbms_stats 不计算这个值，被设置为 0。

❑ avg_space：数据块中平均空余空间（字节）。dbms_stats 不计算这个值，被设置为 0。

❑ chain_cnt：行链接和行迁移的数目。dbms_stats 不计算这个值，被设置为 0。

❑ avg_row_len：行平均长度（字节）。

（1）高水位线

我们在前面表的统计信息中可以看到一个概念——高水位线（HWM），这是一个比较重要的概念。当我们开始向表插入数据时，第 1 个块已经放不下后面新插入的数据。此时，Oracle 将高水位线之上的块用于存储新增数据；同时，高水位线本身也向上移。也就是说，当不断插入数据时，高水位线会不断上移。这样，在高水位线之下的，就表示使用过的块；高水位线之上的，就表示已分配但从未使用过的块。高水位线在插入数据时，当现有空间不足而进行空间的扩展时会向上移，但删除数据时不会下移。Oracle 不会释放空间以供其他对象使用。

Oracle 的全表扫描是读取高水位线以下的所有块。当发出一个全表扫描时，Oracle 始终必须从段开头一直扫描到高水位线，即使它什么也没有发现。该任务延长了全表扫描的时间。下面通过一个示例说明一下。

```
[hf@testdb] SQL> create table t1 as select * from dba_objects;
Table created.

[hf@testdb] SQL> insert into t1 select * from t1;
86274 rows created.

[hf@testdb] SQL> insert into t1 select * from t1;
172548 rows created.
```

```
[hf@testdb] SQL> insert into t1 select * from t1;
345096 rows created.

[hf@testdb] SQL> commit;
Commit complete.

[hf@testdb] SQL> exec dbms_stats.gather_table_stats(user, 't1');
PL/SQL procedure successfully completed.

[hf@testdb] SQL> exec sys.show_space('t1','auto');
Total Blocks...........................10240
Total Bytes............................83886080
Unused Blocks..........................0
Unused Bytes...........................0
Last Used Ext FileId...................4
Last Used Ext BlockId..................13312
Last Used Block........................1024
PL/SQL procedure successfully completed.
```

这里使用了一个自定义的过程 show_space，其具体定义可以在网上搜到，这里不再赘述。通过这个方法可以观察到一个表的空间使用情况，HWM 的计算公式为：HWM=Total Blocks – Unused Blocks。针对上例，其高水位线就是 10 240。

下面的语句执行了一个全表扫描。通过之前的说明可知，数据库会扫描高水位线下的全部数据块。对应的统计信息 consistent gets 和 physical reads 可见。

```
[hf@testdb] SQL> set autotrace traceonly
[hf@testdb] SQL> select count(*) from t1;
-----------------------------------------------------------------
| Id  | Operation          | Name | Rows  | Cost (%CPU)| Time     |
-----------------------------------------------------------------
|   0 | SELECT STATEMENT   |      |     1 | 2749    (1)| 00:00:33 |
|   1 |  SORT AGGREGATE    |      |     1 |            |          |
|   2 |   TABLE ACCESS FULL| T1   |  690K | 2749    (1)| 00:00:33 |
-----------------------------------------------------------------

Statistics
---------------------------------------------------------
9881   consistent gets
9873   physical reads
```

删除数据后，重复下面的行为，从输出可见其 consistent gets 变化不大，physical reads 减少是因为数据块被缓存的关系。

```
[hf@testdb] SQL> set autotrace off
[hf@testdb] SQL> delete from t1;
690192 rows deleted.

[hf@testdb] SQL> commit;
```

```
Commit complete.

[hf@testdb] SQL> set autotrace traceonly
[hf@testdb] SQL> select count(*) from t1;
-----------------------------------------------------------------
| Id  | Operation          | Name | Rows  | Cost (%CPU)| Time     |
-----------------------------------------------------------------
|   0 | SELECT STATEMENT   |      |     1 |  2749   (1)| 00:00:33 |
|   1 |  SORT AGGREGATE    |      |     1 |            |          |
|   2 |   TABLE ACCESS FULL| T1   |  690K |  2749   (1)| 00:00:33 |
-----------------------------------------------------------------

Statistics
-----------------------------------------------------------
9888  consistent gets
2484  physical reads
```

此时，查看其高水位线，没有变化。也就是说，delete操作不会降低高水位线。

```
[hf@testdb] SQL> set autotrace off
[hf@testdb] SQL> exec sys.show_space('t1','auto');
Total Blocks............................10240
Total Bytes.............................83886080
Unused Blocks...........................0
Unused Bytes............................0
Last Used Ext FileId....................4
Last Used Ext BlockId...................13312
Last Used Block.........................1024
PL/SQL procedure successfully completed.
```

Truncate操作后，整体读取的数据块减少了。原因就是其高水位线下降了，从原来的 10240到现在的（8-5）。因为扫描的数据块少了，所以其一致性读、物理读指标也下降了。

```
[hf@testdb] SQL> truncate table t1;
Table truncated.

[hf@testdb] SQL> set autotrace traceonly
[hf@testdb] SQL> select count(*) from t1;
-----------------------------------------------------------------
| Id  | Operation          | Name | Rows  | Cost (%CPU)| Time     |
-----------------------------------------------------------------
|   0 | SELECT STATEMENT   |      |     1 |  2749   (1)| 00:00:33 |
|   1 |  SORT AGGREGATE    |      |     1 |            |          |
|   2 |   TABLE ACCESS FULL| T1   |  690K |  2749   (1)| 00:00:33 |
-----------------------------------------------------------------

Statistics
-----------------------------------------------------------
7  consistent gets
0  physical reads

[hf@testdb] SQL> set autotrace off
```

```
[hf@testdb] SQL> exec sys.show_space('t1','auto');
Total Blocks...........................8
Total Bytes............................65536
Unused Blocks..........................5
Unused Bytes...........................40960
Last Used Ext FileId...................4
Last Used Ext BlockId..................2856
Last Used Block........................3

PL/SQL procedure successfully completed.
```

（2）临时表

临时表是一类特殊的数据对象，其很多行为与普通表不同。对于数据库来说，有两种临时表：一种是基于会话（on Commit Preserve Row）的临时表；一种是基于事务（on Commit Delete Row）的临时表。无论是基于事务还是基于会话的临时表，对于其他会话都是不可见的。换句话说，数据只存在于当前会话中。基于事务的临时表，在本会话中只要有提交动作，数据就会立即消失；基于会话的临时表在 SESSION 生存期内提交数据仍然存在，并且可以回滚，没退出会话之前和普通表的操作没有什么区别。

针对临时表而言，默认是不收集统计信息的，可以使用 dbms_stats.gather_schema_stats 这个过程来收集，但是需要修改属性 gather_tmp 的值，将其由默认的 false，修改为 true。在收集统计信息时，最终的统计信息是最后一个执行收集动作的会话所能看到的数据。不过需要注意的是，可以统计基于会话的临时表，不能统计基于事务的临时表。

由于临时表是全局的，但收集的统计信息是在某个会话下做的，不同会话之间看到的数据是不同的。因此在使用临时表时需要注意，有时收集统计信息反而会产生问题，此时可考虑走默认的动态采样的方式。

下面创建了一个基于会话的临时表。

下面通过一个示例加以说明。

```
[hf@testdb] SQL> create global temporary table t_temp2
2  on commit preserve rows
3  as select * from dba_objects where 1=2;
Table created.

[hf@testdb] SQL> create index idx_object_id on t_temp2(object_id);
Index created.
```

在一个会话中插入少量数据（10 条），后面简称为“会话 1”。

```
[hf@testdb] SQL> select sid from v$mystat where rownum=1;
     SID
----------
     20
```

```
[hf@testdb] SQL> insert into t_temp2 select * from dba_objects where rownum<=10;
10 rows created.

[hf@testdb] SQL> commit;
Commit complete.
```

在一个会话中插入大量数据（20万条），后面简称为"会话2"。

```
[hf@testdb] SQL> select sid from v$mystat where rownum=1;
        SID
----------
         15

[hf@testdb] SQL> insert into t_temp2 select * from dba_objects where rownum<=50000;
50000 rows created.

[hf@testdb] SQL> insert into t_temp2 select * from dba_objects where rownum<=50000;
50000 rows created.

[hf@testdb] SQL> insert into t_temp2 select * from dba_objects where rownum<=50000;
50000 rows created.

[hf@testdb] SQL> insert into t_temp2 select * from dba_objects where rownum<=50000;
50000 rows created.

[hf@testdb] SQL> commit;
Commit complete.
```

在"会话1"中执行查询语句，从输出中可见，这里使用了动态采样，因为默认情况下临时表是不收集统计信息的。

```
[hf@testdb] SQL> select count(*) from t_temp2 where object_id between 10000 and 50000;
-------------------------------------------------------------------------------
| Id  | Operation          | Name        | Rows  | Bytes | Cost (%CPU)| Time     |
-------------------------------------------------------------------------------
|   0 | SELECT STATEMENT   |             |     1 |    13 |     1   (0)| 00:00:01 |
|   1 |  SORT AGGREGATE    |             |     1 |    13 |            |          |
|*  2 |   INDEX RANGE SCAN
                           |IDX_OBJECT_ID|     1 |    13 |     1   (0)| 00:00:01 |
-------------------------------------------------------------------------------
Predicate Information (identified by operation id):
-----------------------------------------------------
   2 - access("OBJECT_ID">=10000 AND "OBJECT_ID"<=50000)

Note
-----
   - dynamic sampling used for this statement (level=2)

Statistics
```

```
--------------------------------------------------------------
9   recursive calls
0   db block gets
9   consistent gets
```

在"会话 2"中执行查询语句，从输出中可见，这里也使用了动态采样，但下面显示的"一致性读"明显不同，这显然是由于不同会话动态采样后分析对象的大小不同。

```
[hf@testdb] SQL> select count(*) from t_temp2 where object_id between 10000 and 50000;
--------------------------------------------------------------------------------
| Id  | Operation            | Name          | Rows  | Bytes | Cost (%CPU)| Time     |
--------------------------------------------------------------------------------
|  0  | SELECT STATEMENT     |               |     1 |    13 |   163   (0)| 00:00:02 |
|  1  |   SORT AGGREGATE     |               |     1 |    13 |            |          |
|* 2  |    INDEX FAST FULL SCAN                                                      
                            | IDX_OBJECT_ID |  138K |  1761K|   163   (0)| 00:00:02 |
--------------------------------------------------------------------------------

Predicate Information (identified by operation id):
-------------------------------------------------
   2 - filter("OBJECT_ID">=10000 AND "OBJECT_ID"<=50000)

Note
-----
   - dynamic sampling used for this statement (level=2)

Statistics
--------------------------------------------------------------
0    recursive calls
0    db block gets
961  consistent gets
```

我们在"会话 1"中收集了统计信息。从后面的查询可见，表的记录数为 10。这是准确的，因为"会话 1"能看到的记录就是 10 条。

```
[hf@testdb] SQL> exec dbms_stats.gather_schema_stats( 'hf', gather_temp=>TRUE);

PL/SQL procedure successfully completed.

[hf@testdb] SQL> select table_name,num_rows,blocks,chain_cnt,avg_row_len,
    global_stats,user_stats,sample_size,to_char(t.last_analyzed,'yyyy-mm-dd') aly_d
2   fromdba_tables t
3   where owner='HF' and table_name='T_TEMP2';
TABLE_NAME   NUM_ROWS  BLOCKS  CHAIN_CNT  AVG_ROW_LEN  GLO  USE  SAMPLE_SIZE  ALY_D
----------   --------  ------  ---------  -----------  ---  ---  -----------  ----------
T_TEMP2            10       1          0           75  YES  NO            10  2014-11-10
```

在"会话 1"中再次执行上面的 SQL，从输出可见其执行计划不变，并且没有动态采样的字样了。此外，收集的执行信息部分，一致性读为 1，这比下面采用动态采样获得的方式更加精准。对比下面统计信息中的 blocks，可以完全对应上。

```
[hf@testdb] SQL> select count(*) from t_temp2 where object_id between 10000 and 50000;
--------------------------------------------------------------------------------
| Id  | Operation          | Name         | Rows  | Bytes | Cost (%CPU)| Time     |
--------------------------------------------------------------------------------
|   0 | SELECT STATEMENT|              |     1 |     3 |     1   (0)| 00:00:01 |
|   1 |  SORT AGGREGATE    |              |     1 |     3 |            |          |
|*  2 |   INDEX RANGE SCAN
                         | IDX_OBJECT_ID |     1 |     3 |     1   (0)| 00:00:01 |
--------------------------------------------------------------------------------
Predicate Information (identified by operation id):
---------------------------------------------------
   2 - access("OBJECT_ID">=10000 AND "OBJECT_ID"<=50000)

Statistics
----------------------------------------------------------
0   recursive calls
0   db block gets
1   consistent gets
```

在"会话 2"中重新查看一下统计信息，从中可见看到的还是"会话 1"收集的状态。也就是说，各个会话看到的数据是不同的，但是看到的统计信息是一个。

```
[hf@testdb] SQL> select table_name,num_rows,blocks,chain_cnt,avg_row_len,
    global_stats,user_stats,sample_size,to_char(t.last_analyzed,'yyyy-mm-dd')
        aly_d
2 fromdba_tables t
3 where owner='HF' and table_name='T_TEMP2';
TABLE_NAME NUM_ROWS  BLOCKS  CHAIN_CNT AVG_ROW_LEN GLO USE SAMPLE_SIZE ALY_D
---------- -------- -------- --------- ----------- --- --- ----------- ----------
T_TEMP2         10       1         0          75 YES NO           10 2014-11-10
```

"会话 2"重新执行下面的 SQL 语句，发现其执行计划出现了很大偏差。从原有的"INDEX FAST FULL SCAN"变为"INDEX RANGE SCAN"。这显然不是我们希望看见的，由于收集了临时表的统计信息，反而造成执行计划效率低下。

```
[hf@testdb] SQL> select count(*) from t_temp2 where object_id between 10000 and 50000;
--------------------------------------------------------------------------------
| Id  | Operation          | Name         | Rows  | Bytes| Cost (%CPU)| Time     |
--------------------------------------------------------------------------------
|   0 | SELECT STATEMENT   |              |     1 |    3 |     1   (0)| 00:00:01 |
|   1 |  SORT AGGREGATE    |              |     1 |    3 |            |          |
|*  2 |   INDEX RANGE SCAN|IDX_OBJECT_ID|     1 |    3 |     1   (0)| 00:00:01 |
--------------------------------------------------------------------------------
```

```
Predicate Information (identified by operation id):
---------------------------------------------------------
   2 - access("OBJECT_ID">=10000 AND "OBJECT_ID"<=50000)

Statistics
---------------------------------------------------------
0    recursive calls
0    db block gets
481  consistent gets
```

在"会话 2"中，删除了统计信息，执行计划又回到熟悉的"INDEX FAST FULL SCAN"，后面又显示了动态采样方式。

```
[hf@testdb] SQL> exec dbms_stats.delete_table_stats('hf', 't_temp2');
PL/SQL procedure successfully completed.

[hf@testdb] SQL> select count(*) from t_temp2 where object_id between 10000 and 50000;
-------------------------------------------------------------------------------
| Id  | Operation            | Name        | Rows| Bytes|Cost (%CPU)| Time     |
-------------------------------------------------------------------------------
|  0  | SELECT STATEMENT     |             |   1 |   13 |  163 (0) | 00:00:02 |
|  1  |  SORT AGGREGATE      |             |   1 |   13 |          |          |
|* 2  |   INDEX FAST FULL SCAN|IDX_OBJECT_ID| 138K| 1761K|  163 (0) | 00:00:02 |
-------------------------------------------------------------------------------

Predicate Information (identified by operation id):
---------------------------------------------------------
   2 - filter("OBJECT_ID">=10000 AND "OBJECT_ID"<=50000)

Note
-----
   - dynamic sampling used for this statement (level=2)
```

从上面的例子可见，临时表默认是采用动态采样的方式，这往往是一种比较合适的方式。由于不同会话看到的数据不同，因此直接收集的方式往往是不可靠的。但临时表这种"粗粒度"的管理方式，不利于生成精确的执行计划。因此语句中如果有临时表，需要关注因统计信息不准确导致的问题。

2. 索引统计信息

索引是数据库里最常见的对象。下面通过一个简单的例子，看看索引都有哪些常见的统计信息。

下面的代码创建了一个索引，并查看其统计信息。因为显示格式问题，这里使用了一个过程 print_table，后面将在附录中列出这个过程。

```
[hf@testdb] SQL> create table t1 as select * from dba_objects;
Table created.
```

```
[hf@testdb] SQL> create index idx_status on t1(status);
Index created.

[hf@testdb] SQL> exec print_table('select index_name,uniqueness,blevel,leaf_
    blocks,distinct_keys,num_rows,avg_leaf_blocks_per_key,avg_data_blocks_per_
    key,clustering_factor,global_stats,user_stats,sample_size,to_char(t.last_
    analyzed,''yyyy-mm-dd'') aly_d from user_indexes t where table_name=''T1'' and
    index_name=''IDX_STATUS''')
INDEX_NAME                   : IDX_STATUS
UNIQUENESS                   : NONUNIQUE
BLEVEL                       : 1
LEAF_BLOCKS                  : 205
DISTINCT_KEYS                : 1
NUM_ROWS                     : 86274
AVG_LEAF_BLOCKS_PER_KEY      : 205
AVG_DATA_BLOCKS_PER_KEY      : 1232
CLUSTERING_FACTOR            : 1232
GLOBAL_STATS                 : YES
USER_STATS                   : NO
SAMPLE_SIZE                  : 86274
ALY_D                        : 2014-11-10
-----------------
PL/SQL procedure successfully completed.
```

下面看一下索引有哪些统计信息。

❑ num_rows：索引行。

❑ leaf_blocks：索引叶块数。

❑ distinct_keys：索引不同键数。

❑ blevel：索引的 blevel 分支层数（btree 的深度，从 root 节点到 leaf 节点的深度。如果 root 节点也是 leaf 节点，那么这个深度就是 0）。

❑ avg_leaf_blocks_per_key：每个键值的平均索引叶块数（每个键值的平均索引 leaf 块数，近似取整），如果是 unique index 或 pk，这个值总是 1）。

❑ avg_data_blocks_per_key：每个键值的平均索引数据（表）块数。

❑ clustering_factor：索引的聚簇因子（一个度量标准，用于索引的有序度和表混乱度之间的比较）。

我们在上面的索引统计信息中看到一个概念——聚簇因子（clustering_factor），这是一个比较重要的概念，用于标识表中数据的存储顺序和某些索引字段顺序的符合程度。Oracle 按照索引块所存储的 rowid 来标识相邻索引记录在表 block 中是否为相同块。如果索引中存在多条记录 a、b、c、d……若 b 和 a 是同一个块，则比较 c 和 b；若不在同一个块，则 clustering_factor+1，然后比较 d 和 c；若还不是同一个块，则 clustering_factor+1……。这样计算下来，clustering_factor 会是介于表块数量和表记录数之间的一个值。若 clustering_factor 接近块数量，则说明表中数据具有比较好的与索引字段一样排序顺序的存储，通过索引进行 range scan 的代价比较小（需要读取的块数比较少）；若 clustering_factor 接近记录数，则说明数据和索引字段排序顺序差异很大，杂乱无章，需要通过索引进行 range scan 的代价比较大（需要读取的表块可能很多）。

下面通过一个示例，显示聚簇因子的一些使用问题。

```
[hf@testdb] SQL> create table t1 as select rownum id, object_name name from dba_
    objects
    whererownum<=50000;
Table created.

[hf@testdb] SQL> create index idx_t1 on t1(id);
Index created.

[hf@testdb] SQL> exec dbms_stats.gather_table_stats(user,'t1',cascade => true);
PL/SQL procedure successfully completed.

[hf@testdb] SQL> select blocks,num_rows from user_tables where table_name = 'T1';
    BLOCKS    NUM_ROWS
---------- ----------
       252       50000

[hf@testdb] SQL> select index_name, blevel, leaf_blocks, clustering_factor
    fromuser_indexes where table_name = 'T1';
INDEX_NAME                        BLEVEL LEAF_BLOCKS CLUSTERING_FACTOR
------------------------------ ---------- ----------- -----------------
IDX_T1                                1         110               240
```

上例中聚簇因子接近表的块数，性能很好。原因是创建表时指定的 ID 列是一个递增的顺序，所以索引顺序与表的存放顺序高度一致。

下面的代码使用了一个反转索引的方法。所谓反转索引，就是将每个列的字节顺序反转。这样做的目的是将顺序值打乱为随机散布的索引项。由这个例子可见，其聚簇因子剧增，接近了表的记录数，性能很差。

```
[hf@testdb] SQL> alter index idx_t1 rebuild reverse;
Index altered.

[hf@testdb] SQL> select blocks,num_rows from user_tables where table_name = 'T1';
    BLOCKS    NUM_ROWS
---------- ----------
       252       50000

[hf@testdb] SQL> select index_name, blevel, leaf_blocks, clustering_factor
    fromuser_indexes where table_name = 'T1';
INDEX_NAME                        BLEVEL LEAF_BLOCKS CLUSTERING_FACTOR
------------------------------ ---------- ----------- -----------------
IDX_T1                                1         111             49994
```

3. 字段统计信息

数据库除了表、索引外，也会收集字段的统计信息。字段的统计信息分两类：一类是基本信息，另外一类是柱状图信息。我们后面会有专门的章节介绍柱状图，所以这里只谈基本信息。下面通过一个例子进行说明。

```
[hf@testdb] SQL> create table t1 as select * from dba_objects;
Table created.

[hf@testdb] SQL> exec dbms_stats.gather_table_stats(user,'T1');
[hf@testdb] SQL> l
  1  select column_name,
  2         decode(t.data_type,
  3            'NUMBER',t.data_type||'('||decode(t.data_precision,null,t.data_
                 length||')',t.data_precision||','||t.data_scale||')'),
  4            'DATE',t.data_type,
  5            'LONG',t.data_type,
  6            'LONG RAW',t.data_type,
  7            'ROWID',t.data_type,
  8            'MLSLABEL',t.data_type,
  9            t.data_type||'('||t.data_length||')')||' '||
 10         decode(t.nullable,
 11            'N','NOT NULL',
 12            'n','NOT NULL',
 13            NULL) col,
 14         num_distinct,num_nulls,density,avg_col_len,histogram,num_buckets
 15  from user_tab_cols t
 16* where table_name='T1'

[hf@testdb] SQL> /
```

COLUMN_NAME	COL	NUM_DISTINCT	NUM_NULLS	DENSITY	AVG_COL_LEN	HISTO	NUM_BUCKETS
OWNER	VARCHAR2(30)	24	0	.041666667	6	NONE	1
OBJECT_NAME	VARCHAR2(128)	51744	0	.000019326	25	NONE	1
SUBOBJECT_NAME	VARCHAR2(30)	89	86009	.011235955	2	NONE	1
OBJECT_ID	NUMBER(22)	86274	0	.000011591	5	NONE	1
DATA_OBJECT_ID	NUMBER(22)	8583	77651	.000116509	2	NONE	1
OBJECT_TYPE	VARCHAR2(19)	44	0	.022727273	9	NONE	1
CREATED	DATE	889	0	.001124859	8	NONE	1
LAST_DDL_TIME	DATE	1004	0	.000996016	8	NONE	1
TIMESTAMP	VARCHAR2(19)	1044	0	.000957854	20	NONE	1
STATUS	VARCHAR2(7)	1	0	1	6	NONE	1
TEMPORARY	VARCHAR2(1)	2	0	.5	2	NONE	1
GENERATED	VARCHAR2(1)	2	0	.5	2	NONE	1
SECONDARY	VARCHAR2(1)	2	0	.5	2	NONE	1
NAMESPACE	NUMBER(22)	20	0	.05	3	NONE	1
EDITION_NAME	VARCHAR2(30)	0	86274	0	0	NONE	0

默认的情况下，数据库会为列收集基本信息，但不会收集柱状图信息。在使用 dbms_

stats.gather_table_stats 收集表的统计信息时，未指定 method_opt，则 Oracle 将采用 FOR ALL COLUMNS SIZE AUTO 选项。从 10g 开始，有一个内置的参数 _column_tracking_level，可以通过它来控制是否监控列的使用。默认这个参数是打开的，此时如果某些倾斜列被频繁使用，则 Oracle 会在 Auto 模式下，自动为该列收集柱状图。

下面看看列统计信息的主要项。

❏ num_distinct：不同值的数目。

❏ num_nulls：字段值为 null 的数目。

❏ density：选择率。

❏ low_value：最小值，显示为内部存储的格式。注意，字符串列只存储前 32 字节。

❏ high_value：最大值，显示为内部存储的格式。注意，字符串列只存储前 32 字节。

❏ avg_col_len：列平均长度（字节）。

❏ histogram：是否有直方图统计信息。如果有，则是哪种类型。10g 以后的版本才提供。

    ○ NONE：没有直方图。

    ○ FREQUENCY：基于频率类型。

    ○ HEIGHT BALANCED：基于高度类型。

    ○ num_buckets：直方图的桶数。

这里引入了一个很重要的概念——选择率。这个指标反映了字段的选择性。优化器通过选择率与记录数的乘积来获得基数。这是作为执行路径选择的一个重要依据。选择率的计算方法与字段是否存在柱状图有关，这里只介绍在字典不存在柱状图的情况下的计算方法，也就是没有柱状图的情况；有柱状图的情况后面的章节将单独介绍。对于没有柱状图的情况，字段选择率为 1/num_distinct。下面通过一个示例说明。

```
[hf@testdb] SQL> create table t1 as select rownumid ,object_name,status from dba_
    objects where rownum<=50000;
Table created.

[hf@testdb] SQL> exec dbms_stats.gather_table_stats(user,'T1');
PL/SQL procedure successfully completed.

[hf@testdb] SQL> select min(id),max(id) from t1;
MIN(ID)    MAX(ID)
---------- ----------
        1      50000
```

这里创建了一个测试表，表的 ID 字段范围是 1～50 000。

```
[hf@testdb] SQL> select column_name,num_distinct,num_nulls,density,histogram,num_
    buckets
```

```
2  from user_tab_cols t
3  where table_name='T1';
COLUMN_NAME      NUM_DISTINCT  NUM_NULLS    DENSITY HISTO NUM_BUCKETS
--------------- ------------ ---------- ---------- ----- -----------
ID                     50000          0     .00002 NONE            1
OBJECT_NAME            28810          0  .00003471 NONE            1
STATUS                     1          0          1 NONE            1
```

从统计信息可见，ID 字段的选择率为 1/num_distinct=1/50000。

```
[hf@testdb] SQL> select * from t1 where id between 1 and 10000;
10000 rows selected.
--------------------------------------------------------------------
| Id  | Operation         | Name  | Rows  | Bytes | Cost (%CPU)| Time     |
--------------------------------------------------------------------
|  0  | SELECT STATEMENT  |       | 10000 |  351K |    82   (0)| 00:00:01 |
|* 1  |  TABLE ACCESS FULL| T1    | 10000 |  351K |    82   (0)| 00:00:01 |
--------------------------------------------------------------------
```

对 ID 字段执行了一个范围查询，这里评估出的基数为 10 000。这是在全表 5 万条记录中选择出的 1 万条，选择率为 1/50 000 计算得来的。具体计算方法是：选择率 × 选择范围 × 记录数＝评估基数，即 1/50 000×10 000×50 000＝10 000。

4. 直方图信息

当数据字段的数据分布不均匀时，通过之前的字段统计信息优化器往往很难做出正确的估算。为了解决这一问题，Oracle 引入了一种新的统计信息类型——直方图。简单来说，它就是来反映数据分布情况的一种统计信息。从原理上来讲，就是假定存在 n 个桶（Buckets），每个桶代表一个取值或者一个取值范围，将列中不同的值放入与之对应的桶中，通过这些桶的统计来得到列上数据分布的情况。

根据唯一值的数量和桶的个数，可以将直方图分为两种类型（在 12c 中，又细分为 4 种）：基于频率的直方图和基于高度的直方图。下面针对这两种直方图分别加以说明。

（1）基于频率的直方图

当列的唯一值数量小于或等于桶允许的最大值（254）时，数据库会使用基于频率的直方图。每个值将会占据一个桶。每个桶的高低代表每个值出现的次数。下面通过一个图简单说明，如图 4-1 所示。

下面通过一个实际的例子，帮大家体会一下基于频率的直方图。

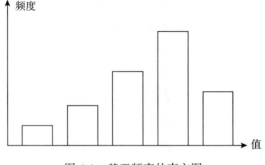

图 4-1　基于频率的直方图

```
[hf@testdb] SQL> execute dbms_random.seed(0);
PL/SQL procedure successfully completed.
```

```
[hf@testdb] SQL> create table t1
2  as
3  select trunc(dbms_random.value(1,10))val
4  from dual
5  connect by rownum<= 10000;
Table created.
```

这里创建了一个测试表，共插入了 10 000 条记录，其中的 VAL 字段为 1～9 之间的随机整数。

```
[hf@testdb] SQL> exec dbms_stats.gather_table_stats(user,'t1',method_opt => 'for
   columns valsize 254');
PL/SQL procedure successfully completed.

[hf@testdb] SQL> select num_distinct,num_buckets,histogram
2  from user_tab_columns
3  where table_name='T1' and column_name='VAL';
NUM_DISTINCT NUM_BUCKETS HISTOGRAM
------------ ----------- ---------------
           9           9 FREQUENCY
```

这里收集了统计信息，注意收集统计的选型使用了"for columns val size 254"。这表示采用 254 个桶来收集 VAL 字段的统计信息。因为这个字段的不同值只有 9 个，所以会使用基于频率的直方图。从后面的查询也可以看出，这个表有 9 个不同的值，使用了 9 个桶，整个直方图的类型为基于频率的直方图。

```
[hf@testdb] SQL> select endpoint_number, endpoint_value
2  from user_tab_histograms
3  where column_name = 'VAL' and table_name = 'T1'
4  order by endpoint_number;
ENDPOINT_NUMBER ENDPOINT_VALUE
--------------- --------------
           1160              1
           2333              2
           3398              3
           4506              4
           5674              5
           6718              6
           7826              7
           8907              8
          10000              9
9 rows selected.
```

可以从 user_tab_histograms 视图中查看直方图的具体信息。这里有两个主要字段，其含义分别如下。

❑ ENDPOINT_VALUE：该值本身。如果字段是 NUMBER 类型，可以直接显示；对于非数字类型（VARCHAR2、CHAR、NVARCHAR2、NCHAR 和 RAW）必须要进行转换。

❑ ENDPOINT_NUMBER：取值的累计出现次数。当前 endpoint_number 减去上一个 endpoint_number 就是当前行出现的次数。

```
[hf@testdb] SQL> select val,count(*) from t1 group by val order by val;
      VAL   COUNT(*)
---------- ----------
        1       1160
        2       1173
        3       1065
        4       1108
        5       1168
        6       1044
        7       1108
        8       1081
        9       1093
```

对照这个查询与上面直方图的输出，就很容易理解了。VAL＝1 的记录，共有 1160 个；VAL＝2 的记录，共有 1173（即 2333−1160）；以此类推。

（2）基于高度的直方图

当列的唯一值数量大于桶数时，数据库会基于高度的直方图反映数据分布，每个桶容纳相同数量的值。下面通过一个图简单说明，如图 4-2 所示。

下面通过一个实际的例子，帮大家体会一下基于高度的直方图。

```
[hf@testdb] SQL> execute dbms_random.seed(0);
PL/SQL procedure successfully completed.

[hf@testdb] SQL> create table t1
2  as
3  select trunc(dbms_random.value(1,100))val
4  from dual
5  connect by rownum<= 10000;
Table created.
```

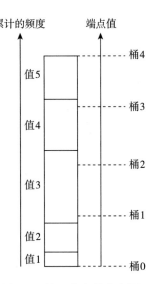

图 4-2　基于高度的直方图

这里创建了一个测试表，共插入了 10 000 条记录。其中的 VAL 字段为 1～99 之间的随机整数。

```
[hf@testdb] SQL> exec dbms_stats.gather_table_stats(user,'t1',method_opt => 'for
    columns val size 50');
PL/SQL procedure successfully completed.
```

```
[hf@testdb] SQL> select num_distinct,num_buckets,histogram
2  from user_tab_columns
3  where table_name='T1' and column_name='VAL';
NUM_DISTINCT NUM_BUCKETS HISTOGRAM
------------ ----------- ---------------
          99          50 HEIGHT BALANCED
```

这里收集了统计信息，注意收集统计的选型使用了"for columns val size 50"。这表示采用 50 个桶来收集 VAL 字段的统计信息。因为这个字段的不同值只有 99 个，因此会使用基于高度的直方图。从后面的查询也可以看出，这个表有 99 个不同的值，使用了 50 个桶，整个直方图的类型为基于高度的直方图。

```
[hf@testdb] SQL> select endpoint_number, endpoint_value
2  from user_tab_histograms
3  where column_name = 'VAL' and table_name = 'T1'
4  order by endpoint_number;
ENDPOINT_NUMBER ENDPOINT_VALUE
--------------- --------------
              0              1
              1              2
              2              4
              3              6
              4              8
              5             10
              6             12
              7             14
              8             16
              9             18
             10             19
...
             50             99
51 rows selected.
```

可以从 user_tab_histograms 视图中，查看直方图的具体信息。这里有两个主要字段，其含义分别如下：

❑ ENDPOINT_VALUE：列的数值。该列是 NUMBER 类型，如果直方图列是非数字类型则需要转换，且只取字段的前六个字节（不是字符并记录到数据字典中）。

❑ ENDPOINT_NUMBER：桶号。

如何解读上面的输出呢？上面输出代表 VAL＝1，占据了 0 号桶；VAL＝2，占据了 1 号桶；VAL＝3、4，占据了 2 号桶；VAL＝5、6 占据了 3 号桶；以此类推。

（3）直方图对执行计划的影响

如果字段存在倾斜，且也分析了直方图，则在生成执行计划时与没有直方图不同。如果有直方图，会影响计算成本中的选择因子 density。在 user_tab_columns 里有这样的两个列 num_distinct 和 density。在计算基数时，如果没有直方图则基数为 num_rows/num_distinct；如果有直方图则为 num_rows*density（此时的 density<>1/num_distinct）。

下面通过一个案例，说明在有没有直方图的情况下执行计划的不同。

构建的表中，数据严重不均衡，OWNER='HF' 的有 1 条，OWNER='PUBLIC' 的有 3万多条。

```
[hf@testdb] SQL> create table t1 as select * from dba_objects;
Table created.

[hf@testdb] SQL> create index idx_owner on t1(owner);
Index created.

[hf@testdb] SQL> select owner,count(*) from t1 group by owner;
OWNER                        COUNT(*)
---------------------------- ----------
OWBSYS_AUDIT                       12
MDSYS                            2011
HF                                  1
PUBLIC                          33996
...
24 rows selected.
```

收集了一个直方图，这是一个基于频率的直方图。

```
[hf@testdb] SQL> exec dbms_stats.gather_table_stats(user,'t1',cascade =>true,method_
    opt => 'for columns owner size 254');
PL/SQL procedure successfully completed.

[hf@testdb] SQL> select num_distinct,num_buckets,histogram
2  from user_tab_columns
3  where table_name='T1' and column_name='OWNER';
NUM_DISTINCT NUM_BUCKETS HISTOGRAM
------------ ----------- ---------------
          24          20 FREQUENCY
```

对于返回较少数据的情况，例如下面的 OWNER='HF' 的情况，优化器选择使用了索引扫描。

```
[hf@testdb] SQL> select * from t1 where owner='HF';
---------------------------------------------------------------------------------
| Id  | Operation                   | Name      | Rows  | Bytes | Cost (%CPU)| Time     |
---------------------------------------------------------------------------------
|   0 | SELECT STATEMENT            |           |     8 |   784 |     2   (0)| 00:00:01 |
|   1 |  TABLE ACCESS BY INDEX ROWID
                                    | T1        |     8 |   784 |     2   (0)| 00:00:01 |
|*  2 |   INDEX RANGE SCAN | IDX_OWNER |     8 |       |     1   (0)| 00:00:01 |
---------------------------------------------------------------------------------
```

对于返回较多数据的情况，例如下面的 OWNER='PUBLIC' 的情况，优化器选择使用了全表扫描。这显然是个不错的选择。根据数据分布不同，选择了更为高效的处理方式。

```
[hf@testdb] SQL> select * from t1 where owner='PUBLIC';
33996 rows selected.
-----------------------------------------------------------------------
| Id  | Operation          | Name  | Rows  | Bytes | Cost (%CPU)| Time     |
-----------------------------------------------------------------------
|   0 | SELECT STATEMENT   |       | 33513 | 3207K |   344   (1)| 00:00:05 |
|*  1 |   TABLE ACCESS FULL| T1    | 33513 | 3207K |   344   (1)| 00:00:05 |
-----------------------------------------------------------------------
```

后面我们去掉了直方图，即忽视了数据的不均衡问题。

```
[hf@testdb] SQL> exec dbms_stats.gather_table_stats(user,'t1',cascade =>true,method_
    opt => 'for columns owner size 1');
PL/SQL procedure successfully completed.
[hf@testdb] SQL> select num_distinct,num_buckets,histogram
2   from user_tab_columns
3   where table_name='T1' and column_name='OWNER';
NUM_DISTINCT NUM_BUCKETS HISTOGRAM
------------ ----------- ---------------
          24           1 NONE
```

在去掉了直方图之后，查询均使用了索引扫描的方式，即使是返回大量数据的 owner='PUBLIC' 的查询。可见，这并不是一个很好的选择。

```
[hf@testdb] SQL> alter system flush shared_pool;
System altered.
[hf@testdb] SQL> select * from t1 where owner='HF';
--------------------------------------------------------------------------------
| Id  | Operation                   | Name      | Rows | Bytes | Cost (%CPU)| Time     |
--------------------------------------------------------------------------------
|   0 | SELECT STATEMENT            |           | 3595 |  344K |   105   (0)| 00:00:02 |
|   1 |  TABLE ACCESS BY INDEX ROWID|           |      |       |            |          |
|     |                             | T1        | 3595 |  344K |   105   (0)| 00:00:02 |
|*  2 |   INDEX RANGE SCAN          | IDX_OWNER | 3595 |       |     9   (0)| 00:00:01 |
--------------------------------------------------------------------------------

[hf@testdb] SQL> select * from t1 where owner='PUBLIC';
--------------------------------------------------------------------------------
| Id  | Operation                   | Name      | Rows | Bytes | Cost (%CPU)| Time     |
--------------------------------------------------------------------------------
|   0 | SELECT STATEMENT            |           | 3595 |  344K |   105   (0)| 00:00:02 |
|   1 |  TABLE ACCESS BY INDEX ROWID|           |      |       |            |          |
|     |                             | T1        | 3595 |  344K |   105   (0)| 00:00:02 |
|*  2 |   INDEX RANGE SCAN          | IDX_OWNER | 3595 |       |     9   (0)| 00:00:01 |
--------------------------------------------------------------------------------
```

5. 扩展统计信息

除了针对表、索引、字段外，从 11g 开始也提供了针对多列的统计信息。所谓多列的统计信息是指对多个存在关联关系的列（作为一个组合列）收集的统计信息。如果查询语句的 WHERE 条件中出现这个组合列所涉及的关联列的过滤条件，则优化器在判断时会使用多列统计信息进行估算，而不再使用原始多列组合进行估算。

下面通过一个案例说明统计信息的具体用法。

下面的代码构造了一表 t1，并插入了 1 万条记录。要注意的是，表中字段 n1 和 n2 的值完全一样，也就是说这两个字段是有关联的。

```
[hf@testdb] SQL> create table t1 ( n1 number,n2 number);
Table created.

[hf@testdb] SQL> insert into t1 select 1,trunc(dbms_random.value(0,100)) from
    dba_objects where rownum<10001;
10000 rows created.

[hf@testdb] SQL> update t1 set n1=n2;
10000 rows updated.

[hf@testdb] SQL> commit;
Commit complete.

[hf@testdb] SQL> exec dbms_stats.gather_table_stats(ownname=>'HF',tabname=>'T1',
    cascade=>true,estimate_percent=>100);
PL/SQL procedure successfully completed.
```

执行了一个查询语句，从 Rows 可见，其评估出的记录数为 1。这是因为优化器按照两个字段的选择率相乘作为整体的选择率。因为 n1 和 n2 字段都是随机插入的 1～100 之间的数据，所以单字段的选择率为 1/100，组合在一起就是 1/10 000。表共有 10 000 条记录，因此估算选择出的记录数为 1 条。

```
[hf@testdb] SQL> select * from t1 where n1=1 and n2=1;
---------------------------------------------------------------------
| Id | Operation        | Name | Rows | Bytes | Cost (%CPU)| Time     |
---------------------------------------------------------------------
|  0 | SELECT STATEMENT |      |    1 |     6 |     7  (0)| 00:00:01 |
|* 1 |  TABLE ACCESS FULL| T1  |    1 |     6 |     7  (0)| 00:00:01 |
---------------------------------------------------------------------
Predicate Information (identified by operation id):
---------------------------------------------------
   1 - filter("N1"=1 AND "N2"=1)
```

由下页的代码可知，实际返回的记录数为 94，这与估计的值差异很大。原因就是优化器无法得知 n1、n2 两个列的值是有关联的。

```
[hf@testdb] SQL> select count(*) from t1 where n1=1 and n2=1;
COUNT(*)
----------
        94
```

下面的代码创建了一个扩展统计信息，从视图中可见，这个扩展是包含了（n1，n2）列。

```
[hf@testdb] SQL> declare
  2     cg_namevarchar2(30);
3  begin
  4     cg_name:=sys.dbms_stats.create_extended_stats('HF','T1','(n1,n2)');
  5     dbms_output.put_line(cg_name);
6  end;
7  /
SYS_STUBZH0IHA7K$KEBJVXO5LOHAS
PL/SQL procedure successfully completed.

[hf@testdb] SQL> select extension_name,extension from dba_stat_extensions where
    table_name='T1' and owner='HF';
EXTENSION_NAME                    EXTENSION
-----------------------------------------------------------------------------
SYS_STUBZH0IHA7K$KEBJVXO5LOHAS ("N1","N2")
```

从下面的代码中的 Rows 输出可见，估算的行数是 100，这显然是充分考虑到 n1=n2 的情况，且与实际的 94 条记录差异不大。

```
[hf@testdb] SQL> exec dbms_stats.gather_table_stats(ownname=>'HF',tabname=>'T1',
    method_opt=>'for columns(n1,n2) size auto',estimate_percent=>100);
PL/SQL procedure successfully completed.

[hf@testdb] SQL> select * from t1 where n1=1 and n2=1;
-----------------------------------------------------------------------------
| Id  | Operation          | Name | Rows  | Bytes | Cost (%CPU)| Time     |
-----------------------------------------------------------------------------
|   0 | SELECT STATEMENT   |      |  100  |  600  |    7   (0)| 00:00:01 |
|*  1 |   TABLE ACCESS FULL| T1   |  100  |  600  |    7   (0)| 00:00:01 |
-----------------------------------------------------------------------------
```

6. 动态采样

随着 Oracle 数据库逐步淘汰了 RBO 的优化器方式，CBO 成为优化器的唯一选择。而 CBO 需要依赖于准确的统计信息，如果对象没有收集统计信息，则会造成很大的问题。此时，就需要一种机制避免因为统计信息缺失可能导致的产生低效执行计划的问题。动态采样正是为了帮助优化器获得尽可能多的信息，可以把它视为对象统计信息的必要补充。

一般而言，在下列情况下可能会使用动态采样。

❑ 当表、索引等对象缺乏统计信息的时候，优化器可采用动态采样。

❑ 临时表。一般来说，临时表没有统计信息，多采用动态采样的手段收集。

❑ 对于复杂逻辑，优化器可能无法准确评估，可以采用动态采样。

针对动态采样，可以采用不同的层次。层次越高，其收集的信息越准确，当然其开销也越大。在不同的数据库版本中，其对应的动态采样的默认层次也不一样。如果采样的层次设置为3，则查询优化器通过测量样本中记录的选择性来估算语句中条件的选择性，而不是使用数据字典中的统计信息或者手工设置的值。如果采样的层次设置为4或者更高，则除了层级的操作外，还可以动态采样同一张表在 WHERE 子句中引用的两个或者更多的字段。当字段间有关系的时候，这将非常有助于提高估算的性能。表 4-1 所示是动态采样的层次及含义说明。

表 4-1 动态采样的层次及含义说明

层级	何时使用动态采样	数据块的数量
0	关闭动态采样	0
1	对没有对象统计信息的表使用动态采样。不过，只有在符合如下三种情况时才会发生：表没有索引、是连接的一部分（包括子查询和不可合并视图）、块数多于采样数	32
2	对所有没有对象统计的表使用动态采样	64
3	对所有符合层级 2 标准的表以及使用了评估条件选择性猜测的表使用动态采样	32
4	对所有符合层级 3 标准的表以及 WHERE 子句中引用了两个或更多字段的表使用动态采样	32
5	等同于层级 4	64
6	等同于层级 4	128
7	等同于层级 4	256
8	等同于层级 4	1024
9	等同于层级 4	4096
10	等同于层级 4	全部数据块

下面通过一个例子说明动态采样的使用。

```
[hf@testdb] SQL> create table t1( a int,bvarchar(100));
Table created.

[hf@testdb] SQL> insert into t1 select object_id,object_name from dba_objects;
86282 rows created.

[hf@testdb] SQL> commit;
Commit complete.
*上面创建了一个示例表，然后插入了8万多条记录。[hf@testdb] SQL> create index idx_t1_a on t1(a);
Index created.

[hf@testdb] SQL> select * from t1 where a=100;
```

```
-------------------------------------------------------------------------------
| Id  | Operation                    | Name    | Rows | Bytes | Cost (%CPU)| Time     |
-------------------------------------------------------------------------------
|   0 | SELECT STATEMENT             |         |   1  |   65  |   2   (0)| 00:00:01 |
|   1 |  TABLE ACCESS BY INDEX ROWID                                              
|     |                              | T1      |   1  |   65  |   2   (0)| 00:00:01 |
|*  2 |   INDEX RANGE SCAN           | IDX_T1_A|   1  |       |   1   (0)| 00:00:01 |
-------------------------------------------------------------------------------
Predicate Information (identified by operation id):
--------------------------------------------------

   2 - access("A"=100)

Note
-----
   - dynamic sampling used for this statement (level=2)
```

从 Note 可以看出，这里使用了动态采样，层次是 2。

4.1.3　数据字典统计信息

数据字典统计信息是用来描述数据字典基表、索引等的详细信息。这同普通表、索引等没有什么区别。唯一的区别就是管理的方法不同，需要专门的语句进行操作，关于统计信息操作后面会详细说明。

另外有一点需要注意，那就是从 10g 开始，数据字典统计信息可以自动收集。

4.1.4　内部对象统计信息

内部对象统计信息是用来描述内部表（例如 X$ 系统表）的详细信息。从本质来说，X$ 表是基于内存数据结构的。如果它的统计信息不准确，会造成低效的执行计划。因为 X$ 本身就是内存结构，低效的执行计划可能会造成访问内存结构所持有的 Latch 或 Mutex 长时间得不到释放。如果出现大规模争用的话，数据库会出现 CPU 使用超高甚至全库挂起的情况。

与普通对象对比，内部对象的统计信息管理方法不同。此外，如果内部对象缺少统计信息，数据库是不会采用动态采样机制的。一般只有在确定是内部对象统计信息不准的情况下，才额外收集它。

4.2　统计信息操作

常见的统计信息操作包括查看、收集、修改、删除、锁定等。下面针对每种操作，简单说明一下。

统计信息相关的操作中，最常见的就是查看操作。常见的场景是需要判断统计信息是否准确,进而排除可能因为统计信息失真导致优化器制定出低效执行计划的情况。统计信息保存在数据字典中,我们可以通过视图去查询相关统计信息。

收集统计信息也非常重要。在一般情况下,系统自动收集的统计信息是可以满足我们需要的,但也有些情况是需要人为干预、手工收集统计信息。这部分比较复杂,相关命令的选项也比较多,下面会针对常见的一些情况加以说明。

修改统计信息操作很少见。常见的情况是对象非常大,做收集动作非常慢,才采取人为修改统计信息的方式;或者是在测试环境中,为了模拟某些操作行为,而又没有那么大数据量而采取手工修改来欺骗优化器。不建议进行修改操作,除非是对各种统计信息指标非常了解。

删除统计信息的操作,相对用得较少。常见的情况是现有统计信息有问题,只需要重新收集然后覆盖就可以了,基本不需要删除。一般只有在直方图中,因错误地收集了直方图信息导致问题,才需要手工删除直方图统计信息。

锁定统计信息也不太常用。它主要是为了避免因统计信息变化导致执行计划发生变化。一般我们是相信系统对统计信息的处理的,不需要锁定处理。

下面针对不同类别的统计信息的主要操作分别加以说明。

4.2.1 系统统计信息

1. 收集统计信息

我们知道,系统统计信息分为两种,一种是非工作量统计信息(noworkload statistics)和工作量统计信息(workload statistics)。从 10g 开始,非工作量的统计信息总是可用的。对于工作量统计信息,则可以按照下面步骤进行收集:

```
exec dbms_stats.gather_system_stats('start')    //开始收集系统统计信息
运行一段时间                                      //最好是以系统典型负载运行一段时间
exec dbms_stats.gather_system_stats('stop')     //停止收集系统统计信息
```

除了上面的方法外,也可以用下面的方法,其中 interval 参数为间隔时长(单位分钟):

```
dbms_stats.gather_system_stats(gathering_mode=>'interval', interval=>N);
```

2. 查看统计信息

系统统计信息放在 aux_stats$ 表里面。Oracle 没有提供数据字典视图来供外部访问。根据 sname 不同,可以将统计信息划分为三个结果集(不同类别的信息),分别如下:

- ❑ SYSSTATS_INFO:系统统计信息的状态和收集时间。
- ❑ SYSSTATS_MAIN:系统统计信息结果集。
- ❑ SYSSTATS_TEMP:用来计算系统统计信息,只有收集工作量统计信息时才可用。

查看系统统计信息的方法如下:

```
select pname,pval1 from sys.aux_stats$ where sname='SYSSTATS_MAIN';
```

也可以使用 dbms_stats.get_system_stats 过程获得统计信息。

3. 修改统计信息

手工设置统计信息, 大致操作如下:

```
begin
dbms_stats.set_system_stats(pname=>'CPUSPEED',pvalue=>772);
dbms_stats.set_system_stats(pname=>'SREADTIM',pvalue=>5.5);
dbms_stats.set_system_stats(pname=>'MREADTIM',pvalue=>19.4);
dbms_stats.set_system_stats(pname=>'MBRC',pvalue=>53);
dbms_stats.set_system_stats(pname=>'MAXTHR',pvalue=>1243434334);
dbms_stats.set_system_stats(pname=>'SLAVETHR',pvalue=>1212121);
end;
*pname为指定统计信息参数, pvalue为统计信息的值
```

4. 删除统计信息

删除统计信息的方法如下:

```
exec dbms_stats.delete_system_stats;//调用这个过程不需要参数
```

4.2.2 对象统计信息

对象统计信息的相关操作是日常使用最多的。

1. 收集统计信息

收集统计信息主要由 analyze 命令和 dbms_stats 包实现。一般建议使用 dbms_stats 代替 analyze 命令。当然这两者不是完全等价的, 有些情况必须要使用 analyze, 例如分析索引的结构信息。作为重点, 下面主要介绍一下 dbms_stats 包的用法。

dbms_stats 包本身很复杂, 涉及统计信息方方面面的操作都可以通过它完成。下面主要针对对象统计信息的收集动作, 通过几个例子说明一下它的用法及主要参数。

收集整个库中对象的统计信息, 采样率通过 estimate_percent 指定, 这里为 15%, 命令如下:

```
exec dbms_stats.gather_database_stats(estimate_percent => 15);
```

收集指定 Schema 的统计信息, 命令如下:

```
exec dbms_stats.gather_schema_stats('scott', estimate_percent => 15);
```

收集指定表的统计信息, 命令如下:

```
exec dbms_stats.gather_table_stats('scott', 'employees', estimate_percent => 15);
```

通过 method_opt 指定是否收集直方图, 例子中说明为所有有索引的列收集且只会为现有的直方图重新分析, 不再搜索其他直方图。通过 granularity 指定如何处理分区对象的统

计信息，这里指定 all 代表收集对象、分区、子分区统计信息。通过 cascade 选项指定是否收集索引的统计信息。

```
exec dbms_stats.gather_table_stats(ownname => 'prd_user',tabname => 'prd_syi_
    search',method_opt => 'for all indexed columns size repeat',granularity=>'all',
    cascade => true);
exec dbms_stats.gather_index_stats('scott', 'employees_pk', estimate_percent => 15);
```

2. 查看统计信息

根据对象的不同，其统计信息可到不同的视图中查看。这部分涉及的数据字典比较多，如表 4-2 所示。

表 4-2　对象统计信息数据字典

对象	表 / 索引级别的统计	分区级别的统计	子分区级别的统计
表	user_tab_statistics	user_tab_statistics	user_tab_statistics
	user_tables*	user_tab_partitions*	user_tab_subpartitions*
列	user_tab_col_statistics	user_part_col_statistics	user_subpart_col_statistics
	user_tab_histograms	user_part_histograms	user_subpart_histograms
索引	user_ind_statistics	user_ind_statistics	user_ind_statistics
	user_indexes*	user_ind_partitions*	user_ind_subpartitions*

带有星号的表主要在 9i 之前使用。这是因为视图 user_tab_statistics 和 user_ind_statistics 只能在 10g 上使用。

下面分别针对表、列和索引进行举例说明。

1）查看表的统计信息：

```
select table_name,num_rows,blocks,empty_blocks,avg_space,chain_cnt,avg_row_len,
    global_stats,user_stats,sample_size,to_char(t.last_analyzed,'yyyy-mm-dd')
from dba_tables t
where owner='xxx' and table_name='xxx';
```

主要字段说明：

❑ num_row：数据的行数。

❑ blocks：高水位下的数据块个数。

❑ empty_block：高水位以上的数据块个数。dbms_stats 不计算这个值，被设置为 0。

❑ avg_space：数据块中平均空余空间（字节）。dbms_stats 不计算这个值，被设置为 0。

❑ chain_cnt：行链接和行迁移的数目。dbms_stats 不计算这个值，被设置为 0。

❑ avg_row_len：行平均长度（字节）。

❑ last_analyzed：最后收集统计信息时间。

2）查看索引的统计信息：

```
select index_name,uniqueness,blevel,leaf_blocks,distinct_keys,num_rows,
    avg_leaf_blocks_per_key,avg_data_blocks_per_key,clustering_factor,global_stats,
    user_stats,sample_size,to_char(t.last_analyzed,'yyyy-mm-dd')
from dba_indexes t
where table_owner='xx' and table_name='xx';
```

主要字段说明：

❑ num_rows：索引行。

❑ leaf_blocks：索引叶块数。

❑ distinct_keys：索引不同键数。

❑ blevel：索引的 blevel 分支层数（btree 的深度，从 root 节点到 leaf 节点的深度。如果 root 节点也是 leaf 节点，那么这个深度就是 0）。

❑ avg_leaf_blocks_per_key：每个键值的平均索引 leaf 块数（每个键值的平均索引 leaf 块数（近似取整），如果是 unique index 或 pk，这个值总是 1）。

❑ avg_data_blocks_per_key：每个键值的平均索引数据（表）块数。

❑ clustering_factor：索引的群集因子（索引集群因子⊖）。

3）查看列的统计信息：

```
select column_name,num_distinct,density,num_buckets,num_nulls,global_stats,user_stats,
histogram,num_buckets,sample_size,to_char(t.last_analyzed,'yyyy-mm-dd')
from dba_tab_cols t
where owner='xx' and table_name='xx';
```

主要字段说明：

❑ num_distinct：不同值的数目。

❑ num_nulls：字段值为 null 的数目。

❑ density：选择率。

❑ histogram：是否有直方图统计信息。如果有，是哪种类型。10g 以后才提供。

　　○ NONE：没有。

　　○ FREQUENCY：频率类型。

　　○ HEIGHT BALANCED：基于高度类型。

❑ num_buckets：直方图的桶数。

3. 修改统计信息

可以直接通过 dbms_stats 包的相关方法设置对象的统计信息。下面举例说明。

⊖　一个度量标准，用于索引的有序度和表混乱度之间的比较。

```
exec dbms_stats.set_table_stats(ownname=>'HF',tabname=>'EMP',
    numrows=>10000000,no_invalidate=>false);
/*
这个例子设置了HF.EMP表的统计项numrows为1000万,参数no_invalidate表示不会设置相关的SQL游标失效
*/
exec dbms_stats.set_index_stats(ownname=>'HF',indname=>'IDX_EMP',
    numlblks=>100000,no_invalidate=>false);
/*
这个例子设置了HF.IDX_EMP索引的统计项numlblks为10万,参数no_invalidate表示不会设置相关的
SQL游标失效
*/
```

4. 删除统计信息

类似上面收集的方法，每一个 gather_xxx_stats 就对应一个 delete_xxx_stats 方法。此外还多一个 delete_column_stats 方法，专门用来删除列的统计信息。下面举例说明。

```
exec dbms_stats.delete_table_stats('scott', 'employees');
//上面例子删除了scott用户下employees表的对象统计信息
exec dbms_stats.delete_index_stats('scott', 'employees_pk');
//上面例子删除了scott用户下employees_pk索引的对象统计信息
exec dbms_stats.delete_column_stats(
ownname => user,
tabname => 'T',
colname => 'VAL',
col_stat_type => 'HISTOGRAM');
//上面例子删除了当前用户下，T表的VAL字段的直方图信息
```

5. 锁定统计信息

从 10g 以后，可以明确锁定对象的统计信息。相关的操作包括锁定、解锁、查看锁定状态。下面举例说明。

锁定对象的统计信息：

```
dbms_stats.lock_schema_stats(ownname=>user);
//上面例子锁定了当前用户的所有对象统计信息
dbms_stats.lock_table_stats(ownname=>user,tabname=>'T');
//上面例子锁定了当前用户的T表统计信息
```

解锁对象的统计信息：

```
dbms_stats.unlock_schema_stats(ownname=>user);
//上面例子对当前用户的对象统计信息取消锁定
dbms_stats.unlock_table_stats(ownname=>user,tabname=>'T');
//上面例子对当前用户的T表统计信息取消锁定
```

查看对象是否锁定了统计信息：

```
select table_name from user_tab_statistics where stattype_locked is not null;
//查看当前用户下所有表中有锁定统计信息的对象名称
```

4.2.3　数据字典统计信息

1. 收集统计信息

对数据字典统计信息，可以用专门的方法收集，也可以按普通表的方式收集。下面举例说明。

```
exec dbms_stats.gather_dictionary_stats;
exec dbms_stats.gather_table_stats(ownname=>'SYS',tabname=>'TAB$',estimate_percent=>
    100,cascade=>true);
```

2. 删除统计信息

类似收集的方法，删除统计信息的方法也有两种。

```
exec dbms_stats.delete_dictionary_stats;
//上面例子删除字典对象统计信息

exec dbms_stats.delete_table_stats(ownname=>'SYS',tabname=>'TAB$');
//上面例子删除SYS用户TAB$表的统计信息
```

3. 查看统计信息

查看统计信息就按照普通对象进行查询即可，这里就不具体介绍了。

4.2.4　内部对象统计信息

对内部对象统计信息的收集，可以用专门的方法进行，也可以按普通表的方法进行。删除也类似。下面举例说明。

```
exec dbms_stats.gather_fixed_objects_stats();
//收集内部对象的统计信息

exec dbms_stats.gather_table_stats(ownname=>'SYS',tabname=>'X$KCCRSR',
    estimate_percent=>100,cascade=>true);
//收集某个内部对象(SYS.X$KCCRSR)的统计信息

exec dbms_stats.delete_fixed_objects_stats();
//删除内部对象的统计信息

exec dbms_stats.delete_table_stats(ownname=>'SYS',tabname=>'X$KCCRSR');
//删除某个内部对象(SYS.X$KCCRSR)的统计信息
```

SQL 解析与游标

SQL 解析是数据库执行一条 SQL 语句的必要步骤。它主要完成对 SQL 语句的各种分析、检查，并制定执行计划。最后将执行计划交由执行器去执行即可。而游标是作为 SQL 解析的结果缓存在共享池中，可作为后续执行同一 SQL 时直接调用使用。这里所说的游标，不要和 PL/SQL 开发中的游标混淆。这里的游标是指在 Oracle 中解析 SQL 语句生成执行计划的一个载体，保存在共享池中的一种数据结构。

下面对 SQL 解析的过程简单进行描述。

5.1 解析步骤

图 5-1 是 Oracle 官方文档的中 SQL 解析步骤。我们看一下解析过程做了哪些操作。

图 5-1 中涉及的命令及含义如下。

❏ Syntax Check：语法检查。数据库会检查 SQL 语句的语法拼写，以保证是其一个有效的 SQL 语句。常见的错误是拼写错误，如将 FROM 写成 FORM。

❏ Semantic Check：语义检查。数据库会对 SQL 语句进行语义分析，其中包括对象的有效性、是否有访问权限等。

❏ Shared Pool Check：数据库首先将 SQL 文本转化为 ASCII 字符，然后根据哈希算法计算其对应的值（就是对应于 V$SQL.SQL_ID）。根据计算出的这个值到共享池中的一个区域（就是 library cache）中找到对应的一块结构（又称 bucket），然后比较 bucket 里是否存在该 SQL 语句。如果找到该语句，则返回对应的执行计划（可能有多个，需要选择一个）。如果没有找到，则进入硬解析的过程。

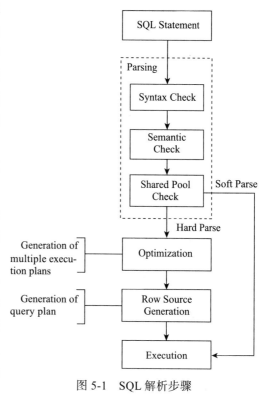

图 5-1　SQL 解析步骤

- ❑ Hard Parse：即硬解析。如果数据库无法在内存中找到这条语句，则需要经历一个硬解析的过程。在这个过程中需要申请一块内存空间（并通过名叫 latch 的结构保证不被别人访问）。同时，需要访问数据字典获得对象必要的信息。
- ❑ Soft Parse：除去 Hard Parse，都可以称为 Soft parse。
- ❑ Optimization：在这一阶段，数据库会根据很多因素由优化器生成最优的执行计划。
- ❑ Row Source Generation：所谓"Row Source"，是指在上面的执行计划中每一步采用什么样的方法去关联、获得数据。Row Source 可能对应于表、视图、结果集、表关联操作、分组操作等。最终结果是一棵树的形态。
- ❑ Execution：这一步就是执行器根据 Row Source 树的每一步去执行。

5.2　解析过程

上面我们简单描述了一下 SQL 语句的解析步骤，下面将通过图 5-2 具体说明整个解析及游标查找过程。

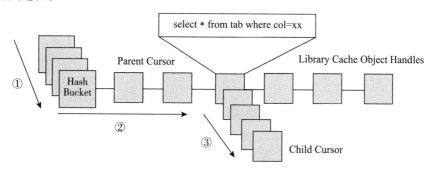

图 5-2　SQL 解析及游标查找

首先我们来说明几个概念。前面讲到了 SQL 解析，它的生成结果保存在库高速缓存中。保存的对象我们称为库缓存对象（Library Cache Object）。所有的库缓存对象都是以一种名为库缓存对象句柄（Library Cache Object Handles）的结构保存的。具体形式上，库缓存对象句柄是以哈希表的形式存储在库缓存中的。整个库缓存可以看成是由一组哈希桶（Hash Bucket）组成的。

当用户提交一条 SQL 语句后，优化器会根据目标 SQL 的文本计算一个哈希值，然后去库缓存中找匹配的 Hash Bucket，如图 5-2 所示的步骤①。这里需要强调一点，不同 SQL 文本可能计算的哈希值相同。此外，相同 SQL 文本也可能代表的是不同的语句（后面会看到这样的示例）。

在找到对应的 Hash Bucket 后，在这个桶的后面是一个 Library Cache Object Handles 的链表。链表中的每一个 Library Cache Object Handle 都对应着一个 SQL 文本解析后的内存结构（游标）。每一个 Library Cache Object Handle 对应的内存结构都可分为一个 Parent Cursor 和若干个 Child Cursor，在 Parent Cursor 中保存有指向 Child Cursor 的指针结构。在 Parent Cursor 中保存着 SQL 文本，在 Child Cursor 中保存着 SQL 解析树和执行计划，如图 5-2 中所示的步骤②。

针对每个 Parent Cursor，会有多个 Child Cursor。每个 Child Cursor 都对应一套 SQL 执行计划。下面就需要遍历这个 Child Cursor 的链表，找到适合的 Child Cursor 了。如果找不到，会生成一个新的 Child Cursor，并挂在 Parent Cursor 的下面，如图 5-2 所示的步骤③。

下面我们分别看看不同的解析类型，对应于上面的结构是如何进行的。

1. 硬解析

根据上面所述，如果根据 SQL 文本计算的哈希值（sql_id）无法在库高速缓存中找到，则开启一个硬解析的过程。在这一过程中，首先需要在共享池中获取一个栓锁（Latch），然后在共享池的可用 Chunk 链表（也就是 Bucket）中找到一个可用的 Chunk，然后释放 Latch。在获得了 Chunk 后，这块 Latch 就可以认为是进入 Library Cache 了，从而开始硬解析的过程。在经过一系列的步骤后，优化器创建一个最优的执行计划。数据库会将产生的执行计划、SQL 文本等装载进 Library Chache 中的若干个 Heap。对应于上面的结构，会生成一个 Parent Cursor，下面挂着一个 Child Cursor。

2. 软解析

如果在 Bucket 中找到了某一 SQL 语句，则说明该 SQL 语句以前运行过，于是进行软解析。软解析是相对于硬解析而言的。如果解析过程中，可以从硬解析中去掉一个或多个步骤，则这样的解析就是软解析。它又可以细分为三种类型：

❑ 类型 – hard parse：某个 Session 发出的 SQL 语句与 Library Cache 里其他 Session 发

出的 SQL 语句一致。这时，该解析过程中可以去掉硬解析中某些步骤，但仍要进行数据字典检查、名称转换和权限检查。对应于上面的结构，就是找到一个对应的 Parent Cursor，后续操作生成一个 Child Cursor，并挂在其他 Child Cursor 的后面。

❑ 类型 – soft parse：某个 Session 发出的 SQL 语句与 Library Cache 里同一个 session 之前发出的 SQL 语句一致。这时，该解析过程中只需要进行权限检查，因为可能通过 Grant 改变了该 Session 用户的权限。对应于上面的结构来说，就是在 Parent Cursor 下挂的 Child Cursor 找到你所需要的解析结果。这种情况可以省略很多解析动作，直接返回结构即可。

❑ 类型 – soft soft parse：当设置了初始化参数 session_cached_cursors，且某个 Session 对相同的 Cursor 进行第三次访问时，将在该 Session 的 PGA 里创建一个标记，并且该游标即使已经被关闭也不会从 Library Cache 中交换出去。这样，该 Session 以后再执行相同的 SQL 语句时，将跳过硬解析的所有步骤。这种情况是最高效的解析方式，但是会消耗很大的内存。对应于上面的结构来说，就是根本不需要再访问共享池，直接在会话自有的内存区域中就可以找到解析结果。这是效率最高的一种方式。

3. 解析优化

从上面过程的说明可见，数据库硬解析的过程就是生成游标的过程；软解析的过程就是找到以前生成的游标的过程；软软解析就是直接在客户端就找到缓存在本地游标的过程。从性能的角度讲，需要尽可能地避免发生硬解析。这也是为什么数据库要将共享游标保存在库缓存中的原因。因为这样，属于这个实例的每一个进程都可以重用它们。

有两个原因可以解释为什么硬解析的开销较高。第一个原因是硬解析过程很长，涉及大量复杂操作，这些都非常依赖 CPU 操作。第二个原因是要分配内存来将父游标与子游标保存在库缓存中。由于库缓存是在所有会话之间共享的，库缓存中的内存分配必须串行执行。在实际操作中，在分配父游标和子游标所需的内存之前，必须取得一个保护共享池的闩锁。

虽然软解析的影响已经远比硬解析要小，但还是需要尽量避免软解析，因为它也会导致某种串行处理。事实上，为了所有共享的父游标，也必须取得一个保护库缓存的闩锁。总的来讲，需要尽可能避免硬解析和软解析，因为它们都会抑制应用程序的可扩展性。

下面通过一个示例说明生成游标的过程，大家也可以从操作中看到如何通过数据字典查看语句缓存的游标情况。

5.3　游标示例

下面我们来看一个关于游标的示例。

以 SCOTT 用户身份登录数据库：

```
conn scott/xxx
select empno,ename from emp;
//当一条SQL第一次被执行的时候，Oracle会同时产生一个Parent Cursor和一个Child Cursor

select sql_text,sql_id,version_count
from v$sqlarea
where sql_text like 'select empno,ename%';
SQL_TEXT                                               SQL_ID         VERSION_COUNT
------------------------------------------------------ -------------- --------------
select empno,ename from emp                            78bd3uh4a08av               1
/*
目标SQL在V$SQLAREA中只有一条匹配记录，且这条记录的VERSION_COUNT的值为1(VERSION_COUNT表示
某个Parent Cursor所拥有的所有Child Cursor的数量)。这说明了Oracle在执行这条SQL时确实只产生
了一个Parent Cursor和一个Child Cursor
*/

select plan_hash_value,child_number
from v$sql
where sql_id='78bd3uh4a08av';
PLAN_HASH_VALUE CHILD_NUMBER
--------------- ------------
     3956160932            0
/*
从V$SQL中查看所有Child Cursor的信息。根据SQL_ID查询V$SQL只有一条匹配记录，而且这条记录的
CHILD_NUMBER的值为0(CHILD_NUMBER表示某个Child Cursor所对应的子游标号)，说明Oracle在执行
原目标SQL时确实只产生了一个编号为0的Child Cursor
*/

//以HF用户身份登录数据库
conn hf/hf
create table emp as select * from scott.emp;

select empno,ename from emp;
//注意此时执行的SQL语句虽然与前面的相同，但其实是两个完全不同的语句

select sql_text,sql_id,version_count
from v$sqlarea
where sql_text like 'select empno,ename%';
SQL_TEXT                                               SQL_ID         VERSION_COUNT
------------------------------------------------------ -------------- --------------
select empno,ename from emp                            78bd3uh4a08av               2
/*
在V$SQLAREA中发现匹配记录的VERSION_COUNTW为2，说明这个SQL语句有一个Parent Cursor和两个
Child Cursor
*/

select plan_hash_value,child_number from v$sql where sql_id='78bd3uh4a08av';
PLAN_HASH_VALUE CHILD_NUMBER
--------------- ------------
```

```
    3956160932                    0
    3956160932                    1
//查看V$SQL，可以看到CHILD_NUMBER的值分别为0和1的两个Child Cursor
```

　　对于上面这个例子，第一条 SQL 在 SCOTT 用户下执行过，在 Library Cache 中已经生成了对应的 Parent 和 Child Cursor。在 HF 用户执行相同文本的 SQL 时，Oracle 根据上述 SQL 文本的哈希值去 Library Cache 中找匹配的 Parent Cursor 肯定能找到匹配记录。但接下来遍历从属于该 Parent Cursor 的所有 Child Cursor 时，Oracle 会发现对应的 Child Cursor 中存储的解析树和执行计划是不能被重用的，因为此时的 Child Cursor 里存储的解析树和执行计划针对的是 SCOTT 用户下的表 EMP，而后面执行的 SQL 对应的是 HF 用户下的表 EMP。这里查询的不是同一个表，解析树和执行计划当然不能共享。这意味着 Oracle 还得针对上述 SQL 从头再做一次解析，并把解析后的解析树和执行计划存储在一个新生成的 Child Cursor 里，再把这个 Child Cursor 挂在上述 Parent Cursor 下（即把新生成的 Child Cursor 的库缓存对象句柄地址添加到上述 Parent Cursor）。也就是说，一旦上述 SQL 执行完毕，该 SQL 所对应的 Parent Cursor 下就会有两个 Child Cursor：一个 Child Cursor 中存储的是针对 SCOTT 用户下表 EMP 的解析树和执行计划；另外一个 Child Cursor 中存储的是针对 HF 用户下同名表 EMP 的解析树和执行计划。

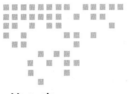

第 6 章

绑 定 变 量

绑定变量是数据库中一种特殊类型的变量，又称占位符。绑定变量通常出现在 SQL 文本中，用于替代 WHERE 条件或者 VALUES 子句的具体输入值。

数据库引入绑定变量，主要是基于以下几个方面的考虑。

- ❑ 减少硬解析：对于一个高并发的系统来说，硬解析会严重影响系统的性能。但如果引入了绑定变量，则可以大大提高 SQL 语句的重用度，减少硬解析的次数，进而提高系统整体性能和可扩展性。当然是否引入绑定变量，也要取决于数据库的类型，对于 OLTP 类型的高并发系统是适合的，但对于 OLAP/DSS 类型的分析型系统是不适合的。因为其执行 SQL 较少，硬解析对系统性能影响可以忽略不计，所以就不必使用绑定变量了。
- ❑ 提高系统伸缩性：在对 SQL 语句进行分析、优化的过程中，很多操作由于需要申请内存的闩锁结构，导致不能并发进行。通过使用绑定变量，可以更高效地使用内存，节省闩锁申请，从而整体提供系统的可伸缩性。
- ❑ 提高代码可读性：因为引入了绑定变量，所以可以避免拼接式的硬编码，提高整体可读性。
- ❑ 提高代码安全性：通过引入绑定变量，可以有效防止 SQL 注入的风险，提高代码安全性。

下面我们首先来看看绑定变量的基本使用方法。

6.1 使用方法

我们可以在多种环境下使用绑定变量。

1. SQL

下面看看在 SQL 中如何使用绑定变量。

```
var v_empno number;              //声明变量
exec :v_empno:=7369;             //变量赋值
select * from emp where empno=:v_empno;  //执行查询（引用变量）
```

2. PL/SQL：

下面看看在 PL/SQL 中如何使用绑定变量。

1）PL/SQL 中静态 SQL 语句使用绑定变量：

```
declare
    vc_name varchar2(10);
begin
execute immediate 'select ename from emp where empno=:1' into vc_name using 7369;
dbms_output.put_line(vc_name);
end;
```

2）PL/SQL 中动态 SQL 语句使用绑定变量：

```
declare
vc_column varchar2(10);
vc_sql varchar2(4000);
n_temp number;
vc_ename varchar2(10);
begin
vc_column:='empno';
vc_sql:='delete from emp where '||vc_column||'=:1 returning enameinto :2';
execute immediate vc_sql using 7369 returning into vc_ename;
dbms_output.put_line(vc_ename);
end;
```

3）PL/SQL 中通过批量绑定使用绑定变量：

```
declare
cur_empsys_refcursor;
    vc_sql varchar2(4000);
type namelist is table of varchar2(10);
enames namelist;
    CN_BATCH_SIZE constant pls_integer:=1000;
begin
vc_sql:='select ename from emp where emp>:1';
open cur_emp for vc_sql using 7900;
loop
fet chcur_emp bulk collect into enames limit CN_BATCH_SIZE;
for i in 1..enames.count loop
dbms_output.put_line(enames(i));
end loo;
exit when enames.count<CN_BATCH_SIZE;
```

```
end loop;
closecur_emp;
end;
```

3. Java

下面看看在 Java 中怎样使用绑定变量。

1）Java 中调用静态 SQL 使用绑定变量：

```
String query="select empno,ename from emp where empno=7369";
pstmt=connect.prepareStatement(query);
res=pstmt.executeQuery();

String query="select empno,ename from emp where empno=?";
pstmt=connect.prepareStatement(query);
pstmt.setIne(1,7369);
res=pstmt.executeQuery();
```

2）Java 中通过批量绑定使用绑定变量：

```
String dml="update emp set sal=? whereempno=?";
pstmt=connection.prepareStatement(dml);
pstmt.clearBatch();
for (int i=0;i<UPDATE_COUNT;++i)
{
pstmt.setInt(1,generateEmpno(i));
pstmt.setIne(2,generateSal(i));
pstmt.addBatch();
}
pstmt.executeBatch();
connection.commit();
//这段代码使用的是批量绑定的方式
```

因为引入了绑定变量，对于 SQL 解析而言会带来一些变化。下面通过带有绑定变量的
SQL 解析问题加以说明。

6.2 绑定变量与解析

我们通过一个示例看一看带有绑定变量的 SQL 语句解析。

```
create table t1 as select * from dba_objects;
varv_name varchar2(30)
exec :v_name:='T1'
select * from t1 where object_name=:v_name;
SQL> select sql_id, address, hash_value ,plan_hash_value ,child_number
2   from v$sql
3  where sql_text like 'select * from t1 where object_name=:v_name';
SQL_ID                    ADDRESS          HASH_VALUE PLAN_HASH_VALUE CHILD_NUMBER
```

```
------------------------ ----------------- ---------- --------------- -----------
6g1g39543bkvc               000007FF3769DB00  1211485036      3617692013              0
SQL> select * from table(dbms_xplan.display_cursor('6g1g39543bkvc',0, 'peeked_binds'));
-----------------------------------------------------------------------
| Id  | Operation          | Name | Rows  | Bytes | Cost (%CPU)| Time     |
-----------------------------------------------------------------------
|  0  | SELECT STATEMENT   |      |       |       |   74 (100)|          |
|* 1  |   TABLE ACCESS FULL | T1   |    3  |   621 |   74   (0)| 00:00:01 |
-----------------------------------------------------------------------

Peeked Binds (identified by position):
-----------------------------------
   1 - :V_NAME (VARCHAR2(30), CSID=873): 'T1'
```

从上面这个例子可见，对于一个带有绑定变量的语句，也是可以显示其执行计划的。并且，在执行计划中有单独的一个部分显示绑定变量的使用情况。这里大家可能会有一个疑问，就是在解析带有绑定变量的语句时，如何得到这个执行计划？这里就引入了一个重要的概念——绑定变量窥视。

1. 绑定变量窥视

首先我们来明确一下，绑定变量窥视的概念。在数据库生成执行计划的时候，需要根据条件判断数据的访问规模，从而指出最优的访问路径。当使用的是带有绑定变量的 SQL 语句时，Oracle 会在第一次解析 SQL 语句的时候，将绑定变量的输入值带到 SQL 语句中，从而根据其字面值来估算返回的记录数，从而得到执行计划。当再次执行相同的 SQL 语句时，就不用再考虑绑定变量的输入值了，直接沿用过去的执行计划即可。

下面我们通过一个示例演示一下绑定变量窥视。

```
create table t1 as select object_id as id,object_name from dba_objects where
    rownum<=10001;
update t1 set id=1 where rownum<=10000;
commit;
create index idx_t1 on t1(id);
//创建一个表，然后通过数据更新使id字段的数据分布不均匀，并在该字段上创建一个索引

execdbms_stats.gather_table_stats(user,'t1',cascade =>true,method_opt => 'for
    columns id size 254');
//收集一下统计信息。注意，这里要收集直方图，目的是让CBO知道id列上的数据分布不均匀

select max(id) from t1 where rownum<10;
MAX(ID)
----------
     10312

varv_id number;
exec :v_id := 10312;
select * from t1 where id=:v_id;
```

```
selectsql_id, address, hash_value ,plan_hash_value ,child_number
fromv$sql
wheresql_text like 'select * from t1 where id=:v_id%';
SQL_ID                         ADDRESS            HASH_VALUE PLAN_HASH_VALUE CHILD_NUMBER
---------------------- ---------------- ---------- ---------------- ------------
7y7tt6xyhas1g                  000007FF32B13C28 2097504303         50753647            0


select * from table(dbms_xplan.display_cursor('7y7tt6xyhas1g',0,'peeked_binds'));
---------------------------------------------------------------------------
| Id  | Operation                    | Name   | Rows  | Bytes | Cost (%CPU)| Time     |
---------------------------------------------------------------------------
|  0  | SELECT STATEMENT             |        |       |       |   2 (100)|          |
|  1  |  TABLE ACCESS BY INDEX ROWID |        |       |       |          |          |
|     |                              | T1     |    1  |   21  |   2   (0)| 00:00:01 |
|* 2  |   INDEX RANGE SCAN           | IDX_T1 |    1  |       |   1   (0)| 00:00:01 |
---------------------------------------------------------------------------
Peeked Binds (identified by position):
--------------------------------------
   1 - :V_ID (NUMBER): 10312
/*
```

从上面的输出可见，这里使用了索引范围扫描的方式。对于这条语句来说（ID=10312），这是一个不错的执行计划

```
*/

exec :v_id := 1
select * from t1 where id=:v_id;
select * from table(dbms_xplan.display_cursor('7y7tt6xyhas1g',0,'peeked_binds'));
---------------------------------------------------------------------------
| Id  | Operation                    | Name   | Rows  | Bytes | Cost (%CPU)| Time     |
---------------------------------------------------------------------------
|  0  | SELECT STATEMENT             |        |       |       |   2 (100)|          |
|  1  |  TABLE ACCESS BY INDEX ROWID |        |       |       |          |          |
|     |                              | T1     |    1  |   21  |   2   (0)| 00:00:01 |
|* 2  |   INDEX RANGE SCAN           | IDX_T1 |    1  |       |   1   (0)| 00:00:01 |
---------------------------------------------------------------------------
Peeked Binds (identified by position):
--------------------------------------
   1 - :V_ID (NUMBER): 10312
/*
```

从上面结果可以看出，执行计划没有变化。我们知道，对于ID=1的记录是绝大多数，全表扫描对这个语句来说是一种更优的选择。从下面的绑定变量可知，生成这个执行计划的绑定变量还是第一次执行时的10312，也就是说绑定变量窥视只窥视一次

```
*/


/*
说明:
```
从上面结果可以看出，在为绑定变量传入第一个值为10312时，由于返回的记录条数较少，导致走索引扫描。当我们第二次传入绑定变量值1时，Oracle不再生成新的执行计划，而直接拿索引扫描的执行路径来用。但是，如果先传入1的绑定变量值，然后再传入10312的绑定变量值时，先传入1的绑定变量时将导致生成的执行

计划走全表扫描。后面传入的13871的绑定变量的最佳执行路径应该是索引扫描，但是由于CBO并不知道这一点，而是直接用第一次生成的执行计划来，于是也走全表扫描

*/

为了解决上面的问题，在 11g 及以后的版本中，引入了自适应的绑定变量窥视。下面通过示例说明。

```
select * from t1 where id=:v_id
select * from t1 where id=:v_id
select * from t1 where id=:v_id
//重复上面的例子，多执行几次这个语句

select sql_text,sql_id,child_number,plan_hash_value from v$sql where sql_text
    like 'select * from t1 where%';
SQL_TEXT                                      SQL_ID                     CHILD_NUMBER
-------------------------------------------   -------------------------  -----------
select * from t1 where id=:v_id               7y7tt6xyhas1g                        0
select * from t1 where id=:v_id               7y7tt6xyhas1g                        1
//由此处可见，对于这一条语句生成了两个执行计划

select * from table(dbms_xplan.display_cursor('7y7tt6xyhas1g',0,'peeked_binds'));
-----------------------------------------------------------------------------------
| Id  | Operation                | Name   | Rows  | Bytes | Cost (%CPU)| Time     |
-----------------------------------------------------------------------------------
|  0  | SELECT STATEMENT         |        |       |       |   2 (100)|            |
|  1  |  TABLE ACCESS BY INDEX ROWID
                                 | T1     |    1  |   21  |   2   (0)| 00:00:01 |
|* 2  |   INDEX RANGE SCAN       | IDX_T1 |    1  |       |   1   (0)| 00:00:01 |
-----------------------------------------------------------------------------------
Peeked Binds (identified by position):
--------------------------------------
   1 - :V_ID (NUMBER): 10312
//对于绑定变量传入的值为10312，此时走的索引范围扫描

select * from table(dbms_xplan.display_cursor('7y7tt6xyhas1g',1,'peeked_binds'));
---------------------------------------------------------------------------
| Id  | Operation          | Name | Rows  | Bytes | Cost (%CPU)| Time     |
---------------------------------------------------------------------------
|  0  | SELECT STATEMENT   |      |       |       |  13 (100)|            |
|* 1  |  TABLE ACCESS FULL | T1   | 10000 |  205K |  13   (0)| 00:00:01 |
---------------------------------------------------------------------------
Peeked Binds (identified by position):
--------------------------------------
   1 - :V_ID (NUMBER): 1
//对于绑定变量传入的值为1，此时走的全表扫描

/*
说明：
在11g中引入了自适应的游标策略，根据不同的输入值，可以对应不同的执行计划，这大大提高了适应情况。
但需要注意的是，前提条件是绑定变量对应的字段收集了直方图。这一点可以理解，如果不收集，是无法知道
```

数据有倾斜的，也就不会有机会生成多个执行计划了
*/

除了上面这种情况，因为数据有倾斜导致一条 SQL 语句可能有不同执行计划的情况外，还有一种情况会导致这种现象。这就是绑定变量分级，下面针对这种情况加以说明。

2. 绑定变量分级

所谓的绑定变量分级，是指 Oracle 数据库会根据绑定变量的长短将绑定变量分为不同的级别。不同级别的绑定变量会对应不同的子游标。下面通过一个示例说明这种现象。

```
create table t1 as select rownumid,object_name from dba_objects;
alter table t1 modify name varchar2(255);

varv_name varchar2(30)
exec :v_name:='ABC'
select * from t1 where name=:v_name;

select sql_id, hash_value ,child_number,executions
from v$sql
where sql_text like 'select * from t1 where name=:v_name';
SQL_ID                       HASH_VALUE CHILD_NUMBER EXECUTIONS
-------------------------- ---------- ------------ ----------
80au64833mru6                 104456006          0            1
//我们执行了一条SQL语句，优化器生成了一个游标

varv_name varchar2(200)
exec :v_name:='ABC'
select * from t1 where name=:v_name;

selectsql_id, hash_value ,child_number,executions
fromv$sql
wheresql_text like 'select * from t1 where name=:v_name';

SQL_ID                       HASH_VALUE CHILD_NUMBER EXECUTIONS
-------------------------- ---------- ------------ ----------
80au64833mru6                 104456006          0            1
80au64833mru6                 104456006          1            1
/*
尽管这次执行的语句和前面的完全一样，但是数据库生成了两个不同的游标。我们可以通过下面的语句查看为
什么生成了两个
*/

selects.child_number,m.position,m.max_length,
    decode(m.datatype,1,'VARCHAR2',2,'NUMBER',m.datatype) as datatype
fromv$sqls,v$sql_bind_metadata m
wheres.sql_id='80au64833mru6' and s.child_address=m.address
order by 1,2;
```

```
CHILD_NUMBER   POSITION MAX_LENGTH DATATYPE
------------ ---------- ---------- ----------------------------------
           0          1        128 VARCHAR2
           1          1       2000 VARCHAR2
```
//从上面输出可以看出，两个游标是因为最大长度不同，导致生成了不同的游标

总结一下，绑定变量分级是 Oracle 根据文本型绑定变量的长度分成的若干级别。即使 SQL 语句相同，但是只要长度不同就仍然生成新的游标。系统是分为 4 个级别。

❏ 第一个等级：长度在 32 字节（Byte）以内。

❏ 第二个等级：长度在 33~128 字节之间。

❏ 第三个等级：长度在 129~2000 字节之间。

❏ 第四个等级：长度在 2000 字节以上。

除了上面这种显式使用绑定变量的情况，数据库也会考虑在某些情况下自动使用绑定变量替换原来的值。这种技术称为游标共享，下面详细说明。

6.3 游标共享

游标是否共享是通过参数 cursor_sharing 来控制的。下面分别说明这个参数几种取值的含义。

❏ EXACT：只有当发布的 SQL 语句与缓存中的语句完全相同时才用已有的执行计划。

❏ FORCE：如果 SQL 语句是字面量，则迫使优化器始终使用已有的执行计划。（无论已有的执行计划是不是最佳的。）优化器将把 SQL 语句所有字面常量替换为系统产生的绑定变量，并检查是否存在一个以前产生的共享游标用于修改后的语句。

❏ SIMILAR：如果 SQL 语句是字面量，则只有当已有的执行计划是最佳时才使用它，如果已有执行计划不是最佳，则重新对这个 SQL 语句进行分析以制定最佳执行计划。首先将字面变量替换为绑定变量，然后窥视绑定变量的值。如果有必要，将对该语句每次单独的分析调用中输入值进行优化。该参数指定 Oracle 在存在柱状图信息时，对于不同的变量值，重新解析，从而利用柱状图更为精确地指定 SQL 执行计划。即当存在柱状图时，SIMILAR 的表现和 EXACT 一样；当不存在柱状图时，SIMILAR 的表现和 FORCE 相同。

下面通过一个例子说明。

```
create table t1 as select rownum id ,object_name name from sys.dba_objects;

show parameter cursor_sharing=> FORCE

select * from t1 where id=1;
```

```
selectsql_text,sql_id,version_count,executions
fromv$sqlarea
wheresql_text like 'select * from t1%';
SQL_TEXT                                 SQL_ID        VERSION_COUNT EXECUTIONS
---------------------------------------- ------------- ------------- ----------
select * from t1 where id=:"SYS_B_0"     6800d8tpghk0c             1          1
//在CURSOR_SHARING为FORCE的情况下，Oracle强制使用了绑定变量，甚至直接改写了SQL

alter session set cursor_sharing=EXACT;

grant select on t1 to sys;
//通过这种方式淘汰了已经生成的执行计划

select * from t1 where id=1;

select sql_text,sql_id,version_count,executions
from v$sqlarea
where sql_text like 'select * from t1%';
SQL_TEXT                                 SQL_ID        VERSION_COUNT EXECUTIONS
---------------------------------------- ------------- ------------- ----------
select * from t1 where id=1              5ag8kthgnvjk2             1          1
/*
再次执行上面的SQL，可见在CURSOR_SHARING=EXACT的情况下，绝对精确匹配文本，没有使用绑定变量
*/
```

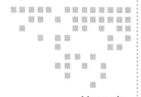

SQL 优化相关对象

在 SQL 优化的过程中，首先需要了解语句相关对象的情况。数据库对象设计的好坏，会直接影响相关对象语句执行的效率。因此，有时在 SQL 语句实在无法优化的情况下，可以考虑通过修改对象的结构来完成优化。

下面我们将分别介绍与 SQL 优化相关的一些对象。首先，来看看大家最为熟悉的对象——表。

7.1 表

"表"是大家最为熟知的一个对象。它也是保存数据的实体。Oracle 数据库支持多种表的类型。大家最为常见的就是堆表，它也是适用范围最广的一种表。此外，还支持索引组织表、簇表等。除了按照表的结构分类外，还可以根据表的组织形式、用途等进行分类，比如常见的分区表、临时表等。

下面我们将从最常见的堆表开始介绍。

1. 堆表

堆表是 Oracle 默认的表类型，也是最常用的表类型。除非有特殊原因要使用其他表类型，否则都使用堆表类型。对于堆表来说，最常见的影响性能的因素就是表的规模。这一点很容易理解，规模越大，扫描的块数越多，当然成本也就越高。前面两章提到，如果对表进行全表扫描，会扫描高水位线以下的所有块。这也解释了为什么删除数据后，扫描表仍然很慢。下面通过一个示例说明。

```
SQL> create table t1 as select * from dba_objects;
//表已创建

SQL> insert into t1 select * from t1;
//已创建 18865 行

SQL> insert into t1 select * from t1;
//已创建 37730 行

SQL> insert into t1 select * from t1;
//已创建 75460 行

SQL> insert into t1 select * from t1;
//已创建 150920 行

SQL> commit;
//提交完成
//这里我们构造一张大表,并插入了几十万条记录

SQL> set serveroutput on
SQL> exec show_space('t1','auto');
Total Blocks............................4096
Total Bytes.............................33554432
Unused Blocks...........................0
Unused Bytes............................0
Last Used Ext FileId....................4
Last Used Ext BlockId...................6144
Last Used Block.........................128
PL/SQL 过程已成功完成。
/*
这里我们调用了一个存储过程(附录中会详细说明)。通过这个存储过程,我们可以观察到表的高水位线信
息。对于上面这个示例,高水位线的位置在Total Blocks - Unused Blocks = 4096
*/

SQL> set autotracetraceonly
SQL> select count(*) from t1;
-----------------------------------------------------------------
| Id  | Operation          | Name | Rows  | Cost (%CPU)| Time     |
-----------------------------------------------------------------
|  0  | SELECT STATEMENT   |      |     1 |  1115    (2)| 00:00:14 |
|  1  |  SORT AGGREGATE    |      |     1 |             |          |
|  2  |   TABLE ACCESS FULL| T1   | 4559K |  1115    (2)| 00:00:14 |
-----------------------------------------------------------------

统计信息
-----------------------------------------------------------------
5903  consistent gets
4059  physical reads
//通过上面执行的SQL语句可见,这个查询语句大约要执行5000多次逻辑读操作

SQL> delete from t1;
```

//已删除301840行

```
SQL> commit;
//提交完成

SQL> exec show_space('t1','auto');
Total Blocks...........................4096
Total Bytes............................33554432
Unused Blocks..........................0
Unused Bytes...........................0
Last Used Ext FileId...................4
Last Used Ext BlockId..................6144
Last Used Block........................128
//PL/SQL 过程已成功完成
```
//删除操作后，我们通过观察发现高水位线没有变化

```
SQL> select count(*) from t1;
---------------------------------------------------------------------
| Id  | Operation           | Name | Rows  | Cost (%CPU)| Time     |
---------------------------------------------------------------------
|   0 | SELECT STATEMENT    |      |     1 |  1096   (1)| 00:00:14 |
|   1 |  SORT AGGREGATE     |      |     1 |            |          |
|   2 |   TABLE ACCESS FULL | T1   |     1 |  1096   (1)| 00:00:14 |
---------------------------------------------------------------------
统计信息
-----------------------------------------------------------
0    recursive calls
0    db block gets
5166  consistent gets
4026  physical reads
```
//删除之后执行查询，仍然需要5000多次的逻辑读操作

```
SQL> truncate table t1;
//表被截断

SQL> set autotrace off
SQL> exec show_space('t1','auto');
Total Blocks...........................8
Total Bytes............................65536
Unused Blocks..........................5
Unused Bytes...........................40960
Last Used Ext FileId...................4
Last Used Ext BlockId..................2096
Last Used Block........................3
//PL/SQL 过程已成功完成
```
//截断表后，高水位线明显降低了

```
SQL> select count(*) from t1;
---------------------------------------------------------------------
| Id  | Operation           | Name | Rows  | Cost (%CPU)| Time     |
```

```
-----------------------------------------------------------
|   0 | SELECT STATEMENT   |    |   1 |    2   (0)| 00:00:01 |
|   1 |   SORT AGGREGATE   |    |   1 |       |          |
|   2 |    TABLE ACCESS FULL| T1 |   1 |    2   (0)| 00:00:01 |
-----------------------------------------------------------
统计信息
-----------------------------------------------------------
1   recursive calls
0   db block gets
4   consistent gets
1   physical reads
/*
高水位线降低后，再次执行查询语句，可见其逻辑读非常小。这也说明了降低高水位线对全表扫描的影响
*/
```

2. 索引组织表

索引组织表，顾名思义，就是存储在一个索引结构中的表，也就是以 B+ 树结构存储。换句话说，在索引组织表中，索引就是数据，数据就是索引，两者合二为一。索引组织表的好处并不在于解决磁盘空间的占用，而是可以减少 I/O，进而减少访问缓冲区缓存。

下面我们通过一个示例说明普通堆表与索引组织表的访问对比。

```
SQL> create table t_normal( a int,b int,c varchar2(100));
//表已创建

SQL> create index idx_normal_a on t_normal(a);
//索引已创建

SQL> insert into t_normal select rownum,object_id,object_name from dba_objects;
//已创建 18867 行

SQL> commit;
//提交完成

SQL> create table t_iot(a int,b int,c varchar2(100),primary key(a)) organization
index;
//表已创建

SQL> insert into t_iot select rownum,object_id,object_name from dba_objects;
//已创建 18869 行

SQL> commit;
//提交完成

//上面分别创建了普通表和索引组织表，并插入了相同数据
SQL> set autotrace traceonly
SQL> select * from t_normal where a=1000;
-----------------------------------------------------------
```

```
| Id  | Operation                   | Name         | Rows | Bytes | Cost (%CPU)| Time   |
-------------------------------------------------------------------------------------
|  0  | SELECT STATEMENT            |              |   1  |  78   |   1   (0)| 00:00  |
|  1  |  TABLE ACCESS BY INDEX ROWID
                                    | T_NORMAL     |   1  |  78   |   1   (0)| 00:00  |
|* 2  |   INDEX RANGE SCAN          | IDX_NORMAL_A |  74  |       |   1   (0)| 00:00  |
-------------------------------------------------------------------------------------
统计信息
--------------------------------------------------------
0   recursive calls
0   db block gets
4   consistent gets
0   physical reads
```
//从上面输出可见，在堆表中访问这条记录需要4个逻辑读操作。从执行计划可见，需要一个回表查询

```
SQL> select * from t_iot where a=1000;
-------------------------------------------------------------------------------------
| Id  | Operation        | Name              | Rows | Bytes | Cost (%CPU)| Time       |
-------------------------------------------------------------------------------------
|  0  | SELECT STATEMENT |                   |      |       |            |            |
                         |                   |   1  |  78   |   1   (0)| 00:00:01 |
|* 1  |  INDEX UNIQUE SCAN |                 |      |       |            |            |
                         | SYS_IOT_TOP_21676 |   1  |  78   |   1   (0)| 00:00:01 |
-------------------------------------------------------------------------------------
统计信息
--------------------------------------------------------
       1   recursive calls
       0   db block gets
       2   consistent gets
0   physical reads
/*
```
从上面输出可见，在索引组织表中访问这条记录需要2个逻辑读，相较堆表访问大大减少了。从执行计划可见，可以直接访问，不需要回表；或者说，就是通过索引直接访问数据
*/

3. 分区表

分区表是 Oracle 数据库中应对大规模数据量的一种很好的解决方案。其基本原理很简单，就是将大的对象分解为若干个小对象。当访问表时，根据分区策略，可以精确地定位到小对象（单个分区），进而提高访问效率。需要说明的是，分区表中的每个分区也是一个独立的堆表，只是逻辑上看起来是一张完整的表。

下面通过一个示例说明普通表与分区表的访问区别。

```
[hf@testdb] SQL> create table t_part
2  (
  3      owner varchar2(30),
  4      object_namevarchar2(128),
  5      object_id number,
  6      created date
```

```
7   )
8   partition by range (created)
9   (
10  partition part_201305 values less than(to_date('2013-06-01','yyyy-mm-dd')),
11  partition part_201306 values less than(to_date('2013-07-01','yyyy-mm-dd')),
12  partition part_201307 values less than(to_date('2013-08-01','yyyy-mm-dd')),
13  partition part_201308 values less than(to_date('2013-09-01','yyyy-mm-dd')),
14  partition part_201309 values less than(to_date('2013-10-01','yyyy-mm-dd')),
15  partition part_201310 values less than(to_date('2013-11-01','yyyy-mm-dd')),
16  partition part_201311 values less than(to_date('2013-12-01','yyyy-mm-dd')),
17  partition part_201312 values less than(to_date('2014-01-01','yyyy-mm-dd')),
18  partition part_201401 values less than(to_date('2014-02-01','yyyy-mm-dd')),
19  partition part_201402 values less than(to_date('2014-03-01','yyyy-mm-dd')),
20  partition part_201403 values less than(to_date('2014-04-01','yyyy-mm-dd')),
21  partition part_201404 values less than(to_date('2014-05-01','yyyy-mm-dd')),
22  partition part_201405 values less than(to_date('2014-06-01','yyyy-mm-dd')),
23  partitionpart_max values less than(maxvalue)
24  );
Table created.

[hf@testdb] SQL> create table t_normal
2   (
  3       owner varchar2(30),
  4       object_namevarchar2(128),
  5       object_id number,
  6       created date
7   );
Table created.

[hf@testdb] SQL> insert into t_normal select owner,object_name,object_id,created
    from sys.dba_objects;
86299 rows created.

[hf@testdb] SQL> commit;
Commit complete.

[hf@testdb] SQL> insert into t_part select owner,object_name,object_id,created
    from sys.dba_objects;
86299 rows created.

[hf@testdb] SQL> commit;
Commit complete.
//上面创建了两张表，并插入了数万条记录

[hf@testdb] SQL> exec dbms_stats.gather_table_stats('hf', 't_normal');
PL/SQL procedure successfully completed.

[hf@testdb] SQL> exec dbms_stats.gather_table_stats('hf', 't_part');
PL/SQL procedure successfully completed.

[hf@testdb] SQL> select * from t_part where created between to_date('2013-11-01',
```

```
      'yyyy-mm-dd') and to_date('2013-11-30','yyyy-mm-dd');
------------------------------------------------------------------------------
| Id  | Operation                 | Name   |Rows|Bytes| Cost(%CPU)| Time    |Pstart|Pstop
------------------------------------------------------------------------------
|  0  | SELECT STATEMENT          |        |  1 | 105 |   2 (0) | 00:00:01|      |
|  1  |  PARTITION RANGE SINGLE   |        |  1 | 105 |   2 (0) | 00:00:01|   7 | 7
|* 2  |   TABLE ACCESS FULL       |T_PART  |  1 | 105 |   2 (0) | 00:00:01|   7 | 7
------------------------------------------------------------------------------

Statistics
----------------------------------------------------------
1   recursive calls
0   db block gets
0   consistent gets
0   physical reads
```
//从分区表的访问可见，没有消耗逻辑读。原因是该分区内没有数据，所以无须读取
```
[hf@testdb] SQL> select * from t_normal where created between to_date('2013-11-01',
      'yyyy-mm-dd') and to_date('2013-11-30','yyyy-mm-dd');
------------------------------------------------------------------------------
| Id  | Operation           | Name     | Rows  | Bytes  | Cost (%CPU)| Time    |
------------------------------------------------------------------------------
|  0  | SELECT STATEMENT    |          |  75   | 3300   |  171   (1)| 00:00:03 |
|* 1  |  TABLE ACCESS FULL  | T_NORMAL |  75   | 3300   |  171   (1)| 00:00:03 |
------------------------------------------------------------------------------

Statistics
----------------------------------------------------------
12   recursive calls
0    db block gets
643  consistent gets
0    physical reads
/*
```
如果直接对表进行访问，则需要600多次逻辑读。由此可见，通过分区访问可以更精确地定位数据，减少访问规模
```
*/
```

7.2　字段

字段对象对于 SQL 语句的执行效率也有很大的影响。影响因素主要体现在两个方面——字段存储顺序和字段类型，下面分别说明。

1. 字段存储顺序

字段存储顺序会影响访问性能。下面我们先观察一下行记录的存储结构。

H	L1	D1	L2	D2	…	Ln	Dn

其中，H 表示记录头，L 表示字段长度，D 表示字段内容。

从上面的结构可见，数据库不知道一条记录中每个字段的偏移量。如果需要定位字段

2，必须从字段 1 开始，接着根据字段 1 的长度来定位字段 2。靠近记录开始的字段定位速度明显快于末尾的字段。因此，在做表设计时，将访问频繁的字段放在前面。

2. 字段类型

如果说字段存储顺序对访问性能有一定影响，那么字段类型对访问性能就有着更显著的影响。常见的问题是：隐式数据类型转化；错误数据类型带来的成本估算异常。

下面通过两个示例分别说明，先举一个隐式数据类型转化的示例。

```
SQL> create table t1 (owner varchar2(30),object_name varchar2(128),object_id
     varchar2(100));
//表已创建

SQL> insert into t1(owner,object_name,object_id) select owner,object_name,object_id
     from dba_object
已创建 18869 行。

SQL> commit;
//提交完成

SQL> create index idx_t1_id on t1(object_id);
//索引已创建

SQL> set autotrace on
SQL> select * from t1 where object_id=20;
-------------------------------------------------------------------------
| Id  | Operation        | Name | Rows | Bytes | Cost (%CPU)| Time     |
-------------------------------------------------------------------------
|  0  | SELECT STATEMENT |      |   1  |  135  |   27   (0)| 00:00:01 |
|* 1  |  TABLE ACCESS FULL| T1  |   1  |  135  |   27   (0)| 00:00:01 |
-------------------------------------------------------------------------
Predicate Information (identified by operation id):
-------------------------------------------------------------------------
   1 - filter(TO_NUMBER("OBJECT_ID")=20)
/*
从上面输出可见，表T1的OBJECT_ID字段保存的是数字，测试中估计创建了文本类型，导致模拟选择错误字段的
情况发生。当执行一个正常的查询时，由于类型不一致，优化器进行了隐式的数据类型转换，从Predicate
Information中可以看出来，进行了一次TO_NUMBER操作。由于数据类型转换，整体执行计划走了全表
扫描
*/

//下面我们看看正常情况下的执行计划
SQL> select * from t1 where object_id='20';
---------------------------------------------------------------------------------
| Id  | Operation         | Name | Rows | Bytes | Cost (%CPU)| Time     |
---------------------------------------------------------------------------------
|  0  | SELECT STATEMENT  |      |   1  |  135  |   16   (0)| 00:00:01 |
|  1  |  TABLE ACCESS BY INDEX ROWID
                          | T1   |   1  |  135  |   16   (0)| 00:00:01 |
```

```
|*  2 |    INDEX RANGE SCAN | IDX_T1_ID |    78 |        |     1   (0)| 00:00:01 |
------------------------------------------------------------------------------
Predicate Information (identified by operation id):
---------------------------------------------------
   2 - access("OBJECT_ID"='20')
```
//从上面输出可见，引用了正确的数据类型后，走了索引的范围扫描

下面看一下因为数据类型异常导致的优化器估算异常的示例。

```
SQL> create table t_test(id number,v1 varchar2(20),n1 number,d1 date);
//表已创建

SQL> insert into t_test select rownum,
  2          to_char(to_date('2001-01-01','yyyy-mm-dd') + (rownum-1),'yyyy-mm-dd'),
  3          to_char(to_date('2001-01-01','yyyy-mm-dd') + (rownum-1),'yyyymmdd'),
  4          to_date('2001-01-01','yyyy-mm-dd') + (rownum-1) from dual
5  connect by rownum<= (to_date('2010-12-31','yyyy-mm-dd') - to_date('2001-01-
       01','yyyy-mm-dd'));
//已创建 3651 行

SQL> exec dbms_stats.gather_table_stats('hf', 't_test');
//PL/SQL 过程已成功完成

SQL> alter session set nls_date_format='yyyy-mm-dd hh24:mi:ss';
//会话已更改

SQL> select * from t_test where rownum<10;
       ID V1                                            N1 D1
---------- ----------------------------------- ----------- -------------------
      685 20021116                                  20021116 2002-11-16 00:00:00
      686 20021117                                  20021117 2002-11-17 00:00:00
      687 20021118                                  20021118 2002-11-18 00:00:00
      688 20021119                                  20021119 2002-11-19 00:00:00
      689 20021120                                  20021120 2002-11-20 00:00:00
      690 20021121                                  20021121 2002-11-21 00:00:00
      691 20021122                                  20021122 2002-11-22 00:00:00
      692 20021123                                  20021123 2002-11-23 00:00:00
      693 20021124                                  20021124 2002-11-24 00:00:00
//已选择9行
//上面创建了一张测试表，包含3个字段，保存的信息都是"日期"。后面插入了10年的日期数据

SQL> select * from t_test
where d1 between to_date('2001-01-01','yyyy-mm-dd') and to_date('2002-01-01',
    'yyyy-mm-dd');
--------------------------------------------------------------------------------
| Id  | Operation          | Name    | Rows  | Bytes | Cost (%CPU)| Time     |
--------------------------------------------------------------------------------
|   0 | SELECT STATEMENT   |         |   366 | 10614 |     7   (0)| 00:00:01 |
|*  1 |  TABLE ACCESS FULL | T_TEST  |   366 | 10614 |     7   (0)| 00:00:01 |
--------------------------------------------------------------------------------
Predicate Information (identified by operation id):
```

```
--------------------------------------------------
  1 - filter("D1"<=TO_DATE(' 2002-01-01 00:00:00', 'syyyy-mm-dd
              hh24:mi:ss')  AND  "D1">=TO_DATE(' 2001-01-01 00:00:00', 'syyyy-mm-
              dd
              hh24:mi:ss'))
```
//上面测试中按日期类型字段进行范围扫描，优化器评估返回366条记录，这是十分精准的

```
SQL> select * from t_test where v1 between '20010101' and '20020101';
------------------------------------------------------------------------------
| Id  | Operation          | Name    | Rows  | Bytes | Cost (%CPU)| Time     |
------------------------------------------------------------------------------
|  0  | SELECT STATEMENT   |         |   402 | 10854 |     7   (0)| 00:00:01 |
|* 1  |  TABLE ACCESS FULL | T_TEST  |   402 | 10854 |     7   (0)| 00:00:01 |
------------------------------------------------------------------------------
Predicate Information (identified by operation id):
---------------------------------------------------
  1 - filter("V1"<='20020101' AND "V1">='20010101')
```
/*
如果使用文本字段进行类似的查询，优化器评估返回402条记录，这较上面测试存在一定偏差。为什么会造成这一现象？原因就是优化器针对文本的范围选择率的评估不如日期类型精准
*/

```
SQL> select * from t_test where n1 between 20010101 and 20020101;
------------------------------------------------------------------------------
| Id  | Operation          | Name    | Rows  | Bytes | Cost (%CPU)| Time     |
------------------------------------------------------------------------------
|  0  | SELECT STATEMENT   |         |   402 | 10854 |     7   (0)| 00:00:01 |
|* 1  |  TABLE ACCESS FULL | T_TEST  |   402 | 10854 |     7   (0)| 00:00:01 |
------------------------------------------------------------------------------
Predicate Information (identified by operation id):
---------------------------------------------------
  1 - filter("N1"<=20020101 AND "N1">=20010101)
```
//数字类型与文本类型类似

7.3 索引

索引可以说是 Oracle 数据库中除了表以外最重要的对象了。通过添加索引来提高查询性能，也是最为常见的一种优化手段。甚至很多非 DBA 人员认为，数据库优化就是加索引。这种观点虽然有些偏颇，但也说明了索引对于优化的重要意义。

Oracle 数据库支持多种索引。下面针对几种常用的索引分别加以介绍。

1. B 树索引

B 树索引是 Oracle 数据库的默认索引，也是最为常见的一种索引。通常我们所说的索引都是特指 B 树索引（见图 7-1）。那为什么使用 B 树索引可以调高访问速度呢？这就要从索引结构来说明了。

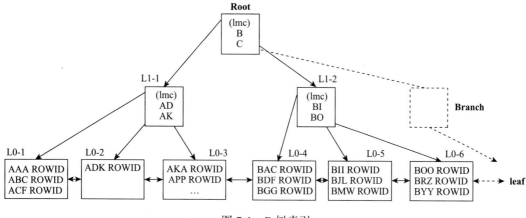

图 7-1　B 树索引

整个索引结构就是一个平衡树（Balance Tree），这也就是称为 B 树索引的原因。在整个树结构中，包含有 3 种节点，分别是根节点（Root）、分支节点（Branch）、叶子节点（Leaf）。有的简单索引只有根节点和叶子节点。在根节点或分支节点中，存在一组键值范围，当通过条件访问到这些节点时，根据键值范围路由到不同的分支节点或叶子节点。例如上面示例中，如果输入的条件是 'AA'，那么首先查询根节点，在这个节点中有一组键值 BC，它代表将键值范围分为 3 个区间，分别是 X<B、B<X<C、C<X。因为输入的条件是 'AA'，故属于第一个区间，相关数据会在对应的第一个分支节点上。在第一个分支节点（L1-1）应用同样的方法，可知数据在第一个叶子节点（L0-1）。对于叶子节点来说，保存的每组记录中，每条记录包含两部分信息：一是索引键值，二是对应的行地址（ROWID）。通过行地址，就可以很快定位到数据块中的记录了。

下面通过一个示例说明为什么通过索引访问会很快。

```
SQL> create table t1 as select * from dba_objects;
//表已创建

SQL> insert into t1 select * from t1;
//已创建 18870 行

SQL> /
//已创建 37740 行

SQL> /
//已创建 75480 行

SQL> /
//已创建 150960 行

SQL> /
```

```
//已创建 301920 行

SQL> commit;
//提交完成

SQL> select * from t1 where object_id=20;
--------------------------------------------------------------------------
| Id  | Operation          | Name  | Rows  | Bytes | Cost (%CPU)| Time     |
--------------------------------------------------------------------------
|  0  | SELECT STATEMENT   |       |   89  | 18423 | 2194   (1) | 00:00:27 |
|* 1  |  TABLE ACCESS FULL | T1    |   89  | 18423 | 2194   (1) | 00:00:27 |
--------------------------------------------------------------------------
统计信息
---------------------------------------------------------------

0   recursive calls
0   db block gets
11251   consistent gets
0   physical reads

SQL> create index idx_object_id on t1(object_id);
//索引已创建

SQL> select * from t1 where object_id=20;
----------------------------------------------------------------------------------
| Id  | Operation                   | Name          | Rows  | Bytes | Cost (%CPU)| Time     |
----------------------------------------------------------------------------------
|  0  | SELECT STATEMENT            |               |   89  | 18423 | 2188   (1) | 00:00:27 |
|  1  |  TABLE ACCESS BY INDEX ROWID| T1            |   89  | 18423 | 2188   (1) | 00:00:27 |
|* 2  |   INDEX RANGE SCAN          | IDX_OBJECT_ID | 2580  |       |    3   (0) | 00:00:01 |
----------------------------------------------------------------------------------
统计信息
---------------------------------------------------------------

0   recursive calls
0   db block gets
38   consistent gets
0 physical reads
/*
从前后执行对比来看，前者走了全表扫描，后者走了索引扫描。直观地对比统计信息的"consistent gets"
一栏，前者需要1万多次一致性读，后者只要数十次一致性读，两者差异巨大。自然，执行时间也差异巨大
*/
```

2. 位图索引

位图索引是另外一种较为常见的索引，虽然说是较为常见，但也仅限于个别场景，主要适用于分析型数据库中。其原理与 B 树索引完全不同。在 Oracle 的优化器中，个别场景下可以将两类索引相互转换。这个在后面的章节会有详细说明。

下面首先来看看位图索引的结构，示例如表 7-1 所示。

表 7-1　位图索引结构

KEY	START_ROWID	END_ROWID	BITMAP
blue	10.0.0.3	12.8.3	1000···
green	10.0.0.3	12.8.3	0100···
red	10.0.0.3	12.8.3	0010···
yellow	10.0.0.3	12.8.3	0001···

在上面的显示中，10.0.3 => 文件号＋块号＋行号。从表 7-1 可见，位图索引是在指定的地址范围，若对应记录是某个键值，则对应值设置为 1，否则设置为 0。从上面结构可见，如果位图索引的不同值很少，则空间占用很少。换句话说，其存储密度很高。

下面通过一个示例说明位图索引的用法。

```
create table t1 as select * from dba_objects where rownum<=50000;
//表已创建

update t1 set status='NOVALID' where object_id=20;
//更新3条

update t1 set status=NULL where object_id=21;
//更新1条

commit;
//提交完成
alter table t1 add constraint pk_t1 primary key(object_id);
//索引已创建

create bitmap index idx_status on t1(status);
//索引已创建

select count(*) from t1;
--------------------------------------------------------------------------------
| Id  | Operation                   | Name        | Rows  | Cost (%CPU)| Time     |
--------------------------------------------------------------------------------
|   0 | SELECT STATEMENT            |             |     1 |     2   (0)| 00:00:01 |
|   1 |  SORT AGGREGATE             |             |     1 |            |          |
|   2 |   BITMAP CONVERSION COUNT   |             | 50000 |     2   (0)| 00:00:01 |
|   3 |    BITMAP INDEX FAST FULL SCAN                                             |
|                                   | IDX_STATUS  |       |            |          |
--------------------------------------------------------------------------------

Statistics
----------------------------------------------------------
5  consistent gets
/*
```

默认使用位图索引，并且走的是位图索引快速全扫描。即使位图索引字段有空值，由于位图索引保存空值，因此也没有问题。此外，这也要看位图索引字段值的基数，如果基数较低，则该位图索引较小；如果基数很大，

则位图索引会很大。在基数很大的情况下，COUNT(*)会选择B树索引，而不会走位图索引扫描
*/

```
select /*+ index(t1 pk_t1) */ count(*) from t1;
-----------------------------------------------------------------
| Id  | Operation         | Name  | Rows  | Cost (%CPU)| Time     |
-----------------------------------------------------------------
|  0  | SELECT STATEMENT  |       |     1 |  106    (1)| 00:00:02 |
|  1  |  SORT AGGREGATE   |       |     1 |            |          |
|  2  |   INDEX FULL SCAN | PK_T1 | 50000 |  106    (1)| 00:00:02 |
-----------------------------------------------------------------
Statistics
-----------------------------------------------------------
105  consistent gets
```
//强制使用主键索引(B树索引)，可看到一致性读大大增加。这也间接说明了位图索引的高密度存储特点

3. 其他索引

上面我们谈到了最为常见的两种索引类型，下面再看看其他索引类型。从本质上来讲，它们还是 B 树索引或者位图索引。

（1）函数索引

函数索引就是将一个函数计算的结果存储在列中，而不是存储列数据本身，可以把基于函数的索引看成是一个虚拟列上的索引。总之，所谓函数索引也只不过是基于已加工的逻辑列所创建的索引而已。

```
SQL> create table t1 as select * from dba_objects;
//表已创建

SQL> create index idx_object_name on t1(object_name);
//索引已创建

SQL> select * from t1 where upper(object_name)='EMP';
-------------------------------------------------------------------------
| Id  | Operation         | Name  | Rows  | Bytes | Cost (%CPU)| Time     |
-------------------------------------------------------------------------
|  0  | SELECT STATEMENT  |       |     3 |   621 |   74    (0)| 00:00:01 |
|* 1  |  TABLE ACCESS FULL| T1    |     3 |   621 |   74    (0)| 00:00:01 |
-------------------------------------------------------------------------
```
//虽然在object_name字段上建立了索引，但是由于使用了upper()函数，导致无法利用该索引

```
SQL> create index idx_object_name_upper on t1(upper(object_name));
//索引已创建

SQL> select * from t1 where upper(object_name)='EMP';
-------------------------------------------------------------------------------
| Id  | Operation          | Name        | Rows  | Bytes | Cost (%CPU)|
-------------------------------------------------------------------------------
|  0  | SELECT STATEMENT   |             |   179 | 48867 |   35    (0)|
```

```
|   1 |   TABLE ACCESS BY INDEX ROWID
                                | T1                      |  179 | 48867 |    35   (0)|
|*  2 |     INDEX RANGE SCAN | IDX_OBJECT_NAME_UPPER |   72 |        |     1   (0)|
-------------------------------------------------------------------------------
```
//创建了单独的函数索引，此时的查询就可以利用索引

（2）虚拟列索引

这里要先谈一下虚拟列。虚拟列是在 11g 中新引入的一个技术，从字面上看，创建的列不是真正的物理保存，只是一个定义。而基于虚拟列创建的索引，就是虚拟列索引。在某种程度上，虚拟列索引和上面谈到的函数索引有些类似。

（3）虚拟索引

在 11g 中，Oracle 可以通过 NOSEGMENT 子句命令创建一个永远不会使用且不会为其分配任何盘区的索引。如果想要创建一个很大的索引，但并不想给它分配空间，则要先确定优化器是否会选择使用该索引。如果确定了这个索引是有用的，可以删除该索引，然后使用不包含 NOSEGMENT 的语句重建它。

（4）不可见索引

不可见索引不是一种特殊的索引类型，而是使索引对优化器"不可见"，导致没有查询会使用它。这对于评估索引使用效果非常有帮助，特别是对某些第三方应用，无法修改代码，这个特性十分有用。下面通过一个示例说明。

```
SQL> create table t1 as select * from dba_objects;
//表已创建

SQL> create index idx_id on t1(object_id);
//索引已创建

SQL> select * from t1 where object_id=20;
-------------------------------------------------------------------------------
| Id  | Operation                    | Name   | Rows  | Bytes | Cost (%CPU)| Time     |
-------------------------------------------------------------------------------
|   0 | SELECT STATEMENT             |        |     3 |   621 |     3   (0)| 00:00:01 |
|   1 |  TABLE ACCESS BY INDEX ROWID
                                     | T1     |     3 |   621 |     3   (0)| 00:00:01 |
|*  2 |   INDEX RANGE SCAN           | IDX_ID |    73 |       |     1   (0)| 00:00:01 |
-------------------------------------------------------------------------------

SQL> alter index idx_id invisible;
//索引已更改

SQL> select * from t1 where object_id=20;
-------------------------------------------------------------------------------
| Id  | Operation                    | Name   | Rows  | Bytes | Cost (%CPU)| Time     |
```

```
--------------------------------------------------------------------------
|  0 | SELECT STATEMENT  |       |   3 |  621 |     74   (0)| 00:00:01 |
|* 1 |   TABLE ACCESS FULL| T1   |   3 |  621 |     74   (0)| 00:00:01 |
--------------------------------------------------------------------------
```
//将索引设置为不可见后，优化器将不考虑这个索引，因此选用了全表扫描方式

（5）压缩索引

Oracle 中的索引键允许压缩存储索引键中前面重复的部分，并且是每个叶块而不是每个叶块中的每行存储重复的值。压缩和非压缩索引在使用上差别不大，但压缩索引能节省大量空间。利用压缩索引，块缓冲区缓存比以前能存放更多的索引条目，缓存命中率可能会上升，物理 I/O 应该会下降，但是要多占用一些 CPU 时间来处理索引，还会增加块竞争的可能性。

下面通过一个示例说明。

```
SQL> create table t as select * from all_objects;
//表已创建

SQL> create table idx_stats as select '        ' what,a.* from index_stats a where 1=0;
//表已创建

SQL> create index t_idx_0 on t(owner,object_type,object_name);
//索引已创建

SQL> analyze index t_idx_0 validate structure;
//索引已分析

SQL> insert into idx_stats select 'compress_0',a.* from index_stats a where
    a.name='T_IDX_0';
已创建 1 行

SQL> drop index t_idx_0;
//索引已删除

SQL> create index t_idx_1 on t(owner,object_type,object_name) compress 1;
//索引已创建

SQL> analyze index t_idx_1 validate structure;
//索引已分析

SQL> insert into idx_stats select 'compress_1',a.* from index_stats a where
    a.name='T_IDX_1';
//已创建 1 行

SQL> drop index t_idx_1;
//索引已删除

SQL> create index t_idx_2 on t(owner,object_type,object_name) compress 2;
```

```
//索引已创建

SQL> analyze index t_idx_2 validate structure;
//索引已分析

SQL> insert into idx_stats select 'compress_2',a.* from index_stats a where
    a.name='T_IDX_2';
//已创建 1 行

SQL> select what,height,lf_blks,br_blks,btree_space,opt_cmpr_count,opt_cmpr_
    pctsave from idx_stats;
WHAT         HEIGHT  LF_BLKS  BR_BLKS  BTREE_SPACE  OPT_CMPR_COUNT  OPT_CMPR_PCTSAVE
----------  -------  -------  -------  -----------  --------------  ----------------
compress_0        2      109        1       880032               2                29
compress_1        2       94        1       759656               2                18
compress_2        2       76        1       615728               2                 0
/*
```
从输出可见，对于不压缩、压缩一个字段(compress=1)、压缩两个字段(compress=2)，对应索引的叶子节
点明显减少
```
*/
```

（6）复合索引

当某个索引包含多个已索引列时，这个索引就称为复合索引。如果查询条件中包含多
个列，往往可以应用到复合索引。下面通过一个示例说明。

```
SQL> create table t1 as select * from dba_objects;
//表已创建

SQL> create index idx_1 on t1(owner,object_id);
//索引已创建

SQL> select * from t1 where owner='SYS' and object_id=20;
--------------------------------------------------------------------------------
| Id | Operation                   | Name  | Rows | Bytes | Cost (%CPU)| Time     |
--------------------------------------------------------------------------------
|  0 | SELECT STATEMENT            |       |    2 |   414 |    2   (0)| 00:00:01 |
|  1 |  TABLE ACCESS BY INDEX ROWID |       |      |       |           |          |
|    |                             | T1    |    2 |   414 |    2   (0)| 00:00:01 |
|* 2 |   INDEX RANGE SCAN          | IDX_1 |    1 |       |    1   (0)| 00:00:01 |
--------------------------------------------------------------------------------
//此时利用了复合索引
```

（7）反转索引

反转索引是一种特殊的 B 树索引。它将索引列中列值的每个字节的位置反转。例如
"12345"，反转之后是 "54321"。其最大特点就是对于原来相连比较紧密的值，强制使其分
散到相距比较远的位置上。这样可以使数据更均匀地分布。但由于反转索引的特点，导致
只有精准匹配查找才能使用反转索引。下面通过一个示例说明。

```
create table t1 as select rownum id from dba_objects;
create index t1_idx on t1(id);
alter index idx_ t1_idx rebuild reverse;
```

7.4 视图

视图也是很常见的一种对象。这里首先要明确一点，视图其实就是一条查询 SQL 语句，用于显示一个或多个表或其他视图中的相关数据。视图将一个查询结果作为一个表来使用，因此可以被看作是存储的查询或一个虚拟表。

常见的视图有两种形式：一种是以 CREATE VIEW 语法显式创建的视图，另一种是数据库自动生成的视图。显式的视图较好理解，下面举个后者的示例。

```
SQL> create table t1 as select * from dba_objects;
SQL> select * from (select owner,object_id from t1 order by object_id) where rownum<5;
--------------------------------------------------------------------------------
| Id  | Operation          | Name  | Rows  | Bytes |TempSpc| Cost (%CPU)| Time     |
--------------------------------------------------------------------------------
|   0 | SELECT STATEMENT|       |     4 |   120 |       |   164    (2)| 00:00:02 |
|*  1 |   COUNT STOPKEY   |       |       |       |       |          |          |
|   2 |    VIEW           |       | 18910 |  554K |       |   164    (2)| 00:00:02 |
|*  3 |     SORT ORDER BY STOPKEY |       |       |       |       |          |          |
|     |                   |       | 18910 |  221K |  384K |   164    (2)| 00:00:02 |
|   4 |      TABLE ACCESS FULL |       |       |       |       |          |          |
|     |                   | T1    | 18910 |  221K |       |    74    (0)| 00:00:01 |
--------------------------------------------------------------------------------
/*
这里我们可以看到，在ID=2的一行，Operation对应的是"VIEW"字样。数据库在处理上面SQL语句的子查
询时，会生成一种称为内联视图（inline view）的对象
*/
```

当一条 SQL 语句包含视图时，Oracle 会使用一种优化技术——视图推入。其做法是将查询的限制条件推入视图内层，这样有利于将第一步的结果集限制到最小，是 CBO 的优化技术之一。

```
SQL>create table t1 as select * from dba_objects;
//表已创建

SQL> create view v_t1 as select * from t1 where owner='SYS';
//视图已创建

SQL> select * from v_t1 v where v.object_id=20;
--------------------------------------------------------------------------------
| Id  | Operation          |       | Name  | Rows  | Bytes | Cost (%CPU)| Ti
--------------------------------------------------------------------------------
|   0 | SELECT STATEMENT   |       |       |     1 |    90 |    2    (0)| 00
```

```
|   1 |  TABLE ACCESS BY INDEX ROWID| T1    |    1 |    90 |    2   (0)| 00
|*  2 |    INDEX RANGE SCAN         | IDX_1 |    1 |       |    1   (0)| 00
--------------------------------------------------------------------------
Predicate Information (identified by operation id):
---------------------------------------------------
   2 - access("OWNER"='SYS' AND "OBJECT_ID"=20)
/*
```

注意这个执行计划，其最终是走了T1表对应IDX_1的索引范围扫描，然后回表查，最终返回结果。在对应ID=2的步骤，我们可以发现包含两个过滤条件：一个是视图定义的条件，一个是查询语句中对视图的限制条件，这里都最终转换为基表的限制条件，即将外部的查询条件推入视图定义语句内部。当然这里要注意一点，不是什么视图都可以将外部限制条件推入视图定义内部的。下面看一个不能推入视图的示例
```
*/

SQL> create view v2 as select owner,count(*) cnt from t1 group by owner;
//视图已创建

SQL> select * from v2 where cnt>10;
-----------------------------------------------------------------------------
| Id  | Operation          | Name | Rows  | Bytes | Cost (%CPU)| Time     |
-----------------------------------------------------------------------------
|   0 | SELECT STATEMENT   |      |     1 |     7 |    75   (2)| 00:00:01 |
|*  1 |  FILTER            |      |       |       |            |          |
|   2 |   HASH GROUP BY    |      |     1 |     7 |    75   (2)| 00:00:01 |
|   3 |    TABLE ACCESS FULL| T1  | 18910 |  129K |    74   (0)| 00:00:01 |
-----------------------------------------------------------------------------
Predicate Information (identified by operation id):
---------------------------------------------------
   1 - filter(COUNT(*)>10)
/*
```

从上述执行计划可见，仅ID=2、3的步骤就完成了视图的执行过程。ID=1是指定的外部过滤条件，这一条件没有推入视图的定义中。原因主要是在视图定义中引用了GROUP BY分组语句。很多场景中会出现条件无法推入视图的情况
```
*/
```

7.5 函数

Oracle 中的函数和过程最本质的差别应该是调用方式上的差别，函数是可以在 SQL 中直接调用的。在某些场合下，在 SQL 语句中使用函数可以简化一个处理逻辑，从而提高整体效率。下面我们通过一个示例说明。

```
SQL> create table t ( idnumber,name varchar2(10),title varchar2(10));
//表已创建

SQL> insert into t values( 1,'user1','VP');
SQL> insert into t values( 2,'user2','CEO');
SQL> insert into t values( 3,'user3','VP');
SQL> insert into t values( 4,'user4','user');
```

```
SQL> insert into t values( 5,'user5','user');
SQL> commit;
//提交完成

SQL> select * from t;
        ID NAME                    TITLE
---------- ----------------------- --------------------
         1 user1                   VP
         2 user2                   CEO
         3 user3                   VP
         4 user4                   user
         5 user5                   user
/*
```

我们的需求是统计VP（及以上人员）和普通人员的人数。但上面的人员职务TITLE，没有直接层次关系（虽然我们知道VP和CEO是属于VP及以上人员）。这时，可通过使用一个DECODE(系统内置)函数，完成这一功能

```
*/
SQL> select decode(title,'VP','CEO_VP','CEO','CEO_VP','USER') title,count(1) title_cnt
  2   from t
  3   group by decode(title,'VP','CEO_VP','CEO','CEO_VP','USER');
TITLE           TITLE_CNT
------------ ----------
CEO_VP                 3
USER                   2
```

7.6 数据链（DB_LINK）

DATABASE LINK 是 Oracle 提供的一种功能，可以很方便地访问远程数据。但对于 SQL 语句来说，非常不建议在语句中引用远程对象。原因是对于一个远程对象来说，优化器能做的工作有限，很难保证制定出高效的执行计划来。下面通过示例说明。

```
SQL> conn testuser/testpwd
//已连接

SQL> create table t_obj as select * from dba_objects;
//表已创建

SQL> create index idx_owner on t_obj(owner);
//索引已创建

SQL> create public database link lnk_test connect to testuser identified by testpwd
     using '127.0.0.1:1521/xe';
//数据库链接已创建

SQL> conn hf/123
//已连接

SQL> select count(*) from t_obj@lnk_test;
```

```
COUNT(*)
----------
     18880


SQL> create index idx_username on t_user(username);
//索引已创建

SQL> create index idx_owner on t_obj(owner);
//索引已创建

SQL> select u.user_id,u.username,o.object_name from t_useru,t_obj o where u.username=
     o.owner and o.status='INVALID';
-------------------------------------------------------------------------------
| Id  | Operation                     | Name         | Rows | Bytes | Cost (%CPU)| Time     |
-------------------------------------------------------------------------------
|  0  | SELECT STATEMENT              |              |   1  |   45  |   75   (0)| 00:00:01 |
|  1  |  NESTED LOOPS                 |              |      |       |           |          |
|  2  |   NESTED LOOPS                |              |   1  |   45  |   75   (0)| 00:00:01 |
|* 3  |    TABLE ACCESS FULL          |              |      |       |           |          |
|     |                               | T_OBJ        |   1  |   33  |   74   (0)| 00:00:01 |
|* 4  |     INDEX RANGE SCAN          |              |      |       |           |          |
|     |                               | IDX_USERNAME |   1  |       |    0   (0)| 00:00:01 |
|  5  |    TABLE ACCESS BY INDEX ROWID|              |      |       |           |          |
|     |                               | T_USER       |   1  |   12  |    1   (0)| 00:00:01 |
-------------------------------------------------------------------------------
Predicate Information (identified by operation id):
-------------------------------------------------
   3 - filter("O"."STATUS"='INVALID')
   4 - access("U"."USERNAME"="O"."OWNER")

SQL> select u.user_id,u.username,o.object_name from t_useru,t_obj@lnk_test o
     where u.username=o.ow


-------------------------------------------------------------------------------
| Id  | Operation                     | Name         | Rows | Bytes | Cost (%CPU)| Time     |
-------------------------------------------------------------------------------
|  0  | SELECT STATEMENT              |              |   1  |  100  |   46   (0)| 00:00:01 |
|  1  |  NESTED LOOPS                 |              |      |       |           |          |
|  2  |   NESTED LOOPS                |              |   1  |  100  |   46   (0)| 00:00:01 |
|  3  |    REMOTE                     | T_OBJ        |   1  |   88  |   45   (0)| 00:00:01 |
|* 4  |     INDEX RANGE SCAN          |              |      |       |           |          |
|     |                               | IDX_USERNAME |   1  |       |    0   (0)| 00:00:01 |
|  5  |    TABLE ACCESS BY INDEX ROWID|              |      |       |           |          |
|     |                               | T_USER       |   1  |   12  |    1   (0)| 00:00:01 |
-------------------------------------------------------------------------------
Predicate Information (identified by operation id):
-------------------------------------------------
   4 - access("U"."USERNAME"="O"."OWNER")
```

```
Remote SQL Information (identified by operation id):
----------------------------------------------------
   3 - SELECT "OWNER","OBJECT_NAME","STATUS" FROM "T_OBJ" "O"  WHERE "STATUS"=
          'INVALID' (accessing  'LNK_TEST' )
/*
对比两条SQL语句可见，对于本地SQL与远程SQL来说，优化器的处理策略是不同的。对于远程对象，本地的优
化器往往不能很准确地了解对象，从而制定有效的执行计划
*/
```

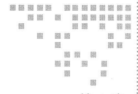

SQL 优化相关存储结构

在对 SQL 的优化过程中，了解对象存储结构也很重要。在 Oracle 数据库中，存储结构分为 4 级管理：表空间（tablespace）、段（segment）、区（extent）、块（block）。表空间是由段（segment）组成的，段是由范围（extent）组成的，范围是由连续的块（block）组成的。当在表空间里创建 table、index 等时，对使用者而言其为对象，但是从 Oracle 存储的角度来说称为 segment。Oracle 最小的读写单位是 block，但是在为对象分配空间时单位是 extent，这样做的好处其实就是提高效率。上面提到，段是由范围组成的，当一个 extent 被分配给一个 segment 时，和 segment 对应的对象就可以使用空间了。

下面针对每一级管理单位分别说明。

8.1 表空间

表空间是数据库的一种逻辑结构，它在物理上对应着一个或多个数据文件。平常所讲的表空间管理实际上指的是对表空间所对应的数据文件的空间管理。Oracle 支持两种管理方式：一种是字典管理（简称 DMT），一种是本地管理（简称 LMT）。这里所说的管理方式是指针对 extent 的管理方式。extent 也是数据库的一种逻辑结构，它包含一定数量的、连续的 Oracle 块，是 Oracle 空间分配的最小单位。针对它的管理方式是指表空间中的 extent 是如何被管理的（记录 extent 的 free、used 使用情况）。

在这两种管理方式中，字典管理方式是 Oracle 遗留的一种空间管理方式，它采用数据字典表 UET$、FET$ 来记录表空间中 extent 的使用情况。每次涉及空间管理都必须对这两个表进行维护。其影响是显而易见的。当并发提高时，该表上的争用将随之提高，同时将产生大量的 undo 占用大量系统回滚段，而且在字典管理方式下将产生令人头痛的碎片问题。本地管理方式是从 Oracle 8i 开始支持的一种管理方式，也是目前 Oracle 强烈建议采用的一种方式。它不再利用数据字典表来记录空间使用情况，取而代之的是在数据文件头部增加一个位图区，用位图来记录空间的使用情况，每一个 bit 都代表着一个 extent 的使用情况。数据库中如果不存在 DMT 类型的表空间，则 UET$ 和 FET$ 中不再有信息。

表空间本身是和 SQL 语句运行效率相关的，主要包括以下几个方面。

❑ 对于 DML 语句来说，如果涉及空间的扩展，需要有分配的过程。此时，给用户的体验就是 SQL 执行速度很慢。从 Oracle 10g 开始，引入了一个等待事件 "data file init write" 来表示表空间扩展时发生的等待。对于 Oracle，需要将系统块格式化为 Oracle 数据块，然后才能提供数据库使用。常见的优化策略是在大规模的 DML 操作之前提前预分配空间，这样可避免临时空间扩展导致的效率低下。

❑ 对于排序等操作，如果空间消耗较大，需要用到 TEMP 表空间。如果 TEMP 表空间不足，会导致 SQL 语句执行失败。因此，对于 TEMP 表空间的使用要进行监控，对于耗费 TEMP 较大的 SQL 需要重点关注，并进行重点优化。

8.2 段

数据段（即基表段），是 Oracle 数据库中用于存储基表数据的段。数据段存储在表空间中，对应于一个或多个数据文件（段可以来自多个文件，但段中指定的一个区只能来自一个文件）。每个基表段都有一个数据段（聚簇段中，两个基表段对应一个数据段）。每当用户创建一个基表时，系统会在用户默认的表空间中创建一个数据段。

根据段保存对象的不同，可把段划分为多种类型，主要包括以下几种。

❑ 表段：最普通的一种方式。一张表对应一个段，存储数据没有顺序。表中所有数据都在一个表空间中（段是不可以跨表空间的，但是可以跨文件）。

❑ 索引段：保存索引数据的段。

❑ 聚簇段（CLUSTER）：在这种段中保存多张表的数据。这种情况主要是用在多张表中有相同的表数据列或多张表经常一起使用的情况，但更新开销大。聚簇类型包括两种：B 树聚簇和散列聚簇。

❑ 索引组织表段（IOT）：段中数据按照索引的顺序存储数据。它是一种有序存储表。

❑ 表分区段或子分区段：一张表中的数据被划分为多个分区，每个分区对应一个段。

❑ 索引分区段：一个索引中的数据被划分为多个分区，每个分区对应一个段。

❑ 大对象段（LOB）：表中含有大对象数据。如果对象大小大于指定范围，则会将对象数据单独保存在一个段中。表中只留下指向该段的地址指针。

❑ 其他：除以上类型外，还包括回退段、临时段、嵌套表段（NESTED）、启动段（BOOTSTRAP）等。

从 10gR2 版本开始，Oracle 引入了一个段顾问的作业。这个作业是完成段的一些分析工作，评估出哪些段适合进行压缩、哪些段存在行链接等。后面会谈到"行链接"，这里重点说一下压缩问题。Oracle 的数据段压缩技术其实是针对块级别的数据压缩。其原理是将块中的重复数据通过一个符号来表示，即块中相同的行只存储一条，从而节约空间。此外，这种技术还可以使高水位线下移，使未使用的空间被表空间的其他段使用。这种技术不仅可用于表，也可用于索引。凡是需要对表、索引扫描数据段的操作都可以从段压缩技术中受益。

8.3　区

区是磁盘空间分配的最小单位，磁盘按区划分的，每次至少分配一个区。区存储于段中，是数据库存储空间逻辑单位，是由连续的数据块组成的。一个或多个数据块组成一个区，一个或多个区组成一个段。当一个段中所有空间用完时，系统会自动给该段分配一个新区。段的增大是通过增加区的个数实现的。

区的分配方式有两种：一种是基于字典的，一种是本地化管理的，在 8.1 节已经有介绍。此外，对于区而言，还有一些存储控制参数，它决定了段在扩大时增加区的方法，包括 initial、next、minextents、maxextents、pctincrase、optimal。这些参数联合作用可决定一个段的大小。

在区中，影响效率的因素主要是碎片问题。碎片是由于错误或表空间中的实体无计划删除造成的。我们可以通过下面 SQL 语句查看碎片程度。

```
select tablespace_name,sqrt(max(blocks)/sum(blocks))*(100/sqrt(sqrt(count(blocks))))
    fsfi
fromdba_free_space
group by tablespace_name
order by 1;
/*
其中fsfi的最大值为100，是理想的单文件表空间。随着区的增加，fsfi值缓慢下降，而随着最大区尺寸的
减少，fsfi的值迅速下降
*/
```

本地化管理表空间中，所有的区使用统一存储参数或系统自动管理的存储参数。本地化管理表空间不使用数据字典去寻找空闲空间，而是使用维护位图的方法。系统使用位图的方法查询空闲区，相邻的空闲区被视为一个大的空闲块，从设计上保证自动合并碎

片。此外，对于本地管理表空间，区的大小可以相同。由于在表空间中强制设置存储参数，DBA 不用担心用户使用不正确的存储参数及产生磁盘碎片。如果碎片过多，可以使用"alter table xxx coalesce"命令合并碎片。

8.4 块

块是 Oracle 数据库中最小的一个数据组织单位。它的大小由参数 db_block_size 确定，取值和 os 有关，一般是 os 物理块的整数倍，即 512Byte 的倍数。块大小在创建数据库之前确定，数据库创建或安装结束后不得修改。对于系统表空间及其他默认表空间使用参数 db_block_size 确定块大小，而对于其他非默认表空间使用参数 blocksize 确定块大小。

1. 块结构

块结构示意如图 8-1 所示。图 8-1 中所示块的各个组成部分及含义如下。

❑ 块头（Block Header）：最上面的三个部分，包含关于块类型（表块、索引块等）的信息、块上活动和过时事务信息、磁盘上块地址信息。

❑ Transaction Layer：决定了该块可以并发操作的事务数，其大小由 init trans 存储参数确定。而 Variable 大小由 max trans 确定。如果设置了不恰当的 init trans 和 max trans，可能会导致执行大批量并发操作而出现严重的 ITL 等待，甚至引起 ITL 死锁。

❑ 表目录（Table Directory）：包含此块中存储各行的表的信息（多个表的数据可能保存在同一个块中，如 Cluster Table）。

❑ 行目录（Row Directory）：包含在块中发现的描述行信息。以上部分（Cache Layer＋Transaction Layer＋Table Directory＋Row Directory）为块的开销（Block Overhead），其余部分为可用存储空间。

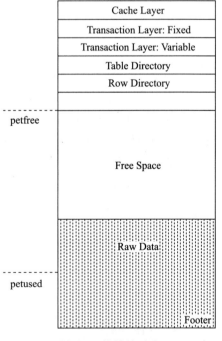

图 8-1 块结构示意

2. 存储参数

改变 default storage 设置值对表空间中已有的数据库对象没有影响，它只影响新数据库对象的存储参数，且仅当这些新数据库对象未直接指定自己的存储参数时。

这里所说的存储参数主要有以下几个。

❑ PCTFREE（空闲率）：用于指定向块中插入新行时应该保留的空闲空间的百分比，该保留空间在修改已包含在该块中的行的情况下使用。如 PCTFREE＝20，表示插入数据只能占到数据块 80% 的空间。它主要是用于更新操作，取值范围为 1~99，默认为 10。假设该参数取 0，则表示在插入时将完全填满数据块。在插入新行，并达到该数据块的 PCTFREE 时，则将该块置为脱离自由空间列表。即使从块中删除一些行，也不立即将该块置为自由空间列表。其适用于 MSSM 和 ASSM。

❑ PCTUSED（使用率）：空间使用率限定值，目的是控制向一个数据块再插入新的数据行。当通过删除或更新行而使数据块的使用百分比低于 PCTUSED 限定值时，Oracle 又允许向该块中插入新的数据行。PCTUSED 主要用于插入限制，目的是为表的每个数据块保留可用空间的最小百分比，取值为 1~99，默认为 40。当块达到 PCTUSED 限额时，块被移出空闲队列。段中每个块的首部都有一个事务表。事务表中建立一些条目来描述那些事务将块上的哪些行锁定。事务表的初始化大小由 initrans 确定。事务表会动态扩展，最大到 maxtrans。所分配的每个事务条目需要占用块首部中 23~24 字节的存储空间。

❑ INITRANS（最小事务数量）：指定一个数据块中分配的事务槽的初始值，取值范围 1~255，默认为 1。每一个更新块的事务都需要在块中有一个事务入口。INITRANS 参数确定为事务处理项预分配多少数据块头部的空间。当预计有许多并发事务处理要涉及某个块时，可为相关的事务处理项预分配更多的空间，以避免动态分配该空间的开销。对于表的存储区参数来说，INITRANS 默认为 2。此外，在执行 create table as select 时，每个初始创建的表块的相关事务列表（Interested Transaction List, ITL）的实际槽数目是 3，而不是由 INITTRANS 指定的 2。其适用于 MSSM 和 ASSM。

❑ MAXTRANS（最大事务数量）：指定数据块的并发事务最大数，取值范围 1~255，默认为 255。MAXTRANS 限制能够并发进入一个数据块的事务数量。如果同时有 MAXTRANS 个事务在使用一个块，则请求该块信息的下一个事务必须等到正在使用该块的某一事务提交或回退才能使用该块。MAXTRANS 参数限制并行使用某个数据块事务处理的数量。当预计有许多事务处理并行访问某个小表时，应预分配该表的事务处理项更多的块空间。较高的 MAXTRANS 参数值允许许多事务处理并行访问。注意：在 10g 中，MAXTRANS 会被忽略，不管参数设置为多少，所有段的 MAXTRANS 都是 255。

3. 行链接与行迁移

行链接与行迁移在块中是两个很重要的概念。这两种现象的成因不同，但都会导致 SQL 语句执行过程中访问块的数目增加，因此我们应该尽量减少这两种情况的发生。

❑ 行链接（ROW CHAINING）：行链接产生在第一次插入数据时，一个块不能存放一行记录的情况下。此时，Oracle 将使用链接一个或者多个在这个段中保留的块存储这一行记录。行链接比较容易发生在比较大的行上，例如行上有 LONG、LONG RAW、LOB 等数据类型的字段，这时行链接不可避免会产生。

❑ 行迁移（ROW MIGRATION）：当一行记录初始插入的时候可以存储在一个块中，由于更新操作导致行长增加了，而块的自由空间已经满了，这时就产生了行迁移。在这种情况下，Oracle 将会迁移整行数据到一个新的块中（假设一个块中可以存储下整行数据），保留被迁移行的原始指针，这就意味着被迁移行的 ROWID 是不会改变的。

可以通过 ANALYZE 命令收集表的信息，以判断是否存在严重问题。

```
analyze table xxx compute statistics;
select chain_cnt from dba_tables where table_name = 'xxx' and owner = 'xxx';
//需要区分两者的不同，可通过下面的方法
select vsize(col1) + vsize(col2) + ...
from table
where rowid=xxxx;
/*
根据ROWID，利用上面语句可以计算记录大小。将这个记录大小与块大小进行比较，就可以识别具体是行链接
还是行迁移。此外，也可以根据dba_tables表中的字段avg_row_len来做一个粗略的估算。如果平均字段
长度比单块大小还要大，就很可能存在行链接
*/
```

一旦出现严重的行链接、行迁移问题，可以通过多种方式解决。针对这两种情况，解决的方法不同。对于行迁移的清除，一般来说分为两个步骤：第一步，控制行迁移的增长；第二步，清除以前存在的行迁移。行迁移产生的主要原因是表上的 pctfree 参数设置过小，而要实现第一步控制行迁移的增长，就必须设置一个合适的 pctfree 参数，否则即使清除了当前的行迁移，马上又会产生很多新的行迁移。当然，这个参数也不是越大越好，如果 pctfree 设置过大，会导致数据块的利用率低，造成空间的大量浪费，因此必须设置一个合理的 pctfree 参数。行链接很难消除，完全消除行连接，有必要用较大的数据块尺寸来重建数据库。

常用方式是使用 EXP/IMP 工具导入、导出来处理行迁移。

```
exp userid=scott/tiger file=./t1.dmp log=./t1.log buffer=10000 feedback=5000 compress=n
    tables=t1
drop table t1 purge;
```

```
imp userid=scott/tiger file=./t1.dmp log=./t1.log buffer=10000 feedback=5000
   tables=t1
```

使用 CTAS 的方式来处理行链接。

```
analyze table emp list chained rows into chained_rows;
create table chain_tmp as
select * from emp where rowed in (select head_rowid from chained_rows);
delete from emp where rowed in (select head_rowid from chained_rows)
insert into emp select * from chain_tmp;
```

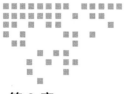

特有 SQL

Oracle 数据库除支持标准 SQL 外，还内置了一些特有的 SQL 语句。在某些特定的场合下，使用这些语句可以达到很好的效果。下面针对常用的一些 SQL 语句进行介绍。

9.1 MERGE

首先我们来看看 MERGE 的简单语法：

```
MERGE [hint] INTO [schema .] table [t_alias] USING [schema .]
{ table | view | subquery } [t_alias] ON ( condition )
WHEN MATCHED THEN merge_update_clause
WHEN NOT MATCHED THEN merge_insert_clause;
```

从语法可见，MERGE 操作在一个语句中实现了两部分功能。当记录匹配时，执行某个操作；当记录不匹配时，执行另一个操作。当然，它也支持只执行一类操作。下面通过一个示例具体说明它的用法。

```
SQL> create table emp(id int,name varchar2(20));
//表已创建

SQL> insert into emp values(1,'user1');
//已创建 1 行

SQL> insert into emp values(2,'user2');
//已创建 1 行

SQL> insert into emp values(3,'user3');
```

```
//已创建 1 行

SQL> commit;
//提交完成

SQL> create table empbak as select * from emp where 1=2;
//表已创建

SQL> insert into empbak values(1,'user1');
//已创建 1 行

SQL> commit;
//提交完成

SQL> select * from empbak;
        ID NAME
---------- ---------------------------------------
         1 user1

SQL> set autotrace on
SQL> merge into empbak b
  2   using emp e
  3   on (b.id=e.id)
  4   when matched then update set b.name=b.name||e.name
  5   when not matched then insert (b.id,b.name) values(e.id,e.name);
//3 行已合并

//执行计划
-------------------------------------------------------------------------------
| Id  | Operation            | Name   | Rows | Bytes | Cost (%CPU)| Time     |
-------------------------------------------------------------------------------
|   0 | MERGE STATEMENT      |        |    3 |  186 |    7  (15)| 00:00:01 |
|   1 |  MERGE               | EMPBAK |      |      |           |          |
|   2 |   VIEW               |        |      |      |           |          |
|*  3 |    HASH JOIN OUTER   |        |    3 |  186 |    7  (15)| 00:00:01 |
|   4 |     TABLE ACCESS FULL| EMP    |    3 |   75 |    3   (0)| 00:00:01 |
|   5 |     TABLE ACCESS FULL| EMPBAK |    3 |  111 |    3   (0)| 00:00:01 |
-------------------------------------------------------------------------------

SQL> commit;
//提交完成

SQL> select * from empbak;
        ID NAME
---------- ---------------------------------------
         1 user1user1
         3 user3
         2 user2
```
//更新目标表empbak的记录(id=1)的内容。对于目标表不存在的情况，则插入记录

9.2　INSERT ALL

INSERT ALL 即复合表插入，用于将一个查询结果行同时插入多个表。INSERT ALL 的好处是，通过读取一次原表就可以插入多张目标表，减少了重复读取的开销。其语法如下：

```
INSERT [ALL] [conditional_insert_clause]
[insert_into_clause value_clause] (subquery);
   "conditional_insert_clause"
   [ALL][FIRST]
   [WHEN condition THEN][insert_into_clause value_clause]
   [ELSE][insert_into_clause value_clause]
```

下面通过一个示例说明。

```
insert all
  when ottl<10000 then into small_orders values(oid,ottl,sid,cid)
  when ottl>10000 and ottl<20000 then into medium_orders values(oid,ottl,sid,cid)
  when ottl>20000 then into large_orders values(oid,ottl,sid,cid)
  when ottl>29000 then into special_orders
select ...
//执行计划-----------------------------------------------------------
INSERT STATEMENT
  MULTI-TABLE INSERT   //一次读取的结果提供给多个表
    INTO OF 'SMALL_ORDERS'
    INTO OF 'MEDIUM_ORDERS'
    INTO OF 'LARGE_ORDERS'
    INTO OF 'SPECIAL_ORDERS'
    HASH JOIN
      TABLE ACCESS (FULL) OF 'EMP'
      TABLE ACCESS (BY INDEX ROWID) OF 'ORDERS'
        INDEX (RANGE SCAN) OF 'ORDERS_IDX2' (NON-UNIQUE)
//示例中的原表是EMP和ORDERS的关联查询结果，根据条件的不同，插入不同的目标表
```

9.3　WITH

WITH 即定义语句块，当出现在 SELECT 语句中时，是指将一个查询语句定义为某个名称，并可在后续的查询块中引用。当查询名称与已有的表名重复时，WITH 定义的查询块优先级高。WITH 语句可以定义多个查询，中间用逗号分隔。

下面看一个示例。

```
with
dept_costs as   //定义查询块1
(
    select department_name,sum(salary) as dept_total
    from employees...
```

```
),
avg_cost as   //定义查询块2
(
    select sum(dept_total)/count(*) as dept_avg
    from dept_costs
)
select * from dept_costs
where dept_total>...
order by department_name;
```

9.4　CONNECT BY /START WITH

从 9i 开始，Oracle 提供了丰富的层次查询语法及函数，以满足层次化数据的查询和格式化需求。其中，包括 SELECT…START WITH…CONNECT BY…PRIOR 语法。SYS_CONNECT_BY_PATH 函数提供了格式化层次数据的功能。语法如下：

```
SELECT {col1,col2...},
[LEVEL|CONNECT_BY_ROOT|CONNECT_BY_ISLEAF|CONNECT_BY_ISCYCLE]
FROM table_name
  [WHERE]
CONNECT BY {PRIOR col1=col2|col1=PRIOR col2}
  [START WITH]
[ORDER [SIBLINGS] BY];
```

其中：

❑ **CONNECT BY**：CONNECT BY 子句说明每行数据将是按层次顺序检索，并规定将表中的数据链入树形结构的关系中。PRIOR 运算符必须放置在连接关系的两列中某一列的前面。对于节点间的父子关系，PRIOR 运算符一侧表示父节点，另一侧表示子节点，从而确定查找树形结构的顺序是自顶向下还是自底向上；当然也可以理解为递归当前层数据和上一层数据之间的关系。此外，CONNECT BY 子句也可以不限定父子关系，比如执行 LEVEL<5 等条件。

❑ **START WITH**：START WITH 子句为可选项，用来标识哪个节点作为查找树形结构的根节点。层次查询需要确定起始点，通过 START WITH 子句，后面加条件（这个条件是任何合法的条件表达式）。START WITH 将确定将哪行作为根节点，如果没有 START WITH，则每行都当作根节点，然后查找其后代。这不是一个真实的查询。START WITH 后面可以使用子查询。如果有 WHERE 条件，则会截断层次中满足相关条件的节点，但不影响整个层次结构。

❑ **LEVEL**：是一个伪列，代表当前这个节点所在的层级。对根节点来说，LEVEL 返回 1，根节点的子节点返回 2，以此类推。该伪列结合其他 Oracle 函数可用于数据的格式化显示。

❑ CONNECT_BY_ROOT：CONNECT_BY_ROOT 必须与某个字段搭配使用，目的是获取根节点记录的字段信息。

❑ CONNECT_BY_ISLEAF：判断当前节点是否为叶子节点，0 表示为非叶子节点，1则表示为叶子节点（如果不存在下级节点就是叶子节点）。

❑ CONNECT_BY_ISCYCLE：可以检查是否在树形查询的过程中构成循环，这个伪列只是在 CONNECT BY NOCYCLE 方式下有效。

❑ ORDER SIBLINGS BY：定义返回时同一个父节点下各子节点之间的顺序。

下面通过一个示例说明。

```
SQL> create table emp(emp_id int,emp_name varchar2(10),manager_id int);
SQL> select * from emp;
    EMP_ID EMP_NAME              MANAGER_ID
---------- -------------------- ----------
         1 user1                         0
         2 user2                         1
         3 user3                         1
         4 user4                         2
         5 user5                         2
         6 user6                         3

SQL> select emp_id,emp_name,manager_id,level
  2  from emp
  3  start with emp_id=1
  4  connect by prior emp_id=manager_id
  5  order siblings by emp_id;
    EMP_ID EMP_NAME              MANAGER_ID      LEVEL
---------- -------------------- ---------- ----------
         1 user1                         0          1
         2 user2                         1          2
         4 user4                         2          3
         5 user5                         2          3
         3 user3                         1          2
         6 user6                         3          3
```

通过上述代码可以看到不同记录的层次信息。

第三部分 *Part 3*

SQL 篇

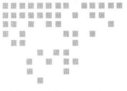

Chapter 10 | 第 10 章

查 询 转 换

查询转换是 Oracle 解析 SQL 语句中的重要步骤。其原理是通过对查询语句的改写，以达到生成较高执行效率的方式。当然，改写前后的语句在语义上是等价的。

10.1 查询转换的分类及说明

语句提交给 Oracle 后的解析、执行过程见图 2-1。

从图 2-1 中可以看到，当用户提交的语句经过解析之后，在提交给优化器之前会进行一个查询转换的步骤。在这个步骤中，Oracle 会根据一些规则来决定对目标 SQL 进行何种查询转换。在 Oracle 的不同版本中，它的处理机制是不一样的。根据处理方式的不同，查询转换可以分为两类。

- ❑ 启发式查询转换：又称基于规则的查询转换，基于一套规则对查询进行转换。一旦满足规则定义的条件，则对语句进行相应的转换，部分启发式转换技术在 RBO 时代就已经被引入。在 9i 中，Oracle 会内置一些查询转换规则，只要目标 SQL 满足了这些规则的要求，Oracle 就会对其执行查询转换。

- ❑ 基于代价的查询转换：顾名思义，这种方式是对可能的转换结果进行成本估算。是否对语句进行转换则取决于语义等价的语句之间的代价对比，即采用代价最小的语句。在 10g 及以后的版本中，Oracle 会分别计算经过查询转换后的等价改写 SQL 的成本和原始 SQL 的成本。只有当等价改写 SQL 的成本小于未经查询转换的原始 SQL 的成本值时，Oracle 才会对目标 SQL 执行这些查询转换。因为对这种可能转换的结果进行成本估算，代价较大，所以 Oracle 提供了一个隐含参数 _optimizer_ cost_based_transformation 用来控制是否进行基于代价的查询转换，以及如何进行基于代价的查询转换，从而限制对资源的消耗。

常见的查询转换有以下几种。

- ❑ 视图合并：将定义视图时所使用的查询语句（视图查询语句）放入实际执行读取数据的查询语句（读取查询语句）。该方式在有的条件下可以实现，但是在有的条件下无法实现。在允许的条件下，以用户所要执行的查询语句为基准。由于该方式能够弥补视图中所指定查询语句自身的缺陷，所以通过这种方式能够有效减少使用视图而带来的代价。也就是说，读取查询语句中的查询条件继续被使用，而视图中的查询条件添加到查询语句中。这样做对整个查询几乎不会产生不良影响。但是有几个限制条件需要注意，在没有遵循这些限制条件的情况下无法实现视图的合并。

- ❑ 谓词推入：该方式以无法实现视图合并的查询语句为对象，将读取查询语句中的查询条件附加到视图查询语句中，以实现查询语句转换的目的，并实现最优化查询。在该方法中，利用所有可以利用的方法来最大限度地实现谓词推进，进而获得良好的执行计划。

- ❑ 子查询解嵌套：解除构成子查询的查询语句与主查询语句的嵌套关系或者通过表连接的方式代替子查询，以获得良好的执行速度。事实上，大部分子查询要经过转换。在子查询非嵌套化不可能实现时，优化器会制定把子查询作为最先或最后执行的独立性执行计划。此时，这个查询语句的执行速度会因子查询被放在最先或最后执行而不同。

- ❑ 消除：一种经典的优化规则就是"尽量少做"，消除类的查询转换就是贯彻了这种思想。通过优化器判断，省略语句中的一些不必要的操作，达到提高运行效率的目的。

下面看看最常见的一些转换。

10.2　查询转换——子查询类

子查询，是 SQL 中常见的一种写法。对于优化器来说，子查询是较难优化的部分。Oracle 提供了多种方式对子查询进行查询转换。

1. 子查询推进

子查询推进（又称子查询推入）是指优化器提前评估子查询，以便更早地介入优化以获得更优质的执行计划。这个技术可以通过提示 PUSH_SUBQ/NO_PUSH_SUBQ 控制。下面通过一个示例说明。

```
SQL> create table t_users as select * from dba_users;
//表已创建

SQL> create index idx_user_created on t_users(created);
//索引已创建

SQL> create table t_objects as select * from dba_objects;
//表已创建

SQL> select /*+ no_push_subq(@inv)*/ /*hf1*/ *
  2  from t_objects u
  3  where created >
  4  (
  5    select /*+ qb_name(inv)*/ max(created)
  6    from t_users
  7  );
--------------------------------------------------------------------------------
| Id | Operation            | Name            | E-Rows |E-Bytes| Cost (%CPU) |E-Time
--------------------------------------------------------------------------------
|  0 | SELECT STATEMENT     |                 |        |       |    75 (100)|
|* 1 |   FILTER             |                 |        |       |            |
|  2 |    TABLE ACCESS FULL  |
                            | T_OBJECTS       |  18379 | 3715K |   74   (0)|
|  3 |     SORT AGGREGATE   |                 |     1  |    9  |            |
|  4 |INDEX FULL SCAN (MIN/MAX) |
                            | IDX_USER_CREATED |    1  |    9  |    1   (0)|
--------------------------------------------------------------------------------
/*
```

在这个语句中，我们通过提示强制不使用子查询推进技术。执行计划是按照T_OBJECTS和T_USRES执行的一个索引嵌套循环。
*/

```
SQL> select /*hf2*/ *
  2  from t_objects u
  3  where created >
  4  (
  5    select /*+ qb_name(inv)*/ max(created)
  6    from t_users
  7  );
--------------------------------------------------------------------------------
| Id | Operation            | Name            | E-Rows |E-Bytes| Cost (%CPU)| E-Time
--------------------------------------------------------------------------------
|  0 | SELECT STATEMENT
                            |                 |        |       |    75 (100)|
|* 1 |   TABLE ACCESS FULL
                            | T_OBJECTS       |     89 | 18423 |   74   (0)|
```

```
|  2 |    SORT AGGREGATE |                    |   1 |   9 |            |
|  3 |INDEX FULL SCAN (MIN/MAX)
                         | IDX_USER_CREATED |   1 |   9 |   1   (0)|
-------------------------------------------------------------------------------
Outline Data
-------------
  /*+
      BEGIN_OUTLINE_DATA
      IGNORE_OPTIM_EMBEDDED_HINTS
      OPTIMIZER_FEATURES_ENABLE('11.2.0.2')
      DB_VERSION('11.2.0.2')
      ALL_ROWS
      OUTLINE_LEAF(@"INV")
      OUTLINE_LEAF(@"SEL$1")
      OUTLINE(@"INV")
      FULL(@"SEL$1" "U"@"SEL$1")
      PUSH_SUBQ(@"INV")
      INDEX(@"INV" "T_USERS"@"INV" ("T_USERS"."CREATED"))
      END_OUTLINE_DATA
  */
```

在这个示例中，Oracle 使用了子查询推入技术，且可以在 OutLine 中看到 PUSH_SUBQ 字样。从执行计划可见，没有出现两表关联，提前处理了子查询，并生成 MAX CREATED，然后全表扫描 T_OBJECTS 进行条件过滤。显然，这种方式效率更高。

2. 子查询解嵌套、展开

子查询解嵌套是指优化器将子查询展开，和外部的查询进行关联、合并，从而得到更优的执行计划。可以通过 UNNEST/NO_UNNEST 提示控制是否进行解嵌套。这种技术通常可以提高执行效率。原因是如果不解嵌套，子查询往往是最后执行的，作为 FILTER 条件来过滤外部查询。而一旦展开，优化器就可以选择表关联等更高效的执行方式，以提高效率。

下面通过几个示例说明各种解嵌套的形式。

先看第一个示例。

```
SQL> create table t_tables as select * from dba_tables;
Table created.

SQL> select * from t_objects o where exists(select /*+ qb_name(inv)*/ 1 from t_
    tables t where t.owner=o.owner and t.table_name=o.object_name);
-------------------------------------------------------------------------------
| Id  | Operation              | Name   | Rows  | Bytes | Cost (%CPU)| Time      |
-------------------------------------------------------------------------------
|  0 | SELECT STATEMENT       |        | 3689 | 453K|  376   (1)| 00:00:05 |
|* 1 |  HASH JOIN RIGHT SEMI
```

```
                                        |      |  3689 |   453K|   376   (1)| 00:00:05 |
|   2 |    TABLE ACCESS FULL|  T_TABLES | 2799 | 78372 |    31   (0)| 00:00:01 |
|   3 |    TABLE ACCESS FULL|  T_OBJECTS | 86269 | 8256K|   344   (1)| 00:00:05 |
---------------------------------------------------------------------------------
```

在这个示例中，对 EXISTS 的子查询进行解嵌套，然后选择半连接（SEMI JOIN）的关联方式。

再来看一个示例。

```
SQL> select * from t_objects o where not exists (select /*+ qb_name(inv)*/ 1 from
   t_tables t where t.owner=o.owner and t.table_name=o.object_name);
---------------------------------------------------------------------------------
| Id  | Operation           | Name      | Rows  | Bytes | Cost (%CPU)| Time     |
---------------------------------------------------------------------------------
|   0 | SELECT STATEMENT    |           | 32422 | 3989K|   376   (1)| 00:00:05 |
|*  1 |   HASH JOIN RIGHT ANTI|
                            |           | 32422 | 3989K|   376   (1)| 00:00:05 |
|   2 |    TABLE ACCESS FULL|  T_TABLES | 2799 | 78372 |    31   (0)| 00:00:01 |
|   3 |    TABLE ACCESS FULL|  T_OBJECTS | 86269 | 8256K|   344   (1)| 00:00:05 |
---------------------------------------------------------------------------------
```

在这个示例中，对 NOT EXISTS 的子查询进行解嵌套，然后选择反连接（ANTI JOIN）的关联方式。

3. 子查询分解

子查询分解是由 WITH 复杂查询语句创建，存储在临时表中，可按照使用一般表的方式使用该临时表。这种方式可以把一个复杂的查询分成很多简单的部分，并让优化器决定是产生中间数据集，还是构建该查询复杂的扩展形式并对其进行优化。这种方式的优点在于，使用 WITH 子句的子查询在复杂查询语句中只需要执行一次，但结果可以在同一个查询语句中被多次使用。缺点在于，不允许语句变形，所以无效的情况较多。下面看一个示例。

```
SQL> with user_obj as
   (
        select owner,count(*) cnt
        from t_objects
         group by owner
   )
select u.user_id,u.username,o.cnt
from t_users u,user_obj o
where u.username=o.owner;
---------------------------------------------------------------------------------
| Id  | Operation           | Name      | Rows  | Bytes | Cost (%CPU)| Time     |
---------------------------------------------------------------------------------
|   0 | SELECT STATEMENT    |           |       |    24 |  1056 |   349   (1)| 00:00:05 |
```

```
|* 1 |   HASH JOIN           |          |    24 | 1056 |  349   (1)| 00:00:05 |
|  2 |    VIEW               |          |    24 |  720 |  346   (1)| 00:00:05 |
|  3 |     HASH GROUP BY     |          |    24 |  144 |  346   (1)| 00:00:05 |
|  4 |      TABLE ACCESS FULL
                             | T_OBJECTS| 86269 | 505K |  344   (1)| 00:00:05 |
|  5 |    TABLE ACCESS FULL| T_USERS  |    31 |  434 |    3   (0)| 00:00:01 |
-------------------------------------------------------------------------------
/*
子查询定义为user_obj，在执行计划中以一个视图的形式（ID=2的步骤）出现，并与T_USRES进行了哈希关联
*/
```

上述过程并没有生成临时表，可通过一个提示——MATERIALIZE 强制优化器创建临时表。

```
SQL> with user_obj as
  2  (
  3      select --+ materialize
  4        owner,count(*) cnt
  5      from t_objects
  6      group by owner
  7  )
  8  select u.user_id,u.username,o.cnt
  9  from t_users u,user_obj o
 10  where u.username=o.owner;
 ----------------------------------------------------------------
| Id | Operation                 | Name                         |
 ----------------------------------------------------------------
|  0 | SELECT STATEMENT          |                              |
|  1 |  TEMP TABLE TRANSFORMATION |                             |
|  2 |   LOAD AS SELECT          | SYS_TEMP_0FD9D6604_18E1EE    |
|  3 |    HASH GROUP BY          |                              |
|  4 |     TABLE ACCESS FULL     | T_OBJECTS                    |
|* 5 |   HASH JOIN               |                              |
|  6 |    VIEW                   |                              |
|  7 |     TABLE ACCESS FULL     | SYS_TEMP_0FD9D6604_18E1EE    |
|  8 |     TABLE ACCESS FULL     | T_USERS                      |
 ----------------------------------------------------------------
/*
引入了materialize提示后，由ID=2步骤可见，系统生成了一个临时表SYS_TEMP_XXX，并由这个表在后面
与T_USERS进行关联查询
*/
```

4. 子查询合并

在语义等价的前提下，如果多个子查询产生的结果集相同，则优化器可以使用这种技术将多个子查询合并为一个子查询。这样做的好处在于减少多次扫描产生的开销。可以通过 NO_COALESCE_SQ/COALESCE_SQ 提示来控制。下面看一个示例。

```
select /*+ qb_name(mn)*/ t.*
from t_tables t
where exists
(
    select /*+ qb_name(sub1)*/ 1
    from t_tablespaces ts
    where t.tablespace_name=ts.tablespace_name and ts.block_size=8
)
and exists
(
    select /*+ qb_name(sub2)*/ 1
    from t_tablespaces ts
    where t.tablespace_name=ts.tablespace_name
);
```

```
--------------------------------------------------------------------------------
| Id  | Operation              | Name          | Rows  | Bytes | Cost (%CPU)| Time     |
--------------------------------------------------------------------------------
|   0 | SELECT STATEMENT|      |               |   820 |  202K |    34   (0)| 00:00:01 |
|*  1 |   HASH JOIN RIGHT SEMI  |
     |                          |               |   820 |  202K |    34   (0)| 00:00:01 |
|*  2 |    TABLE ACCESS FULL    |
     |                          | T_TABLESPACES |     1 |    11 |     3   (0)| 00:00:01 |
|*  3 |    TABLE ACCESS FULL    |
     |                          | T_TABLES      |  2460 |  581K |    31   (0)| 00:00:01 |
--------------------------------------------------------------------------------
Predicate Information (identified by operation id):
---------------------------------------------------
   1 - access("T"."TABLESPACE_NAME"="TS"."TABLESPACE_NAME")
   2 - filter("TS"."BLOCK_SIZE"=8)
   3 - filter("T"."TABLESPACE_NAME" IS NOT NULL)
/*
```

在这个查询中，外部对T_TABLES表的查询要同时满足SUB1和SUB2两个子查询，而SUB1在语义上又是SUB2的子集，因此优化器将两个子查询进行合并(只执行一次对T_TABLESPACES表的扫描)，然后与外部表T_TABLES进行半连接

```
*/
```

```
//那么如果语义不等价又会怎么样呢?
select /*+ qb_name(mn)*/ t.*
from t_tables t
where exists
(
    select /*+ qb_name(sub1)*/ 1
    from t_tablespaces ts
    where t.tablespace_name=ts.tablespace_name and ts.block_size=8
)
and exists
(
    select /*+ qb_name(sub2)*/ 1
    from t_tablespaces ts
    where t.tablespace_name=ts.tablespace_name and ts.block_size=16
);
```

```
-------------------------------------------------------------------------------
| Id | Operation            | Name         | Rows  | Bytes | Cost (%CPU)| Time     |
-------------------------------------------------------------------------------
|  0 | SELECT STATEMENT|                    |  273 | 72072 |   37   (0)| 00:00:01 |
|* 1 |  HASH JOIN RIGHT SEMI                |       |       |           |          |
|    |                     |              |  273 | 72072 |   37   (0)| 00:00:01 |
|* 2 |   TABLE ACCESS FULL                  |       |       |           |          |
|    |                     |T_TABLESPACES |    1 |    11 |    3   (0)| 00:00:01 |
|* 3 |   HASH JOIN RIGHT SEMI               |       |       |           |          |
|    |                     |              |  820 |  202K |   34   (0)| 00:00:01 |
|* 4 |    TABLE ACCESS FULL                 |       |       |           |          |
|    |                     | T_TABLESPACES|    1 |    11 |    3   (0)| 00:00:01 |
|* 5 |    TABLE ACCESS FULL                 |       |       |           |          |
|    |                     | T_TABLES     | 2460 |  581K |   31   (0)| 00:00:01 |
-------------------------------------------------------------------------------
Predicate Information (identified by operation id):
-------------------------------------------------------------------------------
   1 - access("T"."TABLESPACE_NAME"="TS"."TABLESPACE_NAME")
   2 - filter("TS"."BLOCK_SIZE"=8)
   3 - access("T"."TABLESPACE_NAME"="TS"."TABLESPACE_NAME")
   4 - filter("TS"."BLOCK_SIZE"=16)
   5 - filter("T"."TABLESPACE_NAME" IS NOT NULL)
```

在这个查询语句中，外部查询要满足两个子查询——SUB1 和 SUB2，但二者条件不同，不能简单合并，因此在执行计划中，需要分别对二者进行扫描（直观感觉就是对 T_TABLESPACES 进行两次扫描），然后再做关联查询。

5. 子查询实体化

子查询实体化是指在 WITH 定义的查询中，将查询结果写入临时表，后续的查询直接利用临时表中的数据。可以通过 MATERIALIZE 提示来控制。下面看一个示例。

```
SQL> with v as
  2  (select /*+ MATERIALIZE */ * from t_users where username='SYS')
  3  select count(*) from v;
-------------------------------------------------------------
| Id | Operation                | Name                      |
-------------------------------------------------------------
|  0 | SELECT STATEMENT         |                           |
|  1 |  TEMP TABLE TRANSFORMATION |                         |
|  2 |   LOAD AS SELECT         | SYS_TEMP_0FD9D6606_18E1EE |
|* 3 |    TABLE ACCESS FULL     | T_USERS                   |
|  4 |   SORT AGGREGATE         |                           |
|  5 |    VIEW                  |                           |
|  6 |     TABLE ACCESS FULL    | SYS_TEMP_0FD9D6606_18E1EE |
-------------------------------------------------------------
/*
```
在 ID=2 的步骤中，生成了临时表 SYS_TEMP_xxx，并且这个临时表在后面会被直接使用。如果去掉提示会怎样呢？

```
*/
SQL> with v as
  2  (select * from t_users where username='SYS')
  3  select count(*) from v;
-------------------------------------
| Id | Operation          | Name    |
-------------------------------------
|  0 | SELECT STATEMENT   |         |
|  1 |  SORT AGGREGATE    |         |
|* 2 |   TABLE ACCESS FULL| T_USERS |
-------------------------------------
```
//不再生成临时表，直接解嵌套执行

10.3 查询转换——视图类

视图类的查询转换中最常见的就是视图合并，它是指优化器将视图定义语句拆解开来，不作为整体执行，而将其定义语句与外部查询合并起来，由优化器再选择执行计划。当然，上述操作的前提是合并前后的语句是语义等价的。如果有不等价的情况，则不会进行合并操作。也就是说，不是所有情况都可以进行视图合并。这种转换方式往往可以得到更优的执行计划，原因是优化器不再局限于原有视图定义的条件，而在一个更大的范围进行优化。

根据视图定义及与外部查询的关系，可以把视图合并分为三种形式。

❑ 简单视图合并

❑ 外连接视图合并

❑ 复杂视图合并

1. 简单视图合并

简单视图合并指视图定义中不包含分组聚合函数，且外部查询不包括外连接的情况。是否进行视图合并，由提示 MERGE/NO_MERGE 控制，默认为 true。系统内置了一个参数 _simple_view_merging，以确定是否允许简单视图合并，默认为 true。

下面看一个示例。

```
SQL> create view v_obj1 as select * from t_objects where owner='SYS';
View created.

SQL> select * from v_obj1 where object_id=10;
----------------------------------------------------------------------------
| Id | Operation          | Name     | Rows | Bytes | Cost (%CPU)| Time     |
----------------------------------------------------------------------------
|  0 | SELECT STATEMENT   |          |    1 |    98 |  344   (1)| 00:00:05 |
|* 1 |  TABLE ACCESS FULL | T_OBJECTS|    1 |    98 |  344   (1)| 00:00:05 |
----------------------------------------------------------------------------
```

```
Predicate Information (identified by operation id):
---------------------------------------------------
   1 - filter("OBJECT_ID"=10 AND "OWNER"='SYS')
/*
```
从执行计划可见，已经没有视图对象出现了。视图内部的过滤条件OWNER='SYS'和外部的过滤条件OBJECT_ID=10都被合并在一起，并转换为对基表T_OBJECTS的过滤条件
```
*/

SQL> alter session set "_simple_view_merging"=false;
Session altered.
SQL> select * from v_obj1 where object_id=10;
-------------------------------------------------------------------------------
| Id  | Operation           | Name      | Rows  | Bytes | Cost (%CPU)| Time     |
-------------------------------------------------------------------------------
|   0 | SELECT STATEMENT    |           |     1 |   207 |   345   (1)| 00:00:05 |
|   1 |  VIEW               | V_OBJ1    |     1 |   207 |   345   (1)| 00:00:05 |
|*  2 |   TABLE ACCESS FULL | T_OBJECTS |     1 |    98 |   345   (1)| 00:00:05 |
-------------------------------------------------------------------------------
```
//通过对隐含参数的修改，不允许执行简单视图合并动作。从执行计划中可以看到"VIEW"字样

下面我们看另外一个示例。

```
SQL> create view v_obj2 as select rownum rn,object_id,object_name ,owner from t_
    objects;
View created.

SQL> select * from v_obj2 where object_id=10;
-------------------------------------------------------------------------------
| Id  | Operation           | Name      | Rows  | Bytes | Cost (%CPU)| Time     |
-------------------------------------------------------------------------------
|   0 | SELECT STATEMENT    |           | 86269 | 9182K |   344   (1)| 00:00:05 |
|*  1 |  VIEW               | V_OBJ2    | 86269 | 9182K |   344   (1)| 00:00:05 |
|   2 |   COUNT             |           |       |       |            |          |
|   3 |    TABLE ACCESS FULL| T_OBJECTS | 86269 | 3032K |   344   (1)| 00:00:05 |
-------------------------------------------------------------------------------
/*
```
由这个例子可见，执行计划中出现了视图名称。也就是说，视图V_OBJ2没有被合并。这是因为视图定义的语句中包含伪列函数ROWNUM。实际上，视图定义包含伪列、集合操作、层次查询等都会导致无法合并
```
*/
```

2. 外连接视图合并

外连接视图合并是指视图与外部查询采用外连接的方式，或者视图定义本身包含外连接。这种情况下，视图合并的条件比较苛刻。一般情况下，只有当视图作为外连接的驱动表，或者虽然是被驱动表但视图定义只有一个表的时候，才会使用这一特性。当然在视图定义中，同样不能包含分组聚合函数。

下面看一个示例。

```
SQL> create or replace view v_obj3 as select u.user_id,u.username,o.object_id,
    o.object_name from t_objects o,t_users u where o.owner=u.username and
    o.object_type='TABLE';

SQL> select v.object_name,t.status
  2  from v_obj3 v,t_tables t
  3  where v.object_name=t.table_name(+);
```

Id	Operation	Name	Rows	Bytes	Cost (%CPU)	Time
0	SELECT STATEMENT		1963	147K	378 (1)	00:00:05
* 1	HASH JOIN		1963	147K	378 (1)	00:00:05
2	TABLE ACCESS FULL	T_USERS	31	310	3 (0)	00:00:01
* 3	HASH JOIN OUTER		1963	128K	375 (1)	00:00:05
* 4	TABLE ACCESS FULL	T_OBJECTS	1961	78440	344 (1)	00:00:05
5	TABLE ACCESS FULL	T_TABLES	2799	75573	31 (0)	00:00:01

```
/*
从执行计划中可见，没有"VIEW"字样出现。视图作为外连接的驱动表，在生成执行计划时做了外连接视图
合并
*/

//如果作为被驱动表会怎样呢？
SQL> select v.object_name,t.status
  2  from v_obj3 v,t_tables t
  3  where v.object_name(+)=t.table_name;
```

Id	Operation	Name	Rows	Bytes	Cost (%CPU)	Time
0	SELECT STATEMENT		2799	254K	378 (1)	00:00:05
* 1	HASH JOIN OUTER		2799	254K	378 (1)	00:00:05
2	TABLE ACCESS FULL	T_TABLES	2799	75573	31 (0)	00:00:01
3	VIEW	V_OBJ3	1961	126K	347 (1)	00:00:05
* 4	HASH JOIN		1961	98050	347 (1)	00:00:05
5	TABLE ACCESS FULL	T_USERS	31	310	3 (0)	00:00:01
* 6	TABLE ACCESS FULL	T_OBJECTS	1961	78440	344 (1)	00:00:05

//由执行计划可见，视图被原封不动地保存下来，没有被合并，而是作为独立单元运行

3. 复杂视图合并

复杂视图合并与简单视图合并相比，在视图定义语句中包含分组聚合函数。这种情况下的视图合并，视图中的分组操作往往会延迟到关联发生之后再进行分组。需要注意的是，最终是否合并，取决于成本是否最低。系统内置了一个参数 _complex_view_merging 来

确定是否允许复杂视图合并，默认是 true。此外，还有一个提示 NO_MERGE 来阻止视图合并。

下面看一个具体示例。

```
SQL> create or replace view v_obj4 as select owner,count(*) cnt from t_objects group
    by owner;

SQL> select u.user_id,o.cnt
  2  from v_obj4 o,t_users u
  3  where o.owner=u.username;
---------------------------------------------------------------------------------
| Id | Operation            | Name       | Rows | Bytes | Cost (%CPU)| Time     |
---------------------------------------------------------------------------------
|  0 | SELECT STATEMENT     |            |    1 |    44 |  347   (1)| 00:00:05 |
|* 1 |  HASH JOIN           |            |    1 |    44 |  347   (1)| 00:00:05 |
|* 2 |   TABLE ACCESS FULL| T_USERS    |    1 |    14 |    3   (0)| 00:00:01 |
|  3 |   VIEW               | V_OBJ4     |    1 |    30 |  344   (1)| 00:00:05 |
|  4 |    HASH GROUP BY     |            |    1 |     6 |  344   (1)| 00:00:05 |
|* 5 |     TABLE ACCESS FULL|            |      |       |           |          |
|    |                      | T_OBJECTS  | 3595 | 21570 |  344   (1)| 00:00:05 |
---------------------------------------------------------------------------------
/*
在这个示例中依然有"VIEW"存在，说明没有进行视图合并。由执行计划可见，视图执行完的结果又和T_
USERS做的关联。那这里为什么没有进行合并？回想前面的说明，是否进行合并取决于成本是否最低。不使用
合并的最低成本是347。下面我们看看如果使用合并方式，成本是多少？这里使用了一个提示MERGE，强制合并
操作
*/
select  /*+ merge(o) */ u.user_id,o.cnt
  2  from v_obj4 o,t_users u
  3  where o.owner=u.username and o.owner='SYS';
---------------------------------------------------------------------------------
| Id | Operation            | Name       | Rows | Bytes | Cost (%CPU)| Time     |
---------------------------------------------------------------------------------
|  0 | SELECT STATEMENT     |            |    1 |    32 |  348   (1)| 00:00:05 |
|  1 |  HASH GROUP BY       |            |    1 |    32 |  348   (1)| 00:00:05 |
|* 2 |   HASH JOIN          |            | 3595 |  112K |  347   (1)| 00:00:05 |
|* 3 |    TABLE ACCESS FULL |            |      |       |           |          |
|    |                      | T_USERS    |    1 |    26 |    3   (0)| 00:00:01 |
|* 4 |    TABLE ACCESS FULL |            |      |       |           |          |
|    |                      | T_OBJECTS  | 3595 | 21570 |  344   (1)| 00:00:05 |
---------------------------------------------------------------------------------
/*
这种方式下没有"VIEW"字样，表与视图的合并被转换为表与表的关联，并在最后得到关联结果之后，执行分
组操作（HASH GROUP BY部分）。从成本角度来说，这个执行计划的成本是348，大于上面的347，因此优化
器选择了不合并的方式
*/
```

10.4　查询转换——谓词类

谓词是指 SQL 语句中 WHERE 部分对数据的过滤条件。Oracle 数据库中提供了多种针对谓词的优化手段，下面分别介绍。

1. 过滤谓词推入

这种情况是指在查询语句中，如果存在视图，可以将视图外部的过滤条件推入视图中。这样做可以尽早过滤数据，提高查询效率。下面看一个示例。

```
SQL> create view v_obj5 as select * from t_objects where status='VALID';

SQL> select * from (select * from v_obj5) v where v.object_id=20;
--------------------------------------------------------------------------------
| Id | Operation         | Name      | Rows | Bytes | Cost (%CPU)| Time     |
--------------------------------------------------------------------------------
|  0 | SELECT STATEMENT  |           |    1 |    98 |   344   (1)| 00:00:05 |
|* 1 |  TABLE ACCESS FULL| T_OBJECTS |    1 |    98 |   344   (1)| 00:00:05 |
--------------------------------------------------------------------------------
/*
这和我们想象的执行计划不同，没有使用谓词推入，原因是这里采用了前面讲到的视图合并技术。下面将通过禁用视图合并，看看结果如何？
*/
SQL> select /*+ no_merge(v) */ * from (select * from v_obj5) v where v.object_id=20;
--------------------------------------------------------------------------------
| Id | Operation          | Name      | Rows | Bytes | Cost (%CPU)| Time     |
--------------------------------------------------------------------------------
|  0 | SELECT STATEMENT   |           |    1 |   207 |   344   (1)| 00:00:05 |
|  1 |  VIEW              |           |    1 |   207 |   344   (1)| 00:00:05 |
|* 2 |   TABLE ACCESS FULL| T_OBJECTS |    1 |    98 |   344   (1)| 00:00:05 |
--------------------------------------------------------------------------------
Predicate Information (identified by operation id):
-------------------------------------------------
   2 - filter("OBJECT_ID"=20 AND "STATUS"='VALID')
/*
这里使用NO_MERGE提示，视图没有被合并，在ID=1的步骤里可以看到视图字样。观察一下ID=2的步骤，由执行计划可见，过滤条件是OBJECT_ID=20 AND STATUS='VALID'。可见这里的条件不仅包括视图定义中对表的过滤条件，还包括从外部传入的过滤条件。过滤谓词被推入视图的定义中
*/
```

2. 连接谓词推入

这种方式和上面提到的过滤谓词推入类似，视图还是作为独立单元运行，但外部查询和视图之间的连接条件被推入视图定义语句的内部。目的是利用视图定义基表上的索引，采取嵌套循环的方式提高访问效率。其最终结果是外部查询为嵌套的外层循环，内部循环为对视图定义基表的索引扫描。系统内置了一个隐含参数——_push_join_predicate，来确认是否开启推入谓词功能。

下面通过示例看一下。

```
SQL> create table emp1 as select * from scott.emp;
Table created.

SQL> create index idx_emp1 on emp1(empno);
Index created.

SQL> create or replace view emp_view as
  2  select emp1.empno as empno1 from emp1;
View created.

SQL> select /*+ no_merge(emp_view) */ emp.empno
  2  from emp1 emp,emp_view
  3  where emp.empno=emp_view.empno1(+) and emp.ename ='FORD';
```

Id	Operation	Name	Rows	Bytes	Cost (%CPU)	Time
0	SELECT STATEMENT		1	22	4 (0)	00:00:01
1	NESTED LOOPS OUTER		1	22	4 (0)	00:00:01
* 2	TABLE ACCESS FULL	EMP1	1	20	3 (0)	00:00:01
3	VIEW PUSHED PREDICATE					
		EMP_VIEW	1	2	1 (0)	00:00:01
* 4	INDEX RANGE SCAN	IDX_EMP1	1	13	1 (0)	00:00:01

```
/*
在示例中，ID=3的步骤提示走了谓词推入。在上面提示的嵌套循环中，外层循环是对EMP1表的查询，内层循
环是对视图EMP_VIEW的查询，并且走的是基于索引的嵌套循环
*/

SQL> alter session set "_push_join_predicate"=false;
Session altered.

SQL> select /*+ no_merge(emp_view) */ emp.empno
  2  from emp,emp_view
  3  where emp.empno=emp_view.empno(+) and emp.ename ='FORD';
```

Id	Operation	Name	Rows	Bytes	Cost (%CPU)	Time
0	SELECT STATEMENT		1	23	6 (0)	00:00:01
* 1	HASH JOIN OUTER		1	23	6 (0)	00:00:01
* 2	TABLE ACCESS FULL	EMP	1	10	3 (0)	00:00:01
3	VIEW	EMP_VIEW	14	182	3 (0)	00:00:01
4	TABLE ACCESS FULL	EMP1	14	182	3 (0)	00:00:01

//禁用参数后，不再进行推入，转而通过哈希连接方式实现

10.5 查询转换——消除类

1. 排序消除

排序消除是指优化器在生成执行计划之前，将语句中没有必要的排序操作消除（如利用索引），避免在执行计划中出现排序操作或由排序导致的操作。

```
SQL> select count(*) from (select * from t_users order by user_id);
------------------------------------------------------------------
| Id | Operation        | Name    | Rows | Cost (%CPU)| Time     |
------------------------------------------------------------------
|  0 | SELECT STATEMENT |         |    1 |    3   (0)| 00:00:01 |
|  1 |  SORT AGGREGATE  |         |    1 |           |          |
|  2 |   TABLE ACCESS FULL| T_USERS |   31 |    3   (0)| 00:00:01 |
------------------------------------------------------------------

Statistics
----------------------------------------------------------
          0  recursive calls
          0  db block gets
          2  consistent gets
          0  physical reads
          0  redo size
        526  bytes sent via SQL*Net to client
        523  bytes received via SQL*Net from client
          2  SQL*Net roundtrips to/from client
          0  sorts (memory)
          0  sorts (disk)
```
//对于上述语句来说，其排序就不是必要的。在后面的Statistics中的Sorts部分可以看到都为0

2. 去重消除

如果语句中对象存在主键或唯一约束，那么语句中的 DISTINCE 是可以消除的。

```
SQL> create table t_users as select * from dba_users;
Table created.

SQL> select distinct username from t_users;
---------------------------------------------------------------------------
| Id | Operation        | Name    | Rows | Bytes | Cost (%CPU)| Time     |
---------------------------------------------------------------------------
|  0 | SELECT STATEMENT |         |   31 |  527 |    4  (25)| 00:00:01 |
|  1 |  HASH UNIQUE     |         |   31 |  527 |    4  (25)| 00:00:01 |
|  2 |   TABLE ACCESS FULL| T_USERS |   31 |  527 |    3   (0)| 00:00:01 |
---------------------------------------------------------------------------
```
//默认走了全表扫描，然后使用了HASH去重

```
SQL> alter table t_users add constraint uk_username unique (username);
Table altered.

SQL> select distinct username from t_users;
```

```
------------------------------------------------------------------------
| Id  | Operation           | Name        | Rows  | Bytes | Cost (%CPU)| Time      |
------------------------------------------------------------------------
|   0 | SELECT STATEMENT    |             |   31  |  527  |    1   (0)| 00:00:01 |
|   1 |   INDEX FULL SCAN   | UK_USERNAME |   31  |  527  |    1   (0)| 00:00:01 |
------------------------------------------------------------------------
```
//直接通过新增约束UK_USERNAME的索引完成扫描,不需要再去重

3. 表消除

表消除是指当两个表关联且存在主外键关系时,优化器可以消除不必要的表访问以提高效率。此外,表间使用外连接也会消除不必要的表访问。

```
SQL> alter table t_tablespaces add primary key(tablespace_name) ;
Table altered.

SQL> alter table t_tables add constraint t_tables_ts_fk foreign key(tablespace_
    name) references t_tablespaces(tablespace_name);
Table altered.

SQL> select t.* from t_tables t,t_tablespaces ts where t.tablespace_name=ts.
    tablespace_name;
------------------------------------------------------------------------
| Id  | Operation           | Name        | Rows  | Bytes | Cost (%CPU)| Time      |
------------------------------------------------------------------------
|   0 | SELECT STATEMENT    |             |  2460 |  581K |   31   (0)| 00:00:01 |
|*  1 |  TABLE ACCESS FULL| T_TABLES    |  2460 |  581K |   31   (0)| 00:00:01 |
------------------------------------------------------------------------
/*
T_TABLES、T_TABLESPACES两张表存在主外键关系,当对T_TABLES表进行查询时,虽然关联到T_
TABLESPACES,但其实是不需要的
*/

SQL> select t.* from t_tables t,t_users u where t.owner=u.username(+);
------------------------------------------------------------------------
| Id  | Operation           | Name        | Rows  | Bytes | Cost (%CPU)| Time      |
------------------------------------------------------------------------
|   0 | SELECT STATEMENT    |             |  2799 |  661K |   31   (0)| 00:00:01 |
|   1 |  TABLE ACCESS FULL| T_TABLES    |  2799 |  661K |   31   (0)| 00:00:01 |
------------------------------------------------------------------------
/*
在这个示例中,T_TABLES和T_USERS表进行外连接,但查询结果来自T_TABLES,因此可忽略T_USERS表被
消除
*/
```

10.6 查询转换——其他

1. 星型转换

星型转换是一类特殊的查询。这种模式是由一个事实表和若干维度表组成的。查询是

用事实表引用维度表。其原理是在事实表同维表关联的每个连接列上都创建有位图索引，然后通过维表关联得出的结果集与事实表多个列的位图索引组合连接得出查询结果。由于位图索引占用空间很小，而且特别适用于 AND、OR 这一类的合并查询，因此查询性能会有大幅提升。

```
SQL> create table t as select * from all_objects;
SQL> create table t_type as select rownum type_id,a.* from (select distinct
     object_type from t) a;
SQL> create table t_owner as select rownum owner_id,a.* from (select distinct
     owner from t) a;
SQL> create table t_status as select rownum status_id,a.* from (select distinct
     status from t) a;
SQL> create table t_created as select rownum created_id,a.* from (select distinct
     created from t) a;

SQL> update t set object_type=(select type_id from t_type b where t.object_
     type=b.object_type);
SQL> update t set owner=(select owner_id from t_owner b where t.owner=b.owner);
SQL> update t set status=(select status_id from t_status b where t.status=b.
     status);
SQL> alter table t add created_date int;
SQL> update t set created_date=(select created_id from t_created b where t.created=
     b.created);
SQL> commit;
SQL> create table test as select * from t where 1=2;
SQL> alter table test modify status int;
SQL> alter table test modify owner int;
SQL> alter table test modify object_type int;
SQL> insert into test select * from t;
SQL> insert into test select * from test;
SQL> commit;

SQL> alter session set star_transformation_enabled=true;
SQL> create bitmap index idx_type on test(object_type);
SQL> create bitmap index idx_owner on test(owner);
SQL> create bitmap index idx_created on test(created_date);
SQL> create bitmap index idx_status on test(status);

SQL> exec dbms_stats.gather_table_stats(ownname => 'hf',tabname => 'test',cascade
     => true);
SQL> exec dbms_stats.gather_table_stats(ownname => 'hf',tabname => 'T_OWNER',
     cascade => true);
SQL> exec dbms_stats.gather_table_stats(ownname => 'hf',tabname => 'T_TYPE',
     cascade => true);
SQL> exec dbms_stats.gather_table_stats(ownname => 'hf',tabname => 'T_CREATED',
     cascade => true);
SQL> exec dbms_stats.gather_table_stats(ownname => 'hf',tabname => 'T_STATUS',
     cascade => true);
//以上是准备星型转换的示例结构和数据
```

```
SQL> select a.object_id,a.object_name
  2  from test a,t_owner b,t_type c,t_created d,t_status e
3  where a.owner=b.owner_id and
  4  a.object_type=c.type_id and
  5  a.created_date=d.created_id and
  6  a.status=e.status_id and
  7  b.owner='SCOTT' and
  8  c.object_type='TABLE' and
  9  d.created='2005-08-30:15:06:10' and
 10  e.status='VALID';
-----------------------------------------------------------
| Id  | Operation                       | Name          |
-----------------------------------------------------------
|   0 | SELECT STATEMENT                |               |
|*  1 |  HASH JOIN                      |               |
|*  2 |   HASH JOIN                     |               |
|*  3 |    HASH JOIN                    |               |
|*  4 |     HASH JOIN                   |               |
|*  5 |      TABLE ACCESS FULL          | T_CREATED     |
|   6 |      TABLE ACCESS BY INDEX ROWID| TEST          |
|   7 |       BITMAP CONVERSION TO ROWIDS|              |
|   8 |        BITMAP AND               |               |
|   9 |         BITMAP MERGE            |               |
|  10 |          BITMAP KEY ITERATION   |               |
|* 11 |           TABLE ACCESS FULL     | T_CREATED     |
|* 12 |           BITMAP INDEX RANGE SCAN| IDX_CREATED  |
|  13 |         BITMAP MERGE            |               |
|  14 |          BITMAP KEY ITERATION   |               |
|* 15 |           TABLE ACCESS FULL     | T_TYPE        |
|* 16 |           BITMAP INDEX RANGE SCAN| IDX_TYPE     |
|  17 |         BITMAP MERGE            |               |
|  18 |          BITMAP KEY ITERATION   |               |
|* 19 |           TABLE ACCESS FULL     | T_OWNER       |
|* 20 |           BITMAP INDEX RANGE SCAN| IDX_OWNER    |
|  21 |         BITMAP MERGE            |               |
|  22 |          BITMAP KEY ITERATION   |               |
|* 23 |           TABLE ACCESS FULL     | T_STATUS      |
|* 24 |           BITMAP INDEX RANGE SCAN| IDX_STATUS   |
|* 25 |      TABLE ACCESS FULL          | T_OWNER       |
|* 26 |     TABLE ACCESS FULL           | T_TYPE        |
|* 27 |    TABLE ACCESS FULL            | T_STATUS      |
-----------------------------------------------------------
Note
-----
   - star transformation used for this statement
```
//上面的SQL执行使用了星型转换，从后面的Note部分可以明显看出来

2. 传递闭包

传递闭包是指如果谓词中的条件存在一定逻辑关联关系，则优化器可以进行推导。例

如：$x>10$ and $y=x$，则可以推导出 $y>10$。这里要求运算符必须是 =、!=、>、<、>=、<= 中的一个。后面比较的部分应是常量、SQL 函数、字符串、绑定变量或包含相关变量的常量公式。

下面看一个示例。

```
SQL> create table t_user1 as select * from t_users;
Table created.

SQL> create table t_user2 as select * from t_users;
Table created.

SQL> select u1.* from t_user1 u1,t_user2 u2 where u1.user_id=u2.user_id and
    u2.user_id=10;
```

Id	Operation	Name	Rows	Bytes	Cost (%CPU)	Time
0	SELECT STATEMENT		1	2189	6 (0)	00:00:01
* 1	HASH JOIN		1	2189	6 (0)	00:00:01
* 2	TABLE ACCESS FULL	T_USER1	1	2176	3 (0)	00:00:01
* 3	TABLE ACCESS FULL	T_USER2	1	13	3 (0)	00:00:01

```
Predicate Information (identified by operation id):
---------------------------------------------------
   1 - access("U1"."USER_ID"="U2"."USER_ID")
   2 - filter("U1"."USER_ID"=10)
   3 - filter("U2"."USER_ID"=10)
/*
在下面的谓词条件中，注意到第2条U1.USER_ID=10，这个是从前面U1.USER_ID=U2.USER_ID推导而来的
*/
```

3. OR 扩张

OR 扩张是指查询语句中使用多个字段进行过滤，且通过 OR 进行关联。Oracle 有一种策略是将其转换为多个子查询，并将最终结果合并在一起。此外，系统提供了一个提示——USE_CONCAT，它将含有多个 OR 或者 IN 运算符连接起来的查询语句分解为多个单一查询语句，并为每个单一查询语句选择最优查询路径，然后将这些最优查询路径结合在一起，以实现整体查询语句的最优目的。只有在驱动查询条件中包含 OR 的时候，才可以使用该提示。

```
SQL> select /*+ OR_EXPAND(t_objects object_id)*/ * from t_objects where object_id=
    10 or owner='SYS';
```

Id	Operation	Name	Rows	Bytes	Cost (%CPU)	Time
0	SELECT STATEMENT		27344	5527K	688 (1)	00:00:09
1	CONCATENATION					
* 2	TABLE ACCESS FULL	T_OBJECTS	26721	5401K	344 (1)	00:00:05

```
|* 3 |    TABLE ACCESS FULL| T_OBJECTS |    623 |   125K|    344    (1)| 00:00:05 |
-----------------------------------------------------------------------------------
Predicate Information (identified by operation id):
---------------------------------------------------
   2 - filter("OWNER"='SYS')
   3 - filter("OBJECT_ID"=10 AND LNNVL("OWNER"='SYS'))
```
//从上面ID=1的步骤中可以看出，OR_EXPAND提示起到了OR扩展的效果

4. 常量转换

对于语句涉及的计算部分，优化器会提前完成所有可能的数学计算工作。这样在后续的执行过程中就不需要每次进行计算，而是只在转换阶段执行一次。

```
SQL> select * from emp where sal>100+1;
--------------------------------------------------------------------------
| Id | Operation         | Name | Rows | Bytes | Cost (%CPU)| Time     |
--------------------------------------------------------------------------
|  0 | SELECT STATEMENT  |      |   14 |   532 |    3   (0)| 00:00:01 |
|* 1 |  TABLE ACCESS FULL | EMP  |   14 |   532 |    3   (0)| 00:00:01 |
--------------------------------------------------------------------------
Predicate Information (identified by operation id):
---------------------------------------------------
   1 - filter("SAL">101)
```
//谓词部分是一个表达式100+1，这里进行了计算，将其转换为101

5. LIKE 转换

在 LIKE 查询条件中没有使用"%"或"–"时可使用"="来简化表达式的写法。需要注意的是，在使用固定长度数据类型的情况下，这样的转换有可能得到不同的结果，因此只有在长度可变的数据类型下才可以进行这样的转换。

```
SQL> select * from emp where ename like 'abc';
--------------------------------------------------------------------------
| Id | Operation         | Name | Rows | Bytes | Cost (%CPU)| Time     |
--------------------------------------------------------------------------
|  0 | SELECT STATEMENT  |      |   1 |    38 |    3   (0)| 00:00:01 |
|* 1 |  TABLE ACCESS FULL| EMP  |   1 |    38 |    3   (0)| 00:00:01 |
--------------------------------------------------------------------------
Predicate Information (identified by operation id):
---------------------------------------------------
   1 - filter("ENAME"='abc')
```
//从filter部分可以看出，最终转换为"="的形式

6. IN/OR 转换

对于使用 IN 的条件表达式，可以通过使用 OR 运算符将其分解为具有相同功能的多个使用"="预算符的条件表达式。

```
SQL> select * from emp where ename in ('abc','def');
--------------------------------------------------------------------------
```

```
| Id  | Operation        | Name | Rows  | Bytes | Cost (%CPU)| Time     |
-------------------------------------------------------------------------
|  0  | SELECT STATEMENT |      |    1  |   38  |    3   (0)| 00:00:01 |
|* 1  |  TABLE ACCESS FULL| EMP |    1  |   38  |    3   (0)| 00:00:01 |
-------------------------------------------------------------------------

Predicate Information (identified by operation id):
-----------------------------------------------------
   1 - filter("ENAME"='abc' OR "ENAME"='def')
```
//输出结果将 IN 转换为 OR 的等值匹配

7. ANY 与 SOME 转换

对于使用 ANY 或者 SOME 的条件表达式，可以通过使用 "="运算符和 OR 逻辑运算符将其转换为具有相同功能的条件表达式。

```
SQL> select * from emp where sal > ANY(100,200);
-------------------------------------------------------------------------
| Id  | Operation        | Name | Rows  | Bytes | Cost (%CPU)| Time     |
-------------------------------------------------------------------------
|  0  | SELECT STATEMENT |      |   14  |  532  |    3   (0)| 00:00:01 |
|* 1  |  TABLE ACCESS FULL| EMP |   14  |  532  |    3   (0)| 00:00:01 |
-------------------------------------------------------------------------

Predicate Information (identified by operation id):
-----------------------------------------------------
   1 - filter("SAL">100)
```
//filter 部分可以看出，对 ANY() 条件进行转换

```
SQL> select * from emp where 1000>ANY(select sal from emp);
-------------------------------------------------------------------------
| Id  | Operation          | Name | Rows  | Bytes | Cost (%CPU)| Time     |
-------------------------------------------------------------------------
|  0  | SELECT STATEMENT   |      |    1  |   38  |    6   (0)| 00:00:01 |
|* 1  |  FILTER            |      |       |       |           |          |
|  2  |   TABLE ACCESS FULL| EMP  |   14  |  532  |    3   (0)| 00:00:01 |
|* 3  |   TABLE ACCESS FULL| EMP  |    2  |    8  |    3   (0)| 00:00:01 |
-------------------------------------------------------------------------

Predicate Information (identified by operation id):
-----------------------------------------------------
   1 - filter( EXISTS (SELECT 0 FROM "EMP" "EMP" WHERE "SAL"<1000))
   3 - filter("SAL"<1000)
```

8. ALL 转换

对于使用 ALL 的条件表达式，在括号中指定多个项时，可以通过 "="运算符和 AND 逻辑运算符将其转换为具有相同功能的表达式。在 ALL 的后面即使使用了子查询，也可以利用 NOT ANY 将其转换为使用 EXISTS 的子查询。

```
SQL> select * from emp where sal > ALL(100,200);
-------------------------------------------------------------------------
| Id  | Operation        | Name | Rows  | Bytes | Cost (%CPU)| Time     |
```

```
--------------------------------------------------------------------------
|  0 | SELECT STATEMENT   |      | 14 |  532 |    3   (0)| 00:00:01 |
|* 1 |  TABLE ACCESS FULL| EMP  | 14 |  532 |    3   (0)| 00:00:01 |
--------------------------------------------------------------------------
Predicate Information (identified by operation id):
---------------------------------------------------
   1 - filter("SAL">200)


SQL> select * from emp where 1000>ALL(select sal from emp);
--------------------------------------------------------------------------
| Id  | Operation          | Name | Rows | Bytes | Cost (%CPU)| Time     |
--------------------------------------------------------------------------
|  0 | SELECT STATEMENT   |      |   1 |   38 |    5   (0)| 00:00:01 |
|* 1 |  FILTER            |      |     |      |           |          |
|  2 |   TABLE ACCESS FULL| EMP  |  14 |  532 |    3   (0)| 00:00:01 |
|* 3 |   TABLE ACCESS FULL| EMP  |   1 |    4 |    2   (0)| 00:00:01 |
--------------------------------------------------------------------------
Predicate Information (identified by operation id):
---------------------------------------------------
   1 - filter( NOT EXISTS (SELECT 0 FROM "EMP" "EMP" WHERE LNNVL("SAL"<1000)))
   3 - filter(LNNVL("SAL"<1000))
```

9. BETWEEN 转换

对于使用 BETWEEN 比较运算符的条件表达式，可以通过使用 ">=" 和 "<=" 运算符将其转换为具有相同功能的条件表达式。

```
SQL> select * from emp where sal between 100 and 200;
--------------------------------------------------------------------------
| Id  | Operation          | Name | Rows | Bytes | Cost (%CPU)| Time     |
--------------------------------------------------------------------------
|  0 | SELECT STATEMENT   |      |   1 |   38 |    3   (0)| 00:00:01 |
|* 1 |  TABLE ACCESS FULL| EMP  |   1 |   38 |    3   (0)| 00:00:01 |
--------------------------------------------------------------------------
Predicate Information (identified by operation id):
---------------------------------------------------
   1 - filter("SAL"<=200 AND "SAL">=100)
```

10. NOT 转换

在使用 NOT 的情况下，去掉该逻辑运算符的方法就是寻找与其相反的比较运算符并直接替代。在子查询中使用 NOT 转换的情况下，为了去掉 NOT 运算符所采用的方法是寻找与其相反的比较运算符并直接替换。

```
SQL> select * from emp where not (sal <100);
--------------------------------------------------------------------------
| Id  | Operation          | Name | Rows | Bytes | Cost (%CPU)| Time     |
--------------------------------------------------------------------------
|  0 | SELECT STATEMENT   |      |  14 |  532 |    3   (0)| 00:00:01 |
|* 1 |  TABLE ACCESS FULL| EMP  |  14 |  532 |    3   (0)| 00:00:01 |
```

```
--------------------------------------------------------------------------
Predicate Information (identified by operation id):
-------------------------------------------------
   1 - filter("SAL">=100)

SQL> select * from emp where not deptno=(select deptno from emp where empno=100);
--------------------------------------------------------------------------
| Id  | Operation          | Name | Rows  | Bytes | Cost (%CPU)| Time     |
--------------------------------------------------------------------------
|   0 | SELECT STATEMENT   |      |     9 |   342 |     6   (0)| 00:00:01 |
|*  1 |   TABLE ACCESS FULL | EMP  |     9 |   342 |     3   (0)| 00:00:01 |
|*  2 |    TABLE ACCESS FULL| EMP  |     1 |     7 |     3   (0)| 00:00:01 |
--------------------------------------------------------------------------
Predicate Information (identified by operation id):
-------------------------------------------------
   1 - filter("DEPTNO"<> (SELECT "DEPTNO" FROM "EMP" "EMP" WHERE "EMPNO"=100))
   2 - filter("EMPNO"=100)
```

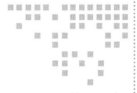

第 11 章　*Chapter 11*

访 问 路 径

访问路径是指 SQL 语句中数据库对象的访问方式。它也是影响执行计划整体性能的主要因素。经验表明，在 OLTP 型系统中，超过 60% 的 SQL 优化问题都是通过调整访问路径解决的；而且调整访问路径也是总体调优成本中最低的一种方式。

根据访问对象的不同，访问路径可以分为表访问路径、索引访问路径等多种。下面详细介绍主要的访问路径。

11.1　表访问路径

表访问路径，顾名思义是指对表的访问方式，可分为如下几种。

11.1.1　全表扫描

全表扫描是一种"万能"的查询方式。任何对数据的访问需求都可以通过全表扫描的方式解决。在逻辑上，这种方式会读取表中的所有行，然后检查每一行是否满足语句的限制条件。在物理上，这种方式会批量读取高水位线下的每个数据块。这里注意两点：一是批量读取，二是高水位线。批量读取的目的是减少 I/O 次数，提高系统的吞吐能力。一个多块读操作可以一次 I/O 读取多块数据块（db_block_multiblock_read_count 参数设定），而不是只读取一个数据块，这极大地减少了 I/O 总次数，提高了系统的吞吐量。所以，利用多块读的方法可以高效地实现全表扫描，而且只有在全表扫描的情况下才能使用多块读操作。高水位线，在前面已经提到，它标识着数据存放的最高点。常见的 DELETE 操作不会影响高水位线，只有使用 TRUNCATE 才会将高水位置为零。Oracle 10g 以后的版本可以通过 shrink 命令人工收缩高水位线。

一般情况下，全表扫描得到的数据库将放入缓冲区 LRU 链表的 LRU 端，也就是尽快被淘汰出的部分。因为 Oracle 认为全表扫描得到的数据应该是临时访问的，不应长期占用缓冲区。在 11g 之后的版本，Oracle 提供了一种新的方式来处理全表扫描，称为直接路径读取。这种方式的独特之处在于，数据块将不保存在缓冲区中，这将大大减少栓锁的使用，避免对缓冲区的冲击。当然这种方式也不是完全没有问题，因此很多系统从 10g 升级到 11g 的时候，要特别注意这个问题。

优化器在选择扫描方式时实际是在寻求一个平衡，即寻找表扫描和索引扫描的损益分界点。对于数据量比较少的表而言，全表扫描与索引扫描的损益分界点为 15%。对于存储数据比较多的表而言，全表扫描与索引扫描的损益分界点可能会小于 5%。而对于存储海量数据的表而言，全表扫描与索引扫描的损益分界点可能是 1%。这里的 1% 是指即使通过索引扫描从表中读取 1% 的数据，也没有直接通过全表扫描读取数据有效。当然上面这些数字都是经验值，实际都以成本为最终考察因素。此外，随着磁盘技术的不断发展，特别是闪存技术的不断成熟，随机读取的开销节省了很多。换句话说，索引访问的成本大大下降了，优化器会更加倾向于使用索引扫描方式。

下面来看看常见的使用全表扫描的场景。

❑ 大范围数据读取的情况：这里的大范围是一个相对的概念。一般来说，如果访问表中的大部分数据，则全表扫描的效率较高；如果访问表中的小部分数据，则索引访问的效率较高。这里就涉及一个"损益点"的概念，当小于损益点时，索引访问效率高；当高于损益点时，全表访问效率低。这不是一个具体比例，常见的经验在 1%～10% 之间，具体还是取决于当时的成本评估。

❑ 从小数据表中读取数据的情况：如果访问的数据规模较小，则优化器倾向于通过全表扫描的方式访问整个表。因为全表扫描使用了多块读的机制，往往效率是很高的。当然，如何界定小表是一个问题，后面会专门介绍。

❑ 按照并行处理方式读取数据的情况：在并行处理的情况下，全表扫描的执行速度会在更大程度上得到提高。

❑ 使用 FULL 提示的情况：这个提示告诉优化器，使用全表扫描访问表。

下面通过一个示例看看全表扫描，并说明 11g 支持的直接路径读取机制。

```
SQL> select count(*) from t_objects;
---------------------------------------------------------------------------
| Id  | Operation          | Name   | Rows  | Cost (%CPU)| Time     |
---------------------------------------------------------------------------
|   0 | SELECT STATEMENT   |        |     1 |   343   (0)| 00:00:05 |
```

```
| 1 | SORT AGGREGATE      |          |     1 |          |          |
| 2 |   TABLE ACCESS FULL | T_OBJECTS | 62930 |   343  (0)| 00:00:05 |
----------------------------------------------------------------------
```
//这一语句执行的是一个典型的全表扫描操作。下面看一下在11g默认情况下，对全表扫描的处理

```
SQL> select vm.sid, vs.name, vm.value
  2  from v$mystat vm, v$sysstat vs
  3  where vm.statistic# = vs.statistic# and vs.name in ('session logical reads',
        'physical reads','physical reads direct');
       SID NAME                          VALUE
---------- ----------------------------- ----------
       146 session logical reads            55
       146 physical reads                    0
       146 physical reads direct             0
```
//记录一下当前会话的几个指标

```
SQL> select count(*) from t_objects;
  COUNT(*)
----------
     86292

SQL> select vm.sid, vs.name, vm.value
  2  from v$mystat vm, v$sysstat vs
  3  where vm.statistic# = vs.statistic# and vs.name in ('session logical reads',
        'physical reads','physical reads direct');
       SID NAME                          VALUE
---------- ----------------------------- ----------
       146 session logical reads           1342
       146 physical reads                  1233
       146 physical reads direct           1233
```
/*
再次查看会话指标。两次查询的结果差异就是这个语句的消耗。可见这个语句使用了1233次物理读，而且这些
物理读都是DIRECT方式的。这也是11g对全表扫描的一个改进之处。那么对应于之前，又是怎样的呢？
*/

```
SQL> exit
[oracle@localhost ~]$ sqlplus hf/hf
```
//重新登录一个会话

```
SQL> select vm.sid, vs.name, vm.value
  2  from v$mystat vm, v$sysstat vs
  3  where vm.statistic# = vs.statistic# and vs.name in ('session logical reads',
        'physical reads','physical reads direct');
       SID NAME                          VALUE
---------- ----------------------------- ----------
       146 session logical reads            51
       146 physical reads                    0
       146 physical reads direct             0

SQL> alter session set events '10949 trace name context forever';
```
//使用一个事件来禁用直接路径读动作

```
SQL> select count(*) from t_objects;
  COUNT(*)
----------
     86292

SQL> select vm.sid, vs.name, vm.value
  2  from v$mystat vm, v$sysstat vs
  3  where vm.statistic# = vs.statistic# and vs.name in ('session logical
          reads','physical reads','physical reads direct');
     SID NAME                                VALUE
---------- ------------------------------ ----------
     146 session logical reads              1391
     146 physical reads                     1186
     146 physical reads direct                 0
/*
从前后结果差异来看，此次操作使用了1186次物理读，但与前者不同，这里没有使用DIRECT方式读取。此
外，这里的物理读次数较前者也少了一些，原因是这种方式会考虑到缓冲区中缓存的数据块情况，而前者则
不会
*/
```

下面专门介绍 11g 下全表扫描使用直接路径读的相关内容。

1. 直接路径读

直接路径读是指 SQL 语句绕过缓冲区，从数据文件中直接读到 PGA 中。11g 中的一个新特性，即全表扫描可以通过直接路径读的方式来执行。这是一个合理的变化，因为它的前提假设是全表扫描的大量数据读取是偶发性的，可以避免大量数据对于缓冲区的冲击。这种处理方式的优点如下。

❑ 减少对缓冲区的栓锁使用，避免可能带来的争用情况。

❑ 物理 I/O 的大小不再取决于缓冲区所在的块，因为这种方式不会考虑数据块是否缓存在缓冲区，直接物理读取。设想一下，某一个 extent 中 1、3、5、7 号块在高速缓存中，而 2、4、6、8 块没有被缓存。传统的方式在读取该 extent 时将会是对 2、4、6、8 块进行 4 次 db file sequential read，这是一种十分可怕的状况。其效率往往要比单次读取这个区间的所有 8 个块还要低得多。虽然 Oracle 为了避免这种情况总是尽可能地不缓存大表的块（读入后总是放在队列最冷的一端），而 direct path read 则可以完全避免这类问题，尽可能地单次读入更多的物理块。

当然这种方式也有缺点，具体如下。

❑ 在直接路径读某个段之前需要对该对象进行一次段级检查点操作。原因很容易理解，不做检查点数据就不会落盘，而直接路径读是不读缓冲区的。

❑ 可能导致重复的延迟块擦除操作。所谓延迟块擦除，是指修改过的数据块已经被写回到数据文件中（或大量修改超出 10% 的部分），如果提交事务时，再次读出该数

据块进行修改，显然成本过高。此时，Oracle 选择延迟块清除，等到下一次访问该块时再来清除 ITL 锁定信息。Oracle 通过延迟块清除来提高数据库的性能，加快提交操作。

系统能否使用这种直接路径读方式受很多因素影响。其中，最主要的因素就是对大小表的判断，这个后面会单独说明。此外，还有两个因素：一个是 _serial_direct_read，这个参数可以启用、禁用串行直接路径读；另一个是 10949 事件（上面示例中有），它可以屏蔽 11g 版本的新特性，恢复到传统处理方式。

2. 大小表扫描

全表扫描和等待时间相关联，往往伴随着"db file scattered read"等待。区分大小表是因为全表扫描可能引起 Buffer Cache 抖动。默认情况下，大表的全表扫描会处于 LRU 末端，以期尽早老化，减少 Buffer 的占用。从 8i 开始，Oracle 提供了多缓冲区技术，给我们提供了另一种选择。针对不同的表，我们可以采取不同策略，使内存使用更加有效。

在 11g 中，是否对表执行直接路径读的全表扫描由优化器根据表的大小进行判断。其主要受限于两个参数：一个是 _small_table_threshold，它代表一个小表的阈值（如果表大于 5 倍的小表限制，则自动使用直接路径读，代替传统读的方式）；另一个是 _very_large_object_threshold，当表大小大于 0.8 倍的这个参数的 80% 时，也会使用直接路径读。

11.1.2　ROWID 扫描

ROWID 是指某一行所在数据文件、数据块以及行在该块中的位置。ROWID 扫描是指按照 ROWID 来访问数据。这种方式可以快速定位到目标数据上，也是 Oracle 访问单行数据最快的方法。至于如何获得 ROWID，有多种方法，可以通过显式指定，也可以通过索引获得。这种方式的局限性较大，主要是因为 ROWID 并非固定的，其变化可能是源于版本的变化或执行了导入、导出等操作。此外，这种方式对只获取特定记录来说是最快的方法，但是获取大量数据则不是好方法。常用的场景是在批量处理中，首先在执行由 DECLARE CURSOR 所声明的查询语句的同时将其执行结果与 ROWID 一起进行存储，当对其加工处理过的结果进行修改时，为了提高执行速度而使用之前存储的 ROWID。

下面看一个示例。

```
SQL> create table t_objects as select * from dba_objects;

SQL> select rowid from t_objects where rownum<2;
ROWID
------------------
AAAVaTAAEAAAChjAAA
```

```
SQL> select * from t_objects where rowid='AAAVaTAAEAAAChjAAA';
-------------------------------------------------------------------------
| Id | Operation              | Name     | Rows | Bytes | Cost (%CPU)| Time      |
-------------------------------------------------------------------------
|  0 | SELECT STATEMENT       |          |    1 |   219 |    1   (0)| 00:00:01 |
|  1 |   TABLE ACCESS BY USER ROWID
                              | T_OBJECTS |    1 |   219 |    1   (0)| 00:00:01 |
-------------------------------------------------------------------------
/*
从执行计划中看到"TABLE ACCESS BY USER ROWID"字样,其通过显式指定ROWID的方式访问单行数据
*/

SQL> create index idx_object_id on t_objects(object_id);
Index created.

SQL> select * from t_objects where object_id=20;
-------------------------------------------------------------------------
| Id | Operation             | Name          | Rows | Bytes |
-------------------------------------------------------------------------
|  0 | SELECT STATEMENT      |               |    1 |   207 |
|  1 |  TABLE ACCESS BY INDEX ROWID| T_OBJECTS |    1 |   207 |
|* 2 |   INDEX RANGE SCAN    | IDX_OBJECT_ID |    1 |       |
-------------------------------------------------------------------------
/*
从执行计划中可见"TABLE ACCESS BY INDEX ROWID"字样,这是通过索引(IDX_OBJECT_ID)得到的行
ROWID,然后通过表得到对应的行记录
*/
```

11.1.3 采样扫描

采样扫描是一类特殊的扫描方式,它是从表中读取用户指定比例且满足条件的数据。需要注意的是,即使从数据量较少的表中读取样本数据,所返回的数据也不是一个固定的值。即使反复执行相同的SQL,由于每次读取的并非相同的数据块或者相同的行数,因此返回的结果也不相同。这种访问方式主要用在数据分析等场景,不需要返回所有数据,只需要返回部分数据即可。在系统中,采样扫描是常见的统计信息收集的方法,后台也是调用的这种扫描方式。有一点需要注意,这种方式从全部数据块中读取指定比例的数据块,每次读取的数据块都是不同的,即返回的数据也不同。

采样扫描的语法如下:

```
select ...
from table_name SAMPLE {BLOCK option} (sample percent)
where ...
```

采样扫描支持两种方式,一种是指定记录的采样,一种是指定块的采样。第一种方式会扫描所有块,然后按比例返回记录。第二种方式则会扫描指定比例的数据块。

下面来看个示例。

```
SQL> select * from t_objects sample (1);
-----------------------------------------------------------------------------
| Id | Operation          | Name     | Rows | Bytes | Cost (%CPU)| Time     |
-----------------------------------------------------------------------------
|  0 | SELECT STATEMENT   |          |    9 | 1971  |  343   (0)| 00:00:05 |
|  1 |  TABLE ACCESS SAMPLE| T_OBJECTS |    9 | 1971  |  343   (0)| 00:00:05 |
-----------------------------------------------------------------------------
//注意执行计划中的 "TABLE ACCESS SAMPLE" 字样，这表明采用的是采样扫描方式
```

11.2　B 树索引访问路径

在开始介绍 B 树索引访问路径之前，先来简单回顾一下 B 树索引的结构。B 树索引是以一种平衡树（Balance Tree）的形式保存数据的。结构上分为根节点（Root Node）、分支节点（Branch Node）、叶子节点（Leaf Node）。树中的最底层块（也就是叶子结点）包含了每个索引键值和一个指向表中记录行的 ROWID。查询数据根据索引值取得 ROWID，再由 ROWID 取出数据。B 树的特性之一是所有叶块都应该在树的同一层上，该层称为索引的高度。叶节点中的条目指向具体的 ROWID 或 ROWID 的一个范围。大多数 B 树索引将有 2 或 3 的高度，平均对应上百万的记录。这意味着它将花费 2 或 3 个 I/O 来查找索引的主键。

B 树索引的扫描首先是从数据字典中到索引段头的块地址，这个块地址后面的块就是索引根节点块地址。先通过根节点定位到分支节点，再通过分支节点定位到下一级分支节点，直到最后定位到叶子节点。然后由定位到的叶子节点确定的扫描方向——从左向右或从右向左扫描。注意无论是向左还是向右扫描，都是一个有序的结果。在从索引中扫描到数据，包括 ROWID 之后，如果所获得的数据已经满足需要，则将数据返回上一步；否则需根据 ROWID，再从表中获得数据返回上一步。

下面来看看几种具体的扫描方式。

1. 索引唯一扫描

通过唯一索引查找一个数值经常返回单个 ROWID。如果存在 UNIQUE 或 PRIMARY KEY 约束（它保证了语句只存取单行），则经常使用索引唯一扫描。在大部分情况下，该扫描方式主要被使用在检索唯一 ROWID 的查询中。为了使用索引唯一扫描而必须基于主键来创建索引或者创建唯一索引，且 SQL 语句中必须为索引列使用 "="比较运算符。否则，即使基于具有唯一值的列创建了索引，在执行时优化器也不可能选择索引唯一扫描，而会选择范围扫描。

Oracle 也提供了一个提示——INDEX，来指定完成这种扫描的方式，但是在大多数情况下没有必要使用该提示。在条件满足的情况下，优化器将无条件地选择索引唯一扫描；

在没有选择该扫描方式的情况下，即使在 SQL 语句中使用了提示，优化器也会将其忽略。一般只有在通过 DB LINK 远程访问的时候，优化器才可能无法选择出较好的执行计划，此时需要使用该提示指定扫描方式。

```
SQL> create table t_objects as select * from dba_objects;
Table created.

SQL> alter table t_objects add primary key (object_id);
Table altered.
//这里加入了一个主键约束，系统会自动在后台创建一个唯一性索引

SQL> select * from t_objects where object_id=10;
-------------------------------------------------------------------
| Id | Operation                    | Name          | Rows | Bytes |
-------------------------------------------------------------------
|  0 | SELECT STATEMENT             |               |    1 |   207 |
|  1 |  TABLE ACCESS BY INDEX ROWID | T_OBJECTS     |    1 |   207 |
|* 2 |   INDEX UNIQUE SCAN          | SYS_C0011156  |    1 |       |
-------------------------------------------------------------------
/*
执行基于单个数值的等于操作，最终的索引扫描方式为INDEX UNIQUE SCAN，并在此次操作中返回ROWID，
而这个ROWID又提供给上一步操作，走了IDNEX ACCESS BY INDEX ROWID。其中，ID=2步骤对应的对象
SYS_C0011156就是系统为主键约束自动创建的索引
*/

//下面看看使用IN等其他情况
SQL> select * from t_objects where object_id in (10);
--------------------------------------------------------
| Id | Operation                    | Name          |
--------------------------------------------------------
|  0 | SELECT STATEMENT             |               |
|  1 |  TABLE ACCESS BY INDEX ROWID | T_OBJECTS     |
|* 2 |   INDEX UNIQUE SCAN          | SYS_C0011209  |
--------------------------------------------------------
//不仅使用"="可以使用索引唯一扫描，IN一个单值也是可以的

SQL> select * from t_objects where object_id between 10 and 10;
--------------------------------------------------------
| Id | Operation                    | Name          |
--------------------------------------------------------
|  0 | SELECT STATEMENT             |               |
|  1 |  TABLE ACCESS BY INDEX ROWID | T_OBJECTS     |
|* 2 |   INDEX UNIQUE SCAN          | SYS_C0011209  |
--------------------------------------------------------
/*
由此可见，这两种方式也是使用索引唯一扫描。因为即使操作符不同，谓词还是可以精确定位到一条记录，因
此也会走索引唯一扫描
*/
```

```
//下面换一个实现方式，看看效果
SQL> select * from t_objects where object_id between 10.0 and 10.9;
---------------------------------------------------
| Id  | Operation                   | Name         |
---------------------------------------------------
|   0 | SELECT STATEMENT            |              |
|   1 |  TABLE ACCESS BY INDEX ROWID| T_OBJECTS    |
|*  2 |   INDEX RANGE SCAN          | SYS_C0011210 |
---------------------------------------------------
/*
```
执行计划变为范围扫描，虽然字段object_id为整数，谓词条件实际也是对应object_id=10的，但是优化
器没有那么智能，只能通过范围扫描返回数据
```
*/
```

除了在单表查询中使用索引唯一扫描外，在表间关联查询中也经常会使用这种扫描方式。下面看一个示例。

```
SQL> create table emp as select * from scott.emp;
Table created.

SQL> create table dept as select * from scott.dept;
Table created.

SQL> alter table emp add constraint pk_emp primary key(empno);
Table altered.

SQL> alter table dept add constraint pk_dept primary key(deptno);
Table altered.

SQL> select e.*,d.* from emp e,dept d where e.deptno=d.deptno and e.empno=7499;
-----------------------------------------------------------------------------
| Id  | Operation                   | Name    | Rows | Bytes | Cost (%CPU)| Time     |
-----------------------------------------------------------------------------
|   0 | SELECT STATEMENT            |         |    1 |   117 |    2   (0)| 00:00:01 |
|   1 |  NESTED LOOPS               |         |    1 |   117 |    2   (0)| 00:00:01 |
|   2 |   TABLE ACCESS BY INDEX ROWID                                              |
|     |                             | EMP     |    1 |    87 |    1   (0)| 00:00:01 |
|*  3 |    INDEX UNIQUE SCAN        | PK_EMP  |    1 |       |    0   (0)| 00:00:01 |
|   4 |   TABLE ACCESS BY INDEX ROWID                                              |
|     |                             | DEPT    |    1 |    30 |    1   (0)| 00:00:01 |
|*  5 |    INDEX UNIQUE SCAN        | PK_DEPT |    1 |       |    0   (0)| 00:00:01 |
-----------------------------------------------------------------------------
/*
```
先根据索引在emp表上查询empno=7499的记录，然后根据其deptno信息，在dept表上依据索引进行查询。
在嵌套循环中，驱动表使用了主键索引唯一扫描确定一条记录；在内层循环中，使用了被驱动表的主键索引，
同样利用了索引唯一扫描
```
*/
```

2. 索引范围扫描

索引范围扫描是索引最普遍的数据读取方式。索引范围扫描，顾名思义就是扫描一组数据，并且这组数据是在一个范围内。具体实现方式是，根据指定条件从根节点、分支节点、叶子节点中找到范围扫描的起点，然后进行连续扫描。根据扫描方向的不同，索引范围扫描可分为升序扫描和降序扫描。

常见使用范围扫描的情况，有以下三种。

❑ 在唯一索引列上使用了范围操作符（>、<、<>、>=、<=、BETWEEN）。

❑ 在组合索引上，只使用了部分列进行查询，导致查询出多行。

❑ 在非唯一索引列上进行任何查询。

下面通过一个示例说明各种索引扫描方式使用场景。

```
SQL> create table t_objects as select * from dba_objects;
Table created.

SQL> create unique index idx_object_id on t_objects(object_id);
Index created.
//创建了一个唯一索引

SQL> create index idx_owner_name on t_objects(owner,object_name);
Index created.
//创建了一个组合索引

SQL> create index idx_status on t_objects(status);
Index created.
//创建了一个非唯一索引

SQL> select * from t_objects where object_id between 100 and 200;
-------------------------------------------------------------
| Id  | Operation                    | Name          | Rows  |
-------------------------------------------------------------
|   0 | SELECT STATEMENT             |               |  101  |
|   1 |  TABLE ACCESS BY INDEX ROWID | T_OBJECTS     |  101  |
|*  2 |   INDEX RANGE SCAN           | IDX_OBJECT_ID |  101  |
-------------------------------------------------------------
//对于唯一索引的范围访问，这里走了索引范围扫描 "INDEX RANGE SCAN"

SQL> select * from t_objects where owner='HF';
-------------------------------------------------------------
| Id  | Operation                    | Name           | Rows  |
-------------------------------------------------------------
|   0 | SELECT STATEMENT             |                |  30   |
|   1 |  TABLE ACCESS BY INDEX ROWID | T_OBJECTS      |  30   |
|*  2 |   INDEX RANGE SCAN           | IDX_OWNER_NAME |  30   |
-------------------------------------------------------------
//在组合索引中，使用第一列进行等值查询，也使用了索引范围扫描
```

```
SQL> select * from t_objects where status='INVALID';
---------------------------------------------------------
| Id | Operation                   | Name         | Rows |
---------------------------------------------------------
|  0 | SELECT STATEMENT            |              |    7 |
|  1 |  TABLE ACCESS BY INDEX ROWID| T_OBJECTS    |    7 |
|* 2 |   INDEX RANGE SCAN          | IDX_STATUS   |    7 |
---------------------------------------------------------
//对于非唯一索引，使用了等值查询，也使用了索引范围扫描
```

在范围扫描中，通过该扫描方式检索出来的行顺序与索引中的顺序相同，即使在查询语句中使用了 ORDER BY，优化器也会根据具体情况进行判断。如果 ORDER BY 所要求的排序列和排序顺序与索引中的排序列和排序顺序完全一致，则不再执行额外的排序动作，即忽视查询语句中的 ORDER BY 子句。下面通过一个示例看一下。

```
SQL> select * from t_objects where object_id between 100 and 200 order by object_id;
-------------------------------------------------------
| Id | Operation                   | Name          |
-------------------------------------------------------
|  0 | SELECT STATEMENT            |               |
|  1 |  TABLE ACCESS BY INDEX ROWID| T_OBJECTS     |
|* 2 |   INDEX RANGE SCAN          | IDX_OBJECT_ID |
-------------------------------------------------------

Statistics
-------------------------------------------------------
          0  sorts (memory)
          0  sorts (disk)
/*
通过上面的执行计划可见，虽然语句后面指定了ORDER BY，但实际并没有产生排序动作。这点可从Statistics
中观察到
*/
```

上面是按照索引列进行的升序排列，如果是降序又会怎么样呢？这就引入了另外一种扫描方式——索引降序扫描。索引降序范围扫描除了是按照降序从表中读取数据之外，其他的部分都与索引范围扫描相同。一般情况下，索引是按照升序对索引列值进行排序的，而该扫描方式则是从最大的值开始按照降序的方式连续扫描叶块，直至扫描到最小值为止。索引降序范围扫描还可以通过指定提示——INDEX_DESC 来完成。下面看一个示例。

```
SQL> select * from t_objects where object_id between 100 and 200 order by object_id
    desc;
-------------------------------------------------------
| Id | Operation                    | Name          |
-------------------------------------------------------
|  0 | SELECT STATEMENT             |               |
|  1 |  TABLE ACCESS BY INDEX ROWID | T_OBJECTS     |
|* 2 |   INDEX RANGE SCAN DESCENDING| IDX_OBJECT_ID |
-------------------------------------------------------
```

//从执行计划中看到了 "INDEX RANGE SCAN DESCENDING" 字样，表明这是一个索引降序扫描

索引范围扫描的有序结果给诸如排序等操作带来很大的帮助。下面看一个示例。

```
SQL> select e.*,d.* from emp e,dept d where e.deptno=d.deptno and e.empno between
    1000 and 2000 order by e.empno;
```

```
-------------------------------------------------------------------------------
| Id  | Operation                     | Name    | Rows | Bytes | Cost (%CPU)| Time     |
-------------------------------------------------------------------------------
|   0 | SELECT STATEMENT              |         |    1 |   117 |     1   (0)| 00:00:01 |
|   1 |  NESTED LOOPS                 |         |    1 |   117 |     1   (0)| 00:00:01 |
|   2 |   NESTED LOOPS                |         |    1 |   117 |     1   (0)| 00:00:01 |
|   3 |    TABLE ACCESS BY INDEX ROWID|         |      |       |            |          |
|     |                              | EMP     |    1 |    87 |     0   (0)| 00:00:01 |
|*  4 |     INDEX RANGE SCAN          | PK_EMP  |    1 |       |     0   (0)| 00:00:01 |
|*  5 |    INDEX UNIQUE SCAN          | PK_DEPT |    1 |       |     0   (0)| 00:00:01 |
|   6 |   TABLE ACCESS BY INDEX ROWID |         |      |       |            |          |
|     |                              | DEPT    |    1 |    30 |     1   (0)| 00:00:01 |
-------------------------------------------------------------------------------
```

/*
上述语句有排序需求，但是在执行计划中并没有排序动作，原因就在于使用了索引范围扫描。在外部表emp的扫描中，使用了索引范围扫描，因此外层循环返回的是有序结果。按照此有序结果，再进行内层循环，其获取的结果仍然是按照外层字段的排序结果（即按照EMPNO的排序）。在后面的排序需求中，恰恰需要按照EMPNO排序，因此无须单独进行排序。那么，按照另外一种排序规则进行排序呢？
*/

```
SQL> select e.*,d.* from emp e,dept d where e.deptno=d.deptno and e.empno between
    1000 and 2000 order by d.deptno;
```

```
-------------------------------------------------------------------------------
| Id  | Operation                     | Name    | Rows | Bytes | Cost (%CPU)| Time     |
-------------------------------------------------------------------------------
|   0 | SELECT STATEMENT              |         |    1 |   117 |     2  (50)| 00:00:01 |
|   1 |  SORT ORDER BY                |         |    1 |   117 |     2  (50)| 00:00:01 |
|   2 |   NESTED LOOPS                |         |    1 |   117 |     1   (0)| 00:00:01 |
|   3 |    NESTED LOOPS               |         |    1 |   117 |     1   (0)| 00:00:01 |
|   4 |     TABLE ACCESS BY INDEX ROWID|        |      |       |            |          |
|     |                              | EMP     |    1 |    87 |     0   (0)| 00:00:01 |
|*  5 |      INDEX RANGE SCAN| PK_EMP  |    1 |       |     0   (0)| 00:00:01 |
|*  6 |     INDEX UNIQUE SCAN| PK_DEPT |    1 |       |     0   (0)| 00:00:01 |
|   7 |    TABLE ACCESS BY INDEX ROWID |        |      |       |            |          |
|     |                              | DEPT    |    1 |    30 |     1   (0)| 00:00:01 |
-------------------------------------------------------------------------------
```

//果然在ID=1的步骤中，增加了一步排序的动作。因为此时的需求是按照DEPTNO进行排序的

除了上述问题外，反转索引也需要注意。在范围扫描中，是不能使用反转索引的。因为这种索引只能用于精确键匹配查找。

3. 索引全扫描

索引全扫描与字面上的含义不同，它不是指扫描索引的全部节点块，而是指索引的全部叶块。在具体实现上，Oracle会从根节点开始，通过分支节点找到第一个叶块。因为

在 B 树索引中，叶子节点存在前后指针分别指向之前、之后的叶子节点，整个形成一个双向链表。所以，找到一个叶块后，后面只需要通过单个 I/O 顺序读取每一个叶块即可。同时，因为这种方式是依据索引顺序访问的，所以扫描后的结果是有序的，可避免排序动作。

其发生条件是至少有一个索引列被赋予了查询条件。也就是说，赋予查询条件的索引列并不一定是索引的第一列（即前导列）。在满足下面两个条件的情况下，即使没有为索引赋予查询条件，该扫描方式也有可能被选择执行。

- ❏ 查询语句所涉及的所有列都存在于索引中。
- ❏ 索引列中至少存在一个 NOT NULL 列。

在满足上面两种条件的情况下，可以直接从索引中读取数据，而不需要从表中读取数据。如果在索引列中连一个 NOT NULL 列都不存在（在最坏的情况下，某个索引列的所有值全部为 NULL），则此时索引列有可能没有被存储在索引中，这就使得索引中的行数与表中的行数不一致，导致无法从索引中读取数据。

```
SQL> create table t_objects as select * from dba_objects;
Table created.

SQL> alter table t_objects modify owner not null;
Table altered.

SQL> create index idx_owner_name on t_objects(owner,object_name);
Index created.

SQL> select owner,object_name from t_objects order by owner,object_name;
--------------------------------------------------------------------------------
| Id | Operation          | Name           | Rows  | Bytes | Cost (%CPU)| Time     |
--------------------------------------------------------------------------------
|  0 | SELECT STATEMENT
                          |                | 89851 | 7282K|   525    (1)| 00:00:07 |
|  1 |   INDEX FULL SCAN
                          | IDX_OWNER_NAME | 89851 | 7282K|   525    (1)| 00:00:07 |
--------------------------------------------------------------------------------
/*
语句查看的数据都在索引结构中，因此通过索引全扫描，可以得到全部数据。虽然在语句中有排序的需求，但
因为全扫描后的结果是有序的，所以不需要单独的排序
*/
```

下面我们来看一个非常经典的问题——MAX/MIN。

```
SQL> select min(object_id),max(object_id) from t_objects;
-------------------------------------
| Id | Operation          | Name    |
-------------------------------------
|  0 | SELECT STATEMENT   |         |
```

```
|   1 |   SORT AGGREGATE     |             |
|   2 |    TABLE ACCESS FULL| T_OBJECTS  |
-----------------------------------------
```

/*我们的需求是访问索引列的最大值、最小值，优化器给出的执行计划却是全表扫描。显然这不是一个优质的执行计划，简单分析可知，最大值、最小值实际对应的就是索引叶子节点的双向链表中左右端的数据。但优化器无法智能判断出来，那么如何改进呢？*/

```
SQL> select min(object_id) from t_objects union all select max(object_id) from
    t_objects;

----------------------------------------------------
| Id  | Operation                  | Name         |
----------------------------------------------------
|   0 | SELECT STATEMENT           |              |
|   1 |  UNION-ALL                 |              |
|   2 |   SORT AGGREGATE           |              |
|   3 |    INDEX FULL SCAN (MIN/MAX)| IDX_OBJECT_ID |
|   4 |   SORT AGGREGATE           |              |
|   5 |    INDEX FULL SCAN (MIN/MAX)| IDX_OBJECT_ID |
----------------------------------------------------
```

/*
这里我们通过改写SQL语句，将最大值、最小值分解到两个查询中。此时的执行计划为"INDEX FULL SCAN(MIN/MAX)"。这是一种特殊的索引全扫描。它按照全扫描的方式扫描部分数据，快速得到结果
*/

4. 索引快速全扫描

索引快速全扫描是类似于全表扫描的一种处理方式。它一次读取多个数据块，读取的对象也不限于叶子块，还包含分支块（当然也包括根节点），但是在处理中会忽略这些块。由于是一次读取多个块，且没按照索引顺序读取，因此查询后的结果是无序的。这种方式可以使用多块读功能，也可以使用并行读入，以便获得最大吞吐量并缩短执行时间。索引快速全扫描每次 I/O 读取的是多个数据块，这也是该方式与索引全扫描之间的主要区别。

常见的使用快速全扫描的情形是，查询需要用的列都在索引中。这也是一种常见的优化手段，即向索引中添加字段，目的就是用索引快速全扫描替代回表查。此外，这种形式返回的结果集是无序的。同样，也需要满足索引列中至少一个 NOT NULL 列。

```
SQL> create index idx_object_id on t1(object_id);
Index created.

SQL> insert into t1 select * from dba_objects where rownum<10001;
10000 rows created.

SQL> commit;
Commit complete.

SQL> alter table t1 modify(object_id not null);
Table altered.

SQL> exec dbms_stats.gather_table_stats('hf','t1',cascade=>true);
```

```
PL/SQL procedure successfully completed.

SQL> select object_id from t1 where rownum<11;
-------------------------------------------------
| Id  | Operation            | Name           |
-------------------------------------------------
|   0 | SELECT STATEMENT     |                |
|*  1 |   COUNT STOPKEY      |                |
|   2 |    INDEX FAST FULL SCAN| IDX_OBJECT_ID |
-------------------------------------------------
```
//默认走的索引快速全扫描

```
SQL> select /*+ index(t1 idx_object_id) */ object_id from t1 where rownum<11;
-------------------------------------------
| Id  | Operation       | Name           |
-------------------------------------------
|   0 | SELECT STATEMENT |               |
|*  1 |   COUNT STOPKEY  |               |
|   2 |    INDEX FULL SCAN| IDX_OBJECT_ID |
-------------------------------------------
```
//指定索引后，反而走的是索引全扫描

```
SQL> select /*+ index_ffs(t1 idx_object_id) */ object_id from t1 where rownum<11
    order by object_id;
--------------------------------------------------
| Id  | Operation           | Name           |
--------------------------------------------------
|   0 | SELECT STATEMENT     |               |
|   1 |   SORT ORDER BY      |               |
|*  2 |    COUNT STOPKEY     |               |
|   3 |     INDEX FAST FULL SCAN| IDX_OBJECT_ID |
--------------------------------------------------
```
//指定使用索引快速全扫描。由于索引快速全扫描返回的结果是无序的，因此还需要单独排序

```
select object_id from t1 where rownum<11 order by object_id;
-------------------------------------------
| Id  | Operation       | Name           |
-------------------------------------------
|   0 | SELECT STATEMENT |               |
|*  1 |   COUNT STOPKEY  |               |
|   2 |    INDEX FULL SCAN| IDX_OBJECT_ID |
-------------------------------------------
/*
默认情况下，不使用提示，走的索引全扫描。因为这种情况下，排序的成本要大于使用索引快速全扫描带来的
收益
*/
```

下面重点对比索引全扫描和索引快速全扫描，因为很多人会将其搞混。索引快速全扫描和全表扫描类似，一次读取 db_file_multiblock_read_count 个数据块来扫描所有索引的叶子节点。INDEX FAST FULL SCAN 和其他索引扫描不同，它不会从树的根节点开始

读取，而是直接扫描所有叶子节点；也不会一次读取一个数据块，而是一次读取 db_file_multiblock_read_count 个数据块。INDEX FAST FULL SCAN 会引起 db file scattered read 事件。在某些情况下，如 db_file_multiblock_read_count 值过小、强制使用索引扫描时，会发生 INDEX FULL SCAN。INDEX FULL SCAN 和 INDEX FAST FULL SCAN 不同，它是一种索引扫描，按照 B 树的查找法从树的根节点开始扫描，遍历整棵树，并一次读取一个数据块。它会引起 db file sequential read 事件。

5. 索引跳跃扫描

索引跳跃扫描是一个比较"鸡肋"的功能，很多数据库不支持这种扫描方式。即使在 Oracle 中，也建议应避免出现索引跳跃扫描。这种扫描方式是指在索引中有多个列，且第一列的重复值不多，此时如果只访问第二列，则 Oracle 可能会采取索引跳跃扫描。其原理相当于执行了多次范围扫描，并将结果合并返回。可以通过 _optimizer_skip_scan_enabled 参数来启用、禁用索引跳跃扫描，也可以使用 INDEX_SS 来引导优化器使用索引跳跃扫描。

下面通过一个示例对索引跳跃扫描进行说明。

```
SQL> create table t as select 1 id,object_name from dba_objects;
Table created.

SQL> insert into t select 2 ,object_name from dba_objects;
86297 rows created.

SQL> insert into t select 3 ,object_name from dba_objects;
86297 rows created.

SQL> insert into t select 4 ,object_name from dba_objects;
86297 rows created.

SQL> commit;
Commit complete.

SQL> create index idx_t on t(id,object_name);
Index created.

SQL> exec dbms_stats.gather_table_stats(user,'t',cascade=>true);
PL/SQL procedure successfully completed.

SQL> select * from t where object_name='T';
--------------------------------------------------------------------------
| Id  | Operation          | Name  | Rows  | Bytes | Cost (%CPU)| Time     |
--------------------------------------------------------------------------
|  0  | SELECT STATEMENT   |       |    5  |  140  |    5   (0)| 00:00:01 |
|* 1  |  INDEX SKIP SCAN   | IDX_T |    5  |  140  |    5   (0)| 00:00:01 |
--------------------------------------------------------------------------
```

```
/*
对于索引IDX_T来说，第一个字段ID的重复值不多，当查询只引用了后面字段OBJECT_NAME时，优化器考虑
使用索引跳跃扫描方式
*/
```

11.3 位图索引访问路径

位图索引是 Oracle 数据库中除了 B 树索引外，另外一种支持的索引。这种索引的存储结构是由 "索引键值＋对应 ROWID 下限＋对应 ROWID 上限＋位图段" 形式构成的。其中，位图段是按照压缩方式存储的，内容就是一连串 0 和 1。

由上述位图索引的存储结构可见，位图索引字段的重复值较少的话，存储空间会占用很小，也就是说这是一种密度较高的存储格式。而且，这种方式还支持类似 AND、OR 等逻辑条件的查询。这种方式通过 BIT 的与、或操作很容易实现。

Oracle 支持多种位图操作，如表 11-1 所示。

表 11-1　Oracle 支持的位图操作

Option	Det.option	说　　明
BITMAP CONVERSION	TO ROWIDS	为了读取表中的数据而将位图转换为 ROWID
	FROM ROWIDS	ROWID 转换为位图
	COUNT	不需要实际列值，而只读取符合条件的 ROWID 的个数
BITMAP INDEX	SINGLE VALUE	在索引块中与一个键值相对应的位图的查询
	RANGE SCAN	与一个键值相对应的多个位图的查询
	FULL SCAN	在没有提供开始 / 结束值的情况下，位图整体扫描
BITMAP MERGE		对范围扫描所获得的几个位图进行合并
BITMAP MINUS		否定型运算或者集合差运算
BITMAP OR		对两个位图集合执行或运算
BITMAP AND		对两个位图集合执行与运算
BITMAP KEY ITERATION		对于从一个表中获得的行使用指定的位图索引进行连续扫描，直到找到复合条件的位图的操作。这是在星型连接中所表现出来的

下面对主要操作进行说明。

1. 位图索引单键扫描

单键扫描，顾名思义就是根据位图索引中的一个索引键值的匹配访问，可类比 B 树索引的单键扫描，可以使用 "="或 IN 运算符实现。

```
SQL> create table t_users as select * from dba_users;
Table created.

SQL> select distinct account_status from t_users;
ACCOUNT_STATUS
-------------------------------
OPEN
EXPIRED & LOCKED

SQL> create bitmap index idx_status on t_users(account_status);
Index created.

SQL> select * from t_users where account_status='OPEN';
-----------------------------------------------------------
| Id | Operation                      | Name        | Rows |
-----------------------------------------------------------
|  0 | SELECT STATEMENT               |             |    4 |
|  1 |  TABLE ACCESS BY INDEX ROWID   | T_USERS     |    4 |
|  2 |   BITMAP CONVERSION TO ROWIDS  |             |      |
|* 3 |    BITMAP INDEX SINGLE VALUE   | IDX_STATUS  |      |
-----------------------------------------------------------
/*
```
注意ID=3的步骤，名称为BITMAP INDEX SINGLE VALUE，索引单键扫描。上面一步为BITMAP CONVERSION TO ROWID，即将位图运算结果转化为ROWID，然后根据ROWID访问表
```
*/
```

2. 位图索引范围扫描

位图索引范围扫描是类比 B 树索引的范围扫描。在使用 BETWEEN、LIKE、>、>=、<、<= 运算符的情况下，显示出来的是查询多个键值的位图执行计划。在执行计划中，显示的 RANGE SCAN 指的是查询多个键值的位图。在范围比较的查询条件与其他查询条件一起被使用的情况下，优化器将制定首先合并范围扫描的位图执行计划。

```
SQL> create table t_objects as select * from dba_objects;
Table created.

SQL> create bitmap index idx_obj_type on t_objects(object_type);
Index created.

SQL> select * from t_objects where object_type between 'TYPE' and 'VIEW';
-----------------------------------------------------------
| Id | Operation                      | Name         | Rows |
-----------------------------------------------------------
|  0 | SELECT STATEMENT               |              | 9688 |
|  1 |  TABLE ACCESS BY INDEX ROWID   | T_OBJECTS    | 9688 |
|  2 |   BITMAP CONVERSION TO ROWIDS  |              |      |
|* 3 |    BITMAP INDEX RANGE SCAN     | IDX_OBJ_TYPE |      |
-----------------------------------------------------------
//注意最后出现的关键字BITMAP INDEX RANGE SCAN
```

3. 位图索引全扫描

位图索引全扫描是类比 B 树索引的索引全扫描。

```
SQL> select object_type from t_objects order by object_type;
--------------------------------------------------------------
| Id  | Operation                    | Name         | Rows  |
--------------------------------------------------------------
|   0 | SELECT STATEMENT             |              | 89851 |
|   1 |   BITMAP CONVERSION TO ROWIDS|              | 89851 |
|   2 |     BITMAP INDEX FULL SCAN   | IDX_OBJ_TYPE |       |
--------------------------------------------------------------
/*
注意最后一步的关键字BITMAP  INDEX  FULL  SCAN。此外, 不仅B树索引返回的是有序的结果, 位图索引返
回的也是有序的结果
*/
```

4. 位图索引快速全扫描

位图索引快速全扫描是类比 B 树索引的索引快速全扫描。

```
SQL> select object_type from t_objects;
---------------------------------------------------------------
| Id  | Operation                     | Name         | Rows  |
---------------------------------------------------------------
|   0 | SELECT STATEMENT              |              | 89851 |
|   1 |   BITMAP CONVERSION TO ROWIDS |              | 89851 |
|   2 |     BITMAP INDEX FAST FULL SCAN| IDX_OBJ_TYPE |      |
---------------------------------------------------------------
//注意最后一步的关键字BITMAP INDEX FAST FULL SCAN。当然, 位图索引的快速全扫描走的也是多块读
取的方式
```

5. 位图按位 "与"

位图索引独有的一个特点是, 针对两个位图索引根据条件可以做逻辑 "与" 操作。在使用 AND 连接多个已经创建了位图索引的字段的情况下, 数据库会在读取各个位图索引之后执行 AND 运算。如果在 AND 连接的查询条件中有 NOT EQUAL 查询条件, 则要执行 BITMAP MINUS 运算。这种情况下, 根据索引列中是否允许为 NULL, 所显示的执行计划也不同。

```
SQL> create bitmap index idx_obj_status on t_objects(status);
SQL> select * from t_objects where object_type='STATUS' and status='VALID';
-------------------------------------------------------------
| Id  | Operation                      | Name           |
-------------------------------------------------------------
|   0 | SELECT STATEMENT               |                |
|   1 |  TABLE ACCESS BY INDEX ROWID   | T_OBJECTS      |
|   2 |   BITMAP CONVERSION TO ROWIDS  |                |
|   3 |    BITMAP AND                  |                |
|*  4 |     BITMAP INDEX SINGLE VALUE  | IDX_OBJ_TYPE   |
|*  5 |     BITMAP INDEX SINGLE VALUE  | IDX_OBJ_STATUS |
```

```
--------------------------------------------------------
/*
分别针对OBJECT_TYPE字段和STATUS字段创建位图索引，根据两个条件的"与"操作，最后转换为位图索引
的"与"操作，关键字是BITMAP AND。具体实现上就是利用BIT的逻辑运算得到，效率很高
*/
```

6. 位图按位"或"

位图按位"或"和位图按位"与"类似。在使用 OR 连接已创建位图索引的查询条件的情况下，各个查询条件生成自身的读取单位之后，再将各个读取单位的位图进行 OR 运算。这一点与 B 树索引完全不同。B 树索引在比较复杂的 OR 连接的查询条件下往往无法使用，但是位图索引可以。

```
SQL> select * from t_objects where object_type='STATUS' or status='VALID';
--------------------------------------------------------
| Id | Operation                    | Name            |
--------------------------------------------------------
|  0 | SELECT STATEMENT             |                 |
|  1 |  TABLE ACCESS BY INDEX ROWID | T_OBJECTS       |
|  2 |   BITMAP CONVERSION TO ROWIDS|                 |
|  3 |    BITMAP OR                 |                 |
|* 4 |     BITMAP INDEX SINGLE VALUE| IDX_OBJ_TYPE    |
|* 5 |     BITMAP INDEX SINGLE VALUE| IDX_OBJ_STATUS  |
--------------------------------------------------------

//关键字BITMAP OR
```

7. 位图按位"减"

对 BIT 做集合减法。在使用由不等式查询条件所创建的位图索引的情况下，数据库将会执行 BITMAP MINUS 运算。也就是说，从被优先执行的位图中减去将不等式视为等式所读取的列值的位图。此时，不等式的列中有无 NOT NULL 约束条件的处理方法有所不同。

```
SQL> select /*+ index(t_objects idx_obj_status)*/ * from t_objects where object_
    type='TABLE' and status!='VALID';
--------------------------------------------------------
| Id | Operation                    | Name            |
--------------------------------------------------------
|  0 | SELECT STATEMENT             |                 |
|  1 |  TABLE ACCESS BY INDEX ROWID | T_OBJECTS       |
|  2 |   BITMAP CONVERSION TO ROWIDS|                 |
|  3 |    BITMAP MINUS              |                 |
|  4 |     BITMAP MINUS             |                 |
|* 5 |      BITMAP INDEX SINGLE VALUE| IDX_OBJ_TYPE   |
|* 6 |      BITMAP INDEX SINGLE VALUE| IDX_OBJ_STATUS |
|* 7 |      BITMAP INDEX SINGLE VALUE| IDX_OBJ_STATUS |
--------------------------------------------------------

/*
```

在执行中出现了两次减法操作（BITMAP MINUS）。一次是在OBJECT_TYPE得到ROWID集合的基础上减去
STATUS='VALID'的情况，第二次是减去为STATUS为NULL的情况。在位图索引中，是保存有空值的。
*/

8. NULL 判断

在位图索引中，如果查询条件列使用的是"IS NULL"或者"IS NOT NULL"比较运算符，则将 NULL 与其他一般的值等同对待。这一点要和 B 树索引区别开来。B 树索引不存储 NULL 值，而位图索引是使用和其他一般值同样的方式存储 NULL 值。

```
SQL> select * from t_objects where status is null;
--------------------------------------------------------
| Id  | Operation                    | Name            |
--------------------------------------------------------
|   0 | SELECT STATEMENT             |                 |
|   1 |  TABLE ACCESS BY INDEX ROWID | T_OBJECTS       |
|   2 |   BITMAP CONVERSION TO ROWIDS|                 |
|*  3 |    BITMAP INDEX SINGLE VALUE | IDX_OBJ_STATUS  |
--------------------------------------------------------
//判断处理方法与普通的单值处理方法是一样的
```

9. B 树与位图索引转换

从上面示例可见，位图索引可以转换为 ROWID，ROWID 也可以转换为位图，因此可将 B 树索引转换为位图后再按照位图进行运算。执行这种转换的条件是在优化器判断出将 B 树索引转换为位图后可以缩减查询范围。当然这里有个成本问题，如果将要被转换的位图索引具有很大的查询范围，则在转换的过程中不仅需要的代价很大，而且即使通过位图运算实现了两个 B 树索引的合并，也不一定能缩小查询范围，所以要视具体情况而定。

```
SQL> create table t_objects as select * from dba_objects;
Table created.

SQL> create index idx_status on t_objects(status);
Index created.

SQL> create index idx_owner on t_objects(owner);
Index created.

SQL> select * from t_objects where status='INVALID' and owner='HF';
-------------------------------------------------
| Id  | Operation                   | Name      |
-------------------------------------------------
|   0 | SELECT STATEMENT            |           |
|*  1 |  TABLE ACCESS BY INDEX ROWID| T_OBJECTS |
|*  2 |   INDEX RANGE SCAN          | IDX_OWNER |
-------------------------------------------------
//默认情况下，挑选了其中一个索引来使用
```

```
SQL> select /*+ index_combine(t_objects) */ * from t_objects where status='INVALID'
    and owner='HF';
-------------------------------------------------------
| Id  | Operation                           | Name        |
-------------------------------------------------------
|   0 | SELECT STATEMENT                    |             |
|   1 |  TABLE ACCESS BY INDEX ROWID        | T_OBJECTS   |
|   2 |   BITMAP CONVERSION TO ROWIDS       |             |
|   3 |    BITMAP AND                       |             |
|   4 |     BITMAP CONVERSION FROM ROWIDS|             |
|*  5 |      INDEX RANGE SCAN               | IDX_OWNER   |
|   6 |     BITMAP CONVERSION FROM ROWIDS|             |
|*  7 |      INDEX RANGE SCAN               | IDX_STATUS  |
-------------------------------------------------------
/*
通过一个提示的引入，优化器选择了转换。其方式是在ID=5、7步骤，执行了B树索引的范围扫描，然后转换
为ROWID。在ID=3的步骤，执行了将得到的结果集做位图“与”操作；随后在ID=2的步骤将结果集又转换为
ROWID，再通过ROWID获取表数据
*/
```

11.4　其他访问路径

1. 索引特殊访问路径

（1）索引合并（INDEX MERGE）

索引合并是指 Oracle 从多个索引中获取匹配记录，然后合并这些结果集。一般来说，索引合并并不是一种太高效的解决方案，往往不如组合索引效率高。此外，位图索引的合并效率要高于 B 树索引，这主要是位图索引特殊的结构造成的。此外，还存在一种特殊情况，就是对两个 B 树索引进行合并，优化器可能会将 B 树索引转化为位图，合并后再转换为 B 树。当然，这种策略取决于查询范围，如果查询范围过大，转换类型也是一个很大的开销。

只有索引离散度相似时，索引合并才比较有效。当索引离散度相差较大时，索引合并会影响执行效率。如果两者相差悬殊，往往是一个较好的索引负责读取数据，另外的索引负责检验数据。在老版本的 Oracle 中，可以通过指定 AND_EQUAL 提示引导优化器按照索引合并的方式执行。

人们往往会面临一个选择，即使用组合索引好，还是建立单键索引，然后通过索引合并效果好？对于索引合并来说，具有相同 ROWID 的索引行才能进行合并。为了查找相同的 ROWID，就需要在两个索引之间往返，而在此过程中，很大一部分是无用功。组合索引则不同，它是按照索引列和 ROWID 对所有索引行进行排序，往往效率更高。

下面看一个相关的示例。

```
SQL> create table t_objects as select * from dba_objects;
Table created.

SQL> create index idx_obj_type on t_objects(object_type);
Index created.

SQL> create index idx_obj_owner on t_objects(owner);
Index created.

SQL> select * from t_objects where owner='SYS' and object_type='VIEW';
-----------------------------------------------------------------
| Id  | Operation                      | Name          | Rows  |
-----------------------------------------------------------------
|   0 | SELECT STATEMENT               |               | 6745  |
|   1 |  TABLE ACCESS BY INDEX ROWID   | T_OBJECTS     | 6745  |
|   2 |   BITMAP CONVERSION TO ROWIDS  |               |       |
|   3 |    BITMAP AND                  |               |       |
|   4 |     BITMAP CONVERSION FROM ROWIDS|             |       |
|*  5 |      INDEX RANGE SCAN          | IDX_OBJ_TYPE  |       |
|   6 |     BITMAP CONVERSION FROM ROWIDS|             |       |
|*  7 |      INDEX RANGE SCAN          | IDX_OBJ_OWNER |       |
-----------------------------------------------------------------

/*
在 ID=5、7 步骤中，读取了 B 树索引，然后根据获得的 ROWID 转换为 BITMAP。对获得的 BITMAP 进行逻辑
"与"操作后，再转换为 ROWID。最后根据 ROWID 回表查询
*/
```

（2）索引关联（INDEX JOIN）

索引关联是指表中存在多个索引，通过类似表间关联的哈希连接的方式对索引进行连接。由于哈希连接只能通过 ROWID 来实现索引连接，所以只要能够从索引中获得 ROWID 并将其提供给哈希连接就可以实现索引连接。只要在合适的列（满足整个查询的列）上建立索引，就可以确保优化器将索引连接作为可选项之一。相对于索引快速全扫描，索引关联扫描可以通过多个索引满足查询需求。

系统有一个隐含参数 _index_join_enabled，默认值是 true，即允许使用索引连接。当然，是否选择索引关联还是要取决于成本的计算。此外，还可以通过 INDEX_JOIN 提示来引导优化器使用索引关联。

下面看一个相关示例。

```
SQL> create index idx_obj_type on t_objects(object_type);
Index created.

SQL> create index idx_obj_owner on t_objects(owner);
Index created.
```

```
SQL> select owner,object_type from t_objects where owner='SYS' and object_type=
    'VIEW';
-------------------------------------------------------------------------------
| Id  | Operation       | Name            | Rows  | Bytes | Cost (%CPU)| Time     |
-------------------------------------------------------------------------------
|  0  | SELECT STATEMENT
     |                 |                 | 6745  | 184K|  128    (0)| 00:00:02 |
|* 1  |  VIEW           | index$_join$_001| 6745  | 184K|  128    (0)| 00:00:02 |
|* 2  |   HASH JOIN     |                 |       |     |            |          |
|* 3  |    INDEX RANGE SCAN
     |                 | IDX_OBJ_TYPE    | 6745  | 184K|   28    (0)| 00:00:01 |
|* 4  |    INDEX RANGE SCAN
     |                 | IDX_OBJ_OWNER   | 6745  | 184K|  100    (0)| 00:00:02 |
-------------------------------------------------------------------------------
/*
两个条件分别对应于两个索引，这两个索引分别先做了一个哈希连接，从ID=1的视图index$_join$_001中
可以看到索引连接的结果。因为最终的查询字段都在索引中，所以只通过索引查询就可以得到数据
*/
```

2. 聚簇访问路径

聚簇是一个或多个表的物理组合，每个表有一个或多个共同列。聚簇作为一个结构，使不同表中的数据在同一数据块中存储。聚簇键连接每个表中的行，并将其存放在一起。聚簇根据聚簇键预先连接数据，从而提高性能，并减少存储要求。所有具有相同键值的行可存储为一个聚簇。使用聚簇的主要目的就是提高聚簇因子。聚簇因子直接反映我们所要读取的数据在多大程度上被集中存储在一起。根据方式的不同，聚簇可分为索引聚簇和散列聚簇。对于聚簇的访问，有其特殊的访问路径（如下所示），因这部分用得很少，就不展开说明。

```
TABLE ACCESS (CLUSTER) OF 'XXX'
TABLE ACCESS (HASH) OF 'XXX'
```

3. COUNT(STOPKEY)

COUNT(STOPKEY)计划是指在查询语句的查询条件中使用ROWNUM时所显示出来的执行计划。下面看一个示例。

```
SQL> select * from t_objects where rownum<10;
-------------------------------------------------------------------------------
| Id  | Operation         | Name       | Rows  | Bytes | Cost (%CPU)| Time     |
-------------------------------------------------------------------------------
|  0  | SELECT STATEMENT  |            |   9   |  882  |    2    (0)| 00:00:01 |
|* 1  |  COUNT STOPKEY    |            |       |       |            |          |
|  2  |   TABLE ACCESS FULL| T_OBJECTS |   9   |  882  |    2    (0)| 00:00:01 |
-------------------------------------------------------------------------------
```

4. INLIST

INLIST是一种在多值比较中经常产生的执行计划。在INLIST之下的查询过程要被重

复执行多次，执行次数由 IN 的个数决定。下面看一个示例。

```
SQL> create index idx_object_id on t_objects(object_id);

SQL> select * from t_objects where object_id in (1,2,3,4,5);
---------------------------------------------------------------
| Id  | Operation                    | Name         | Rows  |
---------------------------------------------------------------
|   0 | SELECT STATEMENT             |              |    5  |
|   1 |  INLIST ITERATOR             |              |       |
|   2 |   TABLE ACCESS BY INDEX ROWID| T_OBJECTS    |    5  |
|*  3 |    INDEX RANGE SCAN          | IDX_OBJECT_ID |   5  |
---------------------------------------------------------------
//注意上述比较的重复次数，也就是比较OBJECT_ID的次数，就是由INLIST的列表长度决定的

SQL> select * from t_objects where object_id=1 or object_id=2 or object_id=3;
---------------------------------------------------------------
| Id  | Operation                    | Name         | Rows  |
---------------------------------------------------------------
|   0 | SELECT STATEMENT             |              |    3  |
|   1 |  INLIST ITERATOR             |              |       |
|   2 |   TABLE ACCESS BY INDEX ROWID| T_OBJECTS    |    3  |
|*  3 |    INDEX RANGE SCAN          | IDX_OBJECT_ID |   3  |
---------------------------------------------------------------
//这是另外一种情况，虽然没有指定INLIST，但优化器此时将OR条件转换为INLIST处理
```

5. 集合类

集合类是一系列与集合操作有关的执行计划，常见的有并集、交集、差集等。下面看一个示例。

```
SQL> create table t_obj1 as select * from t_objects;
SQL> create table t_obj2 as select * from t_objects;
SQL> select * from t_obj1 union all select * from t_obj2;
---------------------------------------------
| Id  | Operation         | Name   | Rows   |
---------------------------------------------
|   0 | SELECT STATEMENT  |        |  197K  |
|   1 |  UNION-ALL        |        |        |
|   2 |   TABLE ACCESS FULL| T_OBJ1 | 81765 |
|   3 |   TABLE ACCESS FULL| T_OBJ2 |  115K |
---------------------------------------------
//这是并集的一个操作。需要注意的是，这里使用了UNION ALL，那如果是UNION又会如何呢？

SQL> select * from t_obj1 union select * from t_obj2;
---------------------------------------------
| Id  | Operation         | Name   | Rows   |
---------------------------------------------
|   0 | SELECT STATEMENT  |        |  197K  |
|   1 |  SORT UNIQUE      |        |  197K  |
|   2 |   UNION-ALL       |        |        |
```

```
|   3 |     TABLE ACCESS FULL| T_OBJ1 | 81765 |
|   4 |     TABLE ACCESS FULL| T_OBJ2 |   115K|
----------------------------------------------
```
//又多了一步去重的操作

```
SQL> select * from t_obj1 intersect select * from t_obj2;
----------------------------------------------
| Id  | Operation          | Name   | Rows  |
----------------------------------------------
|   0 | SELECT STATEMENT   |        | 81765 |
|   1 |  INTERSECTION      |        |       |
|   2 |   SORT UNIQUE      |        | 81765 |
|   3 |    TABLE ACCESS FULL| T_OBJ1 | 81765 |
|   4 |   SORT UNIQUE      |        |   115K|
|   5 |    TABLE ACCESS FULL| T_OBJ2 |   115K|
----------------------------------------------
```
//这是一个交集的操作

```
SQL> select * from t_obj1 minus select * from t_obj2;
----------------------------------------------
| Id  | Operation          | Name   | Rows  |
----------------------------------------------
|   0 | SELECT STATEMENT   |        | 81765 |
|   1 |  MINUS             |        |       |
|   2 |   SORT UNIQUE      |        | 81765 |
|   3 |    TABLE ACCESS FULL| T_OBJ1 | 81765 |
|   4 |   SORT UNIQUE      |        |   115K|
|   5 |    TABLE ACCESS FULL| T_OBJ2 |   115K|
----------------------------------------------
```
//这是一个差集的操作

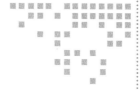

表 间 关 联

表间关联是指在一个 SQL 语句中通过表与表之间的关联，从一个或多个表中检索出相关的数据。连接是通过 SQL 语句中 FROM 从句的多个表名及 WHERE 从句中定义的表之间的连接条件来实现的。如果一个 SQL 语句的关联表超过两个，那么连接的顺序如何呢？Oracle 首先连接其中的两个表，产生一个结果集；然后将产生的结果集与下一个表进行关联；重复上述过程，直到所有的表都连接完成，最后产生所需的数据。

下面我们先来看看 Oracle 支持的表间关联关系。

12.1 关联关系

Oracle 的关联关系有内连接、左连接、右连接、全连接。下面通过一个示例来看看它们之间的区别。

```
SQL> create table t1 ( a int,b varchar2(10));
insert into t1 values(1,'a1');
insert into t1 values(2,'a2');
insert into t1 values(3,'a3');
commit;

SQL> create table t2 ( a int,b varchar2(10));
insert into t2 values(2,'b2');
insert into t2 values(3,'b3');
insert into t2 values(4,'b4');
commit;
```

```
SQL> select * from t1;
         A B
---------- ----------
         1 a1
         2 a2
         3 a3

SQL> select * from t2;
         A B
---------- ----------
         2 b2
         3 b3
         4 b4
```

//情况1—内连接（INNER JOIN）
```
SQL> select t1.*,t2.*
  2  from t1
  3  inner join t2 on t1.a=t2.a;
         A B                    A B
---------- ---------- ---------- ----------
         2 a2                    2 b2
         3 a3                    3 b3
```

//情况2—左连接（LEFT JOIN）
```
SQL> select t1.*,t2.*
  2  from t1
  3  left join t2 on t1.a=t2.a;
         A B                    A B
---------- ---------- ---------- ----------
         2 a2                    2 b2
         3 a3                    3 b3
         1 a1
```

//情况3—右连接（RIGHT JOIN）
```
SQL> select t1.*,t2.*
  2  from t1
  3  right join t2 on t1.a=t2.a;
         A B                    A B
---------- ---------- ---------- ----------
         2 a2                    2 b2
         3 a3                    3 b3
                                 4 b4
```

//情况4—全连接（FULL JOIN）
```
SQL> select t1.*,t2.*
  2  from t1
  3  full join t2 on t1.a=t2.a;
         A B                    A B
---------- ---------- ---------- ----------
         2 a2                    2 b2
```

```
          3 a3                      3 b3
                                    4 b4
          1 a1
```

```
//情况5—笛卡儿积（CROSS JOIN）
SQL> select t1.*,t2.*
  2  from t1
  3  cross join t2;
          A B                      A B
---------- ---------- ---------- ----------
          1 a1                      2 b2
          1 a1                      3 b3
          1 a1                      4 b4
          2 a2                      2 b2
          2 a2                      3 b3
          2 a2                      4 b4
          3 a3                      2 b2
          3 a3                      3 b3
          3 a3                      4 b4
```

从上面的示例中，可以看出不同连接方式的区别。Oracle 支持多种关联写法，包括标准写法及 Oracle 自有的写法。先来看看标准写法：

```
SELECT table1.column,table2.column
FROM table1
[CROSS JOIN table2]
[NATIONAL JOIN table2]
[JOIN table2 USING (column_name)]
[JOIN table2 ON (table1.column=table2.column)]
[LEFT|RIGHT|FULL OUTER JOIN table2 ON (table1.column=table2.column)];
```

其中：

❏ CROSS JOIN：无连接条件，返回的是笛卡儿积。

❏ NATIONAL JOIN：将两个表中同名的列作为连接条件。如果两个表的同名的列的数据类型不同，则会报错。

❏ JOIN...USING：如果用列名连接且同名列多于一个，则用 USING 子句指定列名。需要注意的是，如果 USING 使用的列也在 SELECT 部分出现，则不能指定表限定符，直接写列名即可。

❏ JOIN...ON (...)：在 ON 子句部分指定连接条件。

❏ OUTER JOIN：外连接。

再看看 Oracle 自有的书写方式，并对比标准写法。

（1）内连接

```
//标准写法
select table1.column,table2.column
```

```
from table1
inner join table2 on (table1.column=table2.column);
//专有写法
select table1.column,table2.column
from table1,table2
where table1.column=table2.column;
```

（2）左连接

```
//标准写法
select table1.column,table2.column
from table1
left join table2 on (table1.column=table2.column);
//专有写法
select table1.column,table2.column
from table1,table2
where table1.column=table2.column(+);
优先提取左侧表记录。如果右侧表有匹配记录则显示；否则显示为空
```

（3）右连接

```
//标准写法
select table1.column,table2.column
from table1
right join table2 on (table1.column=table2.column);
//专有写法
select table1.column,table2.column
from table1,table2
where table1.column(+)=table2.column;
//优先提取右侧表记录。如果左侧表有匹配记录则显示；否则显示为空
```

（4）全连接

```
//标准写法
select table1.column,table2.column
from table1
full join table2 on (table1.column=table2.column);
//专有写法
select table1.column,table2.column
from table1,table2
where table1.column(+)=table2.column(+);
```

对于这两种写法，在某些场合下性能会有差异，一般建议使用独有写法。

12.2 表关联实现方法

针对表关联操作，Oracle 支持多种实现方法，最为常见的有嵌套循环、排序合并和哈希连接。针对这三种实现方式，可以做个简单的对比，如表 12-1 所示。

表 12-1　表关联三种实现方式对比

类　别	嵌套循环连接	排序合并连接	哈希连接
使用条件	任何连接	主要用于不等价连接，如 <、<=、>、>=；但是不包括 <>	仅用于等价连接
相关资源	CPU、磁盘 I/O	内存、临时空间	内存、临时空间
特点	当有高选择性索引或进行限制性搜索时效率比较高，能够快速返回第一次的搜索结果	当缺乏索引或者索引条件模糊时，排序合并连接比嵌套循环有效	当缺乏索引或者索引条件模糊时，哈希连接比嵌套循环有效，通常比排序合并连接快。在数据仓库环境下，如果表的记录数较多，效率较高
缺点	当索引丢失或者查询条件限制不够时，效率很低；当表的纪录数较多时，效率较低	所有的表都需要排序。它为优化吞吐量而设计，并且在结果没有全部找到前不返回数据	为建立哈希表，需要大量内存。第一次的结果返回较慢

简单总结一下，常见三类连接方式的适用场景。

（1）嵌套循环

❑ 如果外部表比较小，并且在内部表上有唯一索引或有高选择性非唯一索引时，使用这种方法效率较高。

❑ 嵌套循环有其他连接方法没有的一个优点：可以先返回已经连接的行，而不必等待所有的连接操作处理完才返回数据，这可以实现快速的响应。

（2）排序合并连接

❑ 对于非等值连接，这种连接方式的效率是比较高的。

❑ 如果在关联的列上都有索引，效果更好。

❑ 对于将两个较大的行源做连接，该连接方法比嵌套循环连接要好一些。但是如果排序合并返回的数据量过大，则又会导致使用过多的 ROWID。在表中查询数据时，数据库性能下降，因为 I/O 过多。

（3）哈希连接

❑ 这种方法是在 Oracle7 后才引入的，使用了比较先进的连接理论。一般来说，其效率应该好于其他两种连接，但是这种连接只能用在 CBO 优化器中，而且需要设置合适的 hash_area_size 参数，才能取得较好的性能。

❑ 在两个较大的行源之间连接时会取得相对较好的效率，在一个行源较小时则能取得更好的效率。

❑ 只能用于等值连接。

上述三种不同的连接方式支持的连接类型也有所不同，如表 12-2 所示。

表 12-2 支持的连接类型

连　　接	嵌套循环连接	排序合并连接	哈希连接
交叉连接	Y	Y	X
条件连接	Y	Y	X
等值连接	Y	Y	Y
半／反连接	Y	Y	Y
外连接	Y	Y	Y
分区外连接	Y	Y	X

注：Y表示支持；X表示不支持。

从表 12-2 中可见，哈希连接的限制还是较多的。后面将针对每一种连接，详细说明。

12.3 嵌套循环连接

嵌套循环（Nested Loop，NL），是一种最常见的连接方式，也是一种"万能"的连接方式。说它"万能"，是因为这种连接方式可以适用于各种情况，当然其处理效率不一定是最高的。下面我们看看这种方式的工作流程。

1. 工作流程

为了便于理解，先看一段伪代码。

```
select t1.col1,t2.col2
from t1,t2
where t1.col3={value} and t1.id1=t2.id1;
=>
for r1 in (select rows from t1 where col3={value} ) loop // t1 外部表
    for r2 in (select rows from t2 that match current row from t2) loop // t2 内
部表
        if r1=r2 then output values from current rows of t1 and t2
    end loop
end loop
```

解释一下上述代码。

❏ 优化器根据基于规则 RBO 或成本 CBO 的原则，选择两个表中的一个作为驱动表，并指定其为外部表。上例中选择了 t1 表为外部表。

❏ 优化器再将另外一个表指定为内部表。上例中选择 t2 表作为内部表。

❏ 从外部表中读取第一行数据，然后和内部表中的数据逐一进行对比，将所有匹配的记录放在结果集中。此过程对应上例中从外部表 t1 提取出 r1，然后从内部表 t2 提取出 r2，两者若匹配就可以输出，运行内层循环直到完成所有记录匹配。

❏ 读取外部表中的第二行数据，再和内部表中的数据逐一进行对比，将所有匹配的记录添加到结果集中。上例中外层循环重复提取出 r1 进行比较。

❑ 重复上述步骤，直到外部表中的所有记
录全部处理完；最后产生满足要求的结
果集。

上述步骤也可以概括为图 12-1 所示的流程。
下面通过一个具体的案例帮助大家理解。

```
SQL> create table emp as select * from
scott.emp;
//表已创建

SQL> create table dept as select * from
scott.dept;
//表已创建

SQL> select /*+ use_nl(a,b) */ a.dname,
    b.empno from dept a,emp b where
    a.deptno = b.deptno;
```

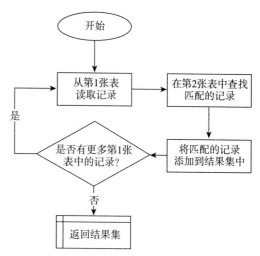

图 12-1　嵌套循环工作流程

```
--------------------------------------------------------------------------
| Id  | Operation          | Name | Rows | Bytes | Cost (%CPU)| Time     |
--------------------------------------------------------------------------
|  0  | SELECT STATEMENT   |      |  12  |  576  |   9   (0)| 00:00:01 |
|  1  |  NESTED LOOPS      |      |  12  |  576  |   9   (0)| 00:00:01 |
|  2  |   TABLE ACCESS FULL| DEPT |   4  |   88  |   3   (0)| 00:00:01 |
|* 3  |   TABLE ACCESS FULL| EMP  |   3  |   78  |   2   (0)| 00:00:01 |
--------------------------------------------------------------------------
Predicate Information (identified by operation id):
---------------------------------------------------
   3 - filter("A"."DEPTNO"="B"."DEPTNO")
/*
这里使用了一个提示USE_NL，目的是保证示例SQL走嵌套循环。默认情况下，它是走的另外一种连接方式
*/
```

下面说明一下这条 SQL 语句的执行过程。

1）优化器首先在关联对象中选择驱动表，另外一个对象则作为被驱动表。这里选择了
dept 表作为驱动表，emp 表作为被驱动表。通常情况下，一般是选择较小的结果集作为驱
动表，因为这样可以比使用其他结果集执行更少的循环，从而提高性能。

2）循环外层驱动表，读取一条记录，然后按照指定的条件 "filter("A"."DEPTNO"="B".
"DEPTNO")"，循环被驱动表，寻找匹配记录。找到匹配记录后，放入待返回结果集中。

3）循环外层驱动表，读取下一条记录，循环上述流程。

4）待外层循环执行完毕后，将结果集返回。

下面我们看看影响嵌套循环性能的主要因素。

2. 影响性能因素

在嵌套循环中，最影响性能的因素包括：外层循环次数，内层查询效率。前者很好理解，循环次数越少，当然效率更高。后者往往是性能调整的重点。

（1）外层循环次数

首先我们来看看第一种情况，外层循环次数对表关联性能的影响。先看一个示例。

```
SQL> create table emp as select * from scott.emp;
Table created.

SQL> create table dept as select * from scott.dept;
Table created.

SQL> select /*+ use_nl(a,b) */ a.dname,b.empno from emp b,dept a where a.deptno =
    b.deptno;
```

```
-------------------------------------------------------------------------
| Id  | Operation          | Name | Rows | Bytes | Cost (%CPU)| Time     |
-------------------------------------------------------------------------
|   0 | SELECT STATEMENT   |      |   14 |   672 |     9   (0)| 00:00:01 |
|   1 |  NESTED LOOPS      |      |   14 |   672 |     9   (0)| 00:00:01 |
|   2 |   TABLE ACCESS FULL| DEPT |    4 |    88 |     3   (0)| 00:00:01 |
|*  3 |   TABLE ACCESS FULL| EMP  |    4 |   104 |     2   (0)| 00:00:01 |
-------------------------------------------------------------------------
```

//在这种情况下，优化器选择dept表为外部表，emp表为内部表。整体成本开销为9

```
SQL> select /*+ ordered use_nl(a,b) */ a.dname,b.empno from emp b,dept a where
    a.deptno = b.deptno;
```

```
-------------------------------------------------------------------------
| Id  | Operation          | Name | Rows | Bytes | Cost (%CPU)| Time     |
-------------------------------------------------------------------------
|   0 | SELECT STATEMENT   |      |   14 |   672 |    20   (0)| 00:00:01 |
|   1 |  NESTED LOOPS      |      |   14 |   672 |    20   (0)| 00:00:01 |
|   2 |   TABLE ACCESS FULL| EMP  |   14 |   364 |     3   (0)| 00:00:01 |
|*  3 |   TABLE ACCESS FULL| DEPT |    1 |    22 |     1   (0)| 00:00:01 |
-------------------------------------------------------------------------
```

```
/*
再看看这种情况，该语句通过使用一个提示ORDERED，改变了优化器对表的选择。这条语句的执行计划使用
EMP表为外部表，dept为内部表，整体成本开销为20。对于上述示例，dept表记录数为4，emp表记录数为
14，这也是选择emp为外部表的情况下，成本较高的原因
*/
```

这里使用了ORDERED提示，它的作用是按照FROM子句的顺序来指定表间连接顺序。使用ORDERED提示可以节省大量的分析时间（特别是在表非常多的情况下），并加速SQL的执行，因为这告诉了优化器连接表的最佳顺序。

一般情况下，选择外部表的原则是外层循环的次数越少越好。这也是将小表或返回较小行源的表作为驱动表（用于外层循环）的理论依据。但是这个理论只是一般指导原则，因为遵循这个理论并不能完全保证语句产生的I/O次数最少。如果使用这种方法，决定使用哪个

表作为驱动表很重要。有时如果驱动表选择不合理，将会导致语句的性能很差。在嵌套循环中，选择有较小结果集的表（并不一定是较小的表）作为驱动表，可以比使用其他结果集（从非驱动表中提取的）执行更少的循环。最好的驱动表是那些应用了 WHERE 限制条件后，可以返回较少行数据的表（前提是不使用并行操作），所以大表也可能成为驱动表，关键看限制条件。

对于并行查询，经常选择大表作为驱动表，因为大表可以充分利用并行功能。当然，有时对查询使用并行操作并不一定会比不使用并行操作效率高，因为最后可能每个表只有很少的行符合限制条件，而且要看硬件配置是否可以支持并行（如是否有多个 CPU、多个硬盘控制器），所以要具体问题具体分析。

在三表连接中，驱动表应当是交叉表或者是在连接中和其他两张表都有连接条件限制的表。可以尝试使用限制条件最多的表（或者交叉表）作为驱动表，这样当连接第三张表时，从前两张表连接所获得的结果集将很小。

（2）内层查询效率

对性能影响较大的往往是内层查询效率。先来看上面的示例，其内层使用全表扫描的方式来检索数据。让我们尝试改变一下，看看效果。

```
SQL> create index idx_deptno on emp(deptno);
//索引已创建

SQL> select /*+ use_nl(a,b) */ a.dname,b.empno from dept a,emp b where a.deptno =
     b.deptno;
--------------------------------------------------------------------------------
| Id  | Operation                    | Name       | Rows | Bytes | Cost (%CPU)|
--------------------------------------------------------------------------------
|   0 | SELECT STATEMENT             |            |  12  |  576  |   6    (0)|
|   1 |  NESTED LOOPS                |            |      |       |           |
|   2 |   NESTED LOOPS               |            |  12  |  576  |   6    (0)|
|   3 |    TABLE ACCESS FULL         | DEPT       |   4  |   88  |   3    (0)|
|*  4 |    INDEX RANGE SCAN          | IDX_DEPTNO |   4  |       |   0    (0)|
|   5 |   TABLE ACCESS BY INDEX ROWID| EMP        |   3  |   78  |   1    (0)|
--------------------------------------------------------------------------------
/*
新创建索引后，执行计划发生了变化，现在是两层嵌套循环，核心是在ID=4的步骤。不再通过全表扫描获得数据，而是通过新创建的索引IDX_DEPTNO完成匹配记录的查找。直观印象是，总体语句的成本从9下降到6
*/
```

对于内部表的访问，一般是通过索引来完成，包括两种形式：一种是优化器利用内部表上的索引进行唯一扫描（Unique Scan）；另一种是进行索引范围扫描（Range Scan）。如果采用第二种形式，可以减少较大的嵌套连接中的逻辑 I/O 数量。执行计划随着驱动表中行数的变换而转变机制。这里有个参数需要关注，就是 optimizer_index_ caching，它反映的是索引块被缓存的比例。一般来说，其设置为 75% 是比较合适的。当执行第一遍循环时，索引访问路径可能会引发物理读，以将数据读入缓冲区，可供后续的循环重复使用。

此外，上面的执行计划中还有一点值得注意。在 ID＝5 的步骤中，是通过 ROWID 访问 emp 表的。这里隐藏了一个事实，那就是在内层的嵌套循环中，通过索引 IDX_DEPTNO 找到对应的 ROWID 后没有立刻回表，而是集中起来在外面最后访问了内部表——emp。这种方式的好处在于，如果提取的数据在一个物理块上，那么这种方式可以减少逻辑读乃至物理读。传统方式的话，访问几次内层循环就回表几次、访问几次逻辑读甚至物理读。

除了常规的嵌套循环外，还有两种特殊的嵌套循环，我们来看看。

3. 特殊的嵌套循环

（1）FILTER

这种嵌套循环和普通的嵌套不同，在内层循环中第一行被连接成功之后就立刻结束内层循环，不再继续执行下去。这种处理方式下所制定的执行计划类型被称为 FILTER。我们看一个案例。

```
SQL> select outer.*
  2  from emp outer
  3  where outer.sal >
  4  (
  5      select /*+ no_unnest */ avg(inner.sal)
  6      from emp inner
  7      where inner.deptno = outer.deptno
  8  );
```

Id	Operation	Name	Rows	Bytes	Cost (%CPU)	Time
0	SELECT STATEMENT		1	87	6 (0)	00:00:01
* 1	FILTER					
2	TABLE ACCESS FULL	EMP	12	1044	3 (0)	00:00:01
3	SORT AGGREGATE		1	26		
* 4	TABLE ACCESS FULL	EMP	1	26	3 (0)	00:00:01

显然，FILTER 方式相较于传统的嵌套循环方式更加高效。

（2）集群连接

集群连接实际上是嵌套连接的一种特例。如果所连接的两张行源表实际上是群集中的表，并且连接两张行源的集群键是等价连接的，那么在 Oracle 中就能使用集群连接了。这种情况下，Oracle 从第一张行源表中读取第一行，并在第二张行源表中使用聚簇索引查找到所有匹配的项。集群索引效率很高，因为两个参加连接的行源表实际上处于同一个物理块。（因集群在实际环境中应用不多，所以这种连接方式很少使用。）

类别与其他表连接方式相比，嵌套循环适应范围很广。下面看看这种连接方式的优缺点。

（1）优点

使用嵌套循环连接是一种从结果集中提取第一批记录最快速的方法。在驱动行源表（就是正在查找的记录）较小、内部行源表已连接的列有唯一的索引或高度可选的非唯一索引时，嵌套循环连接效果是比较理想的。嵌套循环连接比其他连接方法更具优势，如可以快速地从结果集中提取第一批记录，而不用等待整个结果集完全确定下来。在理想情况下，终端用户就可以通过查询屏幕查看第一批记录，而在同时读取其他记录。不管如何定义连接的条件或者模式，任何两行记录源都可以使用嵌套循环连接，所以嵌套循环连接是非常灵活的。嵌套循环连接方式的效率比排序合并连接方式效率更高，特别是当驱动表的数据量很大（集的势高）时，这样可以并行扫描内表。

（2）缺点

如果内部行源表已连接的列上不包含索引，或者索引不是高度可选时，嵌套循环连接效率是很低的。如果驱动表的记录非常庞大，其他的连接方法可能更加有效。

在某种意义上，排序合并连接和散列连接被认为是同一类连接——它们在某种类似的条件下都提供了优异的性能，而嵌套循环连接则适用于另一类查询。因此，在决定最优的连接类型时，需要先决定嵌套循环连接是否合适。可基于以下条件做决定。

❑ 对吞吐量的需求和对响应时间需求的比较。嵌套循环通常可以提供更快的响应，而散列/排序合并连接通常会提供更大的吞吐量。

❑ 参与连接的记录在表中的比例。被处理的记录的子集越大，排序合并或散列连接就可能越快。

❑ 是否有索引可用来支持连接。嵌套循环连接的方法通常只在索引可连接表时才有效。

❑ 用于排序的内存与 CPU。大的排序可能消耗大量的资源并可能减慢执行的速度。排序合并包含两次排序，而嵌套循环通常不包含排序。散列连接也需要内存来构建散列表。

❑ 散列连接或许可以从并行执行和针对分区的操作中获得更大的益处，虽然嵌套循环和排序合并连接也可以并行执行。

当连接涉及的记录只占表中相对小的比例并且有索引支持时，嵌套循环连接方法较为适合。而当表的大部分数据参与连接或没有合适的索引时，排序合并和散列连接则更适合。

12.4　排序合并连接

排序合并连接（Sort Merge Join），也是一种常用的连接方式。其工作方式是分别将关联的两张表按它们各自要连接的列排序，然后将已经排序的两个源表合并。如果找到匹配的数据，就放到结果集。与嵌套循环为了执行表连接需要按随机方式读取数据不同，排序合并连接为了使用排序合并表连接，必须先对两个表中将要执行的行排序。虽然这种方法提高了连接的效率，但是由于排序的存在，也增加了连接的代价。引入这种连接方式的目的是缩减在嵌套循环连接中发生的随机读取量。

在缺乏数据的选择性或者可用的索引时，或者两个源表都过于庞大（超过记录数的 5%）时，排序合并连接将比嵌套循环连接更加有效。但由于排序合并连接需要临时的内存块以用于排序（在 SORT_AREA_SIZE 设置太小的情况下），这将导致临时表空间占用更多的内存和磁盘 I/O。排序本身就是个极其消耗资源的操作，特别是对于大的数据源。但如果数据源是预先排好序的，例如已经被索引的列，则会大大提高效率。在连接条件中主要使用的是 LIKE、BETWEEN、>、>=、<、<=，而不是 =。若使用非 = 比较运算符，则哈希连接无法使用。

排序合并连接可适用多种情况（但并非全部），且都能用散列连接。而直接比较散列连接和排序合并连接时，散列连接通常效率更高。排序合并连接操作比散列连接适用的范围更广。散列连接只能用在连接条件相等的情况下，而排序合并连接则可以用来完成不等连接。散列连接和排序合并连接都必须对所有输入表执行全表扫描。散列连接的一个优势是，它只需对一张表创建散列，而排序合并连接则需要对所有输入表进行排序。因此，排序合并连接需要更多的内存才能高效运行，而在排序时可能需要使用更多的 CPU。如果输入数据集已经是有序的或需要对输出排序，则散列连接的优点就会被抵消。

下面来看看排序合并连接的工作流程。

1. 工作流程

排序合并与前面所讲的嵌套循环不同，它没有所谓驱动表、探查表之类的概念。两个数据源是相互独立的，下面简称为第一个源表、第二个源表。为了实现连接，需要做的就是按照连接列进行排序。如果已经排序或连接列上有索引，则不需要执行排序操作。

下面看看其执行过程。

1）优化器判断第一个源表是否已经排序。如果已经排序，则转到第 3 步；否则转到第 2 步。

2）第一个源表排序。

3）优化器判断第二个源表是否已经排序。如果已经排序，则转到第 5 步；否则转到第 4 步。

4）第二个源表排序。

5）对已经排序的两个源表执行合并操作，并生成最终的结果集。

上述流程如图 12-2 所示。

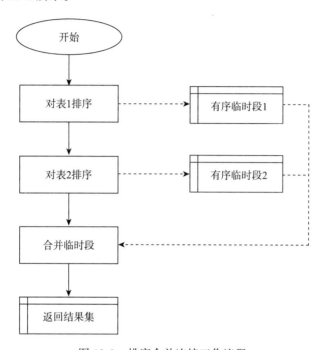

图 12-2　排序合并连接工作流程

下面通过一个具体的案例，帮助大家理解排序合并连接的工作流程。

```
SQL> select a.dname,b.empno from dept a,emp b where a.deptno = b.deptno;
--------------------------------------------------------------------------------
| Id | Operation                     | Name          | Rows | Bytes | Cost (%CPU)|
--------------------------------------------------------------------------------
|  0 | SELECT STATEMENT              |               |   12 |   576 |    6  (17)|
|  1 |  MERGE JOIN                   |               |   12 |   576 |    6  (17)|
|  2 |   TABLE ACCESS BY INDEX ROWID| DEPT           |    4 |    88 |    2   (0)|
|  3 |    INDEX FULL SCAN           | IDX_DEPT_DEPTNO|    4 |       |    1   (0)|
|* 4 |   SORT JOIN                   |               |   12 |   312 |    4  (25)|
|  5 |    TABLE ACCESS FULL          | EMP           |   12 |   312 |    3   (0)|
--------------------------------------------------------------------------------
/*
延续上面的示例，这次不添加提示，优化器选择了排序合并。在构造两个结果集时，前面一个使用了现成的索
引结构，通过索引全扫描返回一个有序结构；后面一个则在全表扫描后排序，取得一个有序结果集
*/
```

下面说明这条 SQL 语句的执行过程。

1）ID＝2、3 的步骤，优化器选择 dept 表作为第一源表，通过索引全扫描的方式访问

索引然后回表查。因为索引本身就是有序结构，所以第一源表需要再排序。这里还需要关注一点，索引的扫描方式是"INDEX FULL SCAN"，而没有使用"INDEX FAST FULL SCAN"。原因就在于使用快速全扫描方式时采用多块读取模式，返回的结果是无序的，对于排序合并而言，需要一个有序的结果，所以采用索引全扫描方式。

2）ID＝4、5 步骤，优化器选择 emp 表作为第二源表，通过全表扫描方式取得数据后进行排序。

3）ID＝1 步骤，完成两个有序结果集的合并操作，并返回连接后的结果集。

下面我们看看如果 dept 表不存在索引情况？

```
SQL> drop index idx_dept_deptno;
//索引已删除

SQL> select a.dname,b.empno from dept a,emp b where a.deptno = b.deptno;
-----------------------------------------------------------------
| Id  | Operation          | Name | Rows  | Bytes | Cost (%CPU)|
-----------------------------------------------------------------
|   0 | SELECT STATEMENT   |      |   12  |  576  |    7  (15)|
|*  1 |  HASH JOIN         |      |   12  |  576  |    7  (15)|
|   2 |   TABLE ACCESS FULL| DEPT |    4  |   88  |    3   (0)|
|   3 |   TABLE ACCESS FULL| EMP  |   12  |  312  |    3   (0)|
-----------------------------------------------------------------
/*
优化器没有再选择排序合并，而是使用了另外一种方式——哈希连接。为什么这里没有选择使用排序合并呢？
原因是优化器评估了对两个表排序后合并的代价，最后选择了另外一个表连接方式
*/
```

在 Oracle 中还提供了一个提示——USE_MERGE，以强制走排序合并。下面看看它的用法，还是延续上面的示例。

```
SQL> select /*+ use_merge(a,b) */ a.dname,b.empno from dept a,emp b where a.deptno =
    b.deptno;
-----------------------------------------------------------------
| Id  | Operation          | Name | Rows  | Bytes | Cost (%CPU)|
-----------------------------------------------------------------
|   0 | SELECT STATEMENT   |      |   12  |  576  |    8  (25)|
|   1 |  MERGE JOIN        |      |   12  |  576  |    8  (25)|
|   2 |   SORT JOIN        |      |    4  |   88  |    4  (25)|
|   3 |    TABLE ACCESS FULL| DEPT |   4  |   88  |    3   (0)|
|*  4 |   SORT JOIN        |      |   12  |  312  |    4  (25)|
|   5 |    TABLE ACCESS FULL| EMP  |   12  |  312  |    3   (0)|
-----------------------------------------------------------------
/*
果然走了排序合并，两个表都做了排序。从输出可见，此时的成本是8，原来的哈希连接方式成本是7，这也解
释了为什么在不加提示的情况下选择哈希连接
*/
```

2. 排序效率

在排序合并连接中，Oracle 分别将第一源表、第二源表按它们各自要连接的列进行排序，然后将已经排序的两个源表合并。如果找到匹配的数据，就放到结果集。按照排序执行效率的不同，可分为下面几种情况。

❑ 最优排序（Optimal Sort）：执行时数据全部在内存中。读取一个数据流并将其排序，执行时全部数据都在内存中。在内存消耗完之前，数据已经读取完毕，因此不需要将磁盘空间作为临时工作区。需要注意的是，内存是随着数据的读入逐步分配的，而不是在开始排序时就分配全部 sort_area_size（或由 pga_aggregate_target 规定的上限）大小的内存。

❑ 一遍排序（Onepass Sort）：数据量大而无法一次全部读入内存的情况。将一次能够处理的数据量读入内存并对其排序。当达到内存上限时，就将已排序数据集转储到磁盘。重复这个过程，直到处理完所有的输入数据。此时，磁盘上存在一些已排序的数据集，接下来必须将它们归并为一个集合。如果内存足够容纳从每个已排序的数据集中各读取一块，那么就属于一遍排序。

❑ 多遍排序（Multipass Sort）：开始时与一遍排序类似，但其针对的情况是所有数据都处理完并写至磁盘，且当前会话发现内存不足以容纳从每个已排序的数据集中各读取一块。在这种情况下，必须归并一些数据流，把一个较大的数据流写回磁盘，然后归并几个数据流，把另一个较大的数据流写回磁盘。最后，所有最初的数据流处理完毕，接下来将一些较大的数据流读回内存然后归并它们。最终归并磁盘上的全部数据流。必须读取数据的次数称为归并的遍数。

3. 排序参数

（1）SORT_AREA_RETAINED_SIZE

SORT_AREA_RETAINED_SIZE 默认值是 0，意味着其应动态调整本身以匹配 SORT_AREA_SIZE 的当前设置。如果设置为非 0，则会产生两个效果。第一，改变 Oracle 申请和释放内存的方式。第二，影响 Oracle 使用临时表空间的方式。

分配方式是，首先分配 UGA 中的内存，当 UGA 内存的分配达到 SORT_AREA_RETAINED_SIZE 所设定的界限时，就会分配 PGA 中的内存。即使排序在内存中完成，但如果这部分内存被分为 UGA 和 PGA，则整个已排序数据集将会被转储到磁盘上。这也是在统计信息中能看到"physical writes direct"的原因。

若使用共享服务器方式，则 UGA 在 SGA 中，因此 sort_area_retained_size 的内存将从 SGA 中分配（通常是从大池中分配，如果没有设置大池，则从共享池中分配）。超出的内存需要量，sort_area_size-sort_area_retained_size 将从 PGA 中分配。如果 sort_area_retained_size 比 sort_area_size 小，那么当排序完成时，已排序数据将被传到磁盘，PGA 中分配的多余内存可以被其他操作所用，并且 sort_area_retained_size 将用于重新读入转储数据供以后使用。

（2）PGA_AGGREGATE_TARGET

在使用自动 WORKAREA_SIZE_POLICY 的情况下，PGA_AGGREGATE_TARGET 参数为 Oracle 设置了一个记账目标。这个目标为所有执行大块内存操作（例如排序、散列连接、索引创建以及位图索引操作）的进程定义了共用内存总量的一个上限。注意，与 PL/SQL 操作有关的内存（例如数组处理）不受这一机制的控制。

默认情况下，为串行操作分配的任何一个工作区最大被限制为 pga_aggregate_target 的 5%；对并行操作工作区分配的限制是：操作中涉及的所有并行子进程所用的内存总量不超过 pga_aggregate_target 的 30%。（同时，每个子进程使用的上限是 5%，这意味着若执行一个平行度超过 6 的查询，则只能看到 30% 的上限效果了。）

上述行为受到一些隐含参数限制。

❑ _smm_max_size：串行执行分配内存的上限。事实上，_smm_max_size 的默认值还有一个限制，就是不应超过 _pga_max_size 的一半。

❑ _smm_px_max_size：并行执行分配内存的上限。

❑ _smm_min_size：一个会话所能获得的工作区的最小有效内存。

❑ _pga_max_size：单个会话所能使用的内存上限，即默认值为 200MB 的 _pga_max_size。

（3）SORT_MULTIBLOCK_READ_COUNT

SORT_MULTIBLOCK_READ_COUNT 决定了进程在一次读操作中能够从单个排序合并段中读取的块数。较大的读取块数可能会使硬件为归并操作提供更高的性能，但因为归并操作在总的可用内存量上有严格限制，所以较大的读取块数使得能够同时读取及排序合并段数减少了。如果无法在一遍中归并所有的排序合并段，则一次归并几个，并在执行过程中重新写回结果，然后对生成的较大的排序合并段继续执行归并。从 9i 开始，这种情况在会话统计中报告为 "workarea executions - multipass"，通常是需要避免的。以往 Oracle 不建议修改这个参数，通常设置为 2 或 1。如果是在手工设置工作区情况下，通过查看 10032 并针对特定会话或特定语句调整这个参数，可以使数据量非常大的排序在性能上得到一些提高。

4. 相关事件

我们可以通过一些系统事件来观察排序合并的行为。

（1）10032 event

报告排序时系统内相关活动的统计信息。

操作：

```
alter session set events '10032 trace name context forever';
alter session set events '10032 trace name context off';
```

TRACE 文件（内存排序）：

```
---- Sort Parameters ----------------------------
sort_area_size                      23593984
//内存排序区大小
sort_area_retained_size             23593984
//内存排序保留区大小(一般同SORT_AREA_SIZE)
sort_multiblock_read_count          1
//8i的参数，目前已经废掉
max intermediate merge width        1439
//基于参数计算出来的Oracle最大同时进行merge的结果集（用来判断是否需要onepass/multipass）
---- Sort Statistics ----------------------------
Input records                       1048576
//排序的行数
Output records                      1048576
//返回的行数
Total number of comparisons performed   11293002
//对比的次数
Comparisons performed by in-memory sort  11293002
//在内存中发生的对比次数
Total amount of memory used         23593984
//使用的内存
Uses version 2 sort
Does not use asynchronous IO
---- End of Sort Statistics ----------------------
```

（2）10033 event

报告所发生的 I/O 细节。

操作：

```
alter session set events '10033 trace name context forever';
alter session set events '10033 trace name context off';
```

TRACE 文件：

```
Recording run at 42bb89 for 62 blocks
// "62个块" 排序合并段的大小
Recording run at 42b598 for 18 blocks
Merging run at 42b598 for 18 blocks
// "42b598" 排序合并段的起始地址
Merging run at 42bc06 for 62 blocks
Total number of blocks to read: 1568 blocks
```

说明：

```
alter session set workarea_size_policy = manual;
```

```
alter session set sort_area_size = 1048576;
```

需要提前执行上述操作，如果只是内存排序，则不会产生排序合并段。可以在 10033 中看到这些排序合并段。排序时转储到磁盘的数据格式意味着转储的总数据量可能比我们预期的大很多。如果没有排序合并段，说明都在内存中完成了排序动作。可以通过试错的方式找出 sort_area_size 多大才能避免磁盘排序，也就是使排序合并段数目为 0。

12.5 哈希连接

哈希连接（Hash Join）是一种引入较晚的连接方式，目的主要是解决嵌套循环连接中大量随机读取问题的同时，解决排序合并连接中排序代价过大的问题。在不需要排序的情况下，哈希函数能够把连接对象集中在一起。哈希函数并不直接负责连接任务，而是负责把将要连接的对象提前集中在特定的位置。具有相同哈希值的数据集存储在相同的空间，该空间被称为"分区"。在这些分区中必须要进行连接的两个分区称为"分区对"。实际上，哈希连接是以分区对为对象执行连接操作的。在连接时，将较小分区中的数据行读入内存中并为其创建临时哈希表，然后将哈希表中的行视为内侧循环。较大分区中的行通过外侧循环来执行哈希连接。

哈希连接只能用于等值连接，主要资源消耗为 CPU 消耗（在内存中创建临时的哈希表，并进行哈希计算），而排序合并的资源消耗主要为磁盘 I/O 消耗（扫描表或索引）。在并行系统中，哈希连接对 CPU 的消耗更加明显。所以在 CPU 紧张时，最好限制使用哈希连接。

下面看一下它的工作流程。

1. 工作流程

哈希连接中，优化器根据统计信息，首先选择两个表中的小表（通常是连接结果中较少的表），在内存中建立这张表基于连接键的哈希表；然后扫描表连接中的大表，并根据哈希表检测是否有匹配的记录。如果有相匹配的数据，则将数据添加到结果集中。

当哈希表构建完成后，执行下面的操作。

1）对第二个大表进行扫描。

2）如果大表不能完全 CACHE 到可用内存，则大表同样会分成很多分区。

3）大表的第一个分区 CACHE 到内存。

4）对大表第一个分区的数据进行扫描，并与哈希表进行比较。如果有匹配的记录，则添加到结果集里。

5）与第一个分区一样，其他的分区也类似处理。

6）所有分区处理完后，Oracle 对产生的结果集进行归并、汇总，产生最终的结果。

7）当哈希表过大或可用内存有限时，哈希表不能完全 CACHE 到内存。随着满足连接条件的结果集的增加，可用内存会随之下降，这时已经 CACHE 到内存的数据可能会重新写回硬盘。如果出现这种情况，系统的性能就会下降。

上述过程如图 12-3 所示。

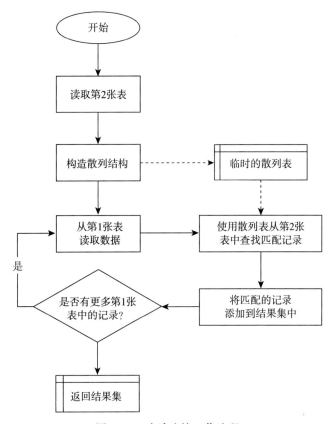

图 12-3 哈希连接工作流程

看一个示例。

```
SQL> select a.dname,b.empno from dept a,emp b where a.deptno = b.deptno;
//已选择12行
-------------------------------------------------------------------------
| Id  | Operation          | Name | Rows  | Bytes | Cost (%CPU)| Time     |
-------------------------------------------------------------------------
|   0 | SELECT STATEMENT   |      |    12 |   576 |     7  (15)| 00:00:01 |
|*  1 |  HASH JOIN         |      |    12 |   576 |     7  (15)| 00:00:01 |
|   2 |   TABLE ACCESS FULL| DEPT |     4 |    88 |     3   (0)| 00:00:01 |
|   3 |   TABLE ACCESS FULL| EMP  |    12 |   312 |     3   (0)| 00:00:01 |
-------------------------------------------------------------------------
//这里构建的哈希表来自DEPT表，从大小来看，DEPT确实小一些
```

下面我们看看哈希连接的内部工作机制，这部分会比较复杂。

2. 工作机制

类似上面的两种连接方式，哈希连接中对两个数据源的定义：一个称为构建表，一个称为探查表。在执行哈希连接时，会利用一个内部的散列函数作用于构建表的连接列，产生散列键。数据库将这部分数据集转换为一个存储器内部的单表散列簇的等价形式，保存到内存中。当然，这里要假设内存能够放下这个数据集。之后到第二个表，也就是探查表，当读取每一行数据时，在连接列上应用同样的散列函数，并查看是否在存储器的散列簇中定位到一个匹配的行。正是因为在连接列上使用了散列函数以使散列簇的数据随机分布，因而只有当连接条件是等值条件的时候散列连接才能正常执行。NOT EXISTS 也是可以的，只不过是等值条件的反向使用而已。

上面谈到了两个表，优化器是依据什么原则进行选择的呢？在这里，优化器会估算两个数据集的行数和行大小。其中，行大小是依据 user_tab_columns.avg_col_len 列得到的。这两个参数直接影响数据集的大小，进而影响构建表的选择。优化器会选择较小的数据集作为构建表。需要注意的是，行大小并不是所有字段的长度和，而是在查询中涉及的字段长度和。其中，查询涉及的字段除了最终显示的字段外，还包括连接的字段。这些字段都是需要被读取的，因此也要计算在内。这里还需要注意一点，上述提到的数据字典 avg_col_len 是通过 dbms_stats 包收集的，这也说明了如果数据库从 analyze 转换到 dbms_stats 包收集统计信息，可能会导致哈希连接中选择构建表。此外，如果在语句中指定了 ORDERED 提示，FROM 子句中的第一张表将作为构建表。

哈希连接是一个高内存消耗的操作。当连接中的构建表能够完全 CACHE 到内存时，哈希连接的效率是最佳的。此时，哈希连接的成本只是两个表从磁盘读入到内存的成本。但如果过大，无法全部 CACHE 到内存时，优化器会将这个表拆分成多个分区，再将分区逐一 CACHE 到内存中。当分区大小也超过了可用内存时，分区的部分数据会临时写到磁盘的临时表空间。当然，此时的效率会下降很多。

下面我们通过一个详细的哈希连接步骤，说明上述过程。

1）计算构建表的分区数：分区又称为 bucket。决定哈希连接的一个重要因素是小表的分区数。这个数字由 hash_area_size、hash_multiblock_io_count 和 db_block_size 参数共同决定。Oracle 会保留 hash area 的 20% 来存储分区的头信息、哈希位图信息和哈希表。因此，这个数字的计算公式是：

bucket 数＝0.8*hash_area_size/(hash_multiblock_io_count*db_block_size)

2）哈希计算：读取构建表数据（简称为 R），并对每一条数据根据哈希算法进行计算。Oracle 采用两种哈希算法进行计算，计算出能达到最快速度的哈希值（第一哈希值）和第二哈希值。而关于这些分区的全部哈希值（第一 hash 值）就成为哈希表。

3）存放数据到哈希内存中：将经过哈希算法计算的数据，根据各个 bucket 的哈希值

（第一哈希值）分别放入相应的 bucket 中。第二哈希值就存放在各条记录中。

4）创建哈希位图：与此同时，创建了一个关于这两个哈希值映射关系的哈希位图。

5）超出内存大小部分被移到磁盘：如果 hash area 被占满，那最大分区就会被写到磁盘（临时表空间）上。任何需要写入磁盘分区的记录都会导致磁盘分区被更新，这样会严重影响性能，因此一定要尽量避免这种情况。上述几个步骤将一直持续到整个表的数据读取完毕。

6）对分区排序：为了能充分利用内存，尽量存储更多的分区，Oracle 会按照各个分区的大小将它们在内存中进行排序。

7）读取探查表数据，进行哈希匹配：接下来开始读取探查表（简称 S）中的数据。按顺序读取每一条记录，计算它的哈希值，并检查是否与内存中分区的哈希值一致。如果一致，返回 join 数据。如果不一致，就将 S 中的数据写到一个新的分区中，这个分区也采用与计算 R 一样的算法计算哈希值。也就是说，这些 S 中的数据产生的新的分区数应该和 R 的分区集的分区数一样。这些新的分区被存储在磁盘（临时表空间）上。

8）完成探查表的数据读取：一直按照上一步骤执行，直到大表中的所有数据读取完毕。

9）处理没有 join 的数据：这个时候就产生了一堆好的 join 数据及从 R 和 S 中计算存储在磁盘上的分区。

10）二次哈希计算：从 R 和 S 的分区集中抽取最小的分区，使用第二种哈希函数计算哈希值并在内存中创建哈希表。采用第二种哈希函数的原因是使数据分布性更好。

11）二次哈希匹配：在从另一个数据源（与哈希表在内存所属分区中的数据源不同）中读取分区数据，与内存中的新哈希表进行匹配，返回 join 数据。

12）**完成全部 hash join**：继续按照二次哈希处理剩余分区，直到全部处理完毕。

在上述过程中，涉及多个参数，下面详细介绍这些参数。

3. 相关参数

（1）HASH_JOIN_ENABLED

这个参数是控制查询计划是否采用 hash join 的"总开关"。它可以在会话级和实例级被修改，默认为 true，即可以使用 hash join（不是一定，要看优化器计算出来的代价）；如果设为 false，则禁止使用 hash join。当然这里还有一个前提，就是 hash join 只有在 CBO 方式下才会被激活。此外，PGA_AGGREGATE_TARGET 设置得足够大才可以。

（2）HASH_AREA_SIZE

这个参数用于控制每个会话的哈希内存空间。它也可以在会话级和实例级被修改，默认（也是推荐）值是 sort area 空间大小的两倍（2*SORT_AREA_SIZE）。要提高 hash join 的效率，就一定要尽量保证 sort area 足够大，能容纳下整个小表的数据。但是因为每个会话都会开辟一个这么大的内存空间作为哈希内存，所以不能过大（一般不建议超过2MB）。

此外，还需注意，数据连接方式不同，这块内存区域存放位置也不同。如果是专有连接，则 hash area 是从 PGA 中分配的。在 Oracle 9i 及以后版本中，Oracle 不推荐在专有连接中使用这个参数来设置哈希内存，而是推荐通过设置 PGA_AGGRATE_TARGET 参数来自动管理 PGA 内存。保留 HASH_AREA_SIZE 只是为了向后兼容。如果是共享连接，则 hash area 是从 UGA 中分配的。

（3）HASH_MULTIBLOCK_IO_COUNT

这个参数决定了每次读入 hash area 的数据块数量。因此，它会对 I/O 性能产生影响，只能在 init.ora 或 spfile 中修改。在 8.0 及之前的版本中，它的默认值是 1；在 8i 及以后的版本中，默认值是 0。

（4）WORKAREA_SIZE_POLICY

WORKAREA_SIZE_POLICY 是工作区的配置策略，有 MANUAL 和 AUTO 两种设置。

❑ MANUAL：在这种情况下，若内存分配处于最优和一遍散列连接之间的边界附近，会出现内存增大，但成本提高的情况。其原因在于，Oracle 从多块 I/O（簇大小为 9 个块）切换到单块 I/O（簇大小为 1 个块）。

❑ AUTO：虽然在启用 CPU 成本计算的情况下手工设置 hash_area_size 的效果很好，但更具策略性的是将 workarea_size_policy 设置为 auto，并在启用 CPU 成本计算的情况下设置 ga_aggregate_target。这个参数的设置直接影响 hash_area_size 的大小。对于存在问题的那些查询，可以在会话级重新对内存进行分配，并通过语句级谨慎地使用提示以调整某些访问路径。

散列连接一般归于工作区执行（Workarea Exections）一类，在 v$sysstat 中分为 Optimal、Onepass、Multipass 三类，分别代表以下含义。

❑ Optimal——最优散列连接：构建表能够全部放入内存，而不是作为缓冲器中真正的单表散列簇。这意味着通常存在于表访问中的锁存、缓冲和读一致性成本，在探查散列表中都不会出现。

❑ Onepass——一遍散列连接：一遍散列连接和最优散列连接，主要区别是 I/O 成本增加了很多。成本的差别主要是优化器估计运行时会增加 I/O 操作。因为散列表太大而无法全部读入内存，其中的一部分必须转储到磁盘，随后再重新读入。并且探查表中相似大小的一部分也必须转储到磁盘，此后重新读入。

❑ Multipass——多遍散列连接：数据被转储到磁盘之后又被多次重新读取，这类散列操作被称为多遍操作。

4. 优缺点

当连接的两个表是用等值连接并且表的数据量比较大时，优化器才可能采用哈希连接。哈希连接适用于连接两个大的结果集或者一大一小两个结果集。哈希连接的优点在于返回所有其他记录，尤其当小表能够适合内存时，性能极其优越。

在缺少有用的索引时，哈希连接比嵌套循环连接更加有效。哈希连接可能比嵌套循环连接快，因为处理内存中的哈希表比检索 B 树更加迅速。哈希连接可能比排序合并连接更快，因为这种情况下，只有一张源表需要排序。在排序合并连接中，两张表的数据都需要先做排序，然后做 MERGE 操作，所以效率相对差。哈希连接的效率最高，因为只需要对两张表扫描一次。在绝大多数情况下，哈希连接效率比其他关联方式效率高。

当然，哈希连接也有一些不适用的情况。和排序合并连接、群集连接一样，哈希连接只能用于等价连接。和排序合并连接一样，哈希连接使用内存资源，并且当用于排序的内存不足时，会增加临时表空间的 I/O 成本，这将使这种连接方法速度变得极慢。哈希连接返回第一条结果慢，因为一个数据源必须哈希到内存中或者内存和磁盘中。当请求快速返回记录集时，Oracle 倾向于使用嵌套循环。

5. 两个有趣的问题

（1）如何加速哈希连接

如果待连接的表很大，怎样才能加速执行哈希连接呢？可参照下面的做法。

```
alter session set workarea_size_policy=MANUAL;
alter session set workarea_size_policy=MANUAL;

alter session set db_file_multiblock_read_count=512;
alter session set db_file_multiblock_read_count=512;

alter session set events '10351 trace name context forever, level 128';

alter session set hash_area_size=524288000;
alter session set hash_area_size=524288000;

alter session set "_hash_multiblock_io_count"=128;
alter session set "_hash_multiblock_io_count"=128;

alter session enable parallel query;

select /*+   pq_distribute(a hash,hash) parallel(a) parallel(b) */ column1,
    column2....
from source_tab a, driving_tab b
where  condition;
```

（2）HASH 区域计算方法

Oracle 在计算哈希区域的时候，把 SELECT 部分和 WHERE 部分过滤谓词字段都计算在内。这里不要忽略了 WHERE 部分，虽然感觉不太有必要。此外，平时总说 hash join 以小表为构建表比较好，准确的说法应该是以结果集的字节少的表为构建表比较好。下面看一个示例。

```
select a.object_type,b.object_name,b.CREATED
from t a,t1 b
where a.object_id=b.object_id and b.STATUS=:1;
```

```
-------------------------------------------------------------------------
| Id  | Operation          | Name | Rows  | Bytes | Cost (%CPU)| Time     |
-------------------------------------------------------------------------
|   0 | SELECT STATEMENT   |      | 10157 |  515K |  132   (2)| 00:00:02 |
|*  1 |  HASH JOIN         |      | 10157 |  515K |  132   (2)| 00:00:02 |
|   2 |   TABLE ACCESS FULL| T    | 20361 |  258K |   65   (0)| 00:00:01 |
|*  3 |   TABLE ACCESS FULL| T1   | 10181 |  387K |   66   (2)| 00:00:01 |
-------------------------------------------------------------------------

AVG_COL_LEN COLUMN_NAME
----------- -----------------------------
          6 OWNER
         19 OBJECT_NAME
          2 SUBOBJECT_NAME
          5 OBJECT_ID
          3 DATA_OBJECT_ID
          8 OBJECT_TYPE
          8 CREATED
          8 LAST_DDL_TIME
         20 TIMESTAMP
          7 STATUS
          2 TEMPORARY
          2 GENERATED
          2 SECONDARY
          3 NAMESPACE
          3 EDITION_NAME
/*
T1表评估出来的BYTES为387KB，看看这个数值是怎么计算出来的。查询里一共出现了T1表的4个字段，分
别为object_name、created、object_id、status，这四个字段的长度总和结合上面的查询可以知道
BYITES为select 39*10181/1024 from dual; => 387.75293，与ORACLE计算出来的是一致的
*/
```

12.6 其他连接方式

除了上述说明的这几种连接方式外，Oracle 还支持其他几种方式。下面摘主要的说明一下。

1.笛卡儿积
笛卡儿连接是指在两表连接没有任何连接条件的情况下，优化器把第一个表的每一条

记录和第二个表的所有记录相连接。如果第一个表的记录数为 m，第二个表的记录数为 n，则会产生 $m \times n$ 条记录。由于笛卡儿连接会导致性能很差的 SQL，因此一般也很少用到。从广义角度来看，笛卡儿连接是 $M : N$ 的连接。虽然在执行计划中是以"CARTESIAN"来表示笛卡儿连接，但实际上它是按照排序合并方式执行的。

下面看一个示例。

```
SQL> select a.*,b.* from emp a,dept b;
-------------------------------------------------------------------------
| Id  | Operation            | Name | Rows  | Bytes | Cost (%CPU)| Time     |
-------------------------------------------------------------------------
|   0 | SELECT STATEMENT     |      |    48 |  5616 |     9   (0)| 00:00:01 |
|   1 |  MERGE JOIN CARTESIAN|      |    48 |  5616 |     9   (0)| 00:00:01 |
|   2 |   TABLE ACCESS FULL  | DEPT |     4 |   120 |     3   (0)| 00:00:01 |
|   3 |   BUFFER SORT        |      |    12 |  1044 |     6   (0)| 00:00:01 |
|   4 |    TABLE ACCESS FULL | EMP  |    12 |  1044 |     2   (0)| 00:00:01 |
-------------------------------------------------------------------------
//注意CARTESIAN字样
```

2. 星型连接

星型连接是先对查询关联的维表得到的结果集进行关联，由于维表过滤出来的结果集通常很小，故采用笛卡儿连接得到的组合也是比较小的；然后在事实表相应的列上创建组合索引，通过索引访问事实表得到所需的记录。

```
SQL> create table t as select * from dba_objects;
//表已创建

SQL> create table t_type as select rownum type_id,a.* from (select distinct
     object_type from t) a;
//表已创建

SQL> create table t_owner as select rownum owner_id,a.* from (select distinct
     owner from t) a;
//表已创建

SQL> create table t_status as select rownum status_id,a.* from (select distinct
     status from t) a;
//表已创建

SQL> create table t_created as select rownum created_id,a.* from (select distinct
     created from t) a;
//表已创建

SQL> update t set object_type=(select type_id from t_type b where t.object_
     type=b.object_type);
//已更新18859行

SQL> update t set owner=(select owner_id from t_owner b where t.owner=b.owner);
```

```
//已更新18859行

SQL> update t set status=(select status_id from t_status b where t.status=b.status);
//已更新18859行

SQL> alter table t add created_date int;
//表已更改

SQL> update t set created_date=(select created_id from t_created b where t.created=
    b.created);
//已更新18859行

SQL> commit;
//提交完成

SQL> create table test as select * from t where 1=2;
//表已创建

SQL> alter table test modify status int;
//表已更改

SQL> alter table test modify owner int;
//表已更改

SQL> alter table test modify object_type int;
//表已更改

SQL> insert into test select * from t;
//已创建 18859 行

SQL> insert into test select * from test;
//已创建 18859 行

SQL> commit;
//提交完成

SQL> create index idx_test on test(owner,object_type,created_date,status);
//索引已创建

SQL> alter session set nls_date_format='yyyy-mm-dd hh24:mi:ss';
//会话已更改

SQL> select a.object_id,a.object_name
  2  from test a,t_owner b,t_type c,t_created d,t_status e
  3  where a.owner=b.owner_id and
  4      a.object_type=c.type_id and
  5      a.created_date=d.created_id and
  6      a.status=e.status_id and
  7      b.owner='SCOTT' and
  8      c.object_type='TABLE' and
  9      d.created='2005-08-30 15:06:10' and
```

```
10        e.status='VALID';
```

Id	Operation	Name	Rows	Bytes	Cost (%CPU)
0	SELECT STATEMENT		1	225	15 (7)
* 1	HASH JOIN		1	225	15 (7)
2	NESTED LOOPS				
3	NESTED LOOPS		1	207	11 (0)
4	MERGE JOIN CARTESIAN		1	76	9 (0)
5	MERGE JOIN CARTESIAN		1	54	6 (0)
* 6	TABLE ACCESS FULL	T_OWNER	1	30	3 (0)
7	BUFFER SORT		1	24	3 (0)
* 8	TABLE ACCESS FULL	T_TYPE	1	24	3 (0)
9	BUFFER SORT		1	22	6 (0)
* 10	TABLE ACCESS FULL	T_CREATED	1	22	3 (0)
* 11	INDEX RANGE SCAN	IDX_TEST	1		1 (0)
12	TABLE ACCESS BY INDEX ROWID	TEST	1	131	2 (0)
* 13	TABLE ACCESS FULL	T_STATUS	1	18	3 (0)

3. 索引连接

索引连接是指在某个查询语句中用到的某个表列存在一个以上的索引时，按照哈希连接方式将这些索引连接起来的方法。也就是说，不通过读取索引再读取表的方式，而是只通过索引连接来实现数据查询。由于哈希连接只能通过 ROWID 来实现索引连接，所以只要能够从索引中获得 ROWID，并将其提供给哈希连接就可以实现索引连接。

这种连接方式在合适的列（满足整个查询的列）上建立索引，这样就可以确保优化器将索引连接作为可选项之一。相对于快速全局扫描，索引连接扫描的优势在于，快速全局扫描只有一个单一索引满足整个查询，索引连接扫描可以有多个索引满足整个查询。

索引与表相比不仅相对较小，而且在扫描时能够只对有用的部分进行扫描，因此可以看出索引具有独特的优点。在存在多个索引的情况下，比较有效的方法是从中选择一个最能缩减查询范围的条件作为驱动查询条件，而其他查询条件则作为过滤条件。应尽最大的努力创建出一个最有效的索引，若是在无法实现的情况下，也只能通过合并多个拥有相似查询范围的索引来共同实现缩减查询范围，此时索引合并也算是比较有效的方法了。由于无法通过 ROWID 读取数据的嵌套循环方式实现索引合并，因此只能通过合并或哈希连接的方式实现索引合并。

可以通过 INDEX_JOIN 提示，促使优化器选择索引连接。此外，需通过成本计算判断索引连接是有效的数据处理方法，优化器才会选择索引连接。

下面看一个示例。

```
SQL> create table t as select * from dba_objects;
```

```
//表已创建

SQL> create index idx_1 on t(owner,object_name);
//索引已创建

SQL> create index idx_2 on t(object_type,object_id);
//索引已创建

SQL> select /*+ index_join(t) */ object_name,object_id
  2  from t
  3  where owner='SYS' and object_type='VIEW';
--------------------------------------------------------------------------------
| Id | Operation           | Name            | Rows | Bytes | Cost (%CPU)| Time     |
--------------------------------------------------------------------------------
|  0 | SELECT STATEMENT    |                 | 2912 | 304K  |   5  (20) | 00:00:01 |
|* 1 |  VIEW               | index$_join$_001| 2912 | 304K  |   5  (20) | 00:00:01 |
|* 2 |   HASH JOIN         |                 |      |       |           |          |
|* 3 |    INDEX RANGE SCAN | IDX_1           | 2912 | 304K  |   2   (0) | 00:00:01 |
|* 4 |    INDEX RANGE SCAN | IDX_2           | 2912 | 304K  |   2   (0) | 00:00:01 |
--------------------------------------------------------------------------------

//通过两个索引的哈希连接，完成结果的查询
```

第 13 章 *Chapter 13*

半连接与反连接

半连接、反连接是 Oracle 支持的两种连接方式。

13.1 半连接

从广义角度来讲，半连接（SEMI JOIN）是指主查询与子查询之间使用的表连接。在半连接中，两个查询是有主次关系的，或者说二者不是平等的，这与普通的表连接是不同的。从使用角度来说，半连接中的子查询可以引用主查询的任意列，反之则不成立。普通表连接与半连接的主要区别在于集合间的从属关系。对于表连接而言，两个集合具有平等的属性，不存在从属关系。但对于子查询而言，两个集合具有从属关系。表连接问题的关键就在于是平等关系还是非平等关系，集合之间的交换定律是否成立。二者在所涉及的列的继承性上存在差异。对于表连接而言，可以随意使用处于连接状态下的两个集合中的任何列。对于半连接而言，子查询可以随意使用主查询的任意列，但主查询不能使用子查询的列。

在最开始的时候，Oracle 是使用嵌套循环的方式来处理半连接的，后来发展为可以采用排序合并或者哈希连接的方式处理半连接。下面通过几个案例说明一下各种情况。

1. 嵌套循环

使用嵌套循环处理半连接，就是通过子查询对主查询数据进行过滤。这里根据子查询的作用分为两种不同的处理策略，一般把它们称为提供者和检验者。

❑ 提供者：所谓提供者，是指子查询被优先处理，子查询的连接列都会变成常量。这些常量会在主查询中过滤数据。

❑ 检验者：所谓检验者，是指主查询被优先处理，主查询的连接列都变成常量。这些
常量会作为结果提供给子查询，子查询对主查询结果进行检验。

下面我们看看示例。

```
SQL> create table emp as select * from scott.emp;
//表已创建

SQL> create table dept as select * from scott.dept;
//表已创建

SQL> select /*+ ordered use_nl(emp,dept) */ * from emp where deptno in (select
    deptno from dept);
-------------------------------------------------------------------------------
| Id | Operation          | Name | Rows | Bytes | Cost (%CPU)| Time     |
-------------------------------------------------------------------------------
|  0 | SELECT STATEMENT   |      |  12  | 1200  |   8  (13)| 00:00:01 |
|  1 |  NESTED LOOPS      |      |  12  | 1200  |   8  (13)| 00:00:01 |
|  2 |   SORT UNIQUE      |      |   4  |   52  |   3   (0)| 00:00:01 |
|  3 |    TABLE ACCESS FULL| DEPT |   4  |   52  |   3   (0)| 00:00:01 |
|* 4 |   TABLE ACCESS FULL | EMP  |   3  |  261  |   2   (0)| 00:00:01 |
-------------------------------------------------------------------------------

/*
在这个语句中，先处理了子查询（DEPT），这里做了一个SORT UNIQUE去重，之后提交的是一个只包含唯一
元素的集合。因为这里DEPT表较少，所以作为嵌套循环的外层循环。在这个语句中，子查询是"提供者"的角
色
*/
```

下面看另外一个例子。

```
SQL> select outer.*
  2  from emp outer
  3  where outer.sal >
  4  (
  5      select /*+ no_unnest */ avg(inner.sal)
  6      from emp inner
  7      where inner.deptno = outer.deptno
  8  );
-------------------------------------------------------------------------------
| Id | Operation          | Name | Rows | Bytes | Cost (%CPU)| Time     |
-------------------------------------------------------------------------------
|  0 | SELECT STATEMENT   |      |   1  |   87  |   6   (0)| 00:00:01 |
|* 1 |  FILTER            |      |      |       |          |          |
|  2 |   TABLE ACCESS FULL | EMP  |  12  | 1044  |   3   (0)| 00:00:01 |
|  3 |   SORT AGGREGATE    |      |   1  |   26  |          |          |
|* 4 |    TABLE ACCESS FULL| EMP  |   1  |   26  |   3   (0)| 00:00:01 |
-------------------------------------------------------------------------------
```

在这个示例中，优化器选择使用一种特殊的嵌套循环——FILTER。这里没有优先处理

子查询，是因为在子查询中引用了主查询（where inner.deptno = outer.deptno）。在主查询被执行之前，由于该主查询列仍然是未知数，所以即使试图优先执行子查询，也不具备被优先执行的条件。从某种程度来讲，这种做法是有意将连接条件的状态改为异常，以确保子查询放在主查询之后执行。在这个语句中，子查询为"检验者"的角色。

为了维护主查询集合类型的完整性，优化器在创建执行计划时特意将 NESTED LOOPS 换为 FILTER。FILTER 方式虽然与 NESTED LOOPS 方式的处理方法相同，但是在执行连接的时候，FILTER 方式并不是以主查询的整体执行结果集为对象执行连接，而是只与重复出现元素中的第一个元素连接。不论子查询的执行结果集中不唯一的元素重复多少次，该方式始终只与重复元素中的第一个元素连接，所以可确保主查询集合类型不被破坏。

 注意　后面示例走的就是这种"过滤型半连接"形式，在试图执行连接的时候，一旦遇到满足条件的行就立刻结束操作；而在嵌套循环连接中，对所有满足条件的行执行连接操作。

2. 哈希连接

在 Oracle 较新的版本中，倾向于使用哈希连接的方式处理半连接。这主要是因为采取嵌套循环这种过滤方式处理时，是以随机方式为主的数据读取，当面临海量数据时，性能很差。如果某一集合能够被全部读入内存，则能实现局部范围扫描。此时，即使处理的数据非常多，也能确保执行速度。

与普通的哈希连接有局限性类似，哈希半连接也有一些限制条件。如在查询中只能使用一个表，只能使用等值连接的运算符，不能使用 GROUP BY、CONNECT BY、ROWNUM 等限制条件。

```
SQL> select * from emp where deptno in (select deptno from dept);
----------------------------------------------------------------------------
| Id  | Operation          | Name | Rows  | Bytes | Cost (%CPU)| Time     |
----------------------------------------------------------------------------
|   0 | SELECT STATEMENT   |      |    12 |  1200 |     7  (15)| 00:00:01 |
|*  1 |  HASH JOIN SEMI    |      |    12 |  1200 |     7  (15)| 00:00:01 |
|   2 |   TABLE ACCESS FULL| EMP  |    12 |  1044 |     3   (0)| 00:00:01 |
|   3 |   TABLE ACCESS FULL| DEPT |     4 |    52 |     3   (0)| 00:00:01 |
----------------------------------------------------------------------------
//还是上面的示例，只不过没有提示，这里看到优化器选择为哈希连接，注意关键字为HASH JOIN SEMI
```

3. 排序合并连接

在某些情况下，优化器也会考虑使用排序合并的方式来处理，主要场景是连接条件的状态为异常或所要连接的数据量非常多。下面我们看一个示例。

```
SQL> select * from emp where exists (select /*+ merge_sj */ 'x' from dept where
     dept.deptno=emp.deptno);
--------------------------------------------------------
| Id  | Operation                    | Name             |
--------------------------------------------------------
|  0  | SELECT STATEMENT             |                  |
|  1  |  MERGE JOIN SEMI             |                  |
|  2  |   TABLE ACCESS BY INDEX ROWID| EMP              |
|  3  |    INDEX FULL SCAN           | IDX_EMP_DEPTNO   |
|* 4  |   SORT UNIQUE                |                  |
|  5  |    INDEX FULL SCAN           | IDX_DEPT_DEPTNO  |
--------------------------------------------------------
```

在示例中，强行指定使用排序合并半连接。在对子查询部分的执行中，执行了 SORT UNIQUE。其目的是使子查询唯一，即子查询为唯一元素集合。按照排序合并连接方式进行连接时，不能对从其他集合中获得的结果直接进行连接，只有等到双方充分地缩减了查询范围后才会比较有效。这也意味着充分地缩减了随机读取的次数。

4. IN/EXISTS 区别

使用 IN 比较运算符的主查询与子查询之间的连接列清晰可见，而在使用 EXISTS 的情况下，无论是在主查询中，还是在子查询的 SELECT-List 中都看不到连接列，最终的连接条件放在子查询的 WHERE 处。就像表连接的描述方法一样，如果在子查询中使用了主查询的列，则子查询就失去了被优先执行的条件。因此，无论在什么情况下，只要使用 EXISTS 的半连接，子查询始终都只能扮演"检验者"的角色。

此外，EXISTS 并不是比较运算符，而是判断满足与否的布尔函数。在该过程中不需要对满足查询条件的全部数据进行判断，只需要利用一个证据实现对整行数据以及某个列值的所有相同值的判定。

13.2　反连接

反连接（ANTI JOIN），通俗理解就是从一个表中返回不在另一个数据源中的数据行，常见的情况有 NOT IN、NOT EXISTS、OUTER JOIN 等。和半连接类似，对反连接的处理也可采用嵌套循环、排序哈并、哈希连接等多种方式。一般情况下，优化器会倾向于采用哈希连接的方式进行处理，特别在较新的版本中。下面看几个示例。

```
create table t1(col1 number,col2 varchar2(1) not null);
create table t2(col2 varchar2(1),col3 varchar2(2) not null);
insert into t1 values(1,'A');
insert into t1 values(2,'B');
insert into t1 values(3,'C');
```

```
insert into t1 values(4,'D');
insert into t1 values(5,'E');
insert into t2 values('A','A2');
insert into t2 values('B','B2');
insert into t2 values('C','D2');
insert into t2 values('D','E2');
commit;

select * from t1 where col2 not in(select col2 from t2 where col3='A2');
-----------------------------------------------------------------------------
| Id  | Operation          | Name | Rows  | Bytes | Cost (%CPU)| Time     |
-----------------------------------------------------------------------------
|   0 | SELECT STATEMENT   |      |     5 |   100 |     7  (15)| 00:00:01 |
|*  1 |  HASH JOIN ANTI    |      |     5 |   100 |     7  (15)| 00:00:01 |
|   2 |   TABLE ACCESS FULL| T1   |     5 |    75 |     3   (0)| 00:00:01 |
|*  3 |   TABLE ACCESS FULL| T2   |     1 |     5 |     3   (0)| 00:00:01 |
-----------------------------------------------------------------------------
//默认采用了哈希反连接（HASH JOIN ANTI）的方式处理

select * from t1 where col2 not in(select /*+ merge_aj */ col2 from t2 where
    col3='A2');
-----------------------------------------------------------------------------
| Id  | Operation           | Name | Rows  | Bytes | Cost (%CPU)| Time     |
-----------------------------------------------------------------------------
|   0 | SELECT STATEMENT    |      |     5 |   100 |     8  (25)| 00:00:01 |
|   1 |  MERGE JOIN ANTI    |      |     5 |   100 |     8  (25)| 00:00:01 |
|   2 |   SORT JOIN         |      |     5 |    75 |     4  (25)| 00:00:01 |
|   3 |    TABLE ACCESS FULL| T1   |     5 |    75 |     3   (0)| 00:00:01 |
|*  4 |   SORT UNIQUE       |      |     1 |     5 |     4  (25)| 00:00:01 |
|*  5 |    TABLE ACCESS FULL| T2   |     1 |     5 |     3   (0)| 00:00:01 |
-----------------------------------------------------------------------------
//通过使用MERGE_AJ，强制使用了排序合并反连接（MERGE JOIN ANTI）来处理

select * from t1 where col2 not in(select /*+ nl_aj */ col2 from t2 where
    col3='A2');
-----------------------------------------------------------------------------
| Id  | Operation          | Name | Rows  | Bytes | Cost (%CPU)| Time     |
-----------------------------------------------------------------------------
|   0 | SELECT STATEMENT   |      |     5 |   100 |    12   (0)| 00:00:01 |
|   1 |  NESTED LOOPS ANTI  |      |     5 |   100 |    12   (0)| 00:00:01 |
|   2 |   TABLE ACCESS FULL| T1   |     5 |    75 |     3   (0)| 00:00:01 |
|*  3 |   TABLE ACCESS FULL| T2   |     1 |     5 |     2   (0)| 00:00:01 |
-----------------------------------------------------------------------------
//通过使用NL_AJ，强制使用了嵌套循环反连接（NESTED LOOPS ANTI）来处理
```

上面示例使用了 NOT IN，下面看看针对 NOT EXISTS、外连接等情况，是否可以使用反连接操作。第一个示例是使用 NOT EXISTS。

```
SQL> select * from dept where not exists ( select null from emp where emp.deptno
-----------------------------------------------------------------------------
```

```
| Id  | Operation            | Name | Rows | Bytes | Cost (%CPU)| Time     |
-----------------------------------------------------------------------------
|   0 | SELECT STATEMENT     |      |    4 |   172 |    7  (15)| 00:00:01 |
|*  1 |  HASH JOIN ANTI      |      |    4 |   172 |    7  (15)| 00:00:01 |
|   2 |   TABLE ACCESS FULL| DEPT |    4 |   120 |    3   (0)| 00:00:01 |
|   3 |   TABLE ACCESS FULL| EMP  |   12 |   156 |    3   (0)| 00:00:01 |
-----------------------------------------------------------------------------
```

第二个示例是使用外连接。

```
SQL> select dept.* from dept,emp where dept.deptno=emp.deptno(+) and emp.rowid i
-----------------------------------------------------------------------------
| Id  | Operation             | Name | Rows | Bytes | Cost (%CPU)| Time     |
-----------------------------------------------------------------------------
|   0 | SELECT STATEMENT      |      |    4 |   220 |    7  (15)| 00:00:01 |
|*  1 |  FILTER               |      |      |       |           |          |
|*  2 |   HASH JOIN OUTER     |      |    4 |   220 |    7  (15)| 00:00:01 |
|   3 |    TABLE ACCESS FULL| DEPT |    4 |   120 |    3   (0)| 00:00:01 |
|   4 |    TABLE ACCESS FULL| EMP  |   12 |   300 |    3   (0)| 00:00:01 |
-----------------------------------------------------------------------------
```

当使用 NOT IN 时，如果子查询中返回的列表中包含空值，可能会带来一些异常情况。下面看一个示例。

```
SQL> select * from dual where 2 not in (select 1 from dual);
D
-
X
SQL> select * from dual where 2 not in (select 1 from dual union all select null
from dual);
no rows selected
/*
这里很奇怪，从现有条件上看，where部分是满足条件的，但是没有返回记录，其原因就是子查询返回的列表
中包含空值。针对这种问题，常见的策略就是在子查询部分加上非空条件
*/
```

此外，反连接使用的字段为空时，优化器处理起来存在问题，这个在较新的版本中已经有所考虑，但在 10g 及以前的版本仍然有这个问题。下面看一个示例。

```
SQL> select * from dept where deptno not in (select deptno from emp);
-----------------------------------------------------------------------------
| Id  | Operation             | Name | Rows | Bytes | Cost (%CPU)| Time     |
-----------------------------------------------------------------------------
|   0 | SELECT STATEMENT      |      |    4 |   172 |    7  (15)| 00:00:01 |
|*  1 |  HASH JOIN ANTI NA    |      |    4 |   172 |    7  (15)| 00:00:01 |
|   2 |   TABLE ACCESS FULL| DEPT |    4 |   120 |    3   (0)| 00:00:01 |
|   3 |   TABLE ACCESS FULL| EMP  |   12 |   156 |    3   (0)| 00:00:01 |
-----------------------------------------------------------------------------
/*
这种情况下，使用一种特殊的哈希连接。因为DEPTNO字段可以为空，在老版本的Oracle中不是使用哈希连
```

接的。为了解决NOT IN和<>ALL对NULL值敏感的问题，Oracle使用改良的反连接。这种反连接能够处理NULL，Oracle称其为Null-Aware Anti Join。在11gR2中，Oracle启用了Null-Aware Anti Join，其受隐含参数_OPTIMIZER_NULL_AWARE_ANTIJOIN控制。默认值为TRUE，表示启用Null-Aware Anti Join。如果修改为FALSE，则Oracle就不能再用Null-Aware Anti Join。又因为NOT IN对NULL值敏感，所以Oracle不能用普通的反连接
*/

```
SQL> alter session set "_optimizer_null_aware_antijoin"=false;
//会话已更改

SQL> select * from dept where deptno not in (select deptno from emp);
-----------------------------------------------------------------------------
| Id  | Operation           | Name | Rows  | Bytes | Cost (%CPU)| Time     |
-----------------------------------------------------------------------------
|   0 | SELECT STATEMENT    |      |     1 |    30 |     5   (0)| 00:00:01 |
|*  1 |  FILTER             |      |       |       |            |          |
|   2 |   TABLE ACCESS FULL| DEPT |     4 |   120 |     3   (0)| 00:00:01 |
|*  3 |   TABLE ACCESS FULL| EMP  |    11 |   143 |     2   (0)| 00:00:01 |
-----------------------------------------------------------------------------
```

//果然，这里改用了FILTER型的嵌套循环

第 14 章

排　　序

排序操作是数据库中比较消耗资源的一类操作，也是优化的重点。在深入讲解排序之前，我们先来看看哪些操作可能带来排序动作。

14.1　引发排序的操作

可能引发排序的操作有很多，并不是简单的 ORDER BY 会引发排序。下面来看看哪些操作可能引起排序操作以及采取何种措施能尽量减少排序。

1. 创建索引

这个很容易理解，索引是一个有序的结构，创建索引肯定需要将索引值排序后才能建立。如果在创建索引时就知道某个索引列是升序的（预先排过序或递增插入），则可以在索引建立时使用 NOSORT 字句，消除索引建立的排序动作。

2. 某些 SQL

带有 DISTINCT、ORDER BY、GROUP BY、UNION、MINUS、INTERSET、CONNECT BY 和 CONNECT BY ROLLUP 子句的查询。对于 ORDER BY、CONNECT BY、GROUP BY 和 CONNECT BY ROLLUP 等子句，服务器进程要对子句中指定的值或条件进行排序。对包括 DISTINCT 或 UNION、INTERSET、MINUS 的查询，服务器进程要清除重复值。对于这些语句的使用，要尽量控制，避免因为排序可能带来的成本增加。有些不必要的需求，可以转换写法，例如对结果集不需要去重，就可以使用 UNION ALL 代替 UNION。此外，对于类似 ORDER BY 的部分，可以利用索引的有序结构避免排序。对于主键字段的访问，也不需要 DISTINCT、UNIQUE，因为其本身就是唯一的。

10g 以前，GROUP BY 的结果集是自动排序的。但 10g 之后，由于 Oracle 提供了默认的 Hash Group By 算法。该算法不保证结果集排序。如果希望使用性能更好的 Hash Group By 算法，又希望结果集是排序的，则需要在语句中增加 ORDER BY 语句。如果不想修改语句，又需要结果集排序，则可以通过 Oracle 一个内部参数（_gby_hash_aggregation_enabled=false）关闭 Hash Group By 算法。

3. 排序合并连接

如果查询两个或多个表的等值连接请求时没有发现索引，则服务器进程会进行排序合并连接。如果优化器选择排序合并，则服务器进程要对每个表进行全表扫描，按连接列的值分别排序每个表，然后根据条件中的值合并表。如果执行关联查询的表的连接列存在索引，则不需要排序操作，这样可大幅度提升性能。

4. 收集统计信息

对于统计动作，能干预的不多，只能尽量减少收集范围，只对那些在连接条件中使用的列生成统计信息。对于主键或唯一约束的列，则不需要生成直方图。此外，compute 统计信息时，需要用更多的排序空间，故应改用 estimate。此外，compute 还会锁住表。注意，如果指定表 50% 以上用于统计信息，则 estimate 的行为和 compute 差不多。

5. 其他情况

其他情况主要包括 B 树到位图的变换、分析函数等。对于位图转换类的查询，可尽量从结构设计角度去优化；对于分析函数，也可考虑在应用端进行处理。

14.2　避免和减少排序

索引是一个很消耗资源的操作，那么如何避免或者减少排序就成为我们需要考虑的问题，或者说是日常优化的一个重要方向。

14.2.1　优化原则及基本方法

针对上面那些可以引发排序的操作，可以通过一些方法来尽量减少甚至避免排序。我们的基本原则就是能不排序就不要排序。用户需要明确是否真的需要排序结果，哪些操作是需要排序的，哪些操作是隐含进行排序的。尽量利用索引这种排序结构，只要查询字段都在索引中，Oracle 会自动选择索引扫描执行计划来避免排序，这样可以省去排序操作。如果必须要排序，也尽量控制排序大小，将需要排序的数据装载到内存中，减少磁盘 I/O 次数，以达到优化的目的。下面看一看优化的基本原则。

- ❑ NOSORT 索引：如果要检索的列值是升序（预先排序或递增插入），则可以在索引建立时使用 NOSORT 子句，消除索引建立的排序阶段。
- ❑ UNION ALL 而不是 UNION：UNION ALL 子句并不消除重复项，因此查询阶段不需要排序。
- ❑ 表连接使用索引访问：排序合并连接，需要全表扫描和一个排序合并结果集。基于索引访问的嵌套循环连接，可以减少全表扫描和消除排序，从而提高性能。
- ❑ 对 ORDER BY 子句引用的列生成索引：对经常在 ORDER BY 子句中引用的列生成索引，这样 Oracle 用索引提供顺序，而不是进行排序。
- ❑ 主键选择：主键的 SELECT，不需要 DISTINCT 和 UNIQUE 子句，因为主键本身唯一。
- ❑ 选择要分析的特定列：只对要在连接条件中使用的列生成统计信息，使用 analyze...for all indexed columns 或 analyze...for columns 等。另外，具有主键或唯一约束的列，不需要产生直方图。
- ❑ 用 estimate，而不是 compute：这部分前边介绍过（见 14.1 节），这里就不重复了。

14.2.2 避免排序的示例

下面我们通过几个示例，看看如何避免排序，提高效率。

1. 使用索引避免排序

下面看一个使用索引避免排序的示例。

```
SQL> create table t_nosort (id number primary key, name varchar2(30) not null);
Table created.

SQL> create index ind_t_nosort_name on t_nosort(name);
Index created.

SQL> insert into t_nosort select rownum, table_name from dba_tables;
2817 rows created.

SQL> commit;
Commit complete.

SQL> select id, name from t_nosort order by name;
--------------------------------------------------------------------------------
| Id  | Operation          | Name     | Rows  | Bytes | Cost (%CPU)| Time     |
--------------------------------------------------------------------------------
|  0  | SELECT STATEMENT   |          | 2817  | 84510 |    6  (17)| 00:00:01 |
|  1  |  SORT ORDER BY     |          | 2817  | 84510 |    6  (17)| 00:00:01 |
|  2  |   TABLE ACCESS FULL| T_NOSORT | 2817  | 84510 |    5   (0)| 00:00:01 |
--------------------------------------------------------------------------------

Statistics
----------------------------------------------------------
```

```
        4  sorts (memory)
        0  sorts (disk)
```
显然此时有排序动作

```
SQL> select /*+ index(t_nosort ind_t_nosort_name) */ id, name from t_nosort order
    by name;
---------------------------------------------------------
| Id | Operation                     | Name               |
---------------------------------------------------------
|  0 | SELECT STATEMENT              |                    |
|  1 |  TABLE ACCESS BY INDEX ROWID| T_NOSORT           |
|  2 |   INDEX FULL SCAN             | IND_T_NOSORT_NAME  |
---------------------------------------------------------
Statistics
---------------------------------------------------------
        0  sorts (memory)
        0  sorts (disk)
/*
```
利用索引全扫描，可以避免排序。如果是倒排序（order by desc），可以使用index_desc提示利用索引
扫描避免排序
```
*/
```

2. 通过包含连接的查询避免排序

排序合并连接的方式由于是先排序后连接，因此查询的结果本身就是包含排序的。我
们可以利用这一点避免一些排序的发生。下面看一个示例。

```
SQL> create table t1 (id number primary key, name varchar2(30) not null);
Table created.

SQL> create table t2 (id number, name varchar2(30));
Table created.

SQL> create index ind_t1_name on t1(name);
Index created.

SQL> insert into t1 select rownum, table_name from dba_tables;
2817 rows created.

SQL> insert into t2 select rownum, object_name from dba_objects;
86479 rows created.

SQL> commit;
Commit complete.

SQL> select /*+ use_merge(t1, t2) */ t2.name, t1.id
  2  from t1, t2
  3  where t1.name = t2.name;
---------------------------------------------------------------------------
| Id | Operation       | Name | Rows | Bytes |TempSpc| Cost (%CPU)| Time     |
```

```
-----------------------------------------------------------------------------
|   0 | SELECT STATEMENT|     | 24351 | 1117K|      |   602   (1)| 00:00:08 |
|   1 |  MERGE JOIN     |     | 24351 | 1117K|      |   602   (1)| 00:00:08 |
|   2 |   SORT JOIN     |     |  2817 | 84510|      |     6  (17)| 00:00:01 |
|   3 |    TABLE ACCESS FULL
|                       |  T1 |  2817 | 84510|      |     5   (0)| 00:00:01 |
|*  4 |   SORT JOIN     |     | 83037 | 1378K| 3928K|   596   (1)| 00:00:08 |
|   5 |    TABLE ACCESS FULL
|                       |  T2 | 83037 | 1378K|      |   136   (0)| 00:00:02 |
-----------------------------------------------------------------------------
Statistics
-----------------------------------------------------------
          2  sorts (memory)
          0  sorts (disk)
```
//因此，如果指定排序为连接列的升序排列，则使用MERGE JOIN可以避免排序的发生

```
SQL> select /*+ use_merge(t2, t1) */ t2.name, t1.id
  2  from t1, t2
  3  where t1.name = t2.name
  4  order by t2.name;
------------------------------------
| Id  | Operation          | Name  |
------------------------------------
|   0 | SELECT STATEMENT    |       |
|   1 |  MERGE JOIN         |       |
|   2 |   SORT JOIN         |       |
|   3 |    TABLE ACCESS FULL| T1    |
|*  4 |   SORT JOIN         |       |
|   5 |    TABLE ACCESS FULL| T2    |
------------------------------------
```
//但是MERGE JOIN只能对连接列排序，且排序操作只能是升序，对于降序MERGE JOIN却无能为力

　　由于 NESTED LOOP 操作本身不包含排序，因此 NESTED LOOP 也不会保证结果是排序的。但是，NESTED LOOP 可以保证连接过程是稳定的。也就是说，如果驱动表在连接之前已排序，那么经过连接之后，得到的结果也是排序的。下面看一个示例。

```
SQL> create index ind_t2_id on t2(id);
Index created.

SQL> create index ind_t2_name on t2(name);
Index created.

SQL> select /*+ use_nl(t1, t2) */ t1.id, t1.name, t2.name
  2  from t1, t2
  3  where t1.id = t2.id;
------------------------------------------------------
| Id  | Operation           | Name       |           |
------------------------------------------------------
|   0 | SELECT STATEMENT     |            |           |
|   1 |  NESTED LOOPS        |            |           |
```

```
|   2 |    NESTED LOOPS               |                |
|   3 |      TABLE ACCESS FULL        | T2             |
|*  4 |        INDEX UNIQUE SCAN      | SYS_C0011220   |
|   5 |    TABLE ACCESS BY INDEX ROWID| T1             |
-------------------------------------------------------
/*
```

现在得到的结果不是按照T1的NAME列进行排序的，但是如果把T1作为驱动表，且访问T1的时候按照NAME的顺序访问，那么得到的最终结果也是按照T1的NAME进行排序的
```
*/
```

```
SQL> select /*+ ordered index(t1 ind_t1_name) use_nl(t1, t2) */ t1.id, t1.name,
    t2.name
  2  from t1, t2
  3  where t1.id = t2.id
  4  order by t1.name;
-------------------------------------------------------
| Id  | Operation                   | Name           |
-------------------------------------------------------
|   0 | SELECT STATEMENT            |                |
|   1 |  NESTED LOOPS               |                |
|   2 |   NESTED LOOPS              |                |
|   3 |    TABLE ACCESS BY INDEX ROWID| T1           |
|   4 |      INDEX FULL SCAN        | IND_T1_NAME    |
|*  5 |      INDEX RANGE SCAN       | IND_T2_ID      |
|   6 |    TABLE ACCESS BY INDEX ROWID | T2          |
-------------------------------------------------------
/*
```

通过上面的方法，保证了连接之后结果集的最终顺序。而且，Oracle的优化器也足够智能，认识到目前得到的结果集就是根据NAME顺序排好的，因此忽略了SORT ORDER BY的操作
```
*/
```

14.3　排序过程及内存使用

下面我们来看看排序的基本过程及排序过程中内存的使用情况，毕竟排序操作是一个非常消耗内存的动作。

1. 排序过程

先来看看排序的过程。

1）首先评估排序的数据量，如果排序数据量较大，则需要将排序的数据分为小块。

2）针对每一个小块的数据进行单独排序。

3）完成小块数据排序后，将排好序的数据写入用户临时表空间的临时段中。临时段保存中间数据，然后数据库继续处理另一块数据。

4）循环上述过程，将所有数据排序之后，数据库将提取各块数据的一部分继续排序，并对最终排序进行输出。

5）如果排序区太小，无法同时合并所有排序块，则分几个阶段合并部分排序数据，产生最终排序并输出。

2. 排序中的内存使用

在排序操作中使用的内存被称为排序区。一般在专有服务器模式下，排序区是用户全局区（UGA）的一部分，都在专有服务器进程 PGA 的内存使用范畴中。如果使用共享服务器模式，则排序区会占用共享池的内存。这种方式下，如果对大数据进行排序，则会对共享池内存使用造成冲击。现在大多数情况下，生产环境还是使用专用服务器模式。下面针对专有服务器模式下，内存的使用进行说明。

在专有服务器模式下，建议配置 PGA_AGGREGATE_TARGET 和 WORKAREA_SIZE_POLICY，以便自动管理 PGA 内存。将 WORKAREA_SIZE_POLICY 设置为 AUTO，工作区长度设置为自动调整。而 PGA_AGGREGATE_TARGET 则是指定所有专用服务器进程中可以使用的目标累计 PGA 内存。当我们执行常规的串行操作时，限制为串行操作分配的任何一个工作区最大为 pga_aggregate_target 的 5%；对并行操作工作区分配的限制是：操作中涉及的所有并行子进程所用的内存总量不超过 pga_aggregate_target 的 30%。（同时，每个子进程使用的上限是 5%，这意味着若执行一个平行度超过 6 的查询，则只能占到 30% 的上限。）可以通过一系列隐含参数调整对内存的使用，这些主要参数如下。

❑ _smm_max_size: 串行执行分配内存的上限。

❑ _smm_px_max_size: 并行执行分配内存的上限。

❑ _smm_min_size: 一个会话所能获得的工作区的最小有效内存。

在通常情况下，排序操作都是在内存中完成的。如果排序数据量很大，在内存里不能完成排序，则会拆分成多个部分。针对每一部分，单独进行排序，排好序的数据会临时存放在磁盘。这也是"磁盘排序"概念的由来。根据数据规模的不同，排序可能会采取三种不同的策略：最优排序、一遍排序、多遍排序。这部分内容在 12.4 节已做介绍，这里不再重复。

3. 磁盘排序与内存排序

我们上面所介绍的最优排序、一遍排序、多遍排序在应用时会涉及一个很重要的概念——磁盘排序。当需要排序的数据量很大，在内存里不能完成时，Oracle 会分阶段来排序，每次先排一部分，并且把排好序的数据临时存放在用户默认临时表空间的临时段上。临时表空间对应的临时文件属于磁盘文件，这也是磁盘排序的由来。相较于内存排序来说，磁盘排序的效率要低很多。下面我们具体对比一下三种排序情况。

（1）最优排序

排序中最理想的情况就是最优排序，也就是需要排序的数据都放在内存，而且内存有足够空间做排序。排序本身的原理可能是相当复杂的，但是大致的说法应该是排序时在内存中需要维护一个树形的结构来完成排序。所以，假如有 5MB 的数据需要排序，这时候你需要的内存会远大于 5MB。

可以在 10033 事件中看到产生的排序归并段。排序时转储到磁盘的数据格式意味着转储的总数据量可能比预期大很多。如果没有排序归并段，说明在内存中完成了排序动作。内存排序采用的是二分插入树原理（10g R2 以后的版本，对排序算法进行了修改），当然其并没有插入真正的数据而是一些指针。此外，每个节点上还对应着一些指针（分别指向父节点、左子树、右子树）。这也就解释了为什么转储后的数据量要大于原始数据量，当然 I/O 缓冲还要占用内存。当执行完全存储器内部排序时，需要遍历的树非常高（树的高度是 Log2（行数））。但当转储一部分数据后，存储器内部每个排序归并段对应的树都很低，因此消耗在 CPU 的时间会减少。如果系统的瓶颈是 CPU，并且 I/O 子系统的负载不大，可以考虑从内部排序转为一遍排序的最小内存量，这样有可能提高效率。通常设置 sort_area_size 为不至于产生多遍操作的最小值（在 workarea_size_policy 为自动时，已经体现了这个策略）。

（2）一遍排序

一遍排序的过程会复杂一些。假如需要排序的数据是 1～20，但内存一次只能排序 5 个数据，这时候不得不 5 个数据做一个排序。每排好一组就放在临时文件中，最后在磁盘上就存在 4 组数据。注意这 4 组数据都是有序的结果。如果内存足够一次容纳排序组个数的数据，那么此时执行的就是一遍排序。针对这个例子，也就是说内存可以一次容纳 4 个数据。后面的操作方式就是从各组中找到最小的那组（假设是升序排序），然后在找到的那组中补充一个新的元素（类似堆栈弹出一个元素，后续元素补上）。后面的工作就是重复上面的操作，再从 4 个元素中找到最小的。以此类推，直到全部元素遍历完毕。

（3）多遍排序

多遍排序的过程更复杂，它是指内存很小，连排序组个数的数据都无法容纳。就上面的例子而言，内存小到无法容纳 4 个数据。此时，就无法进行一遍排序，而要进行多遍排序。假设此时的内存能容纳 3 个数据，如果需要对 20 个数据进行排序，则需要在临时文件中对数据进行分组，控制每组 3 个元素，总共 7 组。每组 3 个元素，排序后保存到临时文件中。然后按照一遍排序的方式对每 3 组元素进行处理，其结果保存到另一个临时文件中（这个文件最终会有 3×3 个元素）。重复上面的过程，然后对新生成的一组临时数据进行排序，以得到最终结果。因为在临时表空间中需要多次排序、保存（上面例子是 2 次），所以这种方式称为多遍排序。这里的遍数越多，自然排序的时间也就越长。

14.4　执行计划中的"Sort"

在执行计划中，我们经常能看到"Sort"字样，给人的直观影响就是排序。其实，在 Oracle 中，Sort 远非简单的排序。下面我们看看和 Sort 相关的执行计划。

1. Sort Aggregate

Sort Aggregate 不一定涉及排序，当聚合用来计算所有行值时，会用到 Sort Aggregates。它通常发生在使用一些聚合函数的时候，如 sum、avg、max、count 等。实际上 Sort Aggregate 不做真正的 Sort，并不会用到排序空间，而是通过一个全局变量 + 全表 / 全索引扫描来实现。

```
SQL> select count(*) from t_objects;
-----------------------------------------------------------------
| Id | Operation          | Name      | Rows  | Cost (%CPU)| Time     |
-----------------------------------------------------------------
|  0 | SELECT STATEMENT   |           |     1 |   344   (1)| 00:00:05 |
|  1 |  SORT AGGREGATE    |           |     1 |            |          |
|  2 |   TABLE ACCESS FULL| T_OBJECTS | 86297 |   344   (1)| 00:00:05 |
-----------------------------------------------------------------

SQL> select sum(object_id) from t_objects;
-----------------------------------------------------------------------
| Id | Operation          | Name      | Rows  | Bytes | Cost (%CPU)| Time     |
-----------------------------------------------------------------------
|  0 | SELECT STATEMENT   |           |     1 |     5 |   344   (1)| 00:00:05 |
|  1 |  SORT AGGREGATE    |           |     1 |     5 |            |          |
|  2 |   TABLE ACCESS FULL| T_OBJECTS | 86297 |  421K |   344   (1)| 00:00:05 |
-----------------------------------------------------------------------
//在使用聚合函数中，执行计划都用到了Sort Aggregate
```

2. Sort Unique

Sort Unique，顾名思义即排序去重。往往在用户指定 DISTINCT 语法或者下一步操作需要唯一值时，会使用 Sort Unique。

```
SQL> select distinct object_id from t_objects;
-------------------------------------------------
| Id | Operation          | Name      | Rows  |
-------------------------------------------------
|  0 | SELECT STATEMENT   |           | 86297 |
|  1 |  HASH UNIQUE       |           | 86297 |
|  2 |   TABLE ACCESS FULL| T_OBJECTS | 86297 |
-------------------------------------------------
/*
在语句中指定了DISTINCT，但执行计划中并没有Sort Unique。这主要是因为从10gR2开始，Sort Unique有了一些变化。Sort Unique变成了Hash Unique，利用新的哈希算法代替了传统的Sort Unique。下面我们禁用哈希操作看看情况
```

```
*/
SQL> select /*+opt_param('_gby_hash_aggregation_enabled', 'false')*/ distinct
    object_id from t_objects;
-------------------------------------------------
| Id | Operation          | Name      | Rows  |
-------------------------------------------------
|  0 | SELECT STATEMENT   |           | 86297 |
|  1 |  SORT UNIQUE       |           | 86297 |
|  2 |   TABLE ACCESS FULL| T_OBJECTS | 86297 |
-------------------------------------------------
//果然，在执行计划中出现了预期的Sort Unique
```

下面看看另外一种情况，就是下一步操作是唯一值的情况。

```
SQL> select owner from t_objects where object_id in (select object_id from t_
    objects);
-------------------------------------------------
| Id | Operation          | Name      | Rows  |
-------------------------------------------------
|  0 | SELECT STATEMENT   |           | 86297 |
|* 1 |  HASH JOIN RIGHT SEMI|         | 86297 |
|  2 |   TABLE ACCESS FULL | T_OBJECTS | 86297 |
|  3 |   TABLE ACCESS FULL | T_OBJECTS | 86297 |
-------------------------------------------------
/*
外部查询的过滤条件OBJECT_ID需要对内部查询返回的唯一值列表进行过滤。在默认情况下，优化器将其转换
为哈希半连接来处理。下面禁用哈希连接看看
*/
SQL> select /*+opt_param('hash_join_enabled', 'false')*/ owner from t_objects
    where object_id in (select object_id from t_objects);
-------------------------------------------------
| Id | Operation          | Name      | Rows  |
-------------------------------------------------
|  0 | SELECT STATEMENT   |           | 86297 |
|  1 |  MERGE JOIN SEMI   |           | 86297 |
|  2 |   SORT JOIN        |           | 86297 |
|  3 |    TABLE ACCESS FULL| T_OBJECTS | 86297 |
|* 4 |   SORT UNIQUE      |           | 86297 |
|  5 |    TABLE ACCESS FULL| T_OBJECTS | 86297 |
-------------------------------------------------
//禁用哈希连接后，二者转换为MREGE JOIN。在对内层循环的处理中，使用了Sort Unique
```

3. Sort Join

假如行按照连接键排序，在排序合并连接时将会发生 Sort Join。Sort Join 发生在出现 Merge Join 的情况下，两张关联的表要各自做 Sort，然后 Merge。上一个例子就是这种情况。

4. Sort Group By

当聚合用来计算不同组的数据时，会使用 Sort Group By。排序需要将把行值分成不同的组。在 10g R2 以后，Sort Group By 被 Hash Group By 所代替。

```
SQL> select owner,count(*) from t_objects group by owner;
-------------------------------------------------
| Id  | Operation          | Name      | Rows  |
-------------------------------------------------
|  0  | SELECT STATEMENT   |           |    24 |
|  1  |  HASH GROUP BY     |           |    24 |
|  2  |   TABLE ACCESS FULL| T_OBJECTS | 86297 |
-------------------------------------------------
//测试环境是11g R2，默认采用的是Hash Group By。禁用看看
SQL> select /*+opt_param('_gby_hash_aggregation_enabled', 'false')*/ owner,count(*)
    from t_objects group by owner;
-------------------------------------------------
| Id  | Operation          | Name      | Rows  |
-------------------------------------------------
|  0  | SELECT STATEMENT   |           |    24 |
|  1  |  SORT GROUP BY     |           |    24 |
|  2  |   TABLE ACCESS FULL| T_OBJECTS | 86297 |
-------------------------------------------------
//果然使用了Sort Group By
```

5. Sort Order By

这是最常见的一种情况，按照一个非索引列进行排序就会发生这种情况。

```
SQL> select * from t_objects order by status;
-------------------------------------------------
| Id  | Operation          | Name      | Rows  |
-------------------------------------------------
|  0  | SELECT STATEMENT   |           | 86297 |
|  1  |  SORT ORDER BY     |           | 86297 |
|  2  |   TABLE ACCESS FULL| T_OBJECTS | 86297 |
-------------------------------------------------
```

6. Buffer Sort

Buffer Sort 一般是指在内存中执行的排序动作。有时 Oracle 会借助会话私有的内存区域（PGA）完成动作，但这个提示并不表明一定发生排序。至于为什么称为 Buffer Sort，可能是因为排序操作经常发生在 PGA 中。

```
SQL> select t1.user_id,t2.username from t_users t1,t_users t2;
-----------------------------------------------------------------------------
| Id  | Operation            | Name    | Rows  | Bytes | Cost (%CPU)| Time     |
-----------------------------------------------------------------------------
|  0  | SELECT STATEMENT     |         |   961 | 13454 |    38   (0)| 00:00:01 |
|  1  |  MERGE JOIN CARTESIAN|         |   961 | 13454 |    38   (0)| 00:00:01 |
```

```
|  2 |   TABLE ACCESS FULL   | T_USERS |   31 |  124 |    3   (0)| 00:00:01 |
|  3 |    BUFFER SORT        |         |   31 |  310 |   35   (0)| 00:00:01 |
|  4 |     TABLE ACCESS FULL | T_USERS |   31 |  310 |    1   (0)| 00:00:01 |
------------------------------------------------------------------------
/*
```

这两个表没有连接条件，因此走的是笛卡儿积连接。在执行计划中出现的Buffer　Sort，表示Oracle使用PGA
区缓存扫描T_USRES的结果。这种方式的好处是比存在SGA中节省了很多开销（例如栓锁）
```
*/
```

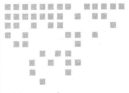

第 15 章

子 查 询

子查询是指在一个 SELECT 语句中嵌套另一个 SELECT 语句。子查询与主查询之间并不是水平关系，而是从属关系。这就意味着不论使用哪种类型的子查询，都必须确保不能改变主查询的完整性。通常情况下，优化器都会将子查询合并到主查询中，以便产生更优质的执行计划。这里可能采用嵌套循环、排序合并或哈希连接等方式。

下面我们来看看子查询可能的几种处理方式。

15.1 处理方式

在合并之后，可能有两种处理方式：一种是子查询优先，一种是主查询优先。

1. 子查询优先

如果子查询与主查询的表连接方式是优先执行子查询，并将其执行结果提供给主查询的嵌套循环连接，那么优化器将优先执行子查询，并通过对结果进行唯一排序 SOR（UNIQUE），再与主查询进行连接。在排序合并连接和哈希连接中，也是这样处理的。通常可以看到类似下面的执行计划。

```
NESTED LOOPS
  VIEW
    SORT(UNIQUE)
      TABLE ACCESS ...
        INDEX (RANGE SCAN) OF ...
  TABLE ACCESS...
    INDEX (FULL SCAN) ...
```

2. 主查询优先

如果将主查询的执行结果作为外侧循环来使用，而把子查询作为内侧循环来使用。此时，采用在内侧循环第一行被连接成功之后就立刻结束内侧循环的方式。这种处理方式所制定的策略就是前面在嵌套循环中提到的 FILTER。通常可以看到类似下面的执行计划。

```
FILTER
  TABLE ACCESS ...
    INDEX (FULL SCAN)...
  TABLE ACCESS ...
    INDEX (RANGE SCAN)...
```

下面我们首先来看看子查询的分类。

15.2 子查询分类

子查询的分类方法有很多，通常可以有如下分类。

15.2.1 按照语法分类

按照语法分类，子查询有以下几种。

❑ 相关子查询：常用于 EXISTS、NOT EXISTS 中，当然 IN、NOT IN 也可以。它的语法特点是相互包含，外部表的信息被子查询引用，子查询嵌套在外部查询中。语法意义上的含义是存在性判断，比如下面的示例。

```
select * from emp a where exists(select 1 from dept b where a.deptno=b.deptno);
```

❑ 非相关子查询：常用于 IN、NOT IN 中，语法特点是子查询与外部查询完全可以独立运行。语法意义上的含义是主表谓词对应的范围筛选，比如下面的示例。

```
select * from emp a where a.deptno in ( select b.deptno from dept b);
```

❑ 标量子查询：常用于结果集不大，子查询访问非常高效的情况。希望针对每个外部查询的结果，查询其他表、视图等信息。语法的特点是每行匹配结果都是单行单列。一般使用相关标量子查询居多。语法意义上如果匹配不到，则为空。优化这种查询多改为 Outer Join，注意连接条件是否为空，比如下面的示例。

```
select a.ename,a.deptno,(select b.dname from dept b where a.deptno=b.deptno)
  deptname from emp a;
```

15.2.2 按照谓词分类

按照谓词分类，子查询有以下几种。

❏ 单行子查询：子查询返回的数据只有一行，比如下面的示例。

```
select a.ename,a.deptno,a.sal from emp a where a.deptno=10 and a.sql=(select
    max(b.sal) from emp b where a.deptno=b.deptno);
```

❏ 多行子查询：子查询返回数据为多行，比如下面的示例。

```
select * from emp a where a.deptno in (select b.deptno from dept b);
```

❏ 单列子查询：只返回一列数据，比如下面的示例。

```
select ename from emp where sal>(select avg(sal) from emp);
```

❏ 多列子查询：可返回多列数据。比如下面的示例。

```
select a.ename,a.deptno,a.sal from emp a where (a.deptno ,a.sal) in (select
    b.deptno,max(b.sal) from emp b);
```

15.2.3 示例

下面我们看几个示例，特别是一些关于特殊称谓子查询的示例。

1. 标量子查询

一个返回单值的子查询，就是标量子查询。下面看一个示例。

```
SQL> select count(*) from emp where sal<(select avg(sal) from emp);
-----------------------------------------------------------------------
| Id | Operation          | Name | Rows | Bytes | Cost (%CPU)| Time     |
-----------------------------------------------------------------------
|  0 | SELECT STATEMENT   |      |    1 |    13 |    6   (0)| 00:00:01 |
|  1 |  SORT AGGREGATE    |      |    1 |    13 |           |          |
|* 2 |   TABLE ACCESS FULL| EMP  |    1 |    13 |    3   (0)| 00:00:01 |
|  3 |    SORT AGGREGATE   |      |    1 |    13 |           |          |
|  4 |     TABLE ACCESS FULL| EMP |   14 |   182 |    3   (0)| 00:00:01 |
-----------------------------------------------------------------------
```

示例中的子查询部分，返回的是员工的平均工资，只是一个单值，因此这是一个标量子查询。从执行情况来看，整个语句执行了两遍对 EMP 表的扫描，一遍是标量子查询返回平均工资，一遍是以这个工资为过滤条件过滤全表。

标量子查询除了可以出现在 WHERE 部分外，也可以出现在 SELECT 部分。下面看另外一个示例。

```
SQL> select empno,ename,deptno,(select dname from dept where dept.deptno=emp.
    deptno) dname from emp;
-----------------------------------------------------------------------
| Id | Operation          | Name | Rows | Bytes | Cost (%CPU)| Time     |
-----------------------------------------------------------------------
|  0 | SELECT STATEMENT   |      |   14 |   462 |    3   (0)| 00:00:01 |
|* 1 |  TABLE ACCESS FULL| DEPT |    1 |    22 |    3   (0)| 00:00:01 |
```

```
|   2 |   TABLE ACCESS FULL| EMP  |   14 |   462 |    3   (0)| 00:00:01 |
-------------------------------------------------------------------------
```
//这是一个对EMP表的全表查询，其中对于DEPTNO字段利用一个标量子查询，查询出部门名称

2. 内联视图

出现在 FROM 子句中的子查询，被称为内联视图（Inline View）。下面我们看一个示例。

```
SQL> select * from (select * from emp order by sal) where rownum<4;
-----------------------------------------------------------------------------
| Id  | Operation            | Name | Rows | Bytes | Cost (%CPU)| Time     |
-----------------------------------------------------------------------------
|   0 | SELECT STATEMENT     |      |    3 |   261 |    4   (25)| 00:00:01 |
|*  1 |  COUNT STOPKEY       |      |      |       |            |          |
|   2 |   VIEW               |      |   14 |  1218 |    4   (25)| 00:00:01 |
|*  3 |    SORT ORDER BY STOPKEY|   |   14 |  1218 |    4   (25)| 00:00:01 |
|   4 |     TABLE ACCESS FULL | EMP |   14 |  1218 |    3    (0)| 00:00:01 |
-----------------------------------------------------------------------------
```
//示例中FROM部分就是一个子查询，数据库会把它作为一个视图来看待

3. 嵌套子查询

出现在 WHERE 子句中的子查询称为嵌套子查询（Nested Subquery）。在嵌套子查询中，根据与主查询的关系，子查询又可以分为关联子查询和非关联查询。如果嵌套子查询是主查询 WHERE 条件的逻辑表达式的一部分（非 IN、EXISTS 子查询），并且嵌套子查询的查询条件中还包含主查询中表的字段，那么这样的子查询称为互关联子查询。下面我们看看关联子查询和非关联子查询的示例。

1）关联子查询的示例如下。

```
SQL> select e1.ename,e1.sal from emp e1 where e1.sal=(select min(sal) from emp e2
    where e1.deptno=e2.deptno);
-----------------------------------------------------------------------------
| Id  | Operation            | Name    | Rows | Bytes | Cost (%CPU)| Time     |
-----------------------------------------------------------------------------
|   0 | SELECT STATEMENT     |         |    3 |   117 |    7   (15)| 00:00:01 |
|*  1 |  HASH JOIN           |         |    3 |   117 |    7   (15)| 00:00:01 |
|   2 |   VIEW               | VW_SQ_1 |    3 |    78 |    4   (25)| 00:00:01 |
|   3 |    HASH GROUP BY     |         |    3 |    21 |    4   (25)| 00:00:01 |
|   4 |     TABLE ACCESS FULL| EMP     |   14 |    98 |    3    (0)| 00:00:01 |
|   5 |   TABLE ACCESS FULL  | EMP     |   14 |   182 |    3    (0)| 00:00:01 |
-----------------------------------------------------------------------------
```
//子查询部分，需要引用父查询的字段值

2）非关联子查询的示例如下。

```
SQL> select e1.ename,e1.sal from emp e1 where e1.sal=(select min(sal) from emp e2);
-----------------------------------------------------------------------------
| Id  | Operation            | Name | Rows | Bytes | Cost (%CPU)| Time     |
-----------------------------------------------------------------------------
|   0 | SELECT STATEMENT     |      |    1 |    10 |    6    (0)| 00:00:01 |
```

```
|*  1 |   TABLE ACCESS FULL   | EMP  |     1 |    10 |     3   (0)| 00:00:01 |
|   2 |     SORT AGGREGATE     |      |     1 |     4 |         |         |
|   3 |       TABLE ACCESS FULL| EMP  |    14 |    56 |     3   (0)| 00:00:01 |
------------------------------------------------------------------------
//子查询部分，跟父查询没有直接关系
```

子查询的执行情况很复杂，针对子查询的执行，优化器内置了多种优化手段。下面重点看看这些优化手段。

15.3　子查询优化

针对子查询，优化器支持多种优化策略。Oracle 查询转换功能主要有启发式（基于规则）查询转换以及基于 Cost 的查询转换两种，针对子查询主要有 SUBQUERY UNNEST、PUSH SUBQUERY 等。查询转换的目的是转化为 JOIN（包括 SEMI、ANTI JOIN 等），充分利用索引、Join 技术等高效访问方式提高效率。如果子查询不能 UNNEST（启发式），可以选择把子查询转换为 INLINE VIEW（基于 Cost）；如果都不可以，那么子查询就会最后执行，可能会看到类似 FILTER 的操作。

1. 子查询转换

下面先通过一个示例看看。

```
SQL> create table t_objects as select * from dba_objects;
Table created.

SQL> create table t_users as select * from dba_users;
Table created.

SQL> create index idx_users_created on t_users(created);
Index created.

SQL> create index idx_objects_created on t_objects(created);
Index created.

SQL> exec dbms_stats.gather_table_stats('hf', 't_users', estimate_percent => 15,
    cascade=>true);
PL/SQL procedure successfully completed.

SQL> exec dbms_stats.gather_table_stats('hf', 't_objects', estimate_percent => 15,
    cascade=>true);
PL/SQL procedure successfully completed.
//上面代码准备了必要的数据环境，并收集相关对象的统计信息

SQL> select * from t_objects a where a.created in (select b.created from t_users b);
--------------------------------------------------------------
| Id  | Operation                      | Name           |
```

```
------------------------------------------------------------
|  0 | SELECT STATEMENT              |                    |
|  1 |  NESTED LOOPS                |                    |
|  2 |   NESTED LOOPS               |                    |
|  3 |    SORT UNIQUE               |                    |
|  4 |     INDEX FULL SCAN          | IDX_USERS_CREATED   |
|* 5 |     INDEX RANGE SCAN         | IDX_OBJECTS_CREATED |
|  6 |    TABLE ACCESS BY INDEX ROWID| T_OBJECTS          |
------------------------------------------------------------
```
//默认情况下，是将上面的操作转换为表间关联方式执行

```
SQL> select * from t_objects a where a.created in (select /*+ no_unnest push_subq
   */ b.created from t_users b);
-----------------------------------------------
| Id  | Operation          | Name            |
-----------------------------------------------
|  0 | SELECT STATEMENT   |                  |
|* 1 |  TABLE ACCESS FULL| T_OBJECTS         |
|* 2 |   INDEX RANGE SCAN| IDX_USERS_CREATED |
-----------------------------------------------
Predicate Information (identified by operation id):
-----------------------------------------------
   1 - filter( EXISTS (SELECT /*+ PUSH_SUBQ NO_UNNEST */ 0 FROM "T_USERS" "B"
             WHERE "B"."CREATED"=:B1))
   2 - access("B"."CREATED"=:B1)
/*
通过提示no_unnest，禁止了子查询解嵌套。一次采用了原始的方式执行，子查询部分的作用就是"FILTER"
*/
```

2. 子查询合并

子查询合并是指优化器不再单独为子查询生成执行计划，而是将子查询合并到主查询中，最终为合并后的结果生成一个最优的执行计划。可以通过参数 _simple_view_merging 或者提示 MERGE/NO_MERGE 来控制是否开启、关闭子查询合并。

根据子查询的复杂程度，子查询可分为简单子查询、复杂子查询。所谓简单子查询，是指可以简单将子查询字段投影到外部的情况。对于这种情况，优化器采取的是启发式策略，即满足条件就执行合并。而复杂子查询是指存在分组行数的情况。针对这种情况，优化器采取的是基于代价的策略，最终是否转换取决于成本。当然还有一些子查询是无法进行合并的。下面看几个示例。

```
SQL> select * from (select e.ename,(select d.dname from dept d where d.deptno=e.
   deptno) dname from emp e) v where v.dname='xxx';
-----------------------------------------------------------------------------
| Id  | Operation          | Name | Rows | Bytes | Cost (%CPU)| Time       |
-----------------------------------------------------------------------------
|  0 | SELECT STATEMENT   |      |   14 |  224  |   3   (0)| 00:00:01 |
|* 1 |  TABLE ACCESS FULL | DEPT |    1 |   13  |   3   (0)| 00:00:01 |
```

```
|*  2 |   VIEW           |      |  14 |  224 |    3   (0)| 00:00:01 |
|   3 |    TABLE ACCESS FULL| EMP  |  14 |  126 |    3   (0)| 00:00:01 |
-----------------------------------------------------------------------
```

//这种方式下，并没有进行子查询合并。下面看看效果

```
SQL> select * from (select /*+ merge */ e.ename,(select d.dname from dept d where
    d.deptno=e.deptno) dname from emp e) v where v.dname='xxx';
-----------------------------------------------------------------------
| Id  | Operation          | Name | Rows | Bytes | Cost (%CPU)| Time     |
-----------------------------------------------------------------------
|  0  | SELECT STATEMENT   |      |   1  |    9  |  12   (0)| 00:00:01 |
|* 1  |  TABLE ACCESS FULL | DEPT |   1  |   13  |   3   (0)| 00:00:01 |
|* 2  |  FILTER            |      |      |       |           |          |
|  3  |   TABLE ACCESS FULL| EMP  |  14  |  126  |   3   (0)| 00:00:01 |
|* 4  |   TABLE ACCESS FULL| DEPT |   1  |   13  |   3   (0)| 00:00:01 |
-----------------------------------------------------------------------
/*
```
这里可以看到，没有再生成内联视图，子查询被合并。那为什么默认没有进行子查询合并呢？从成本可见，显然不合并的成本更低
```
*/
```

3. 解嵌套子查询

解嵌套子查询是指在对存在嵌套子查询的复杂语句进行优化时，查询转换器会尝试将子查询展开，使得其中的表能与主查询中的表关联，从而获得更优的执行计划。部分子查询反嵌套属于启发式查询转换，部分属于基于代价的转换。

系统中存在一个参数来控制解嵌套子查询——_unnest_subquery。参数 _unnest_subquery 在 8i 中的默认设置是 false，从 9i 开始其默认设置是 true。然而，9i 在非嵌套时不考虑成本。只有在 10g 中才开始考虑两种不同选择的成本，并选取成本较低的方式。当从 8i 升级到 9i 时，尽量避免某些查询的非嵌套。利用子查询中的 NO_UNNEST 提示可以完成这一点。在 8i 和 9i 中，如果 star_transformation_enabled 设置为 true，则非嵌套时被禁用（即使用了提示）。在 11g 环境下，还受优化器参数 _optimizer_unnest_all_subqueries 控制。此外，提示 UNNEST/NO_UNNEST 可以控制是否进行解嵌套。

下面我们通过几个示例看看解嵌套子查询。

1）IN/EXISTS 转换为 SEMI JOIN：

```
SQL> select * from emp where exists (select 1 from dept where dept.deptno=emp.
    deptno);
-----------------------------------------------------------------------
| Id  | Operation          | Name | Rows | Bytes | Cost (%CPU)| Time     |
-----------------------------------------------------------------------
|  0  | SELECT STATEMENT   |      |  14  |  574  |   6   (0)| 00:00:01 |
|* 1  |  HASH JOIN SEMI    |      |  14  |  574  |   6   (0)| 00:00:01 |
|  2  |   TABLE ACCESS FULL| EMP  |  14  |  532  |   3   (0)| 00:00:01 |
|  3  |   TABLE ACCESS FULL| DEPT |   4  |   12  |   3   (0)| 00:00:01 |
```

```
--------------------------------------------------------------------
/*
示例中的子查询引用表DEPT，最终转换为两个表的哈希半连接。也就是说，exists子句中的子查询被展开，
其中的对象与主查询中的对象直接进行半关联操作
*/

// IN的情况类似，如下：
SQL> select * from emp where deptno in (select deptno from dept);
--------------------------------------------------------------------
| Id  | Operation        | Name | Rows | Bytes | Cost (%CPU)| Time     |
--------------------------------------------------------------------
|  0  | SELECT STATEMENT |      |  14  |  574  |   6   (0)| 00:00:01 |
|* 1  |  HASH JOIN SEMI  |      |  14  |  574  |   6   (0)| 00:00:01 |
|  2  |   TABLE ACCESS FULL| EMP |  14  |  532  |   3   (0)| 00:00:01 |
|  3  |   TABLE ACCESS FULL| DEPT|   4  |   12  |   3   (0)| 00:00:01 |
--------------------------------------------------------------------
```

2）IN/EXISTS 转换为 ANTI JOIN：

```
SQL> select * from emp where not exists (select 1 from dept where dept.deptno=
     emp.deptno);
--------------------------------------------------------------------
| Id  | Operation        | Name | Rows | Bytes | Cost (%CPU)| Time     |
--------------------------------------------------------------------
|  0  | SELECT STATEMENT |      |   5  |  205  |   6   (0)| 00:00:01 |
|* 1  |  HASH JOIN ANTI  |      |   5  |  205  |   6   (0)| 00:00:01 |
|  2  |   TABLE ACCESS FULL| EMP |  14  |  532  |   3   (0)| 00:00:01 |
|  3  |   TABLE ACCESS FULL| DEPT|   4  |   12  |   3   (0)| 00:00:01 |
--------------------------------------------------------------------
/*
优化器将NOT EXISTS后的子查询做解嵌套，然后选择了哈希反连接。这种转换属于基于代价的查询转换
*/

//下面看看NOT IN的情况
SQL> select * from emp where emp.deptno not in (select deptno from dept);
--------------------------------------------------------------------
| Id  | Operation        | Name | Rows | Bytes | Cost (%CPU)| Time     |
--------------------------------------------------------------------
|  0  | SELECT STATEMENT |      |   5  |  205  |   6   (0)| 00:00:01 |
|* 1  |  HASH JOIN ANTI NA|     |   5  |  205  |   6   (0)| 00:00:01 |
|  2  |   TABLE ACCESS FULL| EMP |  14  |  532  |   3   (0)| 00:00:01 |
|  3  |   TABLE ACCESS FULL| DEPT|   4  |   12  |   3   (0)| 00:00:01 |
--------------------------------------------------------------------
/*
和NOT EXISTS类似，也选择了哈希连接，只不过是HASH JOIN ANTI NA。这里的NA实际表示Null-
Aware的意思。在11g及以后的版本中，Oracle增加了对空值敏感的反关联的支持
*/
```

3）关联子查询的解嵌套：在对关联子查询解嵌套过程中，会为子查询构造一个内联视图，并将内联视图与主查询的表进行关联。这个操作可以通过参数 _unnest_subquery 来控

制。这种转换属于启发式查询转换。

```
SQL> select * from emp e1 where e1.sal>(select max(sal) from emp e2 where e1.empno
    =e2.empno);

----------------------------------------------------------------------------
| Id  | Operation          | Name   | Rows | Bytes | Cost (%CPU)| Time     |
----------------------------------------------------------------------------
|  0  | SELECT STATEMENT   |        |    1 |    64 |     7  (15)| 00:00:01 |
|* 1  |  HASH JOIN         |        |    1 |    64 |     7  (15)| 00:00:01 |
|  2  |   VIEW             | VW_SQ_1|   14 |   364 |     4  (25)| 00:00:01 |
|  3  |    HASH GROUP BY   |        |   14 |   112 |     4  (25)| 00:00:01 |
|  4  |     TABLE ACCESS FULL| EMP  |   14 |   112 |     3   (0)| 00:00:01 |
|  5  |   TABLE ACCESS FULL | EMP   |   14 |   532 |     3   (0)| 00:00:01 |
----------------------------------------------------------------------------
/*
在ID=2的步骤中生成了内联视图, 然后和外部表进行哈希连接。下面尝试修改参数, 看优化器如何处理
*/

SQL> alter session set "_unnest_subquery"=false;
Session altered.

SQL> select * from emp e1 where e1.sal>(select max(sal) from emp e2 where
    e1.empno=e2.empno);

----------------------------------------------------------------------------
| Id  | Operation          | Name | Rows  | Bytes | Cost (%CPU)| Time     |
----------------------------------------------------------------------------
|  0  | SELECT STATEMENT   |      |    1  |    38 |    24   (0)| 00:00:01 |
|* 1  |  FILTER            |      |       |       |            |          |
|  2  |   TABLE ACCESS FULL| EMP  |   14  |   532 |     3   (0)| 00:00:01 |
|  3  |   SORT AGGREGATE   |      |    1  |     8 |            |          |
|* 4  |    TABLE ACCESS FULL| EMP |    1  |     8 |     3   (0)| 00:00:01 |
----------------------------------------------------------------------------
//这里转换成了嵌套循环的一种特列FILTER
```

4. 子查询推进

子查询推进是一项对未能合并或者反嵌套的子查询优化的补充优化技术。这一技术在 9.2 版本中引入。通常情况下, 未能合并或者反嵌套的子查询的子计划会被放置在整个查询计划的最后执行, 而子查询推进使得子查询能够提前被评估, 使之可以出现在整体执行计划较早的步骤中, 从而获得更优的执行计划。可以通过 PUSH_SUBQ/NO_PUSH_SUBQ 来控制。

```
SQL> select * from emp where sal=(select max(sal) from emp);

----------------------------------------------------------------------------
| Id  | Operation          | Name | Rows  | Bytes | Cost (%CPU)| Time     |
----------------------------------------------------------------------------
|  0  | SELECT STATEMENT   |      |    1  |    38 |     6   (0)| 00:00:01 |
|* 1  |  TABLE ACCESS FULL | EMP  |    1  |    38 |     3   (0)| 00:00:01 |
```

```
|   2 |     SORT AGGREGATE       |       |     1 |      4 |           |            |
|   3 |       TABLE ACCESS FULL| EMP   |    14 |     56 |      3  (0)| 00:00:01 |
```

//默认情况下，就是用子查询推进技术。对比一下，我们看看强制不使用的情况

```
SQL> select /*+ no_push_subq(@qb1) */ * from emp where sal=(select /*+ qb_name
     (qb1)*/ max(sal) from emp);
----------------------------------------------------------------------
| Id  | Operation              | Name  | Rows  | Bytes | Cost (%CPU)| Time     |
----------------------------------------------------------------------
|   0 | SELECT STATEMENT       |       |    14 |   532 |      6  (0)| 00:00:01 |
|*  1 |   FILTER               |       |       |       |           |          |
|   2 |     TABLE ACCESS FULL  | EMP   |    14 |   532 |      3  (0)| 00:00:01 |
|   3 |     SORT AGGREGATE     |       |     1 |     4 |           |          |
|   4 |       TABLE ACCESS FULL| EMP   |    14 |    56 |      3  (0)| 00:00:01 |
----------------------------------------------------------------------
/*
对比步骤FILTER。这里使用了嵌套循环，每一个EMP表的记录，都对应一次子查询的查询，获得MAX值
*/
```

5. 子查询分解

所谓子查询分解，是指由 WITH 创建的复杂查询语句存储在临时表中，按照与一般表相同的方式使用该临时表的功能。从概念上来看，它与嵌套视图比较类似，但各自有优缺点。优点在于子查询如果被多次引用，嵌套视图就需要被执行多次，尤其在海量数据中满足条件的结果非常少得情况下，二者差别很明显。WITH 子查询的优点就在于，复杂查询语句只需要执行一次，但结果可以在同一个查询语句中被多次使用。缺点是，由于不允许执行查询语句变形，所以无效的情况也比较多。尤其是 WITH 中的查询语句所创建的临时表无法拥有索引，当其查询结果的数据量比较大的时候，很可能会影响执行效率。

下面看一个示例。

```
SQL> with
  2    dept_costs as
  3      (select dname,sum(sal) dept_total from emp e,dept d where e.deptno=d.deptno
           group by dname),
  4    avg_cost as
  5      (select sum(dept_total)/count(*) avg_sal from dept_costs)
  6  select *
  7  from dept_costs
  8  where dept_total>(select avg_sal from avg_cost)
  9  order by dname;
----------------------------------------------------------------------
| Id  | Operation                  | Name               |
----------------------------------------------------------------------
|   0 | SELECT STATEMENT           |                    |
|   1 |   TEMP TABLE TRANSFORMATION |                    |
```

```
|   2  |     LOAD AS SELECT              | SYS_TEMP_0FD9D6622_33CE6D |
|   3  |      HASH GROUP BY              |                           |
|*  4  |       HASH JOIN                 |                           |
|   5  |        TABLE ACCESS FULL        | DEPT                      |
|   6  |        TABLE ACCESS FULL        | EMP                       |
|   7  |   SORT ORDER BY                 |                           |
|*  8  |    VIEW                         |                           |
|   9  |     TABLE ACCESS FULL           | SYS_TEMP_0FD9D6622_33CE6D |
|  10  |     VIEW                        |                           |
|  11  |      SORT AGGREGATE             |                           |
|  12  |       VIEW                      |                           |
|  13  |        TABLE ACCESS FULL        | SYS_TEMP_0FD9D6622_33CE6D |
----------------------------------------------------------------
/*
从上面可以看出，在WITH中有两个子查询语句，但只创建了一个临时表，这是因为WITH中的第二个子查询使
用的是第一个子查询的执行结果。在这种情况下，逻辑上只允许创建一个临时表，没有必要再次创建。在处理
WITH临时表时，如果临时表可以被优先执行而且可以缩减连接之前的数据量，就可以采用嵌套循环连接；否则
必须使用哈希连接
*/
```

6. 子查询缓存

针对某些子查询操作，优化器可以将子查询的结果进行缓存，避免重复读取。这一特性在 FILTER 型的子查询或标量子查询中都能观察到。下面看一个示例。

```
SQL> select /* hf_demo1 */ /*+ gather_plan_statistics */ * from scott.emp a where
    a.deptno in (select /*+ no_unnest */ b.deptno from dept b);
-------------------------------------------------------
| Id  | Operation           | Name      | Starts | A-Rows |
-------------------------------------------------------
|   0 | SELECT STATEMENT    |           |    1 |    14 |
|*  1 |  FILTER             |           |    1 |    14 |
|   2 |   TABLE ACCESS FULL | EMP       |    1 |    14 |
|*  3 |   INDEX UNIQUE SCAN | PK_DEPT   |    3 |     3 |
-------------------------------------------------------
/*
注意Id=3步骤的Start=3(emp表中的deptno有3个不同的值，这里就重复执行3次)。这体现了Cache技术，
标量子查询中也有类似的Cache技术
*/
```

15.4 子查询特殊问题

子查询还有一些特殊的问题，在日常优化中值得关注。

15.4.1 空值问题

首先值得关注的问题是，在 NOT IN 子查询中，如果子查询列有空值存在，则整个查询

都不会有结果。这可能与主观逻辑不同，但数据库就是这样处理的。因此，在开发过程中，需要注意这一点。下面看一个例子吧。

```
SQL> select * from dual where 2 not in (select 1 from dual);
D
-
X

SQL> select * from dual where 2 not in (select 1 from dual union all select null
    from dual);
no rows selected
//显然，第二条语句在印象中应该会返回记录，但实际情况就是没有
```

第二个值得关注的是，在 11g 之前，如果主表和子表的对应列未同时有 NOT NULL 约束，或都未加 IS NOT NULL 限制，则 Oracle 会走 FILTER。11g 有新的 ANTI NA（NULL AWARE）优化，可以正常对子查询进行 UNNEST。笔者在以前的实际工作中，就处理过类似的优化案例。

```
SQL> create table anti_test1 as select * from dba_objects;
Table created.

SQL> create table anti_test2 as select * from dba_objects;
Table created.
SQL> select /*+ optimizer_features_enable('10.2.0.5') */ * from anti_test1 a where
    a.object_id not in (select b.object_id from anti_test2 b);
----------------------------------------
| Id | Operation          | Name       |
----------------------------------------
|  0 | SELECT STATEMENT   |            |
|* 1 |  FILTER            |            |
|  2 |   TABLE ACCESS FULL| ANTI_TEST1 |
|* 3 |   TABLE ACCESS FULL| ANTI_TEST2 |
----------------------------------------
//注意，此时的关联字段OBJECT_ID可以为空。示例模拟了11g以前的情况，此时走了最原始的FILTER

SQL> select /*+ optimizer_features_enable('10.2.0.5') */ * from anti_test1 a
    where a.object_id is not null and a.object_id not in (select b.object_id from
    anti_test2 b where b.object_id is not null);
----------------------------------------
| Id | Operation           | Name       |
----------------------------------------
|  0 | SELECT STATEMENT    |            |
|* 1 |  HASH JOIN RIGHT ANTI|           |
|* 2 |   TABLE ACCESS FULL | ANTI_TEST2 |
|* 3 |   TABLE ACCESS FULL | ANTI_TEST1 |
----------------------------------------
/*
在确定子查询列object_id不会有NULL存在的情况下，又不想通过增加NOT NULL约束来优化，可以通过上
```

```
面方式进行改写
*/

select * from anti_test1 a where a.object_id not in (select b.object_id from anti_
    test2 b);
---------------------------------------------
| Id  | Operation             | Name        |
---------------------------------------------
|  0  | SELECT STATEMENT      |             |
|* 1  |  HASH JOIN RIGHT ANTI NA|           |
|  2  |   TABLE ACCESS FULL   | ANTI_TEST2  |
|  3  |   TABLE ACCESS FULL   | ANTI_TEST1  |
---------------------------------------------
//在11g的默认情况下，走的就是ANTI NA(NA=NULL AWARE)
```

15.4.2 OR 问题

对含有 OR 的 ANTI JOIN 或 SEMI JOIN，注意有 FILTER 的情况。如果 FILTER 影响效率，可以通过改写为 UNION、UNION ALL、AND 等逻辑条件进行优化。优化的关键要看 FILTER 满足条件的次数。下面看一个示例。

```
SQL> select count(*) from emp_a a where exists (select 1 from emp_b b where
    a.ename=b.ename or a.deptno=b.deptno);
--------------------------------------------------------------------------
| Id  | Operation          | Name  | Rows | Bytes | Cost (%CPU)| Time     |
--------------------------------------------------------------------------
|  0  | SELECT STATEMENT   |       |    1 |    20 |   12   (0)| 00:00:01 |
|  1  |  SORT AGGREGATE    |       |    1 |    20 |           |          |
|* 2  |   FILTER           |       |      |       |           |          |
|  3  |    TABLE ACCESS FULL| EMP_A |   14 |   280 |    3   (0)| 00:00:01 |
|* 4  |    TABLE ACCESS FULL| EMP_B |    1 |    20 |    3   (0)| 00:00:01 |
--------------------------------------------------------------------------
Statistics
---------------------------------------------------------
        69  consistent gets
//上例中包含有OR条件的Semi Join，执行计划中使用了FILTER过滤，整个逻辑读消耗为69

//下面通过改写，看看效果如何？
SQL> select count(*)
  2  from
  3  (
  4      select a.rowid from emp_a a where exists (select 1 from emp_b b where
          a.ename=b.ename)
  5      union
  6      select a.rowid from emp_a a where exists (select 1 from emp_b b where
          a.deptno=b.deptno)
  7  );
--------------------------------------------------------------------------
| Id  | Operation          | Name  | Rows | Bytes | Cost (%CPU)| Time     |
```

```
--------------------------------------------------------------------------------
|   0 | SELECT STATEMENT      |        |    1 |       |  14  (15)| 00:00:01 |
|   1 |  SORT AGGREGATE       |        |    1 |       |          |          |
|   2 |   VIEW                |        |   28 |       |  14  (15)| 00:00:01 |
|   3 |    SORT UNIQUE        |        |   28 |   896 |  14  (15)| 00:00:01 |
|   4 |     UNION-ALL         |        |      |       |          |          |
|*  5 |      HASH JOIN SEMI   |        |   14 |   364 |   6   (0)| 00:00:01 |
|   6 |       TABLE ACCESS FULL| EMP_A |   14 |   266 |   3   (0)| 00:00:01 |
|   7 |       TABLE ACCESS FULL| EMP_B |   14 |    98 |   3   (0)| 00:00:01 |
|*  8 |      HASH JOIN SEMI   |        |   14 |   532 |   6   (0)| 00:00:01 |
|   9 |       TABLE ACCESS FULL| EMP_A |   14 |   350 |   3   (0)| 00:00:01 |
|  10 |       TABLE ACCESS FULL| EMP_B |   14 |   182 |   3   (0)| 00:00:01 |
--------------------------------------------------------------------------------

Statistics
--------------------------------------------------------------------------------
        30  consistent gets
```
//将上面的 OR 连接修改为 UNION，消除了 FILTER。从成本或逻辑读等角度来看，整个逻辑读为 30，较前面的 69 大大降低

15.4.3 [NOT] IN/EXISTS 问题

下面看两个关于 [NOT] IN/EXISTS 的问题。

1. IN/EXISTS

从原理来讲，IN 操作是先执行子查询操作，再执行主查询操作。EXISTS 操作是先执行主查询操作，再到子查询中执行过滤。

IN 操作相当于对 inner table 执行一个带有 DISTINCT 的子查询语句，然后将得到的查询结果集与外表进行连接，当然连接的方式和索引的使用仍然等同于普通的两表连接。EXISTS 操作相当于对外表进行全表扫描，用从中检索到的每一行与内表做循环匹配输出相应符合条件的结果。其主要开销是对外表的全表扫描（Full Scan），而连接方式是 Nested Loop 方式。

当子查询表数据量巨大且索引情况不好时（大量重复值等），不宜使用对子查询的 DISTINCT 检索而导致系统开销巨大的 IN 操作；反之，当外部表数据量巨大（不受索引影响）而子查询表数据较少且索引良好时，不宜使用引起外部表全表扫描的 EXISTS 操作。如果限制性强的条件在子查询中，一般建议使用 IN 操作。如果限制性强的条件在主查询中，则使用 EXISTS 操作。

2. NOT IN/EXISTS

在子查询中，NOT IN 子句将执行一个内部的排序和合并。无论在哪种情况下，NOT IN 都是最低效的（因为它对子查询中的表执行了一个全表遍历）。为了避免使用 NOT IN，可以把它改写成外连接（Outer Join）或 NOT EXISTS。

并　行

并行是 Oracle 支持的一种处理方式，目的就是将一条语句分布到多个 CPU 上执行。特别是基于大量分析系统的 OLAP，往往可以采用这种方式加速处理过程。其基本原理很简单，就是将一个大的数据块分割成多个小的数据块，然后启动多个进程分别处理多个数据块，最后由一个进程整合结果返回给用户。当然，并行不是在任何情况下都会使用。一般我们建议，只有当系统有大量闲置资源，且 SQL 通过串行方式执行时间过长时，才考虑使用并行处理，但同时要考虑闲置并行使用的数量。

下面看看哪些操作可以使用并行处理。

16.1　并行操作

在并行技术中，可以在多类操作中引入并行。常见的有以下几种。

- ❏ 并行查询：使用多个操作系统进程执行一个查询。优化器在发现具备并行执行查询的条件下，会创建一种新型的执行计划来处理语句。后面我们会看到具体事例。
- ❏ 并行 DML：并行处理 INSERT、DELETE、UPDATE 和 MERGE 操作。如果 DML 中包括查询（类似 insert into table select）类操作，也可以并行处理。
- ❏ 并行 DDL：并行执行 DDL 类的操作，比较典型的有索引重建、数据加载、大表重组等。
- ❏ 其他：除上述几种外，还可以在很多领域使用并行技术，例如数据加载、统计信息收集、事务回滚、数据库恢复、数据导入 / 导出等。

下面我们来看看最为常见的并行查询、并行 DML 和并行 DDL。

16.1.1　并行查询

并行查询是指针对查询语句使用并行处理。当目标语句为全表扫描、全分区扫描及索引快速全扫描，且优化器如果满足一些前提条件，是可以选择使用并行处理的。前提条件如下。

1）会话并行查询特性：可以在会话一级启用或禁用并行查询，默认情况下是启用的。启用、禁用命令分别如下。

```
alter session enable parallel query;    //启用
alter session disable parallel query;   //禁用
```

此外，还可以通过下面查询来查看当前会话是否启用了并行查询。

```
select pq_status
from v$session
where sid=sys_context('userenv','sid');
```

这个属性可返回 enabled、disabled、forced，分别对应启用、禁用和强制。其中，强制是一种特殊的状态，它会强制查询语句指定并行度查询，甚至会覆盖后面讲到的对象并行属性。设置方法如下。

```
alter session force parallel query parallel n;
```

2）SQL 语句并行提示：并行提示可以覆盖上面会话级别的设置。一方面，即使在会话级别禁用了并行查询，提示也可以强制执行一个并行操作。唯一可以用来关闭并行查询的方法是将 parallel_max_servers 设置为 0。另一方面，即使在会话级别强制设置一个并行度，提示还是可以改变另一个并行度。并行提示是使用 /*+ parallel*/ 来指定的。

3）对象设置并行属性：在 SQL 语句相关的对象中可设置并行属性，也可使用并行查询。这是在对象定义时指定的，也可以后期修改。

下面通过几个示例看看如何通过提示、对象属性及强制会话来完成并行查询。下面首先看看使用提示的方式。

```
SQL> create table t as select * from dba_objects;
Table created.

SQL> select /*+ parallel(t 2)*/ count(*) from t;
------------------------------------------------------------------------
| Id  | Operation             | Name   |     TQ  |IN-OUT| PQ Distrib |
------------------------------------------------------------------------
|  0  | SELECT STATEMENT      |        |         |      |            |
|  1  |  SORT AGGREGATE       |        |         |      |            |
|  2  |   PX COORDINATOR      |        |         |      |            |
```

```
|   3 |      PX SEND QC (RANDOM) | :TQ10000 |     | Q1,00 | P->S | QC (RAND) |
|   4 |       SORT AGGREGATE     |          |     | Q1,00 | PCWP |           |
|   5 |        PX BLOCK ITERATOR |          |     | Q1,00 | PCWC |           |
|   6 |         TABLE ACCESS FULL| T        |     | Q1,00 | PCWP |           |
-------------------------------------------------------------------------
//这个示例使用提示方式，启用并行查询执行了这个语句
```

下面解释一下执行步骤。

❏ ID＝6：扫描表的一部分，具体扫描哪个部分取决于它的父操作（即 PX BLOCK
　　ITERATOR）。

❏ ID＝5：将全表扫描分解为较小的扫描，这是一个涉及块范围粒度的操作。

❏ ID＝4：每个扫描汇总其 count(status) 的值。

❏ ID＝2、3：将每个子结果传递给查询调度进程。从这个执行计划中，可以通过 TQ
　　字段识别哪些操作是由一组从属进程来执行的。在这个计划中，操作 3、4、5、6
　　拥有同样的值（Q1,00），因此它们是由同一组从属进程执行的（从执行计划中无法
　　得知从属进程的数量）。此外需要注意，操作 3 中的从属进程与查询调度进程（QC）
　　之间的由并行到串行（P->S）的通信过程非常必要。

❏ ID＝1：进一步汇总这些结果，并输出答案。

下面看看使用对象属性的方式。

```
SQL> alter table t parallel 2;
Table altered.

SQL> select count(*) from t;
-------------------------------------------------------------------------
| Id  | Operation              | Name     |     |  TQ  |IN-OUT| PQ Distrib |
-------------------------------------------------------------------------
|   0 | SELECT STATEMENT       |          |     |      |      |           |
|   1 |  SORT AGGREGATE        |          |     |      |      |           |
|   2 |   PX COORDINATOR       |          |     |      |      |           |
|   3 |    PX SEND QC (RANDOM) | :TQ10000 |     | Q1,00 | P->S | QC (RAND) |
|   4 |     SORT AGGREGATE     |          |     | Q1,00 | PCWP |           |
|   5 |      PX BLOCK ITERATOR |          |     | Q1,00 | PCWC |           |
|   6 |       TABLE ACCESS FULL| T        |     | Q1,00 | PCWP |           |
-------------------------------------------------------------------------
//设置对象属性后，使用了并行查询方式
```

下面看看使用强制会话的方式。

```
SQL> alter table t noparallel;
Table altered.

SQL> select count(*) from t;
-------------------------------------------------------------------------
| Id  | Operation             | Name | Rows  | Cost (%CPU)| Time      |
```

```
-----------------------------------------------------------------
| 0 | SELECT STATEMENT   |   |    1 |   344   (1)| 00:00:05 |
| 1 |  SORT AGGREGATE    |   |    1 |            |          |
| 2 |   TABLE ACCESS FULL| T | 80000 |   344   (1)| 00:00:05 |
-----------------------------------------------------------------
```
//此时没有使用并行

```
SQL> alter session force parallel query parallel 2;
Session altered.

SQL> select count(*) from t;
-----------------------------------------------------------------------
| Id | Operation              | Name    | TQ    |IN-OUT| PQ Distrib |
-----------------------------------------------------------------------
| 0 | SELECT STATEMENT        |         |       |      |            |
| 1 |  SORT AGGREGATE         |         |       |      |            |
| 2 |   PX COORDINATOR        |         |       |      |            |
| 3 |    PX SEND QC (RANDOM)   | :TQ10000 | Q1,00 | P->S | QC (RAND)  |
| 4 |     SORT AGGREGATE       |         | Q1,00 | PCWP |            |
| 5 |      PX BLOCK ITERATOR   |         | Q1,00 | PCWC |            |
| 6 |       TABLE ACCESS FULL  | T       | Q1,00 | PCWP |            |
-----------------------------------------------------------------------
```
//这里通过强制设置会话并行属性，使用了并行查询

还要注意一点，会话默认是启动并行查询的，可以将会话关闭。

```
SQL> alter table t parallel 2;
Table altered.

SQL> select count(*) from t;
-----------------------------------------------------------------------
| Id | Operation              | Name    | TQ    |IN-OUT| PQ Distrib |
-----------------------------------------------------------------------
| 0 | SELECT STATEMENT        |         |       |      |            |
| 1 |  SORT AGGREGATE         |         |       |      |            |
| 2 |   PX COORDINATOR        |         |       |      |            |
| 3 |    PX SEND QC (RANDOM)   | :TQ10000 | Q1,00 | P->S | QC (RAND)  |
| 4 |     SORT AGGREGATE       |         | Q1,00 | PCWP |            |
| 5 |      PX BLOCK ITERATOR   |         | Q1,00 | PCWC |            |
| 6 |       TABLE ACCESS FULL  | T       | Q1,00 | PCWP |            |
-----------------------------------------------------------------------
```
//默认情况下，会话启用并行查询

```
SQL> alter session disable parallel query;
Session altered.

SQL> select count(*) from t;
-----------------------------------------------------------------
| Id | Operation      | Name | Rows | Cost (%CPU)| Time     |
-----------------------------------------------------------------
| 0 | SELECT STATEMENT |      |    1 |   344   (1)| 00:00:05 |
```

```
|   1 |   SORT AGGREGATE      |     |       1 |          |          |
|   2 |     TABLE ACCESS FULL| T   |   80000 |     344   (1)| 00:00:05 |
------------------------------------------------------------------------
```
//关闭了会话并行查询，此时只能使用串行方式了

通过上面的示例可见，并行查询执行计划与普通的串行操作不同。下面说明在并行操作过程中各部分之间的关系。在并行执行的执行计划中会使用下列操作。在 dbms_xplan 产生的输出中，并行操作之间的关系是通过字段 IN-OUT 来提供的。

❑ 并行到串行（P->S）：并行操作发送数据到串行操作。通常是并行进程将数据发送给并行调度进程。

❑ 并行到并行 (P->P)：一个并行操作发送数据给另一个并行操作。当存在两组从属进程时就会用到它。

❑ 并行与父操作合并（PCWP）：执行计划中的相同从属进程并行执行一个操作及其父操作（父操作也是并行的），因此，没有通信发生。

❑ 并行与子操作合并（PCWC）：执行计划中的相同从属进程并行执行一个操作及其子操作（子操作也是并行的），因此，没有通信发生。

❑ 串行到并行（S->P）：一个串行操作发送数据给并行操作。由于大部分时间这个操作的效率较差，因此应该避免使用它。有两个情况会产生这个操作。一个是单一进程产生数据的速度没有多个进程消费数据的速度快。如果是这样，消费者可能花费更多的时间来等待数据而不是真正地处理数据。另一个是串行执行的操作和并行执行的操作发送数据需要一些不必要的通信。

16.1.2　并行 DML

并行 DML 是指数据库利用多个服务器进程来执行 INSERT、DELETE、UPDATE、MERGE 等操作。这里需要注意的是，每个并行执行进程有自己独立的事务。这些事务都结束后，会执行一个相当于快速 2PC 的操作来提交这些单独的独立事务。最后由协调会话提交或者回滚。

并行 DML 存在一些局限，具体有以下几个方面。

❑ 并行 DML 操作期间不支持触发器。

❑ 并行 DML 期间不支持以某些声明的方式引用完整性约束。

❑ 表中的每一个部分在单独会话中是作为单独的事务被修改。例如，并行 DML 不支持自引用完整性，如果真的支持，可能会出现死锁或其他锁定问题。

❑ 在提交和回滚之前，不能访问用并行 DML 修改的表。

❑ 并行 DML 不支持高级复制（因为高级复制特性的实现要基于触发器）。

❑ 不支持延迟约束（也就是说，采用延迟模式的约束）。

❑ 如果表是分区的，并行 DML 只可能在有位图索引或 lob 列的表上执行，而且并行
　度取决于分区数。在这种情况下，无法在分区内并行执行操作，因为每个分区只有
　一个并行执行服务器来处理。

❑ 执行并行 DML 时，不支持分布式事务。

❑ 并行 DML 不支持集群表（B* 树群或散列群）。

❑ 并行 DML 不能使用数据库连接（分布式事务）。

除了上面这些约束外，对于 INSERT、MERGE 语句，并行 DML 操作会使用直接路径
插入。这势必会造成一些空间的浪费，这一点需要注意。此外，同并行查询类似，执行并
行 DML 也有前提条件——会话并行 DML 特性。

可以在会话一级启用或禁用并行 DML，可使用如下命令：

```
alter session enable parallel dml;        //启用
alter session disable parallel dml;       //禁用
```

> **注意**　只有执行了 enable 这个操作，Oracle 才会对之后符合并行条件的 DML 操作并行执
> 行。如果没有这个设定，即使 SQL 中指定了并行执行，Oracle 也会忽略它。

可以通过下面语句查询会话级别是否已经启用了并行 DML。

```
select pdml_status
from v$session
where sid=sys_context('userenv','sid');
```

返回的状态有 enable、disabled、forced，其中 forced 是强制设置并行 DML。要想强制
设置并行 DML，可使用如下命令：

```
alter session force parallel dml parallel n;
```

在使用并行 DML 时，还有一些需要注意的地方。

❑ 默认情况下，并行 DML 是被禁止的（这和并行查询刚好相反）。

❑ 与并行查询对比，单独使用提示无法启动并行 DML 语句。也就是说，必须在会话
　级别绝对启用并行的情况下，才可以并行处理 DML 语句。

❑ 9i 以前，并行 DML 要求必须分区。如果表没有分区，是不能并行执行操作的。
　9i 以后的版本，这个限制有所放松。只有两个例外：如果希望在一个表执行并行
　DML，而且这个表的一个 lob 列上有一个位图索引，则要执行并行操作就必须对这
　个表分区；另外并行度限制了分区数。不过总体来说，使用并行 DML 并不一定要
　求进行分区。

❑ 如果不提交（或回滚）事务，则执行并行 DML 语句的会话（只是当前会话，对其他
　会话来讲，提交的数据甚至是不可见的）无法访问被修改的表。如果在提交（或回

滚）以前执行这样的 SQL 语句，系统会抛出异常。

下面看一个并行 DML 示例。

```
SQL> create table t1 as select * from dba_objects where 1=0;
SQL> create table t2 as select * from dba_objects;
//构建数据环境

SQL> alter session disable parallel query;
SQL> alter session disable parallel dml;
//禁用了并行查询和并行DML

SQL> explain plan for insert into t1 select * from t2;
SQL> select * from table(dbms_xplan.display);
```

Id	Operation	Name	Rows	Bytes	Cost (%CPU)	Time
0	INSERT STATEMENT		61577	10M	156 (3)	00:00:02
1	TABLE ACCESS FULL	T2	61577	10M	156 (3)	00:00:02

//常规的全表扫描，串行操作

```
alter session disable parallel query;
alter session enable parallel dml;
//启用并行DML，禁用并行查询

SQL> explain plan for insert /*+ parallel(t1,2) */ into t1 select * from t2;
SQL> select * from table(dbms_xplan.display);
```

Id	Operation	Name	TQ	IN-OUT	PQ Distrib
0	INSERT STATEMENT				
1	PX COORDINATOR				
2	PX SEND QC (RANDOM)	:TQ10001	Q1,01	P->S	QC (RAND)
3	LOAD AS SELECT	T1	Q1,01	PCWP	
4	BUFFER SORT		Q1,01	PCWC	
5	PX RECEIVE		Q1,01	PCWP	
6	PX SEND ROUND-ROBIN	:TQ10000		S->P	RND-ROBIN
7	TABLE ACCESS FULL	T2			

```
/*
第6步为"S->P"，这表示一个Serial to Parallel(就是一个串行向并行发送数据的过程)。也说明了T2
表的查询是串行执行的，而T1表的插入是并行的
*/

SQL> alter session enable parallel query;
SQL> alter session disable parallel dml;
//禁用并行DML，启用并行查询

SQL> explain plan for insert into t1 select /*+ parallel(t2,2) */ * from t2;
SQL> select * from table(dbms_xplan.display);
```

```
--------------------------------------------------------------------
| Id  | Operation              | Name         |  TQ  |IN-OUT| PQ Distrib |
--------------------------------------------------------------------
|  0  | INSERT STATEMENT       |              |      |      |            |
|  1  |  PX COORDINATOR        |              |      |      |            |
|  2  |   PX SEND QC (RANDOM)  | :TQ10000     | Q1,00| P->S | QC (RAND)  |
|  3  |    PX BLOCK ITERATOR   |              | Q1,00| PCWC |            |
|  4  |     TABLE ACCESS FULL  | T2           | Q1,00| PCWP |            |
--------------------------------------------------------------------
/*
第2、3、4步表示一个并行查询的过程，统一交给"PX COORDINATOR"后，再执行串行的INSERT(第0步)
*/

SQL> alter session enable parallel query;
SQL> alter session enable parallel dml;
//启用并行DML，启用并行查询

SQL> explain plan for insert /*+ parallel(t1,2) */ into t1 select /*+
parallel(t2,2) */ * from t2;
SQL> select * from table(dbms_xplan.display);
--------------------------------------------------------------------
| Id  | Operation              | Name         |  TQ  |IN-OUT| PQ Distrib |
--------------------------------------------------------------------
|  0  | INSERT STATEMENT       |              |      |      |            |
|  1  |  PX COORDINATOR        |              |      |      |            |
|  2  |   PX SEND QC (RANDOM)  | :TQ10001     | Q1,01| P->S | QC (RAND)  |
|  3  |    LOAD AS SELECT      | T1           | Q1,01| PCWP |            |
|  4  |     PX RECEIVE         |              | Q1,01| PCWP |            |
|  5  |      PX SEND ROUND-ROBIN| :TQ10000    | Q1,00| P->P | RND-ROBIN  |
|  6  |       PX BLOCK ITERATOR |             | Q1,00| PCWC |            |
|  7  |        TABLE ACCESS FULL| T2          | Q1,00| PCWP |            |
--------------------------------------------------------------------
//注意两个步骤，"P->P"和"P->S"。
```

此外，由这个语句可见，除了 INSERT 语句外，并行执行 DML 语句也需要启用并行查询。实际上，DML 语句是由两部分组成的，首先找到需要被修改的记录，然后修改这些记录。问题是，如果查找记录的部分没有并行执行，那么修改记录的部分就不能被并行执行。

16.1.3　并行 DDL

并行 DDL 是指数据库针对某些 DDL 操作采取并行处理方式。并行查询可以用来加快某些长时间的操作，但从维护角度以及管理角度来看，并行 DDL 才是 DBA 手中的"利器"。如果认为并行查询主要是为最终用户设计的，那么并行 DDL 则是为 DBA 设计的。

并行 DDL 操作主要有以下几种。

1）表的并行操作。

❑ 执行 SELECT 的查询可以使用并行查询来执行，表加载本身也可以并行完成，命令如下：

```
CREATE TABLE ... AS SELECT (CTAS)
```

❑ 表移动，命令如下：

```
ALTER TABLE ... MOVE
```

2）表分区的并行操作。

❑ 表分区移动，命令如下：

```
ALTER TABLE ... MOVE PARTITION
```

❑ 表分区并行分解，命令如下：

```
ALTER TABLE ... SPLIT PARTITION
```

❑ 表分区并行合并，命令如下：

```
 ALTER TABLE ... COALESCE PARTITION
```

3）索引的并行操作。

❑ 多个并行执行服务器可以扫描表、对数据排序，并把有序的段写到索引结构中，命令如下：

```
CREATE INDEX
```

❑ 索引结构可以并行重建，命令如下：

```
ALTER INDEX ... REBUILD
```

4）索引分区的并行操作。

❑ 重建索引分区，命令如下：

```
ALTER INDEX ... REBUILD PARTITION
```

❑ 索引分区的分解，命令如下：

```
ALTER INDEX ... SPLIT PARTITION
```

5）创建和校验约束，命令如下：

```
ALTER TABLE ... ADD CONSTRAINT ...
```

同并行 DML 类似，也可以在会话级别设置或强制并行 DDL。下面看看具体用法。

可以在会话一级启用或禁用并行 DDL，使用如下命令：

```
alter session enable parallel ddl;
alter session disable parallel ddl;
```

注意 默认情况下是启用并行 DDL 的。可以通过下面语句查询会话级别是否已经启用了并行 DDL。

```
select pddl_status
from v$session
where sid=sys_context('userenv','sid');
```

返回的状态有 enable、disabled、forced，其中 forced 是强制设置并行 DDL，使用如下命令：

```
alter session force parallel ddl parallel n;
```

下面看一个并行 DDL 示例——CTAS。

```
SQL> alter session enable parallel dml;
Session altered.

SQL> alter session enable parallel ddl;
Session altered.

SQL> explain plan for create table t1 parallel 2 as select /*+ parallel(t 2) */ *
    from t;
Explained.

SQL> select * from table(dbms_xplan.display);
------------------------------------------------------------------------
| Id | Operation             | Name      |   TQ  |IN-OUT| PQ Distrib |
------------------------------------------------------------------------
|  0 | CREATE TABLE STATEMENT |          |       |      |            |
|  1 |  PX COORDINATOR       |           |       |      |            |
|  2 |   PX SEND QC (RANDOM) | :TQ10000  | Q1,00 | P->S | QC (RAND)  |
|  3 |    LOAD AS SELECT      | T1        | Q1,00 | PCWP |            |
|  4 |     PX BLOCK ITERATOR  |          | Q1,00 | PCWC |            |
|  5 |      TABLE ACCESS FULL | T         | Q1,00 | PCWP |            |
------------------------------------------------------------------------
```

下面看看创建索引的示例。

```
SQL> explain plan for create index idx_t_id on t (object_id) parallel 4;
Explained.

SQL> select * from table(dbms_xplan.display);
------------------------------------------------------------------------
| Id | Operation             | Name      |   TQ  |IN-OUT| PQ Distrib |
------------------------------------------------------------------------
|  0 | CREATE INDEX STATEMENT |          |       |      |            |
|  1 |  PX COORDINATOR       |           |       |      |            |
|  2 |   PX SEND QC (ORDER)  | :TQ10001  | Q1,01 | P->S | QC (ORDER) |
|  3 |    INDEX BUILD NON UNIQUE| IDX_T_ID| Q1,01 | PCWP |            |
|  4 |     SORT CREATE INDEX  |          | Q1,01 | PCWP |            |
|  5 |      PX RECEIVE        |           | Q1,01 | PCWP |            |
|  6 |       PX SEND RANGE    | :TQ10000  | Q1,00 | P->P | RANGE      |
|  7 |        PX BLOCK ITERATOR |        | Q1,00 | PCWC |            |
```

```
|   8 |         TABLE ACCESS FULL| T       | Q1,00 | PCWP |          |
-------------------------------------------------------------------------
```

上面我们谈到了哪些操作可以用到并行，那并行操作可以在哪些级别上使用呢？我们在前面简单介绍过，下面统一整理。

16.2 并行级别

一般可以在如下几种级别使用并行操作。

- ❑ 语句级：这种情况是指通过指定 hint /*+ parallel*/ 来使用并行处理。
- ❑ 会话级：这种情况是指在会话一级可强制会话中执行的语句使用并行处理。通过 alter session force parallel 来设置。
- ❑ 对象级：这种情况是指对于对象（表、索引），通过定义其并行度，使得与这些对象相关的操作可并行执行。

在日常使用上，我们一般不建议在对象级定义其并行度，原因是这会导致相关对象的操作都变为并行处理，因为并行处理会占用大量 CPU 等资源，进而造成整体性能失控。在会话级也不建议使用，因为这对开发人员的编程能力要求较高。一般建议在满足并行处理条件下，在语句级合理指定并行处理。相对而言，这是"最可控"的一种方式。

上面我们了解了 Oracle 支持的并行操作及并行操作可以在哪些级别上设置，那么优化器在处理并行操作时，是如何进行的呢？下面我们看看它的实现原理。

16.3 并行原理

在并行处理中，最重要的两个概念是对从属进程和粒度的理解。下面分别说明。

16.3.1 从属进程

在没有并行处理的时候，一条 SQL 语句只能由单个服务器进程串行处理，也就是只能运行在一个 CPU 上。这意味着执行一条 SQL 语句能够使用的资源量会受到单个 CPU 能够处理的资源数量的限制。**并行处理的目标是将一个大的任务拆分成多个小一点的子任务，此时会同时存在多个从属进程在协同执行一条 SQL 语句**。从属进程之间的协作是由与提交 SQL 语句的会话相关联的服务器进程控制的。这个服务器进程被称为查询调度进程（Query Coordinator）。它负责创建（取得）从属进程、给这些从属进程分配子任务、收集合并从属进程传递过来的不完整的结果集，并将最终的结果集返给客户端。如果语句中执行了多个操作，例如扫描和排序，则数据库会使用多组从属进程来处理。一组从属进程处理完毕后，传递给另一组从属进程进行处理。前者被称为生产者，后者被称为消费者。这两者之间传递数据的方式，可以选择以下这些机制。

- ❏ 广播：每个生产者发送所有数据到每一个消费者。
- ❏ 循环复用：生产者每一个循环给一个消费者发送一条记录。记录结果被平均分配给每一个消费者。
- ❏ 范围：生产者将指定范围的记录发给不同的消费者。通过动态范围分区来决定哪条记录发送给哪个消费者。
- ❏ 哈希：生产者根据哈希函数来发送数据给消费者。通过动态哈希分区来决定哪条记录发送给哪个消费者。
- ❏ QC 随机：每个生产者都将所有记录发送给查询调度进程。顺序不重要（随机的）。这是与查询调度进程通信时常用的分配方法。
- ❏ QC 顺序：每个生产者都将所有记录发送给查询调度进程。顺序很重要。例如，并行执行的排序操作用它来给查询调度进程发送数据。

数据库能够使用的从属进程是有限制的。实例会维护一个从属进程池，查询调度进程从这个池中请求从属进程，使用完毕后再归还给从属进程池。池的大小介于 parallel_min_servers 和 parallel_max_servers 之间。对于当前从属进程池的使用情况，可以通过下面的查询获得：

```
select * from v$px_process_sysstat where statistic like 'Servers%';
```

16.3.2 粒度

在进行任务拆分的时候，拆分的单位为一个"粒度"。在某一个时间点上，每个从属进程只会处理一个粒度。至于粒度的选择，可以以分区为单位，也可以以块为单位。但选择分区为单位时，可能存在分配不均衡的问题，所以一般选择以块为单位。要实现有效的并行化，有必要在所有的从属进程之间实现工作量的均匀分配。并行操作的速度是由其中运行最慢的那个从属进程来决定的。可以通过 v$pq_tqstat 来检查一个 SQL 语句的真实工作量分配。这个视图会为每个从属进程以及执行计划中的每个 PX SEND 和 PX RECEIVE 操作提供一条记录。需要注意的是，这个视图仅仅提供当前会话的最后一次并行执行的 SQL 语句的信息。dfo_number 就是对应执行计划 TQ 字段中字母 Q 后面的数字，tq_id 对应逗号后面的数字。下面通过一个示例说明。

```
SQL> create table t
  2  partition by hash (id) partitions 2
  3  parallel 2
  4  as
  5  select rownum as id, rpad('*',100,'*') as pad
```

```
  6   from dual
  7   connect by level <= 160000;
Table created.

SQL> delete t where ora_hash(id,1) = 0 and rownum <= 60000;
60000 rows deleted.

SQL> commit;
Commit complete.

SQL> execute dbms_stats.gather_table_stats(ownname => user, tabname => 't')
PL/SQL procedure successfully completed.

SQL> explain plan for
select /*+ leading(t1) pq_distribute(t2 partition,none) */ *
from t t1, t t2
where t1.id = t2.id;

SQL> select * from table(dbms_xplan.display);
```

| Id | Operation | Name | Pstart| Pstop | TQ |IN-OUT|

0	SELECT STATEMENT					
1	PX COORDINATOR					
2	PX SEND QC (RANDOM)	:TQ10001			Q1,01	P->S
* 3	HASH JOIN				Q1,01	PCWP
4	PART JOIN FILTER CREATE	:BF0000			Q1,01	PCWP
5	PX RECEIVE				Q1,01	PCWP
6	PX SEND PARTITION (KEY)					
		:TQ10000			Q1,00	P->P
7	PX BLOCK ITERATOR		1	2	Q1,00	PCWC
8	TABLE ACCESS FULL	T	1	2	Q1,00	PCWP
9	PX PARTITION HASH JOIN-FILTER					
			:BF0000	:BF0000	Q1,01	PCWC
10	TABLE ACCESS FULL	T	:BF0000	:BF0000	Q1,01	PCWP

```
SQL> select dfo_number, tq_id, server_type, process, num_rows, bytes
  2  from v$pq_tqstat
  3  order by dfo_number, tq_id, server_type desc, process;
```

DFO_NUMBER	TQ_ID	SERVER_TYPE	PROCESS	NUM_ROWS	BYTES
1	0	Producer	P002	49631	5366477
1	0	Producer	P003	50369	5443591
1	0	Consumer	P000	20238	2188789
1	0	Consumer	P001	79762	8621279
1	1	Producer	P000	20238	4377530
1	1	Producer	P001	79762	17242534
1	1	Consumer	QC	100000	21620064

由上可见：

❑ ID＝6 的步骤利用两个从属进程 P002、P003 分别发送了 49 631、50 369 条记录。

❑ ID＝5 的步骤接收从 ID＝6 发送过来的数据，其中利用从属进程 P000 接收 20 238 条记录，利用从属进程 P001 接收 79 762 条。这说明此例中基于分区键做的分配不是很好。

第四部分 *Part 4*

实　践　篇

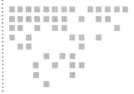

Chapter 17 第 17 章

数据库设计开发规范

不以规矩，何以成方圆。做好优化之初，有完备的制度规范是非常必要的，要让一线的架构、研发、运维人员，有章可循。本章将针对 Oracle 及当前最流行的 MySQL 数据库，讲述其结构设计、SQL 开发规范。笔者在实践中将此部分内容作为新员工入职及研发团队阶段性培训必讲的内容，目的是通过不断宣讲，将规范根植于员工的心中。规范化的设计、开发对后续的优化工作会起到事半功倍的效果。

17.1 Oracle 结构设计规范

如何设计一套好的数据库结构设计规范呢？本节将从命名、类型、各主要对象的设计实践角度展开介绍。

17.1.1 建模工具

工欲善其事必先利其器，一套好的建模工具对结构对象很重要。很多公司使用 Excel 记录对象结构。这种方式不是不可以，只是过于简单，只能起到记录的作用。一套好的建模工具，不仅可以记录对象结构，还可以从更宏观的角度看待整体设计。建模工具可以规范数据库设计过程，从对象定义这个源头就开始提高设计质量。常见的数据建模工具包括 PowerDesigner、ERWin 等。推荐在公司范围内统一使用某种设计工具完成物理模型的设计。所有的数据库对象尽可能在物理模型上设计，而且每个物理模型都要有相应的文字描述。所有的数据库对象变更以数据库物理模型为基准。为了避免字符敏感问题，产生的脚本应为大写字母。

下面以较常见的 PowerDesigner 为例，说明如何使用建模工具进行结构设计。

PowerDesigner 是 Sybase 出品的一款软件建模工具，其核心功能如下。

❑ 业务处理模型（Business Process Model，BPM）

❑ 面向对象模型（Object-Oriented Model，OOM）

❑ 概念数据模型（Conceptual Data Model，CDM）

❑ 物理数据模型（Physical Data Model，PDM）

❑ 多模型报告（Multi-Model Report）

❑ 自由模型（Free Model）

这里我们只以常用的 Physical Data Model 为例进行说明。

1. 新建 PDM

首先建立 WorkSpace，即所谓的"工作空间"，所有资源（如 CDM、PDM 等）都要放在 WorkSpace 中。然后，创建一个 Physical Data Model，这里需要设置与其对应的数据库类型，例如常见的 Oracle、SQLServer、MySQL 等。

2. 创建对象

在新建的 Physical Data Model 中创建表。

在 WorkSpace 右侧选择配置表的对象，例如字段、索引、约束、扩展信息等。例如 Columns 页面中设置对象如下。

❑ Name：字段的名称，可以是中文也可以是英文。

❑ Code：字段的代码，若出现在 SQL 语句中，应该为英文。

❑ Default：字段的默认值。

❑ Data Type：字段类型。

❑ P：是否为主键组成字段。

❑ F：是否为外键字段。

❑ M：是否必须输入，也就是 Null 或 Not Null。

通过 Columns 页面基本上可以定义一个完整的表结构。

3. 生成物理结构

在 PowerDesigner 中必须事先配置好和数据库的连接，可以通过 Database-Configure Connections 来配置数据库连接，然后将当前表的 SQL 语句全部选中，复制后关闭。点击快捷键"Ctrl+Shift+E"，打开 Execute SQL Query 窗口，粘贴 SQL 语句并执行就可以在数据库中建立表了。

4. 生成数据字典

数据库应用开发人员一般都知道数据字典的重要性。如果使用 Word、Excel 记录数据字典，往往会导致数据字典文档落后于数据库实际需求的问题。而使用建模工具后，所有修改可统一在建模工具中完成。当要对数据库进行变更时，可通过直接修改建模工具中相关语句的方式实现；对数据字典的管理也可统一在建模工具中完成，从而保证了数据的统一、规范。生成后的数据字典如图 17-1 所示。

图 17-1　数据字典示例

17.1.2　命名规范

命名规范对结构设计很重要，应尽量避免使用容易产生歧义的命名方式。一套标准、统一的命名，对后续的优化等工作有很多好处。很多人都遇到接手一个系统或面对数百张，甚至上千张数据表时，不明其理的苦恼。

1. 明确语义

对象命名使用英文，可缩写，加前后缀区分类型。

命名应该使用英文单词，避免使用拼音，尤其不应该使用拼音简写。命名不允许使用中文或者特殊字符。对象名称应使用与对象本身含义相对或相近的英文单词，最好选择最简单或最通用的单词，不能使用毫不相干的单词来命名。当一个单词不能表达对象含义时，可用词组表示。如果词组太长，可采用简写或缩写的形式，缩写后要基本能表达原单词的含义。当对象名称重名，但是对象类型的不同时，可加类型前缀或后缀以示区别。

2. 书写规范

对象名称的书写，应该遵循一定的规范。

❑ 大小写：名称一律大写，以便不同数据库移植，以及避免程序调用时出错。

❑ 单词分隔：下划线分隔。名称中的各个单词之间可以使用下划线进行分隔。

❑ 保留字：不使用保留字。名称中不允许使用 SQL 保留字。

❑ 命名长度：长度控制在 32 位。表名、字段名、视图名的长度应限制在 32 个字符内（含前缀）。

❑ 字段名称：字段名含义唯一。同一个字段名在一个数据库中只能代表一个意思。

❑ 注释：应为对象增加注释，并且表、字段等应该有中文名称注释，同时需要说明相关内容。

3. 表命名规范

表在数据库中用于存储数据的实体对象。其名称规范包括表本身及内部的分区、字段、约束等。一般建议表的规范命名如下。

❑ 表名：前缀为 t_。数据表名称必须以由具有特定含义的单词或单词缩写组成，中间可以用"_"分割，例如：t_hr_persoon。表名中不能用双引号。

❑ 分区名：前缀为 part_。分区名必须由具有特定含义的单词或字符串组成。例如，t_hr_persoon 的分区 part_20100101 表示该分区存储 20100101 时段的数据。

❑ 字段名：字段名必须以字母开头，由具有特定含义的单词或单词缩写组成，不能包含双引号。

❑ 主键名：前缀为 pk_。主键名称应是"前缀＋表名＋构成的字段名"。如果复合主键的构成字段较多，则可只包含第一个字段。表名可以去掉前缀。

❑ 外键名：前缀为 fk_。外键名称应是"前缀＋外键表名＋主键表名＋外键表构成的字段名"。表名可以去掉前缀。

4. 索引

索引，是数据库中的重要对象，一般用于查询优化。一个表能创建多个索引，好的索引命名规范不仅能表示索引引用的表，还能表示索引字段、类别等信息。

❑ 普通索引：前缀为 idx_。索引名称应是"前缀＋表名＋构成的字段名"。如果复合索引的构成字段较多，则可只包含第一个字段，并添加序号。表名可以去掉前缀。

❑ 主键索引：前缀为 idx_pk_。索引名称应是"前缀＋表名＋构成的主键字段名"。在创建表时，可用 using index 指定主键索引属性。

- ❑ 唯一索引：前缀为 idx_uk_。索引名称应是"前缀 + 表名 + 构成的字段名"。
- ❑ 外键索引：前缀为 idx_fk_。索引名称应是"前缀 + 表名 + 构成的外键字段名"。
- ❑ 函数索引：前缀为 idx_func_。索引名称应是"前缀 + 表名 + 构成的特征表达字符"。
- ❑ 簇索引：前缀为 idx_clu_。索引名称应是"前缀 + 表名 + 构成的簇字段名"。

5. 视图

视图是一组语句的逻辑定义。

- ❑ 普通视图：前缀为 v_。按业务操作命名视图。
- ❑ 物化视图：前缀为 mv_。按业务操作命名实体化视图。

6. 代码对象

代码对象包括存储过程、触发器、函数、数据包等。

- ❑ 存储过程：前缀为 proc_。按业务操作命名。
- ❑ 触发器：前缀为 tgr_。触发器名称应是"前缀 + 表名 + 触发器名"。
- ❑ 函数：前缀为 func_。按业务操作命名。
- ❑ 数据包：前缀为 pkg_。按业务操作集合命名。

7. 其他对象

除了上述对象外，Oracle 还包括其他对象。

- ❑ 序列：前缀为 seq_。按业务属性命名。
- ❑ 数据库链接：前缀为 lnk_。数据库链接名称应是"前缀 + 目标数据库名 + 用户名"。

8. PL/SQL 块

PL/SQL 是 Oracle 内置的一种数据处理语言。

- ❑ 普通变量：前缀为 var_。用于存放字符、数字、日期型变量。
- ❑ 游标变量：前缀为 cur_。用于存放游标记录集。
- ❑ 记录型变量：前缀为 rec_。用于存放记录型数据。
- ❑ 表类型变量：前缀为 tab_。用于存放表类型数据。

17.1.3 数据类型

定义数据类型时应遵循如下两个原则。

- ❑ 用正确的类型保存数据，避免出现使用文本、数字保存日期或时间的情况。关键词是"正确"。
- ❑ 使用适当的类型，且不要过度使用。例如，为数字类型选择精度时，并不是精度越高越好。关键词是"适当"。

1. 字符型

优先选择使用变长字符串类型，并注意定义长度。

❑ 固定长度的字符串类型采用 CHAR，长度不固定的字符串类型采用 VARCHAR2，避免在长度不固定的情况下采用 CHAR。如果在数据迁移时选择字符串类型，则必须使用 TRIM() 函数截去字符串后的空格。

❑ 固定长度字符串的类型都会占用一个固定长度的存储空间，且不会受字符串的真实长度限制。采用固定的行长度可以降低碎片量，但是会导致平均行长较大，这样就会增加全表扫描的开销。因此，除非数据的长度确实是固定的，否则应该优先选择变长字符串类型。

❑ 在 Oracle 中，变长字符串类型（VARCHAR2）可以保存 4KB 的字符串。因此，应谨慎评估是否需要定义大对象类型。在新版本 12C 中，变量类型支持 32KB 的存储量。

2. 数字型

采用数字型（NUMBER）时应注意精度。

❑ 数字型字段尽量采用 NUMBER 类型。

❑ 当计算的数值出现不必要的多位小数时，设置该数值列的精度可以减少行的长度。

❑ 对于特殊的自增长类型，可从序列产生。

3. 日期时间型

根据精度要求，日期时间可按如下方式选择数据类型。

❑ 日期时间型字段采用 DATE 或 TIMESTAMP 类型。

❑ Oracle 支持的基本日期类型 DATE 可以精确到秒。TIMESTAMP 类型精度更高，默认精度为微秒，最高可到纳秒级。

4. 大字段型

大字段型是指 BLOB、CLOB、LONG 等字段类型，往往用来保存文本、二进制对象，建议无特别需求，避免使用这些字段类型。原因是主流的关系型数据库中，事务具有 ACID 特性，若在数据库中使用大字段型保存海量低价值数据，性价比很低。

如确实有较大数据需要保存，笔者有以下几个建议。

❑ 拆分字段保存。例如使用多个 VARCHAR2 列替代 CLOB。

❑ 将大字段类型保存至单独表中，与核心业务表分开，避免对核心业务表产生影响。

❑ 在数据库中只存储指针，实际数据存储在外部。

17.1.4　表设计

数据库中的表是承载业务逻辑最主要的对象之一。在实际使用中，根据类型，表分为普通的堆表、分区表等；根据记录数量、字段数量以及物理大小，表可以分为大表和小表；根据业务属性，表可以分为核心表、中间表和临时表。

1. 堆表

（1）"小表"设计

小表要建主键或采取索引组织表。这里所说的小表，是指占用物理空间或记录的数据量较小的表。对于这种表，笔者有以下两个设计建议。

❑ 再小的表也应该确保具有由主键创建的索引，因为主键对表连接的执行计划和各种数据完整性约束有着非常大的影响。尤其是在嵌套循环中位于内循环中的表，因为需要被多次执行，所以即使对数据读取方式稍做改善也会获得非常大的性能提升。

❑ 可以尝试使用索引组织表的结构形式以存储这种类型的表。

（2）"大表"设计

在设计大表时应考虑分区应注意制定清理、归档策略。这里所说的大表，是指占用物理空间或记录的数据量超大的表。对于这种类型的表，应该考虑特殊的设计策略，主要考虑以下几个方面。

❑ 物理尺寸超过 2GB 或记录数达到 1000 万条，应该考虑分区设计。但需注意控制分区粒度，分区数应控制在 1000 以下。

❑ 大表应尽量考虑制定明确的数据生命周期管理策略，即包含明确的清理、归档、压缩策略。

❑ 大表尽量不要编写触发器。

❑ 日志类型的大表可不建立主、外键。

（3）中间表与临时表

中间表是存放统计数据的表，是为数据仓库、输出报表或查询结果而设计的，有时没有主键与外键（数据仓库除外）。临时表是程序员个人设计的，用于存放临时记录，为个人所用。临时表不能收集统计信息。基表和中间表由 DBA 维护，临时表由程序员自己编程序自动维护。

2. 分区表

推荐大表使用分区表，注意分区类型和分区键的选择。

对于数据量比较大的表，可根据表数据的属性进行分区，这样可以得到较好的性能。如果表按某些字段分布，则采用字段值范围分区；如果表按某个字段的几个关键值分布，则采用列表分区。对于静态表，则采用 HASH 分区或列表分区。采用字段值范围分区时，如果数据按某关键字段均衡分布，则采用子分区的复合分区。

1）范围 / 列表分区：

❑ 通过语句查询访问大量数据时，会导致不能有效使用索引的情况出现。这种情况下可以使用范围或列表分区，通过分区排除来优化查询。

❑ 定期删除表中的过期数据。常见的方法是使用时间范围分区删除过期数据。

2）散列分区：

❑ 需要在大表上执行 DML 之类的并行操作，或者在多个大表间执行并行表连接操作。

❑ 预计表上会有大量并发的 OLTP 形式的访问，特别是热块导致的争用问题。散列分区可以将这些热块均匀地分布到各个数据段中。

17.1.5　字段设计

如果说表对象是骨骼，那么表中的字段就是机理，各个字段组合串联起来呈现出业务数据的画像，使业务具有数据属性。字段设计包括两部分内容：类型和字段顺序。

前面已谈到数据类型，这里不再赘述。下面重点介绍列顺序。

❑ 列顺序会对性能有一些微小的影响。除非表中的每一个字段都是固定长度的字符串——这非常少见，否则 Oracle 无法知道某列在行物理存储结构中的具体位置。访问表中靠后的列相比访问靠前的列，需要额外消耗少量的 CPU 资源，因为 Oracle 必须顺序扫描行结构以获得某个特定的列的位置。基于这个原因，可把要经常访问的列存储在表的前面，这会带来一些正面的性能影响。

❑ 值为 NULL 的字段通常需要一个字节的存储空间，但如果该行中随后的列的数值都为 NULL，则 Oracle 不需要为该行 NULL 字段分配任何空间。如果将那些行中的值大部分为 NULL 的列存储在表的末尾，则行的实际长度会变小，这样有助于提高表扫描的性能。但这些列的顺序调整带来的性能改进比较小，因此列顺序调整应使数据模型更易于理解和维护，而不应当为了这些微小的优化而使数据模型变得混乱。

17.1.6　约束设计

现在有一种趋势，即减少数据库中约束的使用，以此来减少数据库计算任务量，并且通过应用逻辑来保证数据完整性。

1. 主键约束

对于表要定义主键。没有任何理由不给表定义主键。

关联表的父表要求有主键，主键字段或组合字段必须满足非空属性和唯一性要求。对于数据量比较大的父表，要求指定索引段。

2. 外键约束

对于外键字段要建索引。实际上是否建立外键，是由数据完整性的要求决定的。对于有级联删除属性的外键，必须指定 ON DELETE CASCADE 选项。

3. 非空约束

字段非空一定要显式声明。

- ❑ 对于字段能否为空，应该在建表脚本中明确指明，不应使用默认值。建议非空字段都直接声明。
- ❑ 由于 NULL 值在参加任何运算时结果均为 NULL，因此在应用程序中必须利用函数进行转换。
- ❑ B 树索引不能存储 NULL 值，因此需要全表扫描来查找 NULL 值。也有些例外，位图索引和部分列为 NULL 的多列组合索引能存储 NULL 值。
- ❑ 采用 NULL 可以降低行的平均长度，从而在一定程度上提高全表扫描的性能。
- ❑ 如果该列的数值大部分都是 NULL，并且查询仅需检索非 NULL 值，则该列上的索引会比较紧凑并很高效。

4. 检查约束

对于有检查约束的字段，要求设置 CHECK 规则。该约束主要用途是保证数据质量，在数据库入库时就做好相应的检查。当然，这样做也会消耗一定的计算资源，是否使用需要均衡考虑。

5. 唯一约束

对于有唯一性约束的字段，应设置 UNIQUE 规则。该约束与主键约束有些类似，主要区别在于一个表可以定义多个唯一约束，且唯一约束字段不保证非空。

6. 其他约束——触发器

触发器需慎重使用。

触发器是一种特殊的存储过程，通过数据表的 DML 操作来触发执行，作用是确保数据的完整性和一致性，实现数据的完整约束。

在选择触发器的 BEFORE 或 AFTER 事务属性时，表操作的事务属性必须与应用程序的事务属性保持一致，以避免死锁发生。在大型导入表中，尽量避免使用触发器。

17.1.7 索引设计

对于查询中需要作为查询条件的字段，可以考虑建立索引，当然，最终还要根据性能的需要决定是否建立索引。建立索引时也要考虑维护成本，不能无序地创建索引。

下面介绍构建战略性索引的策略。

1. B 树索引

❏ 控制单表索引个数，尽量不要超过 5 个。没有任何索引的单表也需要关注。

❏ 要注意监控创建的索引中不要出现无用索引。必要时，删除无用的索引，避免对执行计划造成影响。

❏ 如果存在外键，需要在对应字段创建索引，否则会引发死锁并影响表连接性能。

❏ 对于经常出现在 WHERE 子句中且过滤性比较强的字段，特别是大表的字段，应该创建索引。

2. 位图索引

位图索引不同于传统的 B 树索引，其原理是根据数据列的离散值构建出一张位图。它应该建立在低基数列，适合集中读取，不适合插入和修改，比 B 树索引节省空间。它主要应用于数据仓库和决策支持系统，特点是绝大多数操作是复杂的查询操作，导入数据的操作也是采用批量导入的方式，几乎没有删除和更新操作。

位图索引的锁机制和 B 树索引不同。B 树索引中包含所有键值非空的 ROWID，而位图索引包含的是一个 ROWID 范围和与范围对应的编码。如果删除一条记录，那么不仅会锁住这条记录，而且会锁定位图索引中与这条记录同一索引范围内的所有记录。由此可见，建立位图索引的表时，锁的最小粒度变成位图索引的范围。这就意味着多个用户并发访问时，表被锁定的概率大大增大。因此，操作位图索引时，应采用批量修改、迅速提交的方式。

3. 复合索引

当某个索引包含多个索引的列时，这种索引称为复合索引。当查询多个条件为 AND 关系的数据时，可以使用复合索引快速定位到该数据。对复合索引的使用，需要注意如下几个问题。

❏ "过度"索引：不要将所有的 WHERE 条件中的字段都创建为复合索引。因为索引会造成 DML 操作的开销增大，且空间上也会存在很大的浪费。

❏ 复合索引中的列顺序：所有的索引列都在 WHERE 条件中时，索引的效率和索引中列的顺序是无关的。因而，当不是所有索引的列都在 WHERE 条件中时，最佳的列顺序要求就是能够尽最大可能使用索引。换句话说，应该能够对最多的 SQL 语句应用索引。当多个列的使用频率相同时，可以遵从以下两种截然相反的方法。

❏ 如果将来的 SQL 语句只对部分列应用限制条件，前导列应该是具有最多唯一值的列。换句话说，就是使索引被优化器选择的概率最大化。

复合索引的使用建议如下。

❏ 如果约束条件字段比较固定，则优先考虑创建针对多字段的普通 B 树复合索引。

- ❑ 如果单个字段是主键或唯一字段，或者可选性非常高的字段，尽管约束条件字段比较固定，也不一定要创建复合索引，有时可创建单字段索引，降低复合索引开销。
- ❑ 在复合索引设计中，应考虑复合索引的第一个设计原理：复合索引的前缀性。即在 SQL 语句中，只有将复合索引的第一个字段作为约束条件，该复合索引才会启用。
- ❑ 在复合索引设计中，应考虑复合索引的可选性，即按可选性高低，进行复合索引字段的排序。
- ❑ 如果条件涉及的字段不固定，组合比较灵活，可以考虑分别创建索引。
- ❑ 如果是多表连接 SQL 语句，考虑是否可以在被驱动表的连接字段与该表的其他约束条件字段上创建复合索引。

4. 分区索引

同分区表类似，索引也可以创建分区索引。这里有两种分区索引要创建。

- ❑ 本地（局部）分区索引：对于建立的每个分区表，都存在一个分区索引。每个分区索引中的数据仅指向一个分区表中的数据。分区表和分区索引之间存在一对一的映射。
- ❑ 全局分区索引：索引按自己的模式分区。分区索引和分区表之间没有匹配关系。与本地分区索引不同，全局分区索引可能指向任意数目的分区表中的数据。全局分区索引可以仅是范围分区。分区表上的索引默认是单个分区的全局索引（实际上，默认情况下它们根本就不是分区索引）。这里应注意全局分区索引与全局索引的区别。全局索引是指索引跟分区表没有关系，是一个单独的索引；全局分区索引是指索引也采用分区形式，但规则和分区表没有关系。

这里给出的使用建议如下。

- ❑ 测试表明，如果分区字段选择合理，使用分区索引的效率比全局分区索引要高一些，而主键索引和唯一分区索引的效率大体相当，这样的优化还是非常值得的。如果由于优化导致个别应用效率下降，也可以通过应用的调整进行优化。

使用全局索引需要考虑分区操作后索引的代价问题。在 OLTP 系统中，往往不会对分区进行很多调整，适当使用全局索引可以提高访问性能和可用性。在 OLAP 系统中，数据量往往很大，可以考虑使用能够分区消除的本地索引。对于数据量很大的情况，这样做可以避免对全局分区索引进行维护。

在分区表中，尽量采用本地分区索引以便分区维护，不建议使用全局分区索引。是否使用前缀 / 非前缀索引，主要是考虑是否实现分区消除。前缀索引能够保证实现分区消除，非前缀索引却不能保证，但不是不能实现。在某些情况下，非前缀索引反而适用范围更大。

5. 函数索引

除了上述索引外，还有一些其他索引，其中用得比较多的是函数索引。函数索引可以是 B 树索引，也可以是位图索引，它将一个函数计算的结果存储在索引中，而不是存储列数据本身。我们可以把基于函数的索引看作一个虚拟列上的索引。总之，所谓函数索引，是基于加工过的逻辑列创建的索引。

函数索引适用于基于基础表中一个或多个列的函数或表达式，查询语句条件列上包含函数的情况。函数和表达式的值预先计算并存放在索引中。要使用函数索引，就要分析表，启用查询重写。设置函数索引，会减慢 DML 的速度，因为需要先求函数值或表达式。

17.1.8　视图设计

视图是虚拟的数据库表，在使用时要遵循以下原则。

- ❑ 从一个或多个数据库表中查询部分数据项。
- ❑ 为简化查询，可通过视图实现复杂的检索或字查询。
- ❑ 为提高数据的安全性，只将需要查看的数据信息显示给有权限的人员。
- ❑ 视图中如果嵌套使用视图，级数不得超过 3 级。
- ❑ 由于视图只适用于固定条件或没有条件，所以对于数据量较大或随时间的推移逐渐增多的数据库表，不宜使用视图，可以采用实体化视图代替。
- ❑ 除特殊需要，避免使用类似 SELECT * FROM [TableName] 而没有检索条件的视图。
- ❑ 视图中尽量避免出现数据排序的 SQL 语句。

17.1.9　包设计

尽量减少包的使用，推荐在应用端处理相关逻辑。必须使用包时，应注意以下各项。

- ❑ 存储过程、函数、外部游标必须在指定的数据包对象 PACKAGE 中实现。存储过程、函数的建立如同其他语言形式的编程过程，适合采用模块化的设计方法。当具体算法改变时，只需要修改存储过程，不需要修改其他语言的源程序。在和数据库频繁交换数据的情况下，若是通过存储过程完成，则可以提高运行速度。由于只有被授权的用户才能执行存储过程，所以存储过程有利于提高系统的安全性。
- ❑ 使用存储过程、函数时需完成检索数据或修改对象等操作。如果某项功能不需要和数据库打交道，那么该功能就不得通过数据库存储过程或函数的方式实现。在函数中，应避免采用 DML 或 DDL 语句。

在数据包中，采用存储过程、函数重载的方法可简化数据包设计流程，提高代码效率。存储过程、函数必须有相应的出错处理功能。

17.1.10 范式与逆范式

基本结构设计，应尽量满足范式设计。但是，完全满足范式设计的数据库，往往不是最好的设计。

1. 范式设计

范式设计主要包括三个。在数据库设计中，为了更好地应用三个范式，必须通俗地理解三个范式（通俗理解并不是最科学、最准确的）。

- ❏ 第一范式（1NF）：对属性的原子性约束，要求属性具有原子性，不可再分解。
- ❏ 第二范式（2NF）：对记录的唯一性约束，要求记录有唯一标识，即实体的唯一性。
- ❏ 第三范式（3NF）：对字段的冗余性约束，即任何字段不能由其他字段派生，要求字段没有冗余。

没有冗余的数据库可以做到，但其未必是最好的数据库。有时为了提高运行效率，就必须降低范式标准，适当保留冗余数据。具体做法是：在概念数据模型设计时遵守第三范式，在物理数据模型设计时降低范式标准的。降低范式就是增加字段，允许冗余。

2. 逆范式设计

逆范式的好处是降低连接操作的需求、降低外键和索引的数目，以及减少表的数目，相应带来的问题是可能出现数据的完整性问题。逆范式设计可以加快查询速度，但会降低修改速度。因此决定做逆范式时，一定要权衡利弊，仔细分析应用的数据存取需求和实际的性能特点。好的索引设计通常能够解决性能问题，而不必采用逆范式设计。

在做逆范式操作之前，要充分考虑数据的存取需求、常用表的大小、一些特殊的计算（例如合计）、数据的物理存储位置等。常用的逆范式方法有增加冗余列、增加派生列、重新组表和分割表。

1）增加冗余列：指在多个表中增加具有相同语义的列，常用来在查询时避免连接操作。缺点是需要更多的磁盘空间，同时会增加表维护的工作量。

2）增加派生列：指计算其他表中的数据并由此生成增加的列。派生列的作用是在查询时减少连接操作，避免使用集函数。派生列也具有与冗余列同样的缺点。

3）重新组表：指在有许多用户需要查看两个表连接后的结果数据时，可把这两个表重新组成一个表以此减少连接量。这样做可提高性能，但需要更多的磁盘空间，同时也损失了数据在概念上的独立性。

4）水平分割表：将一列或多列数据的值放到两个独立表的数据行中。水平分割表适用于如下情况。

- ❏ 表很大，分割后可以降低在查询时需要读的数据量和索引的页数，同时也降低了索引的层数，提高了查询速度。

❑ 表中的数据本来就有独立性，例如表中分别记录各个地区的数据或不同时期的数据，特别是在有些数据常用，而有些数据不常用时。

❑ 需要把数据存放到多个介质。

水平分割表会给应用增加复杂度，通常在查询时需要用到多个表名，查询所有数据需要 UNION 操作。在许多数据库应用中，这种复杂性会超过它带来的优点，因为即使索引关键字占用空间不大，在索引用于查询时，表中增加两到三倍的数据量，自然会增加读索引层时所在磁盘的工作量。

5）垂直分割表：把主键和一些列放到一个表，然后把主键和另外的列放到另一个表中。如果一个表中某些列常用，而另外一些列不常用，则可以采用垂直分割。另外，垂直分割可以使数据行变小，一个数据页就能存放更多的数据，在查询时就会减少 I/O 次数。其缺点是需要管理冗余列，查询所有数据需要 JOIN 操作。

无论使用何种逆范式，都需要维护数据的完整性。常用的方法如下。

❑ 批处理维护：指对复制列或派生列的修改积累到一定时间后，运行一批处理作业或存储过程对复制列或派生列进行修改。这种方法只能在对实时性要求不高的情况下使用。

❑ 应用逻辑：数据的完整性也可由应用逻辑来实现，这就要求必须在同一事务中对所有涉及的表同时进行增、删、改操作。用应用逻辑来实现数据完整性的风险较大，因为同一逻辑必须同时在所有的应用中使用和维护，容易遗漏，特别是在需求变化时，不易于维护。

❑ 触发器：数据的完整性也可由触发器实现，即对数据的任何修改立即触发对复制列或派生列的相应修改。触发器是实时的，而且相应的处理逻辑只在一个地方出现，易于维护。一般来说，触发器是解决数据完整性问题的最好的办法，但是也需要综合评估。

17.1.11　其他设计问题

除了以上要注意的问题外，还有其他需要注意的问题。本节就来详细讲解。

1. 表与实体的关系

表与实体的关系可以是一对一、一对多、多对一的关系。一般情况下，它们是一对一的关系，即一条记录对应且只对应一个实体。在特殊情况下，它们可能是一对多或多对一的关系。

2. 多对多的关系

若两个实体之间存在多对多的关系，则应消除这种关系。消除的办法是，在两者之间增加第三个实体，即将原来两个实体的属性合理地分配到三个实体中。这样原来一个多对多的关系就变为了两个一对多的关系。

3. 业务主键与自然主键

业务主键是指表中的一个或几个字段组合在一起构成的主键。自然主键是指通过数据库的方式定义的主键，只作为记录的唯一标识，没有任何业务含义。我们不需要从数据建模和数据库设计的角度去关注业务主键和自然主键，从性能的角度探究人造键的优点才是明智之举。毫无疑问，自然主键通常会带来更好的性能。

- ❑ 业务主键通常由一个数字类型的列构成。如果主键字段包含非数字类型的列或是由多个列组合而成，则键的长度会增加，进而导致表连接和索引查询不会特别高效。
- ❑ 自然主键没有任何含义，因此它从来不会被更新。如果自然主键被更新，则引用它的外键也需要更新，这将显著增加 I/O 开销和锁争用。
- ❑ 基于自然主键的索引占用的空间更少，因此索引树的深度会更低，这有助于提升索引查询的性能。

17.2　Oracle 开发规范

在实际的编码阶段，我们应该注意哪些问题呢？本节将从书写规范、编码规范、注释规范以及语法规范 4 个维度予以说明。

17.2.1　书写规范

Oracle 中的代码书写规范如下。

- ❑ 数据代码统一使用小写字母（避免由于大小写混杂，导致性能问题），关键字使用大写字母。
- ❑ 缩进采用空格（不得使用 Tab 键）。
- ❑ 同一语句占用多于一行时，每行的关键字应左对齐。
- ❑ 对于 INSERT…VALUES 和 UPDATE 语句，一行写一个字段，字段后面紧跟注释（注释语句左对齐），VALUES 和 INSERT 左对齐，左括号和右括号与 INSERT、VALUES 左对齐。
- ❑ 对于 INSERT…SELECT 语句，应使插入字段顺序与查询字段顺序对应，每行不超过 4 个字段，括号内的内容另起一行缩进 2 格开始书写，关键字单词左对齐，左括号、右括号另起一行与上面文字左对齐。
- ❑ 不允许把多条语句写在一行，即一行只写一条语句。

- ❑ 避免将 SQL 语句写到同一行，再短的语句也要在关键字和谓词处换行。
- ❑ 相对独立的程序块之间需加空行，语句中加入空格、标注，以提高程序可读性。
- ❑ BEGIN、END 独立成行。
- ❑ IF 后的条件要用括号括起来，括号内每行最多两个条件。
- ❑ 不同类型的操作符混合使用时，建议使用括号进行隔离，使代码清晰，易于读懂。
- ❑ 减少控制语句的检查次数，如在 ELSE（IF…ELSE）控制语句中，尽量将最常用的条件放在前面。
- ❑ 尽量避免使用嵌套的 IF 语句，需要的时候可以使用 ELSEIF 子句判断。

17.2.2　编码规范

在实际编码时，建议参考下述规范。

1）单条 SQL 语句不宜超过 100 行。

2）当一条 SQL 或 PLSQL 语句中涉及多个表时，始终使用别名来限定字段名。别名要避免使用无意义的代号，方便维护者阅读。

3）存储过程、函数、触发器、程序块中定义的变量和输入 / 输出参数在命名上要有所区分。

- ❑ v_ 代表定义的变量。
- ❑ i_ 代表输入的参数。
- ❑ o_ 代表输出的参数。

4）避免使用 SELECT * 语句，应给出字段列表。同样，INSERT 语句也必须给出字段列表，避免由于表结构的更改导致语句不可执行。

5）要从表中的同一笔记录中获取记录的字段值，必须使用同一 SQL 语句，不允许使用多条 SQL 语句，这样可以降低与数据库的交互。

6）存储过程中变量的定义应放在 AS 和 BEGIN 关键字之间，不允许在代码中随意定义变量。相同功能模块的变量放在一起，与其他模块的变量之间应用以空行分隔，这样可以增加代码的可读性。

7）IN、OUT 参数按类别分开书写，不允许交叉。

17.2.3　注释规范

注释的目的是使用简单明了的语言来描述一件确定的事，帮助我们强化记忆，清楚地了解 SQL 的业务意义。在写注释时，建议参考下述规范。

- ❑ 一般情况下，源程序有效注释量须在 30% 以上。注释的原则是在该加的地方加，方便对程序阅读理解；注释语言须准确、易懂、简洁。修改程序时，要增加相应的注释，不得修改以前的注释信息。

❑ 注释的格式统一，注释内容包括名称、用途、版本信息、当前版本、创建及修改日期、创建人及修改人、修改内容、参数说明、返回结果、使用时的注意事项。

❑ 所有的变量都要加注释，说明该变量的用途及含义。

❑ 注释的内容要清晰明了，防止注释具有二义性。

❑ 禁止使用缩写，尤其是非常用的缩写。

❑ 修改程序时，需要在注释中添加修改人、修改日期及修改原因等信息。

❑ 对程序分支必须增加注释，进行说明。

❑ 在代码的功能、意图层次上进行注释，提供有用的信息。

❑ 注释应与代码相近。代码的注释应放在 SQL 上方或右方相近位置，不可放在下方。

❑ 注释与所描述的内容有同样的缩进。

❑ 使用空行隔开注释与 SQL 代码。

❑ 函数应对返回的代码进行详细描述。

❑ 涉及类型的参数，应在注释中罗列出来。

❑ 尽量使用 "--" 进行注释，行尾必须使用 "--" 进行注释。

❑ 不得在一行代码或表达式中添加注释。

❑ 在程序块结束行的右方加注释，以表示程序块的结束。

❑ 注释用中文书写，便于理解。

❑ 复用的代码需要说明，便于后期维护。

17.2.4　语法规范

在使用标准 SQL 语句进行编码时，有些语法规范小技巧也值得大家关注。

1. 数据规模

从数据规模的角度来看，设计的基本原则是减少数据访问量，尽量少扫描数据，只有真正需要的数据才进行提取操作。具体包括如下几条。

❑ 避免使用 "SELECT *"。原因是这种形式需要查询数据字典，解析 "*" 的含义会带来额外的开销。此外，因为使用了全部字段，导致无法使用索引覆盖策略，那些只通过索引扫描就能获得的数据，现在不得不扫描表中的所有字段。而二者的性能差异往往非常大。

❑ 建议 SELECT 语句只包含必要的列，从而减少服务器与客户端间数据的传送量。

❑ 当对数据量很大的对象进行操作时，如果需要修改的数据范围占整个数据对象的大部分，可考虑先备份，然后做截断，再对需要的数据做插入处理。这主要是因为截断（TRUNCATE）操作是一个 DDL 操作，其成本远比常规的 DML 成本低。如果对数据量很大的对象进行处理，截断操作的成本会更低。此外，如果处理的对象是分区表，也可考虑使用分区截断、交换、删除等策略，因为可在分区表这一较小的级别内完成。这也是设计分区表时应考虑的一个重要因素。

❏ 当需要判断一个结果集是否有数据时，不要使用 COUNT 方式判断，而是通过 ROWNUM 确认，因为你的真实诉求并非计数，而是判断数据的有与无，这完全可以通过更加轻量级的方式获得。例如使用 ROWNUM=1，判断数据是否存在即可。

2. 索引

尽量规避出现各种可能使索引无法使用的情况。我们定义索引就是希望充分利用它来加速查询，但很多操作会导致索引无法使用。对于这些操作，我们要注意以下事项。

❏ LIKE 子句尽量在前端匹配，避免通配符在前端引起索引屏蔽，即使用 LIKE 'ABC%'，避免使用中缀（'%ABC%'）或后缀（'%ABC'）。中缀和后缀都将导致索引无法使用。

❏ 任何对列的操作都会导致全表扫描，包括数据库函数、计算表达式等，因此我们要保证在操作符的左边就是简单的字段列，不要使用任何数据库函数、计算表达式。

❏ 避免不必要的类型转换，以及隐式类型转换。进行类型转换时，索引中保存的原始数据将无法一一对应，从而导致无法使用索引。

❏ 复合索引的第一个索引字段必须出现在 WHERE 子句中。虽然 Oracle 中也支持索引跳跃扫描，但仍然建议按顺序引用索引字段。

3. 数据类型

准确使用数据类型，避免格式转换。

❏ 确保变量和参数在类型和长度上与对应表的列类型和长度相匹配，避免由于类型不同导致隐式类型转换及由于长度类型不同导致异常发生。我们可在定义变量时使用 %TYPE、%ROWTYPE，使变量的类型长度与对应表的列类型长度联动。

❏ 避免隐式数据类型转换。写代码时，必须确定表的结构和表中各个字段的数据类型，特别是写查询条件的字段时。

❏ 在一般场景下，应用 VARCHAR2 类型代替 CHAR 类型。在查询及建立索引时，CHAR 比 VARCHAR2 的效率要高，当然 VARCHAR2 在存储上比 CHAR 要好。

❏ SQL 中的字符串类型数据应该统一使用单引号。特别是纯数字的字符串，必须用单引号，否则会导致内部转换而引起性能问题或索引失效问题。可以利用 TRIM()、LOWER() 等函数格式化匹配条件。

4. 过滤条件

尽早尽快地过滤数据，注意条件缺失的误操作问题。

❏ 增加查询条件，限制全范围的搜索。一个非常常见的优化原则就是，尽早尽快地过滤数据。数据库处理一个小结果集，效率肯定要高于处理一个大结果集。

❏ 无论是使用 SELECT，还是使用破坏力极大的 UPDATE 和 DELETE 语句，一定要检查 WHERE 条件判断的完整性，不要在运行时出现数据丢失问题。如果不确定，最好先用 SELECT 语句带上相同条件来过滤结果集，并检验条件是否正确。

❏ 空值不可以直接和比较运算符（符号）比较，如果变量可能为空，应使用 IS NULL 或 IS NOT NULL 进行比较，或通过 NVL() 函数转换后再进行比较。

❏ 使用 OR 作为过滤条件，会使优化器在判断谓词选择率时出现偏差，进而导致选择了很差的执行计划。若 OR 可以用 IN 代替，则尽量使用 IN。常数部分若通过 DECODE 等加工可以取消 OR，则使用 DECODE。当使用 OR 导致全索引扫描时，通常使用 UNION ALL 分离 SQL 语句，从而引用索引。

❏ 尽量减少负向查询，例如 !=、<>、!<、!>、NOT EXISTS、NOT。原因是对于不等于表达式（!=、<> 等），优化器在判断选择率时采用（1–"="选择率）的方式，而且数据范围选择较大，往往会倾向于使用全表扫描。此外，对于使用绑定变量的情况，则会倾向于使用单一选择率，但这会导致误差较大。对于 NOT EXISTS、NOT IN，数据库术语叫作"反连接"——ANTI JOIN，其对应的子查询往往是 FILTER 操作，而其他效率更高的方式会被忽略。

5. PL/SQL 块

PL/SQL 块是 Oracle 内置的数据处理语言。相较于 SQL，它可以提供更为复杂的处理逻辑。在处理上，我们要遵循以下基本原则。

❏ 原则上，不要使用动态 SQL[⊖]，因为动态 SQL 无法在内存中共享。如果必须要用，一定要使用绑定变量，避免可能的安全隐患。

❏ 不要使用子函数方式来实现存储过程，应分别定义。

❏ 代码中不要使用 GOTO 语句，这与很多其他语言的要求类似。

❏ 确保所有的变量和参数都会被使用到，避免无效定义。

❏ 对于大批量的数据 DML，尽量使用批量提交。批量提交方式相较于频繁交互方式，效率更高。

❏ 游标操作相对成本较高，要在循环的 LOOP 中防止反复出现 CURSOR OPEN/CLOSE。

6. 事务

事务是数据库中非常重要的一个能力。通过事务可保证数据库的 ACID 特性，即原子性、一致性、隔离性、持久性。为了实现上述能力，数据库调用内部一系列资源配合完成。

⊖ 动态 SQL 是指代码不是"明文"固定的，而是随执行动态变化的。

因此，事务是一个相当昂贵的操作。使用事务的一个基本原则就是尽量控制事务大小，避免资源被长时间占用。

- ❏ 存储过程有多个分支返回时，要确保每个分支都结束了事务，不然会出现事务无法正常关闭的情况。
- ❏ 虽然及时关闭事务很好，但应避免频繁使用 COMMIT 语句，尤其是在循环体中，若每次都执行 COMMIT 语句会对数据库造成很大冲击，因此应尽量有计划地使用事务。
- ❏ 回滚段，是 Oracle 为保证事务回滚而独立设定的一个区域。一般有一个回滚段就有一块公共区域。对于事务量较大的情况，可单独指定回滚段。
- ❏ SELECT … FOR UPDATE 和 COMMIT 之间尽可能减少程序逻辑，以降低锁定时间。

7. 排序

尽量减少排序操作。要想减少排序，可以从如下方面进行优化。

- ❏ 避免不必要的排序。对查询结果进行排序会大大降低系统的性能。
- ❏ 使用 UNION ALL 代替 UNION，避免不必要的排序动作。
- ❏ 尽量利用索引这种有序结构，返回排序数据。

8. 绑定变量

推荐使用绑定变量。

- ❏ 对于 OLAP/DSS 类型的应用系统，可不使用绑定变量。
- ❏ 对于 OLTP 类型的应用系统，在 SQL 语句中一定要使用绑定变量，能批量绑定更好。
- ❏ 对于 OLAP 和 OLTP 混合型的应用系统，如果有循环，循环内部的 SQL 语句一定要使用绑定变量（批量绑定更好），其他应用系统依据实际情况而定。
- ❏ 相似的语句需要考虑使用绑定变量。
- ❏ 对于动态 SQL，要使用绑定变量。

9. 表关联

少用表关联，控制关联对象数。

- ❏ 表关联须考虑连接和限制条件的索引。
- ❏ 尽量减少超过三个表以上的关联查询。任何数据库的 JOIN 操作，都是先处理两个，再和其他表进行关联。如关联过多，则处理逻辑过于复杂。
- ❏ 减少外连接。外连接会对表间关联顺序的选择等造成影响。外连接一般是由于数据质量问题导致的，如能保证质量，可避免使用外连接。

❑ 避免产生笛卡儿积。笛卡儿积会产生 "$M \times N$" 的结果集。除非在数据仓库等特殊场合，否则都应该避免使用笛卡儿积。

10. 子查询

子查询可用于多种情况，可嵌入 SELECT、FROM、WHERE 部分。按照其与外部的关联性，子查询可分为简单子查询和关联子查询等。子查询，是比较符合人们数据处理逻辑的一种写法，但数据库处理起来效率很低。优化器会尝试将子查询打破，融合于父查询中一起优化，但受限于其能力，很多时候并不是很智能。索引查询一般建议减少使用子查询。即使使用，子查询嵌套也不宜超过 3 层。

11. 分组

用 WHERE 条件代替 HAVING 条件。分组的时候，WHERE 条件语句是在减少对象后进行分组，HAVING 条件语句是在分组后减少对象。此外，在有索引的列中同时使用 GROUP BY 和 HAVING 时，HAVING 语句的列不能使用索引。因为 HAVING 通过 GROUP BY 语句已执行了减少分组数据，所以不能执行索引。正确的执行顺序是 WHERE => GROUP BY => HAVING。

12. 其他

除了上述语法规范外，还有如下一些开发建议。

❑ 避免在代码中出现提示。提示是干预数据行为的一种方式。这种方式可移植性很差，一般仅用于临时解决问题，不应作为一种常规手段使用。

❑ 避免在代码中选择并行执行方式。并行方式在某种程度上可以加速运行过程，但一般建议是有人为控制，因为处理不好很容易引起系统资源的瓶颈问题。不建议在代码中使用并行方式。

❑ 增加一次性处理的任务量，减少网络开销。将分散的 SQL 合并为一条 SQL 语句也是较好的方法。

❑ 减少使用不必要的内表，例如 DUAL。

❑ 对于复杂的 SQL，可以考虑在业务逻辑中引入临时表等过渡手段，降低 SQL 的复杂程度。

❑ 采用成熟的技术编码，对于先进的或者没有成熟的技术，需要充分测试，全盘考量，确保不会因为新技术对系统性能产生影响。

17.3　MySQL 结构设计规范

MySQL 作为近些年颇为流行的数据库，使用范围非常广。其在结构设计、开发规范等方面也有个性化的要求。这部分内容一方面可帮助你加深对 MySQL 的了解；另一方面对比 Oracle 和 MySQL 的差异，可帮助你更好地了解、使用这两种数据库。

17.3.1　命名规则

一个好的命令规则，可以让结构对象更具可读性、可维护性。下面介绍 MySQL 的一些命名规则。

1. 明确语义

命名时应采用英文单词，避免使用拼音，尤其不应该使用拼音简写，这样可以提高可读性，方便其他使用者了解其含义。命名时使用与对象本身意义相对或相近的单词，必要时可采取缩写形式，但最好在单词后面对缩写分别说明。命名中不要使用中文或者特殊字符。

2. 拼写规范

拼写规范主要包括如下几条。

- ❑ 大小写：MySQL 数据库中的相关名称是区分大小写的，这一点需要注意。一般建议名称一律采取小写形式。
- ❑ 单词分隔：命名的各单词之间可以使用下划线进行分隔。
- ❑ 关键字和保留字：在 SQL 语句中出现关键字和保留字时，必须使用“'”来分割。为了避免不必要的问题出现，尽量避免使用关键字和保留字作为表名和字段名。保留字和关键字的列表可参见 MySQL 的官方文档（http://dev.mysql.com/doc/refman/5.7/en/keywords.html）。
- ❑ 命名长度：MySQL 数据库中对象命名称的最大允许长度是 64 字节。对于英文字母或数字就是 64 个字符。因此，表名、字段名、视图名长度应限制在 64 个字符内（含前缀）。超长的命名会被截断处理。在实际使用中，不建议使用长命名，因为不易理解及使用。
- ❑ 注释：表、字段等应该配合中文辅助说明。可以使用表、字段的 comment 属性来进行注释。示例如下。

```
create table table_name (
    field_name int comment '字段的注释'
) comment='表的注释';（写不写等号是一样的）
```

3. 语义规范

除了上述一些命名、拼写规范外，在命名时还应考虑一定的语义规范，增加其可理解性。

- ❑ 表名应尽可能和所服务的模块名一致。服务于同一子模块的一类表尽量以子模块名

（或部分单词）为前缀或后缀。这样后期开发、维护人员很容易辨识和使用。当然，更好的做法是划分模式，将不同的业务分置在不同的模式中。

❑ 表名应尽量包含与所存放数据对应的单词。表名前缀为 t_ 或 tab_（单词 table 的首字母）。数据表名称必须以有特殊含义的单词或缩写组成，中间可以用"-"分割。

❑ 索引名称尽量包含所有的索引键字段名或缩写，且各字段名在索引名中的顺序应与索引键在索引中的顺序一致，并尽量包含一个类似于 i_ 或 idx_（单词 index 的首字母）的前缀或后缀。

❑ 字段名称尽量保持和实际数据相对应。

❑ 约束等其他对象尽可能包含所属表或其他对象的名称，以表明各自的关系。

17.3.2　使用原则

使用相关的原则包括如下几条。

❑ 减少计算：从本质用途来看，数据库承担了"存储 + 计算"两部分的功能。其中，数据存储是数据库的基本能力，而数据计算是可通过外部分担的。如果数据库自身资源所限，必须要有取舍的话，是可以将计算能力外置，减轻数据库资源方面的压力。

❑ 简化计算：尽可能在 MySQL 数据库上运用一些简单操作，像 MD5() 或者 ORDER BY RAND() 这样的操作不要在数据库上执行，目的仍然是减少计算任务量。

❑ 平衡范式与冗余：范式设计是较为传统的一种数据设计模式，很规范但是会牺牲部分效率。这一点在后面会详细谈到。这里只是强调一下，在一些特定的业务场景下，为提高效率可以牺牲范式设计，冗余数据。

❑ 拒绝 3B：MySQL 与 Oracle 相比，在功能等方面有一定差异。因此，对于某些操作，仍然不建议在 MySQL 中使用。这里将其概括为"3B 原则"，即大 SQL（Big SQL）、大事务（Big Transaction)、大批量（Big Batch）。这三类操作均不建议在 MySQL 中使用。

❑ 防止雪崩效应：避免将系统的全部压力施加在数据库一端，可通过适当的保护机制防止数据库崩溃，即增加过载保护能力。此外，在架构设计方面，也需要考虑一定的隔离性，防止在单点出现问题时，因雪崩效应影响其他部分。

❑ 通过多级缓存减少 I/O 访问：缓存可以有效减轻数据库资源方面的压力。通过将数据冗余，分担数据 I/O 压力，甚至考虑做分级缓存策略，逐层承担压力。其根本目的就是减少数据库一端的 I/O 访问。

17.3.3　规模规则

MySQL 作为一种"轻量级"数据库，不建议承载大的规模。这里所说的规模，既包括物理大小，也包括记录数。规模设计遵循如下基本原则。

- ❑ 使用 INNODB 表，控制表数量。
- ❑ 所有库总空间控制在 2TB 以下。
- ❑ 单库不超过 5000 个表。
- ❑ 库 × 表总数控制在 20 000 以下。
- ❑ 控制单表数据量。单表记录数据量控制在 2000 万条以内。含文本类型较多的表，应该尽量少一些。
- ❑ 提前估算表行数（比如：100 万条以上）、表大小（比如：100MB 以上），制定历史数据维护策略（分表策略、迁移策略、清理策略等）。
- ❑ 没有任何理由使用 MYISAM，应使用 INNODB。

17.3.4　字段规则

字段作为结构设计的基本单元，应遵循以下规则。

1. 字段数量

控制列数量，字段数控制在 40 个以内。如果都是数字类型，可适当多些。单行字段尽量不超过 1000 字节。这样做的好处是每条记录所占用的空间量减少，每个 PAGE 保存数据的行数增大，每次 I/O 访问能读取的数据量增大。同时，内存中缓存的单位也是 PAGE，同理缓存的数据量也会增大。

2. 字段类型

选择合适的字段类型。MySQL 的数据类型可以精确到字段，所以当我们需要在大型数据库中存放多字节数据的时候，可以通过对不同表、不同字段使用不同的数据类型来尽量减小数据存储量，进而降低 I/O 操作次数并提高缓存命中率。

表 17-1　MySQL 中字段类型

列　类　型	表达的范围	存　储　需　求
TINYINT[(M)] [UNSIGNED] [ZEROFILL]	−128～127　或　0～255	1 字节
SMALLINT[(M)] [UNSIGNED] [ZEROFILL]	−32768～32767　或　0～65535	2 字节
INT[(M)] [UNSIGNED] [ZERO-FILL]	−2147483648～2147483647　或 0～4294967295	4 字节

（续）

列 类 型	表达的范围	存 储 需 求
BIGINT[(M)] [UNSIGNED] [ZERO-FILL]	−9223372036854775808～ 9223372036854775807 或 0～18446744073709551615	8 字节
DECIMAL[(M[,D])] [UNSIGNED] [ZEROFILL]	整数最大位数（M）为 65，小数最大位数（D）为 30	变长
DATE	YYYY-MM-DD	3 字节
DATETIME	YYYY-MM-DD HH:MM:SS（1001 年到 9999 年）	8 字节
TIMESTAMP	YYYY-MM-DD HH:MM:SS（1970 年到 2037 年）	4 字节
CHAR(M)	0<M≤255（建议 CHAR(1) 外，超过此长度的用 VARCHAR）	M 个字符（所占空间与字符集等有关）
VARCHAR(M)	0<M<65532/N	M 个字符（N 大小与字符集以及是中文还是字母数字等有关）
TEXT	64k 个字符	所占空间与字符集等有关

（1）浮点数类型

非万不得已，不要使用 DOUBLE 类型，因为这不仅会导致存储长度的问题，还存在精确性的问题。同样，也不建议使用 DECIMAL 类型来存储固定精度的小数，建议将要存储的数据乘以固定倍数转换成整数存储，这样可以大大节省存储空间，且不会带来任何附加维护成本。

建议使用 DECIMAL 替代 FLOAT 和 DOUBLE 类型来存储精确浮点数。

（2）整数类型

对不同精度和值域范围的数值进行存储，可以选择 TINYINT(1Byte)、SMALLINT(2Byte)、MEDIUMINT(3Byte)、INT(4Byte)、BIGINT(8Byte) 类型。如确定没有负数，建议添加 UN-SIGNED 定义。比如取值范围为 0～80 时，使用 TINYINT UNSIGNED。

自增序列类型的字段只能使用 INT 或者 BIGINT 类型，且明确标识为无符号型（UN-SIGNED），除非确实会出现负数，且仅当该字段数字取值会超过 42 亿，才使用 BIGINT 类型。

（3）字符类型

BLOB、TEXT、VARCHAR、CHAR、VARBINARY 类型的存储限制及长度如表 17-2 所示。

表 17-2　字符类型

类　型	GBK	UTF8	数据页 / 字节长
TINYBLOB/BLOB/MEDIUMBLOB/LONGBLOG	$(2^8/2^{16}/2^{24}/2^{32})-1$ 字节		8098/768
TINYTEXT/TEXT/MEDIUMTEXT/LONGTEXT	$((2^8/2^{16}/2^{24}/2^{32})-1)/2$	$((2^8/2^{16}/2^{24}/2^{32})-1)/3$	8098/768
VARCHAR	32767 字符（65535/2）	21845 字符（65535/3）	8098/768
CHAR	255 字符	255 字符	全部
BINARY/VARBINARY	255 字节	255 字节	全部

以 UTF8 为例，如果（所有的列的长度相加 + 列数）大于 21 845，则创建表失败，错误信息为"Row size too large. The maximum row size for the used table type, not counting BLOBs, is 65535. You have to change some columns to TEXT or BLOBs"（行所占字符太多，使用的表类型（不包括 BLOB 类型）的最大行大小为 65 535，您需要将某些列的类型修改为 TEXT 或者 BLOB）。而这种情况下，只有当其中某个字段指定的长度大于 21 845 时，创建表才会成功。但这个字段会被自动转换为 MEDIUMTEXT 类型，并报出 warning 告知"Converting column'name'from VARCHAR to TEXT"（将列"名称"从 VARCHAR 方式转换为 TEXT）。

1）VARCHAR 与 CHAR 的选择：以 UTF8 或 GBK 为例，VARCHAR(200) 对比 CHAR(200)，在存储上 INNODB 中已将 CHAR(200) 字段当成变长字段在处理，二者已经不存在区别。但当存放 md5 值（长度 32 位）时就应该用 CHAR(32)。因为虽然 CHAR(32) 在 INNODB 存储层面与 VARCHAR(32) 已经没有区别，但使用 CHAR(32) 有利于传递"这是一个有规律的字段"的信息。注意，在使用 VARCHAR 时也应该尽量使用符合需求的最小长度，因为 MySQL 会分配固定大小的内存来存储内部值，例如在计算过程中自动转化到临时表时，VARCHAR(200) 即使只存储了 5 个字节也会分配 200 个字符的空间。

2）VARCHAR 存放多大数据合适：前面已经提到行记录的长度阈值是 8098。以 UTF8 存储时，则为 8098/3=2699。结合表定义中所有字段的情况，当一行中所有字段长度小于等于 2699 的时候最佳，不会有数据存放在 BLOB 页中。当然，这只是一个参考值。如果能在这个范围内是最好不过的。如果需要大于这个值，以 UTF8 为例，VARCHAR 最大存储为 20000 字符，再大就和前面的情况一样自动转成 MEDIUMTEXT 类型了。结合 QPS 计算出查询的网络消耗，再由 DBA 综合评估需要的字符类型便可。一般情况下，业务需求不会超过 7000 字符长度。

在 UTF8 字符集下，VARCHAR 类型长度建议在 2699 以下；GBK 字符集下，VARCHAR 类型长度建议在 4049 以下。

3）BLOB、TEXT 不推荐使用：大字段意味着业务可能需要存放或读取更多的数据，这会带来更多的网络消耗。

当一个表中某一行的 TEXT 或 BLOB 类型的字段数据存放在 BLOB 页时，读取的时候不仅需要读取数据页，还需要读取除在数据页中这个字段的 768 字节外的 BLOB 页中的数据。

当准备使用 TEXT 字段类型时，首先需要与业务方确认，是否真的需要存放这么大的数据，一般情况下所需要存放的数据长度远没有我们想像中的大。

4）VARBINARY、BINARY 的选择：线上比较典型的应用是使用 VARBINARY 存放二维码图像二进制信息（这种情况相对比较特殊，线上 MySQL 不允许用来存放图片、音频、视频等）。

（4）日期时间类型

建议根据精度，选择适当的日期时间类型。

尽量使用 TIMESTAMP 类型，因为其存储空间只需要 DATETIME 类型的一半。对于只需要精确到某一天的需求，建议使用 DATE 类型，因为它的存储空间只需要 3 字节，比 TIMESTAMP 还少。不建议使用 INT 类型存储 UNIX TIMESTAMP 类型的值，因为太不直观，会给维护带来不必要的麻烦，同时还没有任何好处。

存储年，使用 YEAR 类型；存储日期，使用 DATE 类型；存储时间（精确到秒），使用 TIMESTAMP 类型或 INT 类型；当使用时间字段作为查询条件时，应使用 INT 类型来保存。

对于更新频繁且需要根据更新时间查询数据的情况，建议增加 update_time NOT NULL default CURRENT_TIMESTAMP on update CURRENT_TIMESTAMP 以及相应的索引。

同一张表中只允许一个字段含有 CURRENT_TIMESTAMP 属性。

（5）枚举类型

不建议使用 ENUM 和 SET 类型，理由如下。

❑ 不利于扩展。扩展属于表结构变更，会导致表级别锁死。

❑ 对于弱类型语言，例如 PHP、ENUM（'0'，'1'，'2'），这样的设置会产生歧义。

❑ 建议使用 TINYINT 类型来代替枚举类型，但需在 COMMENT 信息中标明被枚举的含义。

（6）大对象类型

强烈反对在数据库中存放 LOB 类型的数据，虽然数据库提供了这样的功能，但这不是它所擅长的。

如果表中存在类似于 TEXT 或者 VARCHAR 类型的大字段，且在大部分访问这张表的时候都不需要某个字段，我们就该将该表拆分到其他独立表中，以减少常用数据所占用的存储空间。这样做的一个明显好处就是每个数据块中可以存储的数据条数可以大大增加，既减少物理 I/O 次数，又能大大提高内存中的缓存命中率。

3. NULL 属性

如果字段为非空，一定要显式定义 NOT NULL 属性，原因如下。

❑ 含有 NULL 的查询很难进行查询优化。

❑ NULL 列加索引需要额外空间。

4. 类型转换

MySQL 数据库也提供了一些函数，以帮助完成类型的转换。

1）字符 => 数字：字符转换为数字的方法如下。

```
INET_ATON()
INET_NTOA()
```

例如，用无符号 INT 存储 IP，而非 CHAR(15)。

```
SELECT INET_ATON('192.168.0.1');
+------------------------+
| INET_ATON('192.168.0.1') |
+------------------------+
|             3232235521 |
+------------------------+
SELECT INET_NTOA('3232235521');
+------------------------+
| INET_NTOA('3232235521') |
+------------------------+
| 192.168.0.1            |
+------------------------+
```

2）日期 => 数字：日期型转换为数字的方法如下。

```
FROM_UNIXTIME()
UNIX_TIMESTAMP()
```

17.3.5　索引规则

索引策略是数据库常用的一种优化手段，但要注意避免过度使用索引。过多的索引会带来额外的系统开销，这里面涉及一个平衡问题。

1. 基本原则

索引规则制定的基本原则如下。

❑ 控制索引数量。通过抽象数据使用场景，构建战略型索引策略，避免无序增加索引。

❑ 对于区分度不大的字段，不建立索引。这种情况下建立索引对场景优化来说意义也不大。

❑ 不使用外键，尽量通过应用端解决。外键是保证数据质量的一种手段，但其实现过于繁重且需依赖数据库实现。使用外键既会加重数据库负担，又不利于未来可能的其他数据库选择。

2. 主键（特指 INNODB）

INNODB 作为 MySQL 数据库主流的存储引擎，其底层是通过聚簇表（索引组织表）保存数据的。因此，其主键的定义颇为重要。下面将介绍主键设计上需要关注的一些问题。

（1）业务主键与代理主键

如果使用的是 INNODB 并且不需要特殊的聚簇，那么定义代理键（Surrogate Key）是一个不错的选择。所谓代理键，就是这个主键并不是来自你的应用程序中的数据。（与业务逻辑无关，而应用程序中的数据如果有唯一的候选列，则可以作为唯一键。）最简单的定义代理键的方法就是使用 AUTO_INCREMENT 列，这能保证数据插入后仍保持着连续的顺序并且对于使用主键连接也会获得更好的性能。最好避免使用随机的聚簇键。对于每张表来说，最重要的就是一定要有主键。

（2）主键类型

推荐使用自增长数字作为主键值，不建议使用字符串作为主键，因为对数字类型进行存储与检索效率更高。

（3）主键长度

控制主键长度是因为在其他索引中都会保存主键，主键长度过长将导致其他索引空间消耗过大。

（4）主键生成方法

MySQL（特指 INNODB）内部存储使用的是索引组织表形态，即通过主键的树形结构保存数据。因此，在决定定义什么样的主键时，主键值生成的方法非常重要。下面罗列一些常用的主键生成方法。

- ❑ UUID：从性能的角度来讲，UUID 是一个最不好的方法。因为它是随机插入聚簇索引，并且对于数据的聚集也没有帮助。UUID_SHORT() 所占用的存储空间比 UUID 要小（UUID_SHORT() 可能要使用 BIGINT 类型，占用 8 个字节，而 UUID 可能要使用字符串 CHAR(32) 类型）。另外，UUID_SHORT() 生成数据是有顺序的，这也解决了随机插入导致的问题，但是 UUID_SHORT() 也有一些限制和漏洞。
- ❑ 自增列：这是一种简单实用的选择，但需要注意间隙锁（Gap Lock）问题。该方法在高并发下有一定性能瓶颈，但在一般业务场景下是一个不错的选择。
- ❑ 程序控制：为避免自增列引起的一些锁问题，实行统一管理，但并发性更高。
- ❑ 中间件：在高并发情况下，可以考虑将主键的生成从数据库中剥离，使用自己开发或第三方中间件。

3. 唯一键

唯一键是一种数据库约束，用来保证数据唯一。一张表有且仅有一个主键，但可以有多个唯一键。在唯一键的使用上，应考虑如下几点。

❑ 没有唯一键或者唯一键不符合条件时，可将自增 ID（或者通过 ID 发号器获取）作为主键。注意避免使用多列唯一键作为主键，以免导致长度过长的问题。

❑ 唯一键不与主键重复，可根据需要单独定义。

4. 索引字段

如果索引中存在多个字段，字段的顺序该如何定义呢？这里有些基本原则。

❑ 索引字段的顺序需要考虑字段值去重之后的个数，个数多的字段放在前面，选择率高的字段放在索引前面。

❑ ORDER BY、GROUP BY、DISTINCT 字段添加在索引后面，这样可以利用索引，避免产生排序问题。

5. 其他建议

除了上述建议外，还有其他一些建议，具体如下。

❑ 使用 EXPLAIN 判断 SQL 语句是否合理使用索引，尽量避免 Extra 列出现，即避免出现 Using File Sort、Using Temporary。

❑ UPDATE、DELETE 语句需要根据 WHERE 条件添加索引。

❑ 对长度大于 50 的 VARCHAR 字段建立索引时，按需求恰当地使用前缀索引或使用其他方法。通常取字段长度的 50%（甚至更小）左右创建前缀索引就足以满足 80% 以上的查询需求，没必要创建整列的全长度索引。

❑ 合理创建联合索引（避免冗余），(a, b, c) 相当于（a）、(a, b)、(a, b, c)。

❑ 合理利用覆盖索引。

17.3.6　字符集

字符集直接决定了数据在 MySQL 中的存储和编码方式，由于同样的内容使用不同字符集表示所占用的空间大小，所以使用合适的字符集可以帮助我们尽可能减少数据量，进而减少 I/O 操作次数。建议遵循以下规则：Latin1 能表示的内容，没必要选择 Latin1 之外的其他字符编码，因为这会节省大量的存储空间。如果我们可以确定不需要存放多种语言，就没必要使用 UTF8 或者其他 UNICODE 字符类型，不然会造成大量的存储空间浪费。

17.3.7　逆范式设计

范式设计是数据库设计最早涉及的方法。经典的三范式理论指导了很多数据库系统的设计。但在新的形势下，范式设计也暴露出一定的问题，例如数据关联较多影响效率，设计扩展性较差，过度依赖数据库自身能力等。因此，逆范式设计应运而生。其核心就是适当放宽原有范式设计中的限制，规避之前的诸多问题。

关于逆范式设计的常用技巧如下。

- ❑ 不创建外键，在应用端实现约束。
- ❑ 增加冗余字段，减少多表关联查询。数据多副本的一致性问题在应用端解决。
- ❑ 基于业务自由优化，基于 I/O 或查询设计，无须遵循范式结构设计。
- ❑ 不建议在 MySQL 中使用视图、分区表、存储过程、触发器等结构，尽量简化 My-SQL 的使用方法。

17.4　MySQL 开发规范

在 MySQL 开发方面，MySQL 较其他大型传统商业数据库还是有些不同的。

17.4.1　基本原则

在介绍 MySQL 的开发规范前，我们先来了解几条基本原则，其他规范需要在此基础上应用实践。

- ❑ SQL 语句尽可能简单。复杂语句对于优化器等来说是一个很大的考验。虽然 MySQL 正在不断强化其能力，但仍然建议尽量简化。
- ❑ 长语句拆短语句，减少锁时间。
- ❑ 尽量使用简单事务，避免使用大事务。避免通过数据库端的事务逻辑实现数据绝对一致，可通过应用设计来保证数据最终一致性。此外，幂设计等方法也可以简化设计，避免依赖数据库。
- ❑ 避免使用存储过程、触发器、外键、函数、视图、事件等，可由客户端程序取而代之。主要原因是前者会降低业务耦合度，在某些场景下导致主从不一致，同时不利于问题排查和统一运维。

17.4.2　语句规范

尽量采用规范的语句，避免产生不必要的优化代价。虽然优化器有能力做部分改写来规范语句，但不能保证准确、高效，因此仍然建议在编写时就遵循一定的规范。后面会介绍针对语句规范的专有审核工具，方便研发人员写出高效的逻辑。

1. 精简写法

简化 SQL 写法，不仅有助于理解 SQL，而且可以帮助优化器更好地工作，也更容易生成最优的执行计划。

1）去掉不必要的括号：

```
((a AND b) AND c OR (((a AND b) AND (c AND d))))
=>
(a AND b AND c) OR (a AND b AND c AND d)
```

2）去掉重叠常量：

```
(a<b AND b=c) AND a=5
=>
b>5 AND b=c AND a=5
```

3）去除常量条件（由于常量重叠需要）：

```
(B>=5 AND B=5) OR (B=6 AND 5=5) OR (B=7 AND 5=6)
=>
B=5 OR B=6
```

4）去掉无意义的连接用条件：如 1=1、2>1、1<2 等，直接从 WHERE 子句中去掉。

```
(1=1) OR (2>1) OR (1<2)
=>
从WHERE子查询中去除上述筛选条件
```

2. 数据过滤

尽早尽快过滤更多的数据，是数据过滤的初衷。因为数据库处理小结果集的效率更高。

1）开发过程中不使用拼字符串的方式来完成 WHERE 子句。

2）多使用等值操作，少使用非等值操作。WHERE 条件中的非等值条件（IN、BETWEEN、<、<=、>、>=）会导致后面的条件不能使用索引，因为不能同时用到两个范围条件。

3）控制扫描规模。WHERE 子句中的数据扫描跨越表不能超过 30%。

4）WHERE 子句中同一个表的不同的字段组合建议小于等于 5 组，否则就应考虑业务逻辑或分表。

5）使用 LIKE 时，% 不要放在首字符位置。如果 % 必须放在首字符位置，可考虑使用全文索引或利用搜索引擎实现。

6）值域比较多的表字段（选择率高的）放在前面。比如，id、date 字段放在前面，status 字段放在后面，具体可通过执行计划来把握。

7）表字段组合中出现比较多的表字段放在前面，方便综合评估索引，缓解由于索引过多导致增、删、改时带来的一些性能问题。

8）表字段中不能有表达式或者函数。比如，where abs（列）>3 或 where 列 *10 > 100。

9）注意表字段的类型，避免表字段的隐式转换。比如，coll 的类型为 INT，如果 WHERE 子句中的查询条件使用 coll='1'，则会出现转换。

10）考虑使用 LIMIT N，少用 LIMIT M,N，特别是大表或 M 比较大的时候。

3. 表关联、子查询

关于表关联和子查询的开发规范如下。

1) 避免使用表关联, MySQL 处理表关联时效率较低。

2) 多表连接查询时, 关联字段类型尽量一致, 并且都要有索引。

3) 多表连接查询时, 把结果集小的表 (注意, 这里是指过滤后的结果集, 不一定是全表数据量小的结果集) 作为驱动表。

4) 多表连接并且字段有排序时, 排序字段必须是驱动表里的, 否则排序列无法用到索引。

5) 常数表优先, 字典表或小表其次, 大表最后。常数表指空表或只有 1 行的表, 与 PRIMARY-KEY 或 UNIQUE 索引的 WHERE 子句一起使用的表, 如:

```
SELECT * FROM t WHERE primary_key=1;
SELECT * FROM t1,t2
WHERE t1.primary_key=1 AND t2.primary_key=t1.id;
```

6) 通常情况下, 子查询的性能比较差, 建议改成 JOIN 的写法。

4. 排序、分组、集合

排序、分组、集合都是数据库中较为复杂的运算, 应尽量避免使用。

1) 减少或避免使用临时表。如果 SQL 语句中有一个 ORDER BY 子句和不同的 GROUP BY 子句, 或如果 ORDER BY 或 GROUP BY 包含连接队列中的第一个表之外的其他表的列, 则创建一个临时表。

2) 尽可能在索引中完成排序。利用索引排序, 主要是利用了其有序性。

3) 减少或避免排序。比如, GROUP BY 语句中如果不需要排序, 可以增加 ORDER BY NULL。

4) 考虑使用 UNION ALL, 少用 UNION, 但注意是否有去重需求。UNION ALL 不去重, 则少了排序操作, 速度相对比 UNION 快。因此, 如果没有去重的需求, 优先使用 UNION ALL。

5) 不同字段的值, OR 考虑用 UNION ALL 替换。同一字段的值, OR 用 IN 替换。

```
select * from opp
where phone='12347856' or phone='42242233';
=>
select * from opp
where phone in ('12347856' , '42242233');
select * from opp
where phone='010-88886666' or cellPhone='13800138000';
=>
select * from opp where phone='010-88886666'
union all
select * from opp where cellPhone='13800138000';
```

6) 用 WHERE 子句替换 HAVING 子句。代码如下。

```
select id,count(*)
from table
group by id
having age>=30
order by null;
=>
select id,count(*)
from table
where age>=30
group by id
order by null;
```

5. 索引

关于索引的规范,主要关注以下两点。

1)多用复合索引,少用多个独立索引,尤其是一些基数(Cardinality)太小(比如,该列的唯一值总数少于255)的列,就不要创建独立索引了。

2)类似分页功能的 SQL,建议先用主键关联,然后返回结果集,这样效率会高很多。

6. DML

关于 DML 的规范,主要关注以下几点。

1)尽量使用主键进行 UPDATE 和 DELETE 操作。

2)INSERT 语句必须指明需要插入的字段名,避免由于字段变更导致 INSERT 失败。

3)使用 INSERT ... ON DUPLICATE KEY UPDATE(INSERT IGNORE) 语句以避免不必要的查询。

4)增、删、改语句中不使用不确定值函数和随机函数,如 RAND() 和 NOW() 等。

5)INSERT 语句使用批量提交(INSERT INTO TABLE VALUES(),(),()...),VALUES 的个数不超过 500。

6)使用 INSERT 和 SELECT 时应指明字段,避免字段变更导致预期外的业务失败。

7)使用 UPDATE、DELETE 语句时不使用 LIMIT。有主键 ID 的表,WHERE 条件应结合主键使用。

8)使用合理的 SQL 语句可减少与数据库的交互次数。

```
INSERT ... ON DUPLICATE KEY UPDATE
REPLACE INTO、INSERT IGNORE、INSERT INTO VALUES(),(),()
UPDATE … WHERE ID IN(10,20,50,…)
```

9)应使用 LOAD DATA 导数据,因为 LOAD DATA 比 INSERT 快约 20 倍。

7. 其他

关于索引语句规范,还有其他几点需要关注。

1)避免使用存储过程、触发器、函数、UDF、EVENTS 等,因为容易将业务逻辑和数据库耦合在一起。

2）减少使用视图，避免复杂的语句。

3）PREPARED STATEMENT 语句可以提高性能并且避免 SQL 注入。

4）INNODB 表中避免使用 COUNT(*) 操作。计数统计实时要求较高时，可以使用 Memcache 或者 Redis，非实时统计可以使用单独统计表，定时更新。

5）读取数据时，只选取所需要的列，不要每次都使用 SELECT * 语句，避免产生严重的随机读问题，尤其是读到一些 TEXT/BLOB 列；避免由于字段变更导致其他表与该表相关业务的 Query 失效。

6）OR 改写为 IN()。OR 的效率是 N 级别，IN 的效率是 LOG(N) 级别，IN 的个数建议控制在 200 以内。

```
select id from t where phone='159' or phone='136';
=>
select id from t where phone in ('159', '136');
```

7）MySQL 的索引合并功能相对较弱，建议 OR 改写为 UNION。代码如下。

```
select id from  t where phone = '159' or name = 'john';
=>
select id from t where phone = '159'
union
select id from t where name = 'jonh'
```

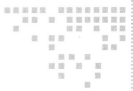

第 18 章 *Chapter 18*

架构设计之数据库承载力评估

作为 DBA，有时会面临如下问题。

❏ 如果现有业务规模增加 10 倍、100 倍，数据库是否能够支撑？

❏ 下个月我们搞大促，数据库这边没问题吧？

❏ 计划进行去 O 工作，代码逻辑不变，数据库从 Oracle 切换到 MySQL，MySQL 能支撑业务吗？

❏ 服务器采购选型，到底哪款服务器更适合我们？

❏ 身为 DBA，该如何评估现有资源使用情况？

❏ 如果现有数据库资源确实无法支撑，又该本着什么原则进行改造呢？

面对上述质疑，DBA 应该如何面对？

18.1　评估工作

面对这样的问题，首先要进行评估工作，可遵循如下步骤。

18.1.1　建立性能基线

针对系统运行现状，建立性能基线，建立业务指标与性能指标之间的对应关系。这里所说的性能指标包括关于 CPU、MEM、DISK、NET 等的指标。在诸多系统资源中，肯定存在不均衡的情况，短板资源最有可能成为业务增长的瓶颈。在具体操作上，可首先确定一个业务高峰时间段，通过监控平台或监控工具收集系统各资源的使用情况，然后依据收集的信息，分析可能存在的性能短板。

对于 DBA 来说，对自己掌管的系统的性能和使用情况要了然于胸。通过对业务的了解，将业务指标映射到性能指标上，就可以很容易推断出现有系统可承载的最大业务量。此外，对于可能影响业务增长的短板，也会有比较清晰的认识。

一般来说，数据库类的应用是重资源消耗类的应用，CPU、MEM、DISK、NETWORK等均有较大的消耗。但由于硬件发展水平不均衡，各数据库资源消耗特点也不同，因此需要具体问题具体分析。

下面学习硬件发展与数据库发展关系，如图 18-1 所示。

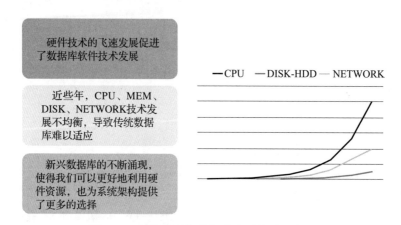

图 18-1　硬件发展与数据库发展关系示意图

1）CPU：相对于其他硬件而言，CPU 技术发展较快。随着 CPU 主频提高及多核 CPU 技术的发展，CPU 提供的计算能力往往不会成为系统性能提高的瓶颈。但我们需要注意的是，有些数据库无法完全利用 CPU 的资源（例如 MySQL）。此时，为了充分利用 CPU 的资源，可以考虑诸如 "多实例混跑" 的方案。

2）MEM：随着内存技术的发展，内存产品的价格越来越低，128GB、256GB 内存卡随处可见，甚至 TB 级的内存也不罕见。一般来说，数据库通常会将内存作为缓冲区，大内存的配置对数据库的性能提升比较明显。此外，数据库自身技术也在适应大内存的场景，通常采用的策略是划分子池，即将管理的单位进一步细分，例如，Oracle 中的 Sub Pool、MySQL 中的多 Instance Buffer Pool。

3）NETWORK：随着 GigE、10GBE、InfiniBand 技术的飞速发展，低延迟、高带宽的服务品质给数据库乃至整个 IT 系统带来了巨大变化。常见的应用领域如下。

❑ 加速分布式数据库，例如 Oracle RAC。

❑ 加速大数据处理，例如提升 Hadoop MapReduce 处理。

❑ 存储架构的变革，从 Scale-Up 向 Scale-Out 演变。

❑ 容灾方案，主备策略……

4）DISK：相对于其他硬件技术的发展，传统的机械式磁盘发展是最慢的，其往往也最容易成为数据库性能提升的瓶颈。闪存技术的横空出世，为存储技术带来了新的变革。下面我们来看看不同级别存储介质主要性能指标的对比，如表 18-1 所示。

表 18-1　不同级别存储介质的性能差异

指　　标	15K SAS 磁盘	普通企业应用的 SSD	PCI-E SSD
延时	5ms	100ms	30ms
带宽	150Mbit/s	250Mbit/s	700Mbit/s
IOPS（8KB）	200	15000	60000
价格	5 元 /GB	20 元 /GB	100 元 /GB
工作功耗（W）	100	5	25
空闲功耗（W）	10	0.1	12

从上述指标来看，使用闪存技术后，存储能力大大提高，消除了系统性能提升的最大瓶颈。这也是为什么很多 DBA 在不同场合大力推荐使用闪存，因为闪存对于数据库性能的提升会带来质的飞跃。但与此同时，我们也应该注意到，传统关系型数据库是按照磁盘 I/O 模型设计的，没有考虑到闪存技术，现在处于软件落后于硬件的阶段。

基于上述技术发展，很多基于传统设计的优化理论发生了变化，例如：索引聚簇因子问题，这一点是需要我们在数据库优化时重点关注的。此外，NoSQL 的性能优势由于传统数据库结合闪存技术而变得不明显，需要在架构选择时加以分析。

18.1.2　建立业务压力模型

根据业务特征，建立业务压力模型。简单理解就是，将业务模拟抽象出来，便于后续进行压力放大测试。要做到这一步，需要对业务有充分了解和评估。

业务压力抽象示例如表 18-2 所示。

表 18-2　业务压力抽象示例

模　　块	功　　能	交易量	交易复杂度	数据操作		
				读取数据	写入数据	操作数
用户	建立用户	100 000	4	0	400 000	400 000
	用户登录	200 000	1	200 000	0	200 000
	用户修改	100 000	2	100 000	100 000	200 000
竞价和团购	生成 ORDER	20 000	3	20 000	40 000	60 000
	查询 ORDER	20 000	2.5	50 000	0	50 000

（续）

模　块	功　能	交易量	交易复杂度	数据操作		
				读取数据	写入数据	操作数
FEEDBACK	生成 FEEDBACK	200 000	4	200 000	600 000	800 000
	生成 SUMMARY	200 000	2	200 000	200 000	400 000
	查询 SUMMARY	200 000	1	200 000	0	200 000
	登录查询 SUMMARY	300 000	1	300 000	0	300 000
买卖与支付	生成订单	100 000	1	0	100 000	100 000
	修改订单	800 000	10	3 200 000	4 800 000	8 000 000
	查询订单	400 000	1	400 000	0	400 000
	查询订单汇总信息	200 000	3.5	700 000	0	700 000
	查询订单简单汇总信息	200 000	2	400 000	0	400 000
产品数量	查询产品数量	6 900 000	1	6 900 000	0	6 900 000
账务	未定义	0	0	0	0	0

表 18-2 所示模拟了某电商业务包含的主要模块及模块中的主要操作。不同操作，其交易复杂度也不同（交易复杂度可理解为执行 SQL 语句的次数）。根据不同的读写情况，应区分是进行读取数据还是写入数据。在估算了业务总量（交易量）的情况下，很容易推算出数据操作数量。通过这种方式将业务压力模型转化为数据压力模型。此处的难点在于对业务逻辑的抽象能力及对模块业务量的比例评估能力。

有了上述表格后，每一项业务操作都可进行细化。最终将其抽象成 SQL 语句及对应的访问特征。其伪代码如下。

```
//10个并发用户访问，要求响应时间在500ms以内
SELECT col2,col3 FROM table1 WHERE col1='xxx';
SLEEP n
SELECT col3,col4 FROM table2 WHERE col2 BETWEEN xxx AND xxx;
SLEEP n
START TRANSACTION
{
    UPDATE table3 SET col3=xxx WHERE col4=xxx;
DELETE FROM table4 WHERE col5=xxx;
}
UPDATE table5 SET col3=xxx WHERE col4=xxx;        //20%可能会执行
```

可依据上述伪代码编制压力测试代码。通过压力测试工具调用测试代码，得到模拟测试的压力。例如，oradbtest/mydbtest（原阿里楼方鑫的一个测试工具）或 sysbench 等，都是不错的压力测试工具。

建议企业根据自身情况，整理出自己的业务压力模型。这在系统改造、升级、扩容评估、新硬件选型等多种场合中都很有用处，比厂商提供的类似 TPCC 测试报告更有意义。

据了解，很多规模较大的公司都有比较成熟的压力模型。

18.1.3　模拟压力测试

要想考察现有数据库能否承载业务增长后的压力，最好的方式就是模拟压力测试。观察在近似真实的压力下数据库的表现，重点观察数据库的承载力变化、主要性能瓶颈等。通常可以有两种方式，一种是从真实环境导流，在导入流量的同时，可根据需要放大流量，利用的工具类似 TCPCOPY 等；另一种是根据前面整理的业务压力模型，通过压力测试工具模拟压力。前者适用于已有项目的扩容评估、系统改造评估等，后者适用于新上项目原型方案评估、性能基准测试等场景。

上述模拟压力测试结果中，暴露出的性能瓶颈就是我们后面需要着重改进、优化的方向。

18.2　优化步骤

根据上述评估结果，来确定后面的改进、优化方案。优化可遵循如下一些步骤。

分析瓶颈点

根据上述评测结果，分析性能瓶颈点。针对不同瓶颈点，采取不同的策略。有时候，性能测试是全流程的。对于一个复杂系统来说，要明确定位性能瓶颈点比较困难。此时，可以借助一些 APM 工具来量化整个访问路径，协助找到瓶颈，也可以借助类似上面的做法，做好抽象工作，只对数据库端施加压力，观察数据库行为，判读数据库端是否为性能瓶颈点。如判断数据库的承载能力不够，可按照如下不同层次进行考虑。

在整个数据库承载能力评估中，要区分清楚是数据库承载能力不足，还是其他组件的问题，这一步骤是最复杂的，也是最难的一步。即使明确是数据库的问题，也要分清楚是整体还是局部的问题；是单一业务功能慢，还是整体都比较慢；是偶尔慢，还是一直都很慢等。这些问题的界定有助于后面明确问题层次，采取不同的解决策略。

针对数据库承载能力不足的常见问题，笔者进行层次划分，比如简单分为语句级、对象级、数据库级、数据库架构级、应用架构级、业务架构级。不同层次采取的方式也有所不同，下面分别进行描述。

1. 语句级

对于语句级的优化，主要从如下几个方面展开。

❑ 改写 SQL：通过改写语句，达到调整执行计划，提高运行效率的目的。这种方式的缺点是需要研发人员修改原代码，然后才能部署上线。此外，有些使用 O/R

Mapping 工具生成的 SQL 语句，无法直接进行修改，因此不能使用"改写 SQL"
这种优化方式。

❑ 使用提示：很多种数据库都提供了提示（HINT）功能。通过提示来指定语句的执行
过程。这种方式的缺点同样是需要修改源代码，再部署上线。此外，这种方式存在
适应性较差的问题，因为其指定了特有的执行过程，随着数据规模、数据特征的变
化，固化的执行过程可能不是最佳方式了。这种方式实际上放弃了优化器可能产生
的最优路径。

❑ 存储概要、SQL 概要、计划基线：Oracle 中还内置了一些功能，它们可以固化某一
条语句的执行方式。从本质上来讲，其原理和使用 HINT 差不多，缺点也类似。

❑ 调整参数：有时也可通过调整某些参数来改变语句的执行计划。但是这种方式要注
意适用范围，不要在全局使用，避免影响较多的语句；在会话级使用也要控制范围，
避免产生较大影响。

2. 对象级

如果性能核心问题在 SQL 语句层面，则需要考虑对象层面的调整。这种调整要慎重，
需要充分评估可能带来的风险及收益。一个对象的结构修改，可以涉及数百条、甚至数千
条和此语句相关的执行计划变更。如果不做充分测试，很难保证不出问题。如果是 Oracle
数据库，可考虑使用 SPA 评估。其他数据库可提前手工收集相关语句，模拟修改后重新执
行上述语句，评估性能变化。

（1）影响因素

对象级调整，除了考虑对其他语句的性能影响外，还需要考虑其他因素。

❑ 数据库维护成本：常见的影响因素是索引。通过添加索引，往往可以达到加速查询
的目的。但是，添加索引会导致数据维护成本的增加。

❑ 运维成本：常见的影响运维成本的因素是全局分区索引。因为在对全局分区索引执
行分区维护动作后，会导致索引失效。此时，需要自动或手动执行维护索引动作，
这会增加大量的运维成本。

❑ 存储成本：主要考虑的因素依然是索引，因为索引是数据库中占据空间较多的结构。
在以往的一些案例中，甚至出现过索引总大小超过表大小的情况，因此新增时要评
估数据库空间使用情况。

（2）全生命周期管理

这里还有另外一个很重要的概念——对象全生命周期管理，简单来说就是对象的"生
老病死"的全过程。在很多系统中，对象从新建开始，数据就不断增加、膨胀，当数据规
模达到一定量级后，各种性能问题就出现了。对于百万级的表和亿万级的表，其查询性能
肯定不能同日而语。因此，在对象设计初期，就要考虑相关的归档、清理、转储、压缩策

略，将存储空间的评估与生命周期管理结合到一起考虑。

很多性能问题在经过数据清理后都会迎刃而解。但数据清理往往是需要付出代价的，必须在设计之初就要考虑这个问题。在做数据库评审的时候，除了常规的结构评审、语句评审外，还要考虑这部分因素。

3. 数据库级

到了这个层面，问题往往已经比较严重了。一般情况下，数据库的初始配置都是基于运行系统的负载类型进行专门配置的。如果运行一段时间后，系统出现性能问题，经评估是属于全局性问题，则可以考虑进行数据库层面的调整。这种调整往往代价也比较大，例如需要专门的停机窗口进行操作等。而且这种操作的风险性也比较大，有很多不确定因素，因此要慎而又慎。

4. 数据库架构级

如果性能核心问题无法在上述层面解决，可能就需要调整数据库架构，常见的方式如读写分离访问、分库分表存储等。这种调整对应用的侵入性很强，有些情况下甚至不亚于重构整个系统。

例如，随着业务的发展，系统的数据量或访问量超出了预期，通过单一数据库无法满足空间或性能需求。此时，可能就需要考虑采用分库分表策略来满足这部分需求。但其改造难度往往比重新开发一套系统还要大。

再例如，我们可能需要一个数据中间层来屏蔽后面的分库分表细节。这个中间层可能需要完成语句解析、路由访问、数据聚合、事务处理等一系列操作。即使使用了中间层，对于应用来说，数据库的功能也会相对"弱化"。应用级代码不得不做很多调整来适应这种变化。此外，如何把一个线上正在运行的系统顺利平稳地迁移到新的结构下，这无疑又是一个给飞驰的跑车换轮胎的问题。

如果项目在运行中出现了数据库架构级的调整，很有可能是前期项目设计规划阶段出现了失误，或者对项目的业务预期出现了偏差。因此，开发人员一定要在初始阶段对项目规划和业务预期进行充分评估，并在系统设计上保留充分的"弹性"。

5. 应用架构级

有些情况下，单纯依靠数据库是无法解决问题的，需要综合考虑整个应用架构。在整个应用架构中，数据库往往处于系统的最末端，其扩展性是最差的。因此，在应用架构设计初期，架构师就应该本着尽量不要给数据库造成压力的原则进行设计。若确有大的压力，系统可以采取自动降级等方式保证数据库的平稳运行。

常见的解决方法包括增加缓存，引入 MQ 进行削峰填谷等。通过增加缓存，可以大幅度减少对数据库的访问压力，提高整个系统的吞吐能力。引入 MQ 可以使大的压力以"稳态"的形式向数据库持续施加，从而避免被某个异常高峰"压死"。

6. 业务架构级

最后一种情况是从业务角度进行一些调整。这往往是一种妥协，通过做适当的减法操作保证系统的整体运行，甚至不排除牺牲一部分用户体验来满足大部分业务的可用性。这就需要架构师很清楚系统能提供的能力，对业务也要有充分的了解。架构师只有对系统承载什么样的业务，及为了承载这些业务所需要付出的代价有充分认知，才可以做出一些取舍。

这里要避开"技术是万能的"这一误区。技术可以解决一些的问题，但不能解决所有问题，或者解决所有问题的代价是难以接受的。这时，或许从业务角度稍做调整，就可以达到"退一步海阔天空"的结果。

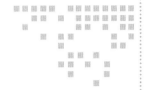

第 19 章 *Chapter 19*

数据库画像

数据库作为管理者、架构师、开发者日常面对的"亲密伙伴",其"品行相貌"决定了相关人员与它相处的方式。但在实际的运维场景中,仍会有"我真的了解它吗"这样的疑惑。接下来,我们一起看看数据库的样貌。

19.1 你了解你的数据库吗

很多公司在考虑去 O 的时候,经常面临这样的问题——对自己的数据库不够了解,也不免有一些疑惑。

管理者的疑惑:数据库去 O 成本高吗?工作量大吗?工期长吗?是否存在风险?

架构师的疑惑:MySQL 能承载现有业务规模吗?是否有技术风险?是否需要引入分库分表?是否需要引入缓存?研发复杂度高吗?工期多长?数据访问特征如何?迁移前后数据量变化大吗?

开发者的疑惑:复杂 SQL 多吗?改造量大吗? Oracle 方言、专有对象是不是需要改造?

……

面对上面这些问题,我们就需要快速了解现有 Oracle 的对象、语句、访问特征、性能表现等,并据此评估技术方案、迁移方案以及后续的工作量等。也就是说,需要摸清数据库画像。基于数据库画像,对去 O 工作全周期进行指导,各阶段的工作具体如下。

❑ 决策阶段:评估整体难度、成本(人财时)、技术风险。

❑ 架构阶段:制定技术方案,梳理对象结构,完成性能评估。

❑ 研发阶段：评估兼容性和复杂度，完成相关测试。

❑ 迁移阶段：完成结构迁移、数据迁移、数据校验。

正是基于此类需求，有些公司推出评估产品，例如阿里巴巴的数据库和应用迁移服务（ADAM）。但此类产品往往需要部署 Agent、上传分析包等，对于安全比较敏感的企业来说是不可行的。PingCAP 公司在两年前启动去 O 工作时也面临此问题，故特意开发了一个绿色版小程序（网址 https://github.com/bjbean/Oracle-estimate-report），可在本地运行，方便评估工作。

19.2　画像设计思路

收集并汇总 Oracle 数据库信息，包括环境、空间、对象、访问特征、资源开销及 SQL 语句这六方面的信息，全面覆盖数据库实际运行状况。为了使信息收集更有针对性，可对部分评估参数设置阈值。通过运行命令行，收集信息后生成 Web 版评估报告，以可视化的方式直观呈现出来。该评估报告不仅可作为去 O 评估依据，还可作为后续改造的数据参考。

19.3　画像报告解读

下面针对报告数据进行解读，并对常见的去 O 选型——MySQL 进行说明。

19.3.1　概要信息

报告中的概要信息，显示的是目标集群的基础信息，主要包括以下几个部分。

❑ 实例信息：IP、实例名。

❑ Schema 信息：显示被分析的目标 schema 名称。

❑ 采集时间区间：工具后台在生成报告时，提取元数据的时间范围。建议在业务高峰后执行，采集更为有效的指标信息。

概要信息示例如图 19-1 所示。

图 19-1　概要信息示例

19.3.2　空间信息

如图 19-2 所示，空间大小是数据库选型时应重点考虑的指标之一，这会影响后续迁移环节。如果数据库规模较大，应考虑做拆分处理。拆分的原则是尽量控制单库规模，一般可遵循如下原则。

1）垂直拆分（业务层）：在应用层面，将数据按照不同的业务线进行拆分。例如电商平台中，按照订单、用户、商品、库存等进行拆分。各自拆分的部分，业务内聚，无强数据依赖关系。

2）水平拆分（业务层）：在同一业务内部，对数据建立生命周期管理，进行冷热分层。针对不同层的数据访问特征，进一步进行拆分。例如在电商平台中，订单可拆分为活跃订单（两周内可退换货）、非活跃订单（两周至半年期间，客服可受理）、历史订单（半年以上）。

3）分库分表（应用层）：若经过上述拆分后，单库的规模仍然较大，则可考虑使用分库分表技术。通常的做法是引入数据库中间层，在逻辑上虚拟一个数据库，但在物理上划分为多个数据库。这是一种不太"优雅"的方案，因为很难做到应用透明。也就是说，必须在性能方面有所妥协，牺牲一部分数据库能力。常见的分库分表的技术方案可分为 Client、Proxy、SideCar 三类，现多推荐使用 Proxy 模式（容器部署可考虑 SideCar 模式）。

4）分布式数据库（基础层）：较分库分表方式更为彻底的是直接使用分布式数据库。它提供了一种可承载更大规模（容量、吞吐量）业务的解决方案。近些年，分布式数据库已逐渐成熟，并开始尝试在关键场景中使用。

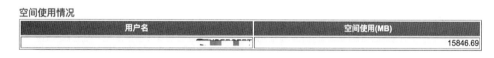

图 19-2　空间信息示例

19.3.3　对象信息

针对 Oracle 中的对象，在改型中各有不同的考虑要点。因此，报告中基于各列数据库对象给出了汇总数据及明细数据，以方便查询，如图 19-3 所示。

1）表：表的数量过多，直接影响数据字典大小，进而影响数据库整体效率。从 MySQL 来看，还需考虑文件句柄等问题。对于表的数量没有具体规定，需根据情况酌情考虑。这里更多是从数据架构层面考虑，避免单库数据表过多。如果选择 MySQL，建议单库不超过 5000 张表；库 × 表的总数不超过 20 000。

2）表（大表）：控制单表的规模是设计的要点之一，因为这会直接影响访问性能。表大小没有通用原则，可通过参数进行配置，也可按照物理大小和记录数两个维度设置。这里的关键点在于表的访问方式，如果是简单的 KV 型访问，规模大些还好，但如访问比较复杂，则建议阈值设置得更低些。如果选择 MySQL，可考虑使用 ES、Solr+HBase 等方式异步处理复杂查询。

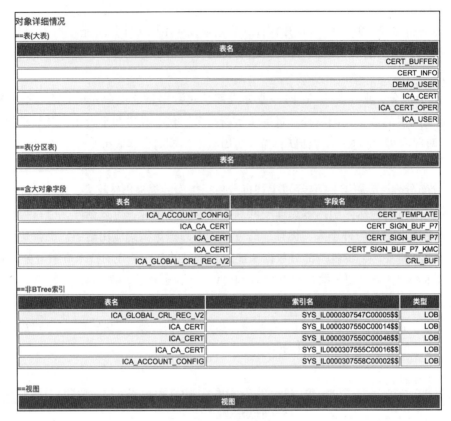

图 19-3　对象信息示例

3）表（分区表）：从 9i、10g 以来，Oracle 的分区功能日趋完善、日益增强，可以说，已成为 Oracle 应对海量数据的利器。但对于 MySQL 来说，仍然不建议使用分区功能。一方面，随着硬件能力的增强，单表可承载力变大；另一方面，MySQL 使用分区表还需面对 DDL 放大、锁变化等问题。如果团队可以很好地驾驭数据库中间层，还是建议使用复杂度更低的分表技术。这也许会增加研发量，但对运维来说，好处很多。

4）字段（大对象）：在任何数据库中，都不建议使用大对象。大对象功能对数据库来说就是"鸡肋"。数据库自身的 ACID 能力应着力保存更为重要的数据。

5）索引（B 树）：索引过多会影响 DML 效率、占用大量空间。通过索引 / 表可大致反映索引数量的合理程度。这里没有建议的数值，读者可根据情况酌情考虑。对于任何数据库来说，都有类似的问题，就是如何构建战略性索引策略（见图 19-4）。这里可参考图 19-4（选自李华植《海量数据库解决方案》一书），梳理索引需求，科学地创建、维护索引。

No	Access Pattern	Count	Range	Old	New		(1)	(2)	(3)	(4)	(5)	(6)
	TABLE_NAME / SALES / 销售管理表				TOTAL ROWS 201500		平均月增长				5000	
1	saleno (=), item (=)	9	1	1	1	现行索引	saleno	saledate	status	saledept	custon	item
2	saledate (=), saledept (=)	3	180	2	2		item	saledate			saledate	
3	saledate (like), saledept (=)	5	3000	4	2			saletype				
4	custno (=), saledate (between)	3	300	5	3							
5	saledate (like), status (=60), custno (like)	2	1200	3	4							
6	status (in), [agentno (like)]	4	400	3	4							
7	item (=), saledate (like), saledept (like)	4	1400	2		新建索引	saleno	saledept	custon			
8	saledate (like), status (=), group by custno	3	1000	3	4		item	saledate				
9	saledept (like), saledate (like), saletype (=), order by saledate, saletype	4	3000		2			(cluster)				
10	saledate (between), custno (=), (status (=) or saletype (=))	3	300	5	4							
11	agentno (like), saledate (between), item (like)	4	800		6							

主要列离散度 列名	种类	平均	最大	注意事项
saleo	20000	11	100	
saledate	1500	130	800	月平均5000行，月底集中
saledept, saledate	11000	20	180	1个月平均500，使用期限1年
status	25	8000	56000	60、90时为90%，其他平均为300
custno	3200	63	300	
agentno	250	1000	4500	

注意事项：第8个读取类型中的STATUS为60、90时能够向局部范围扫描引导。第2、9个读取类型中刷新范围限制在12个月

图 19-4 战略索引示例

6）索引（其他）：Oracle 除了支持通常的 B+ 树索引外，还支持其他类型的索引。如果选择 Oracle 之外的数据库，那么这些索引都需要改造，或通过其他方式实现。

7）视图：视图作为 SQL 语句的逻辑封装，在某些场景下（如安全）很有意义。不过，它对于优化器有较高要求，Oracle 在这方面做了很多工作。而对于 MySQL，则不建议使用视图，而应考虑改造。

（8）触发器 / 存储过程 / 函数：对于数据库来说，其具备计算、存储两类能力。作为整个基础架构部分最难扩展的组件，数据库应尽量发挥其核心能力。相较于存储能力而言，计算能力可通过应用层解决，而应用层往往又是容易扩展的。此外，考虑到未来的可维护性、可迁移性等因素，计算能力考虑在应用端解决。对象信息触发器 / 存储过程 / 函数示例如图 19-5 所示。

9）序列：Oracle 中的序列可提供递增的、非连续保障序号服务。MySQL 中类似的实现是通过自增属性来完成的。这部分服务应该可以做迁移，但如果并发量非常大，也可考虑使用发号器的解决方案。

10）同义词：同义词是数据耦合的表现。无论在什么数据库中，同义词都应该被摒弃掉，并且应考虑在业务端对其进行拆分，不再依赖于这种特性。

19.3.4 访问特征

图 19-6 展示了过去 24 小时内数据库中 DML 次数 Top20 的对象，直接反映出当前系统操作的"热点"对象。这些对象都需要在选型之后、迁移之前进行重点评估。拆分、缓存等手段均可减低这些对象的热点压力。建议不要局限于这些对象，而是建立业务压力模型。通过对业务充分地了解和评估，将业务逻辑抽象出来，转化为数据压力模型。这里的难点在于对业务逻辑的抽象及对模块业务量的比例的评估。

==触发器

触发器
T_ACCOUNT_ID
T_ACCOUNT_PROFILE_ID
T_ADMIN_ID
T_AOP_ID
T_CA_CERT_ID
T_CA_OCSP_ID
T_CA_USER_ID
T_CERT_ID
T_CONTACT_ID
T_COP_ID
T_GLOBAL_CA_ID
T_GLOBAL_CRL_REC_ID
T_GLOBAL_OCSP_ID
ICA_CERT_REVOKE_TRG
ICA_GLOBAL_CRL_REC_V2_TRG
T_AAL_ID
T_AA_ID
T_ACCOUNT_CFG_ID
T_ACCOUNT_CONFIG_ID
T_ACCOUNT_DICTIONARY_ID
T_ACCOUNT_FEATURE_ID
T_ICA_LDAP_BUF_ID
T_KMC_FEATURE_ID
T_PASSCODE_EX_ID
T_PASSCODE_ID
T_PCD_MATCH_ID
T_PCD_SPICAL_FUN_ID
T_POLICY_ID
T_USER_ID
T_USER_PAY_INFO_ID
T_ICA_PASSCODE_POLICY_ID

==存储过程

存储过程

==函数

函数

图 19-5 对象信息触发器 / 存储过程 / 函数示例

对象DML次数 TOP 20

表名	INSERT	UPDATE	DELETE	收集时间
CERT_INFO	201160	3032	0	2016-11-10 00:23:37
CERT_BUFFER	201160	3028	0	2016-11-10 00:23:37
ICA_CERT	150447	5	0	2016-10-23 00:54:26
ICA_CERT_OPER	129525	0	0	2016-10-23 00:54:26
ICA_USER	129519	0	0	2016-10-23 00:54:26
DEMO_USER	114894	0	0	2016-11-10 00:23:37

图 19-6 对象 DML 次数 Top20 示例

压力测试伪代码如下。

```
// 10个并发用户访问，要求响应时间在500ms以内
SELECT col2,col3 FROM table1 WHERE col1='xxx';
SLEEP n
SELECT col3,col4 FROM table2 WHERE col2 BETWEEN xxx AND xxx;
SLEEP n
START TRANSACTION
{
    UPDATE table3 SET col3=xxx WHERE col4=xxx;
    DELETE FROM table4 WHERE col5=xxx;
}
UPDATE table5 SET col3=xxx WHERE col4=xxx;        //20%可能会执行
```

依据上述伪代码，编写压力测试代码。通过一些工具调用测试代码，产生模拟测试的压力。这对于系统改造、升级、扩容评估、新硬件选型等均有意义。在具体去 O 工作中，新技术方案是否满足需求，可通过此方法进行评估验证。更多是用业务的访问模型，来对比去 O 前后的承载力变化。这也是决策技术方案是否可行的考虑因素之一。当然，上述信息只包含 DML，不包含查询部分，但可以从 Oracle AWR 中获得查询数据。更为完整的测试模型可以考虑结合应用做全链路的压测。

19.3.5　资源消耗

图 19-7 列出了最近 24 小时的资源使用情况。这些数据主要有两个作用。

❑ 评估整体负载：因为上述指标是在 Oracle 中度量的，无法直接类比其他数据库，因此可以凭借专家经验及历史数据评估负载压力。其中，有些指标（例如 user calls 等）可以转化为量化指标指导后续测试等工作。

❑ 评估瓶颈点：对于某项指标非常突出的情况，说明现有业务存在瓶颈，因此在迁移至其他类型的数据库时尽量在设计阶段就予以考虑，并在测试环节重点关注，减少可能的技术风险。

整体资源消耗(最近24小时)

指标名称	指标值
DB CPU	13860702805
DB time	24760961043
application wait time	2201
cluster wait time	2723227197
concurrency wait time	1756082
db block changes	1142097
execute count	1673653
gc cr block receive time	36188
gc cr blocks received	876156
gc current block receive time	91
gc current blocks received	11642
logons cumulative	133522
opened cursors cumulative	1807044
parse count (total)	1804416
parse time elapsed	136222236
physical reads	35494666
physical writes	1248
redo size	212860516
session cursor cache hits	523391
session logical reads	322538946
sql execute elapsed time	23046033613
user I/O wait time	11013655535
user calls	1487947
user commits	22
user rollbacks	133428
workarea executions - multipass	0
workarea executions - onepass	0
workarea executions - optimal	388762

图 19-7　资源消耗示例

19.3.6 SQL 语句

SQL 语句的改写，是整个迁移工作中最为头疼的部分。除非是完全重构，否则需要关注 SQL 语句的改写。这里面涉及改写量、复杂度、性能对比等诸多内容，很多工作还需要人工甄别完成。我们会有这样的经历，项目组花费 1 个月的时间完成了某项目的"结构 +SQL"的迁移工作，但是后续又花费了 3 个月的时间完成语句优化，甚至结构调整。其原因是迁移上线后 SQL 语句无法满足性能需求。而此时是一边上线一边调整，过程异常痛苦。所以早期查明现有 SQL 情况，对于评估工作量、SQL 改写、性能评估，有着重要的意义。SQL 分析包含以下维度（示例见图 19-8）。

- ❏ 总 SQL 数：该指标可近似反映业务繁忙程度，此外，也可作为后续有问题语句的比例分析基础。
- ❏ 超长 SQL：这里列出了超过指定字符数的语句，阈值可通过参数进行配置。如果是 MySQL，建议使用"短小精悍"的 SQL。超长 SQL 语句是值得关注的对象，起码是容易出现问题的语句。
- ❏ ANTI SQL：反向查询在数据库处理上都较为困难，这部分也比较考验优化器。虽然在 MySQL 的较新版本中，对反向查询有了不错的优化，但这部分仍然值得关注。
- ❏ Oracle Syntax SQL：有 Oracle 特征的写法，即 Oracle 方言（例如特有函数、伪列等），这些都是需要在迁移中进行处理的。当然，现在也有厂商宣布其产品兼容 Oracle 语句，但也建议针对这些特征语法做专门测试。
- ❏ Join 3 + Table SQL：多表关联也比较考验优化器。特别是 MySQL 中表间关联效率偏低，不建议使用 2 个以上表的关联。这里列出的是 3 个及以上的关联查询，需要考虑修改。针对特别复杂的查询，可以考虑将其卸载到大数据平台完成。
- ❏ SubQuery SQL：子查询情况类似多表关联，也是 MySQL 不擅长的。虽然优化器可在一定程度上对其进行优化，但还是值得关注。

SQL语句情况	
SQL类别	**数量**
总SQL数	167
超长SQL	152
ANTI SQL	45
Oracle Syntax SQL	77
Join 3+ Table SQL	2
SubQuery SQL	67

图 19-8　SQL 语句示例

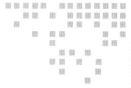

数据库审核平台实践：功能

20.1　背景说明

　　传统 DBA 都在幕后做工作，与前台业务开发联系不多，出了问题"一窝蜂"地一起进行排障分析。作为传统运维人员，借助数据库可以和研发人员有更好的互动，以便研发人员更好地理解项目、业务，进而帮助他们做一些辅助设计，将线上的不可控因素提前转化为相对可控甚至可控因素，减少运维人员的工作量。

　　除此之外，DBA 面对的数据库种类会越来越多，需要花费大量精力来应对各类数据库的设计、开发、优化类工作。如果有一个针对各类数据库的结构设计、SQL 语句性能统一审核的平台，能够适配相应数据库特点的审核规则，在减轻 DBA 管理运维压力的同时，还能直观地引导业务及开发人员发现结构、SQL 相关的问题，使审核 SQL 质量问题不再仅仅是 DBA 的工作，而和项目中的每个人都有关系，何乐而不为？

　　数据库审核平台——Themis 应运而生。该平台已开源：https://github.com/CreditEase-DBA/Themis。

1. 运维规模及种类

　　图 20-1 所示是很多公司、DBA 正在面临或未来会面临的一些问题。正是因为存在这些问题，才促使我们考虑引入数据库审核平台。

　　首先是运维规模与人力资源之间的矛盾。从图 20-1 来看，运维对象包括 Oracle、My-SQL、MongoDB、Redis 四类数据库，数据库规模会达到几十套，支持公司千余名开发人员及上百套业务系统。也许有的朋友会觉得，从运维角度看，规模并不是很大。

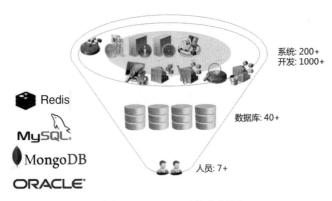

图 20-1　DBA 面临的问题

但互联网公司对数据库的依赖性很大，大量的应用依赖数据库，且复杂程度很高。DBA除了日常运维（这部分我们也在通过自研平台提升运维效率）外，还需要完成数据库设计、开发、优化工作。当面对大量的开发团队时，这个矛盾就更加明显。

2. 数据库设计、开发质量参差不齐

第二个挑战是数据库设计、开发质量参差不齐。图 20-2 展示了一个表结构设计问题，即某核心系统的核心表在系统中运行 SQL 时，28% 的 SQL 与核心表对象有关。

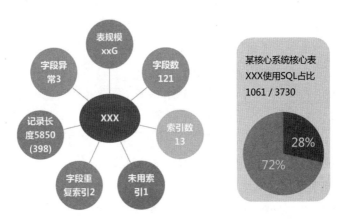

图 20-2　表结构设计问题示例

我们在分析图 20-2 所示结构时发现了很多问题。

❑ 表的规模很大，从设计之初就没有考虑到拆分逻辑（例如分库、分表、分区设计），也没有必要的数据库清理、归档策略。

❑ 表存放了 100 多个字段，字段数很多且不同字段使用的特征也不一致，没有考虑到必要的拆表设计。

❑ 创建 13 个索引，数目过多。表索引的过度使用，势必会影响其 DML 效率。

❑ 在持续监控中发现，其中存在一个索引，且从未被使用。显然这是一个多余的索引。

❑ 有两个字段存在重复索引的现象，这说明索引建立之初是比较随意的。

❑ 单个记录定义长度为 5800 字节，但实际其平均保存长度不到 400 字节，最大长度也不长。

❑ 分析其字段内容，发现有 3 个字段类型定义异常，即没有使用应有的类型保存数据，例如使用数字类型保存日期。

综上所述，这个表设计有很多问题，大量语句访问和该表相关。

3. SQL 语句

图 20-3 所示是一条语句运行效率的问题。从图中可见，两个表做了关联查询，但在指定条件时没有指定关联条件。在执行计划中可见，数据库采用了笛卡儿积的方式运行。从成本、估算时间等可见，这是一条耗费成本"巨大"的 SQL 语句。其对线上运行的影响，可想而知。

```
SELECT /*+ INDEX (A1 xxxxx) */ SUM(A2.CRKSL), UM(A2.CRKSL*A2.DJ) ...
FROM xxxx A2, xxxx A1
WHERE A2.CRKFLAG=xxx AND A2.CDATE>=xxx AND A2.CDATE<xxx;
```

Id	Operation	Name	Rows	Bytes	Cost (%CPU)	Time	Pstart	Pstop
0	SELECT STATEMENT				9890G(100)			
1	SORT AGGREGATE		1	41				
2	MERGE JOIN CARTESIAN		3505T	127P	9890G (1)	999:59:59		
3	PARTITION RANGE ITERATOR		25M	1010M	170K (1)	00:34:12	153	243
4	TABLE ACCESS FULL		25M	1010M	170K (1)	00:34:12	153	243
5	BUFFER SORT		135M		9890G (1)	999:59:59		
6	INDEX FULL SCAN		135M		382K (1)	01:16:34		

图 20-3 运行效率问题示例

也许有的朋友会说，这是一个人为失误，一般不会发生，但我要说的是：

❑ 人为失误无法避免，谁也不能保证写出的 SQL 语句质量都很高；

❑ 开发人员对数据库的理解不同，很难保证写出的 SQL 都是高效的；

❑ 开发人员面临大量业务需求，经常处于高压工作状态，很难有更多的精力放在优化上。

正是由于这些问题，线上语句执行质量审核就成了 DBA 面临的挑战之一。

4. 重心转移

图 20-4 是一张很经典的图，它描述了和数据库相关的对工作职能的划分。作为 DBA，除了面临以上挑战外，从数据库工作发展阶段及自身发展需求来看，还面临一个重心转移的挑战，即原有传统 DBA 的运维职能逐步被弱化，大量的工具、平台的涌现及数据库自我运维能力的提升，都在不断弱化 DBA 的工作。紧随而来的是，数据库架构、结构设计、SQL 质量优化的相关工作逐步成为公司的重心，数据治理、建模等更上层的工作也越来越受到公司的重视。由此可见，DBA 未来工作的重心将逐步上移。对于中间数据逻辑结构部

分，也需要一些工具、平台来更好地支撑 DBA 的工作。

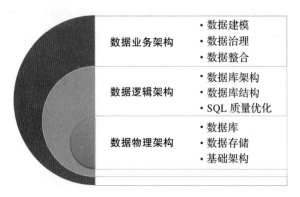

图 20-4 数据库相关工作的职能划分

5. 其他情况

除上述情况外，还存在几种不平衡，如图 20-5 所示。

❑ 从 DBA 日常工作来看，传统运维工作还是占了较大的比重，而架构优化类工作则相对较少。通过引入审核平台，可以帮助 DBA 更方便地开展架构、优化类工作。

❑ 公司使用了较多的商业产品，而开源产品使用较少。从公司长远战略角度来看，开源产品的使用会越来越多。从功能角度来看，商业产品相较于开源产品是有优势的。基于开源产品的软件开发，对开发者自身技术能力的要求更高。希望通过引入这一平台，可以更容易完成公司转型过程。

❑ 没有平台之前，DBA 基本是通过手工方式设计、优化数据库，效率十分低下。特别是面对众多产品线、众多开发团队时，往往感觉力不从心。

❑ 公司自有团队人员还是以初、中级为主，中、高级人员相对较少。如何快速提升团队整体设计、优化能力，保证统一的优化效果成为重点关注方向。

正是由于上述多种不平衡，促使我们考虑引入工具、平台去解决数据库质量问题。

图 20-5 其他几种问题

6. 解决办法

面对这些问题，公司也曾考虑通过制度、规范等形式进行解决。比如，一开始就着手制定了很多规范，然后在各个部门培训、宣讲，这种方式运行一段时间后，暴露出一些问题。

❑ 整体效果并不明显。实施效果取决于各个部门的重视程度及员工的个人能力。

❑ 规范落地效果无法度量，也很难做到量化分析，往往只能通过上线运行结果来感知。

❑ 缺乏长期有效的跟踪机制，无法长期跟踪某个具体系统的运行质量。

❑ 从 DBA 的角度来看，面对大量的系统很难依据每个规范详细审核其结构设计、SQL运行质量。

经过讨论，最后大家一致认为，引入数据库审核平台，可以帮助解决上述问题。

20.2　平台选型

在平台选型之初，我们通过多种途径了解了当前业内审核平台的做法，并调研了部分产品，权衡之后最终选择了自研。

1. 业内做法

在项目之初，我们考察了业内其他企业是如何做数据库审核平台的，大致可分为三个思路，如图 20-6 所示。

❑ 以 BAT 公司为代表的互联网类公司。它们通过自研的 SQL 引擎，可实现成本分析、自动审核、访问分流、限流等，可做到事前审核、自动审核。但技术难度较大，公司现有技术能力明显不足。

❑ 通过自研工具收集 DB 运行情况，根据事前定义的规则进行审核，结合人工操作来完成整个审核流程。这种方案只能做到事后审核，但技术难度较小，灵活度很大。其核心就是规则集的制定，可根据情况灵活扩展。

❑ 一些商业产品，实现思路类似上述第二类，平台加了一些自主分析能力，功能更为强大，但仍需人工介入处理且需要不小的资金投入。而且考察的几款商业产品没有一个能完全满足所需功能。

代表做法	特点	优点	缺点
智能分析引擎	自研SQL分析引擎，分析语句成本，并自动实现审核、分流、限流等操作	• 可自动审核 • 扩展后线上使用，实现分流等	• 难度大 • 效率不高
工具+人工审核	自研工具加后期人工审核，事后过滤、人工标记，跟踪全流程	• 对SQL精细控制，灵活度大 • 完成对SQL整个生命周期的管理 • 技术难度较小	人工投入
商业产品	直接抽取SQL，自主分析，仍需人工介入	• 功能强大，有技术支持 • 周期短，见效快	• 费用较高 • 扩展性差

图 20-6　业界做法

综合上面几类做法，最终我们确定采用"工具＋人工审核"的方式，研发自己的数据库审核平台。

2. 我们的选择——自研

在启动研发这一平台之初，我们在团队内部达成了一些共识，如图 20-7 所示。

❑ DBA 需要改变传统运维的思想，每个人都参与到平台开发中。

❑ 过去我们积累的一些内容（例如前期制定的规范）可以作为知识库沉淀下来并标准化，这为后期规则的制定做好了铺垫。

❑ 在平台推进中，从最简单的功能入手，开发好后就上线实施，观察效果。根据实施效果，不断在后面的工作中修正。

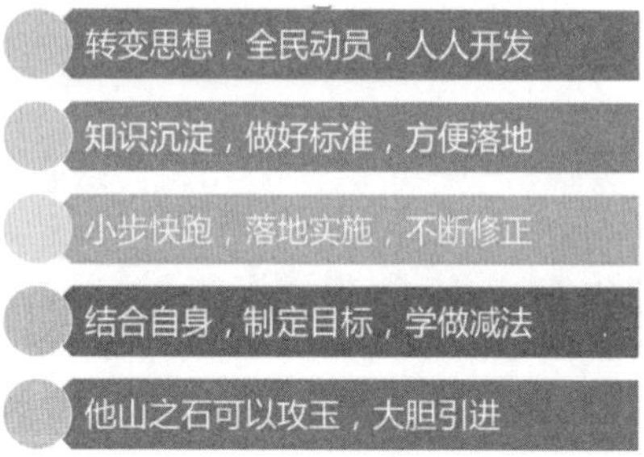

图 20-7　达成共识

❑ 结合我们自身的特点，制定目标。对于较复杂的部分，果断延后甚至放弃。

❑ 参考其他公司或商业产品的设计思想。

20.3　平台定位

1. 平台定位

如图 20-8 所示，在项目之初，我们就对平台的定位做了描述。

❑ 平台的核心能力是快速发现数据库设计、SQL 质量问题。

❑ 平台只做事后审核，自主优化部分放在二期实现，当然在项目设计阶段引入，也可以起到一部分事前审核的功能。

❑ 通过 Web 界面完成全部工作，主要使用者是 DBA 和有一定数据库基础的研发人员。

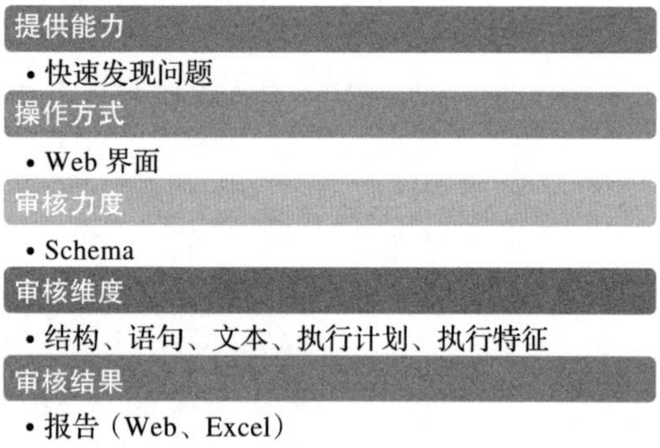

图 20-8　平台定位示例

❑ 可针对某个用户审核，审核内容包括数据结构、SQL 文本、SQL 执行特征、SQL 执行计划等多个维度。

❑ 审核结果通过 Web 页面或导出 Excel 文件的形式提供。

❑ 平台需支持 Oracle、MySQL，对其他数据库的支持放在二期实现。

❑ 尽量提供灵活定制的能力，便于日后扩展。

2. 平台使用者

作为平台的两类主要使用方（见图 20-9），研发人员和 DBA 都可以从中受益。

❑ 对于研发人员而言，使用该平台可方便定位问题，进而及时对问题进行修改；此外，通过对规则的掌握，可以完成设计开发工作。

❑ 对于 DBA 而言，可快速掌握多个系统的整体情况，批量筛选低效 SQL，并可通过平台提供的信息快速诊断一般性问题。

图 20-9　平台使用者

20.4　平台原理

整个平台的基本实现原理很简单。图 20-10 展示了平台的简单流程，一共涉及两个功能模块和一个输出结果展示模块。数据采集模块为规则审核提供基础数据，最终将审核结果展示给用户。

1. 数据采集模块

我们将审核对象分为对象和 SQL 语句，其中 SQL 语句又可拆分为执行计划、SQL 执行特征以及 SQL 文本。我们在平台中实现了数据采集功能，从多个维度采集基础数据，并将数据作为规则审核模块的输入。Oracle 数据库的基础数据主要来源于其自有的数据库视图、表、分区、索引、序列等对象信息，以及 SQL 语句的文本、绑定变量、PLAN_HASH_VALUE、执行计划等信息。MySQL 数据库自带信息相对较少，数据主要来源于 Slowlog 以及少量的数据库视图。

2. 规则审核模块

规则是审核平台的"心脏"，其存在的目的是筛选与评审流经该模块的对象和 SQL 语句的相关数据，最大限度地发现潜在和已有问题。目前，平台定义的所有规则都是基于 Oracle 和 MySQL 数据库的。

根据实际运维数据库的经验可知，大表物理存储或记录数过多、索引设计不合理、隐式转换、外键没有建索引等一系列问题都会导致性能下降。审核数据库时可分别从数据库对象和 SQL 语句两个维度展开，并且对每个维度做细化，如表 20-1 所示。

表 20-1　审核数据库

审核维度	细化维度
数据库对象	表、分区表
	索引
	约束
	字段
	其他对象
SQL 语句	执行计划
	执行特征
	文本

3. 结果展示模块

经过审核发现，符合规则的审核对象也可能是有问题的。平台会提供这些问题及关联信息，并且以 Web 页面的形式展示，供人工甄别使用。为更为直观地显示审核结果，这里引入打分机制，因为大家对分数比较"敏感"，也可以在一定程度上刺激眼球，进而触发行动。

图 20-10　平台流程示意

由此可见，平台的功能强大与否主要取决于规则集的丰富程度。平台也提供了部分扩展能力，方便扩展规则集。

20.5　推进方法

此平台可为业务系统提供审核报告，这可大大加快数据库结构、SQL 的优化速度，减轻 DBA 的日常工作压力。在平台实施过程中，我们摸索出一套推行方法，如图 20-11 所示。

❑ 收集信息阶段：收集公司数据库系统的运行情况，掌握第一手资料。快速了解各业务系统的运行情况，做好试点选择工作。

❑ 人工分析阶段：对于重点系统，应人工介入分析。根据规则审核中暴露出的核心问题，"以点带面"，有针对性地给出分析及优化报告。

❑ 交流培训阶段：主动上门，与开发团队沟通交流审核报告。借分析报告的机会，对开发团队展开必要的培训。

❑ 反馈改进阶段：落实交流的成果，督促其改进。通过审核平台定期反馈改善系统情况。

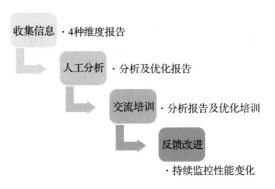

图 20-11　平台推进示例

第 21 章

数据库审核平台实践：实现

在对平台定位、基本原理做了相关阐述后，本章将对平台的实现进行简要说明，包括平台架构、数据结构、数据采集、规则定义等。

21.1 平台设计

平台架构如图 21-1 所示。

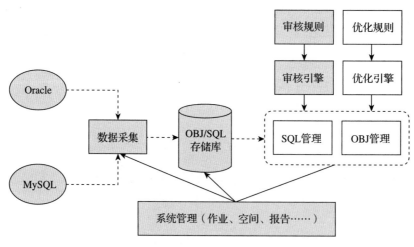

图 21-1　平台架构示意

图 21-1 中的方框部分为平台的主要模块。模块底色不同，表示当前的实现进度不同。

虚线代表数据流，实线代表控制流。其核心模块如下。

- ❑ 数据采集模块：负责从数据源抓取审核需要的基础数据，目前支持从 Oracle、MySQL 抓取相关数据。
- ❑ OBJ/SQL 存储库：系统的共同存储部分，采集的数据和处理过程中的中间数据、结果数据都保存在这里。其核心数据分为对象类和 SQL 类。物理存储采用的是 MongoDB。
- ❑ 核心管理模块：图中右侧虚线部分包含的两个模块，即 SQL 管理和 OBJ 管理模块。它主要是完成对象的全生命周期管理。目前，该模块只具有简单的对象过滤功能，因此还是白色底。
- ❑ 审核规则和审核引擎模块：平台一期的核心组件。审核规则模块用于完成规则的定义、配置工作。审核引擎模块用于完成具体规则的审核执行。
- ❑ 优化规则和优化引擎模块：平台二期的核心组件，目前尚未开发，因此为白色底。
- ❑ 系统管理模块：包括已完成平台的基础功能，例如任务调度、空间管理、审核报告生成、导出等功能。

平台主要是由数据采集、规则解析、系统管理、结果展示 4 个模块组成，如图 21-2 所示。后面将针对不同模块的实现进行详细说明。

在开始介绍平台实现之前，再来熟悉一下"审核对象"这个概念。目前，平台支持 4 类审核对象（见表 21-1）。

图 21-2　平台的 4 个模块

- ❑ 对象级：这里所说的对象是指数据库对象。常见的有表、分区、索引、视图、触发器等。大表未分区是典型审核规则。
- ❑ 语句级：这里所说的语句级，实际是指 SQL 语句文本本身。多表关联是典型审核规则。
- ❑ 执行计划级：这里是指数据库中 SQL 的执行计划。大表全表扫描是典型审核规则。
- ❑ 执行特征级：这里是指语句在数据库上的真实执行情况。扫描块数与返回记录比例过低是典型审核规则。

需要说明一下，这四类审核对象中，后三类必须在系统上线运行后才会抓取到，第一类可以在只有数据结构的情况下运行。（个别规则还需要有数据。）

此外，上述规则中，除了第二类为通用规则外，其他都与具体数据库相关，即每种数据库都有自己不同的规则。

表 21-1 审核对象

审核类别	示例规则
对象级	大表未分区
	未创建主键
语句级	多表关联
	标量子查询
执行计划级	大表全表扫描
	笛卡儿积
执行特征级	扫描块数与返回记录比例过低
	子游标数过多

21.2　流程图

让我们从处理流程的角度，学习平台整体处理流程，如图 21-3 所示。

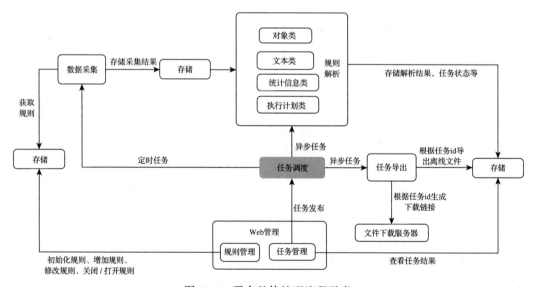

图 21-3　平台整体处理流程示意

1）规则管理模块主要功能包括：初始化规则，平台本身内置了很多规则，在这一过程中将规则导入配置库；新增规则，平台本身提供了一定的扩展能力，可以依据规范新增规则；修改规则，根据自身情况开启或关闭规则。对于每条规则，内置了一些参数，也可在参数处修改规则。此外，针对违反规则的情况，还可以设置扣分方法（例如违反一次扣几分、最多可扣几分）等。

注意，规则本身及相关参数、配置信息等都会存储在配置库中。

2）任务管理是后台管理的一个模块，主要完成与任务相关的工作。系统中的大多数交互都是通过作业异步完成的。其后台是通过 Celery+Flower 实现的。

3）数据采集一般通过任务调度定时采集作业完成，也有少部分情况是实时查询线上库完成的。采集的结果保存在数据库中，供后续分析部分调用。

4）规则解析是用户通过界面触发，然后由任务调度模块启动一个后台异步任务完成解析工作。之所以设计为异步完成，主要是因为审核工作可能时间较长，特别是在选择审核类别多、审核对象多、开启的审核规则多的情况下。审核结果会保存在数据库中。

5）任务查看、导出是在审核任务发起后，用户可在此查看进度（处于审核中，还是审核完成）。当审核完成后，用户可查看或导出审核任务，包括浏览审核结果。如果选择导出，会生成后台作业，并放置在文件下载服务器。

以上就是整个审核的大体流程，后续将看到各部分的详细信息。

21.3　数据结构

审核平台使用 MongoDB 来存储数据库采集到的 SQL 信息和对象信息，并且核心规则的实现部分也是使用 MongoDB 来存储规则的相关信息。SQL 信息以及对象信息主要是数据库中相关的数据字典，相对规则信息来说比较好理解。下面我们重点说明规则的结构体以及各部分的含义。规则的结构体声明伪代码如下。

```
{
    "db_type" : "O",
    "exclude_obj_type" : "TABLE",
    "input_parms" : [],
    "max_score" : 10,
    "output_parms" : [
        {
            "parm_desc" : "表名",
            "parm_name" : "table_name"
        }
    ],
    "rule_complexity": "simple",
    "rule_cmd": "select table_name from dba_tables where owner = '@username@'
        and table_name not in(select table_name from dba_tab_cols where owner
        = '@username@' and (column_name like 'CREATE%' or column_name like
        'UPDATE%') and data_type = 'DATE')",
    "rule_desc" : "时间戳，是获取增量数据的一种方法。建议在表内增加创建时间、更新时间的
        时间戳字段。命名方式为CREATE_TIME、UPDATE_TIME。",
    "rule_name" : "TIMESTAMP",
    "rule_status" : "ON",
    "rule_summary" : "不包含时间戳字段的表",
    "rule_type" : "OBJ",
```

```
    "solution" : [
        "添加时间字段（比如插入、更新的时间戳）"
    ],
    "weight" : 1
}
```

下面分别说明各字段含义。

❑ db_type：规则的数据库类别，支持 Oracle、MySQL 数据库。

❑ input_parms：输入参数。规则是可以定义多个输出参数，是一个参数列表，每个参数自身又是一个字典类，描述参数各种信息。

❑ output_parms：输出参数，类似输入参数，也是一个字典对象列表，描述根据规则返回的信息结构。

❑ rule_complexity：规则是复杂规则还是简单规则。如果是简单规则，直接取 rule_cmd 内容作为规则审核的实现。如果是复杂规则，从外部定义的 rule_name 命令脚本中获得规则审核的实现。

❑ rule_cmd：规则的实现部分。规则可能是 MongoDB 的查询语句，也可能是一个正则表达式，具体取决于 rule_type。

❑ rule_desc：规则描述，仅供显示。

❑ rule_name：规则名称。规则的唯一标识，全局唯一。

❑ rule_status：规则状态，包括 on 或是 off。审核时忽略关闭的规则。

❑ rule_summary：一个待废弃的字段，含义同 rule_desc。

❑ rule_text：规则类型，包括对象、文本、执行计划、执行特征 4 类。

❑ solution：触发此规则的优化建议。

❑ weight：权重，即单次违反规则的扣分制。

❑ max_score：扣分上限。为了避免违反规则，产生过大影响，设置此参数。

Oracle 和 MySQL 数据库的规则均使用上面的结构体来存放规则信息，各类规则的具体实现可以参照 21.4.2 节。

21.4 主要模块

21.1 节介绍过平台有四大模块，分别是数据采集模块、规则解析模块、系统管理模块和结果展示模式（见图 21-2），本节就来具体介绍前三个模块。

21.4.1 数据采集

数据采集模块，顾名思义，其主要职责就是完成数据采集工作。

表 21-2 数据采集内容

	采 集 内 容	Oracle	MySQL
对象	统计信息	✓	✓*
	存储特征	✓	✓*
	结构信息	✓	✓*
	访问特征	✓	
SQL	SQL 文本	✓	✓
	执行计划	✓	✓*
	缓存游标	✓	
	绑定变量	✓	
	执行特征	✓	✓

从表 21-2 可见，两种类型数据库的采集内容不同：Oracle 提供了较为丰富的信息，用户需要的信息基本都可采集到；MySQL 相对来说提供的信息较少。表格中的"对号＋星号"，表示非定时作业完成，而是实时回库抓取的。下面简单介绍对象级与 SQL 级采集内容。

❑ 对象级采集内容包括对象统计信息、存储特征、结构信息、访问特征。

❑ SQL 级采集内容包括 SQL 文本、执行计划、缓存游标、绑定变量、执行特征。

这些信息都将作为审核的依据。

数据采集模块的工作原理示意图如图 21-4 所示。

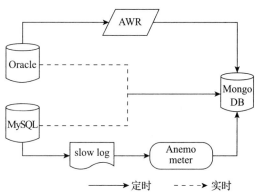

❑ Oracle 部分通过定时作业采集 AWR 数据，然后将数据转储到 MongoDB 中。这里与有些类似产品不同，没有直接采集内存中的数据，而是取自离线的数据。其目的是尽量减少对线上运行的影响。Oracle 提供的功能比较丰富，通过对 AWR 数据及数据字典的访问，基本可以获得需要的信息。

图 21-4 数据采集模块工作原理示意

❑ MySQL 部分情况复杂一些，原因是其功能相对没有那么丰富。多类数据是通过不同数据源获取的。SQL 文本类及执行特征类是通过 PT 工具分析慢查询日志定时传入 Anemometer 平台库，然后传入 MongoDB 来获取的。其他类信息（包括数据字典类、执行计划类等）是在需要时通过实时回库查询获取。为了避免影响主库，一般是通过路由到库的方式来获取。

21.4.2 规则解析

本节介绍整个系统最为核心的部分——规则解析模块，它所实现的功能是依据定义规则审核采集的数据，筛选出违反规则的数据，对筛选出的数据进行计分，并记录下来供后续生成审核报告时使用。同时记录附加信息，用于辅助进行一些判断工作。

这里有一个核心的概念——规则，后面可以看到一个内置规则的定义。从分类来看，规则可大致分为以下几种。

- ❏ 从数据库类型角度区分，规则可分为 Oracle、MySQL。不是所有规则都区分数据库，文本类的规则就不区分。
- ❏ 从复杂程度角度区分，规则可分为简单规则和复杂规则。这里所说的简单和复杂，针对的是规则审核的实现部分。简单规则是 MongoDB 或关系数据库的一组查询语句，而复杂规则需要在外部通过程序体实现。
- ❏ 从审核对象角度区分，规则可分为对象级、文本级、执行计划级和执行特征级。下面针对每级审核对象分别进行说明。

1. 对象级

先来看第一类规则——对象级规则，这是针对数据库对象设置的一组规则。表 21-3 所示为一些对象级规则示例。常见的对象包括表、分区、索引、字段、函数、存储过程、触发器、约束、序列等，它们都是审核的对象。

表 21-3　对象级规则类别及说明

规 则 类 别	规 则 说 明
表、分区	超过指定规模且没有分区的表
	单表或单分区记录数量过大
	大表过多
	单表分区数量过多
	分区表数量过多
	复合分区数量过多
	存在启用并行属性的表
其他对象	缓存过小的序列
	存在存储过程及函数
	存在触发器
	存在 DBLINK

（续）

规 则 类 别	规 则 说 明
索引	外键没有索引的表
	组合索引数量过多或没有索引
	单表索引数量过多
	存在 7 天内没有使用的索引
	字段重复索引
	存在全局分区索引
	失效索引
	索引高度超过指定高度
	存在位图索引
	存在函数索引
	存在启用并行属性的索引
	存在聚簇因子过大的索引
约束	没有主键的表
	使用外键的表
字段	表字段过多
	包含大字段类型的表
	记录长度定义过长
	不包含时间戳字段的表
	表字段类型不匹配

以表 21-3 为例，其中内置了很多规则。例如，"大表过多"表示一个数据库中的大表个数超过规则定义的阈值。这里的大表又是通过规则输入参数来确定的，参数包括表记录数、表物理尺寸。这个规则的整体描述就是"数据库中超过指定尺寸或指定记录数的表的个数超过规定阈值，触发审核规则"。其他对象的规则也类似。

对象规则的实现部分比较简单。除个别规则外，基本上是先对数据字典信息进行查询，然后依据规则定义进行判断。下面所展示的是一个对象规则实现的示例，其中在对索引规则的实现中，查询了数据字典的信息。

```
# sql变量，返回传入用户的组合索引数量和所有索引数量
    sql = """
SELECT 'COMBINEINDEX',
    COUNT(DISTINCT IC.INDEX_NAME) AS COMBINEINDEXNUMBER
FROM DBA_IND_COLUMNS IC
WHERE IC.INDEX_OWNER = '@username@'
    AND IC.COLUMN_POSITION > 1
    UNION ALL
```

```
         SELECT 'ALLINDEX',
               COUNT(1)
         FROM DBA_INDEXES I WHERE I.OWNER = '@username@'
    """
```

2. 执行计划级

第二类规则是执行计划级规则，具体划分为若干类别，例如访问路径类、表间关联类、类型转换类、绑定变量类等，如表 21-4 所示。

表 21-4　执行计划级规则类别及说明

规则类别	规则说明
绑定变量	未使用绑定变量
	绑定变量的数量过多
表间关联	笛卡儿积
	嵌套循环层次过深
	嵌套循环内层表访问方式为全表扫描
	排序合并连接中存在大结果集排序
	多表关联
访问路径	大表全表扫描
	索引全扫描
	索引快速全扫描
	索引跳跃扫描
	分区全扫描
	非连续分区扫描
	跨分区扫描
类型转换	存在隐式转换
其他	存在大结果集排序操作
	存在并行访问特征
	存在视图访问

以 Oracle 数据库最为常见的访问路径类为例，其中最为常见的一个规则——大表全表扫描，表示在 SQL 语句执行中，执行了对大表的访问，并且访问是采用全表扫描的方式。该规则的输入参数包含对大表的定义（物理大小或记录数），输出参数则包含表名、表大小及附加信息（包括整个执行计划、指定大表的统计信息等）。

这类规则针对的数据源是从线上数据库中抓取的。Oracle 数据库是直接从 AWR 中按时间段提取的，MySQL 数据库是使用 Explain 命令返查数据库得到的。

在这里特别说明一下，在保存执行计划时，使用了 MongoDB 这种文档型数据库，目的是利用其 Schemaless 特性，兼容不同数据库、不同版本执行计划。数据库对象以及 SQL 查询信息都可以保存在一个 MongoDB 中，后续的规则审核也是利用 MongoDB 中的查询语句实现的。这也是数据库对象以及 SQL 查询信息引入 MongoDB 的初衷，后续也可存放其他类信息。现在整个审核平台除 PT 工具接入的部分在 MySQL 中外，其余都保存在 MongoDB 中。此外，MySQL 可以直接输出 Json 格式的执行计划，便于入库；Oracle 也可以转换成 Json 格式再入库。

下面是一个 Oracle 的执行计划保存在 MongoDB 中的代码示例，实际就是将 sqlplan 数据字典插入 MongoDB 中。

```
"USERNAME" : "USER_TEST",
"SQL_ID" : "9ckavqbv8dap8",
"DB_SID" : "ORCL",
"BYTES" : 12,
"OBJECT_TYPE" : TABLE,
"ETL_DATE" : "2019-12-04",
"PARTITION_ID" : null,
"PARTITION_STOP" : null,
"DEPTH" : 2,
"COST" : 3,
"OTHER_TAG" : null,
"OBJECT_NODE" : null,
"OPERATION_DISPLAY" : "TABLE ACCESS",
"IO_COST" : 3,
"PARTITION_START" : null,
"OPTIONS" : "BY INDEX ROWID",
"OPTIMIZER" : null,
"OBJECT_OWNER" : "USER_TEST",
"CPU_COST" : 30481,
"IPADDR" : "10.100.33.77",
"DISTRIBUTION" : null,
"ID" : 2,
"PARENT_ID" : 1,
"OBJECT__NAME" : "TC_BS_TRANSPORT",
"OTHER" : null,
"PLAN_HASH_VALUE" : Number Long(3152128743),
"POSITION" : 1,
"OPERATION" : "TABLE ACCESS",
"CARDINALITY" : 1
```

下面是一个规则实现示例代码，实质是基于 MongoDB 的查询语句。

```
db.@sql@.find({
    "OPERATION":"PARTITION RANGE",
    "OPTIONS":"ITERATOR",
```

```
    "USERNAME":"@username@",
    "ETL_DATE":"@etl_date@"
}).forEach(function(x){
    db.@sql@.find({
        "SQL_ID":x.SQL_ID,
        "PLAN_HASH_VALUE":x.PLAN_HASH_VALUE,
        "ID":{$eq:x.ID+1},
        "USERNAME":"@username@",
        "ETL_DATE":"@etl_date@"
    }).forEach(function(y){
        db.@tmp@.save({"SQL_ID":y.SQL_ID,
            "PLAN_HASH_VALUE":y.PLAN_HASH_VALUE,
            "OBJECT_NAME":y.OBJECT_NAME,
            "ID":y.ID,
            "COST":x.COST,
            "COUNT":""})
    });
})
```

下面具体解读上述查询语句的执行步骤。

① find() 部分过滤执行计划，即将满足指定用户、时间范围、访问路径（TABLE ACCESS + FULL）的执行计划筛选出来。

②关联对象数据，将符合大表条件的部分筛选出来。大表规则用于筛选记录数大于指定参数或者物理大小大于指定参数的表。

③将 sql_id、plan_hash_value、object_name 信息返回，这三个信息将分别用于后续提取 SQL 语句信息、执行计划信息、关联对象信息。

④按照先前设定的扣分原则，统计扣分。

⑤将提取到的三部分信息及扣分信息，作为结果返回，并在前端展示。

规则过滤实现伪代码如下。

```
db.@sql@.find({ "OPERATION" :" TABLE ACCESS" ,
    "OPTIONS":"FULL",
    "USERNAME":"@username@",
    "ETL_DATE":"@etl_date@"}
).forEach(function(x)
    {
    if(db.obj_tab_info.findOne({
        "TABLE_NAME":x.OBJECT_NAME,
        $or:
        [{"NUM_ROWS":{$gt:@table_row_num@}},
        {"PHY_SIZE(MB)":{$gt:@table_phy_size@}}
        ]})
    )db.@tmp@.save({
        "SQL_ID":x.SQL_ID,
        "PLAN_HASH_VALUE":x.PLAN_HASH_VALUE,
        "OBJECT_NAME":x.OBJECT_NAME,
```

```
"ID":x.ID,
"COST":x.COST,
"COUNT":""});})"
```

3. 文本级

第三类规则是文本级规则（见表 21-5），这是一类与数据库种类无关、描述 SQL 语句文本特征的规则，在实现上是采用文本正则匹配或程序方式进行处理的。文本级规则的主要目的是规范开发人员的 SQL 写法，避免复杂的、性能较差的、不规范的 SQL 写法。

表 21-5　文本级规则类别及说明

规则类别	规则名称
查询类	SELECT *
	重复查询子句
	查询字段引用函数
	嵌套 SELECT 子句
	出现 UNION
	多个过滤条件通过 OR 连接
	谓词条件使用 LIKE '%xxx'
	谓词中存在负向操作符
	存在子查询情况
	存在三个以上的表关联
	存在全连接或外连接
变更类	UPDATE 中出现 ORDER BY 子句
	UPDATE 中必须出现 WHERE 子句
	更新主键
	DELETE 中出现 ORDER BY 子句
	DELETE 中必须出现 WHERE 子句
其他类	新增 SQL 文本过长规则
	新增 IN LIST 元素过多

这部分描述的是文本规则的实现方式。第一个示例 bad_join 是一种简单规则，通过正则文本匹配实现。第二个示例 sub_query 是通过程序判断括号嵌套来完成子查询（或多级子查询）的判断。

bad_join 示例：

```
"rule_cmd" : "(cross join)|(outer join)"
```

sub_query 示例：

```
left_bracket = []
sql_content = []
for k in sql length:
    if sql[k] == "(":
        left_bracket.append(k)
    if sql[k] == ")":
        start = left_bracket.pop() + 1
        stop = k - 1
        sql_content.append (sql[start:stop])
```

4. 执行特征级

最后一类规则是执行特征级规则（见表 21-6），这类规则与数据库紧密关联，目的是将符合一定执行特征的语句筛选出来。这些语句不一定是低效的，可能只是未来考虑优化的重点，或者说优化效益最高的一些语句，主要是一些资源消耗大的语句。

表 21-6 执行特征规则类别及说明

规 则 类 型	规 则 名 称
执行特征级	扫描块数与返回记录数比例过低
	子游标过多
	elapsed_time
	cpu_time
	buffer_gets
	disk_reads
	direct_writes
	executions

以 Oracle 数据库执行特征级规则为例，该类规则是通过执行 SQL 语句消耗的资源，如 CPU、物理读、逻辑读以及执行次数等信息与规则设置的阈值进行比较。整个实现逻辑比较简单。

21.4.3 系统管理

接下来，通过一些界面展示介绍系统的功能。

1. 规则管理

系统管理模块中规则管理部分可完成新增自有规则。其核心是规则实现部分通过 SQL 语句、MongoDB 查询语句、自定义 Python 文件的形式定义规则实现体。自定义规则的依据是现有抓取的数据源，定义者需要熟悉现有数据结构及含义。规则定义界面如图 21-5 所示。审核平台目前尚不支持自定义抓取数据源。

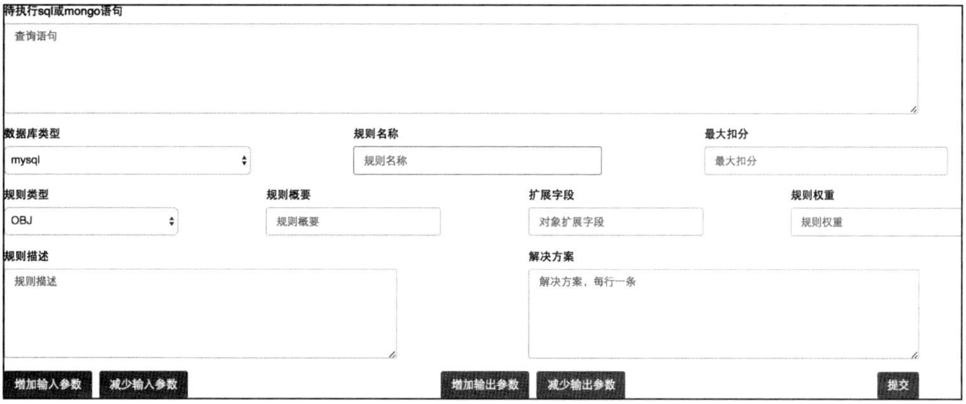

图 21-5　规则定义

对于定义好的规则，可在规则管理模块完成规则修改，主要是对规则状态、阈值、扣分项等进行配置，如图 21-6 所示。

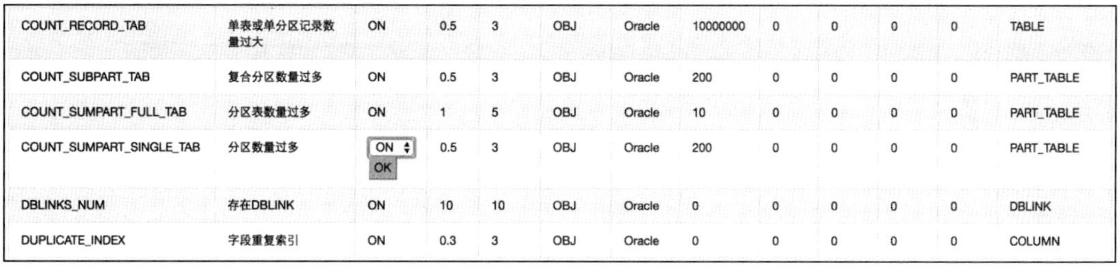

COUNT_RECORD_TAB	单表或单分区记录数量过大	ON	0.5	3	OBJ	Oracle	10000000	0	0	0	0	TABLE
COUNT_SUBPART_TAB	复合分区数量过多	ON	0.5	3	OBJ	Oracle	200	0	0	0	0	PART_TABLE
COUNT_SUMPART_FULL_TAB	分区表数量过多	ON	1	5	OBJ	Oracle	10	0	0	0	0	PART_TABLE
COUNT_SUMPART_SINGLE_TAB	分区数量过多	ON OK	0.5	3	OBJ	Oracle	200	0	0	0	0	PART_TABLE
DBLINKS_NUM	存在DBLINK	ON	10	10	OBJ	Oracle	0	0	0	0	0	DBLINK
DUPLICATE_INDEX	字段重复索引	ON	0.3	3	OBJ	Oracle	0	0	0	0	0	COLUMN

图 21-6　规则修改

2. 任务管理

在配置好规则后，可在任务管理模块完成任务发布。

图 21-7 是任务发布界面。发布任务时，需要在选择数据源（ip、port、schema）后，选择审核类型及审核日期。目前，审核数据源的定时策略还是以天为单位，因此日期不能选择当天。

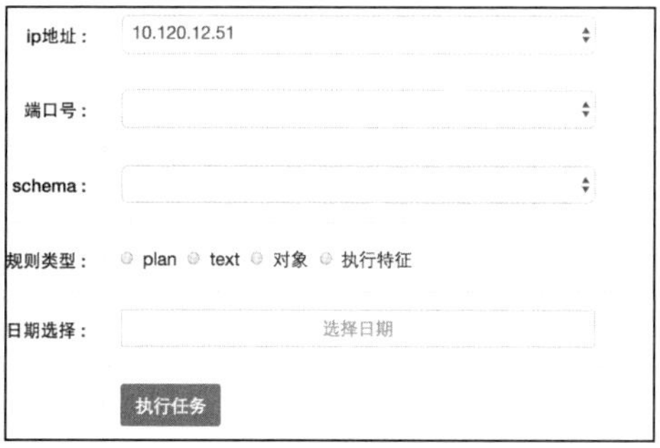

图 21-7　任务发布

	操作用户	用户名	创建时间	状态	类型	开始日期	结束日期	选择
导出报告 查看报告								
	system	NEWDX	2016-12-29 15:16:42	成功	TEXT	2016-12-20	2016-12-21	☑
	system	NEWDX	2016-12-21 15:06:43	成功	SQLPLAN	2016-12-20	2016-12-20	☐

图 21-7 （续）

当任务发布后，可在任务结果栏查看任务执行情况。审核类型、数据源对象、语句等不同，审核的时长就不同，一般是在 5 分钟以内。当审核作业状态为"成功"时，表示审核作业完成，可以查看或导出审核结果。

21.5　审核结果展示

图 21-8 是一个对象审核报告示例。报告的开头部分是一个概览页面。它集中展示审核报告中各类规则及扣分情况，并通过一个饼图展示其占比情况，便于我们明确核心问题。

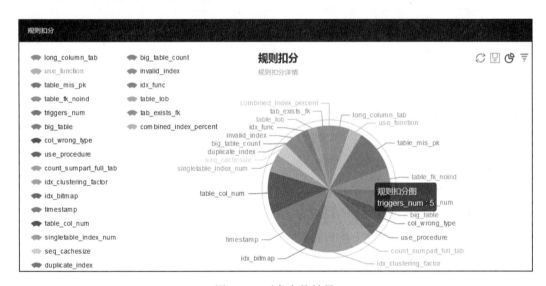

图 21-8　对象审核结果

从图 21-8 中，可以看到有一个规则扣分的显示。这是我们将规则扣分按照百分制折算后得到的一个分数。分值越高，表示违反的情况越少，审核对象的质量越高。引入"规则总分"项，在设计之初是有争议的，担心这个指标会打击开发人员的积极性，不利于平台的推广使用。这里有几点，我说明一下。

    ❑ 引入"规则总分"，是为了量化数据库设计、开发、运行质量。在以往很多优化中，我们很难去量化优化前后的效果，这里提供了一种手段去做前后对比，可能该指标不太科学，但是毕竟提供了一种可量化的手段。

❑ 各业务系统差异较大，没有必要做横向对比。A 系统 60 分，B 系统 50 分，不代表 A 的运行质量就比 B 的运行质量高。

❑ 同一系统可做纵向对比，即对比优化前后的规则总分，可在一定程度上反映系统运行质量的变化。

❑ 规则总分与规则配置关系很大。如关闭规则或将违反规则的阈值调低，都会提高分数。这要根据系统自身情况来确定。对于不同系统，同一规则的阈值可以不同。举例来说，对于数据仓库类的应用，大表全扫描就是一个比较常见的行为，针对不同的工作量，可考虑开启或关闭不同的规则或调整单项规则阈值。

图 21-9 所示是对象审核的明细部分，对应每个规则的详细情况，可在左侧链接中进一步查看对象信息。由于篇幅所限，笔者这里不做展示了。

规则名称	规则描述	参数个数	违反次数	扣分
big_table	超过指定规模且没有分区的表	1	0	0
big_table_count	大表数量	1	1	0
col_wrong_type	表字段类型不匹配	3	153	3.558139534883721
combined_index_percent	组合索引数量过多或没有索引	1	13	0
count_sumpart_full_tab	分区表数量过多	1	11	5
duplicate_index	字段重复索引	0	1	0.3
idx_bitmap	是否使用位图索引	0	6	3
idx_clustering_factor	索引的聚簇因子	1	238	10

图 21-9 对象审核明细

图 21-10 所示是执行计划审核结果概览，与对象审核结果展示类似，也是展示每种规则的扣分情况。

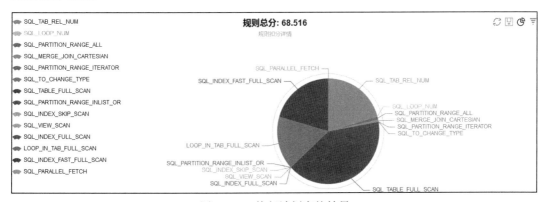

图 21-10 执行计划审核结果

图 21-11 所示是执行计划的审核明细。

规则名称	规则描述	违反次数	扣分
SQL_TABLE_FULL_SCAN	大表全表扫描	1213	20
SQL_TAB_REL_NUM	过多的表关联，影响性能	184	10
SQL_INDEX_FAST_FULL_SCAN	大索引快速全扫描	148	10
LOOP_IN_TAB_FULL_SCAN	嵌套循环内层表访问方式为全表扫描	12	8
SQL_PARTITION_RANGE_ALL	分区全扫描	1	0.5
SQL_MERGE_JOIN_CARTESIAN	笛卡儿积	3	0.3
SQL_LOOP_NUM	嵌套层次过深	0	0
SQL_PARTITION_RANGE_ITERATOR	跨分区扫描	0	0
SQL_TO_CHANGE_TYPE	隐式转换	0	0
SQL_PARTITION_RANGE_INLIST_OR	非连续分区扫描	0	0

图 21-11 执行计划审核明细

图 21-12 所示是一些通用的解决方案说明。这里将可能触发此类规则的情况及解决方案进行了说明，相当于一个小知识库，便于开发人员优化。

图 21-12 执行计划审核结果规则明细

图 21-13 所示是每条违反规则的语句，我们可以看到语句文本、执行计划、关联信息（例如此规则的大表名称）等，还可以进一步点开语句，展开信息查看。

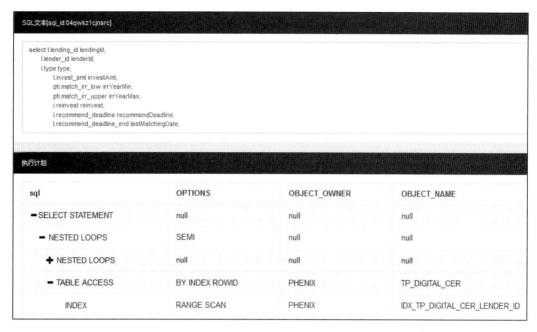

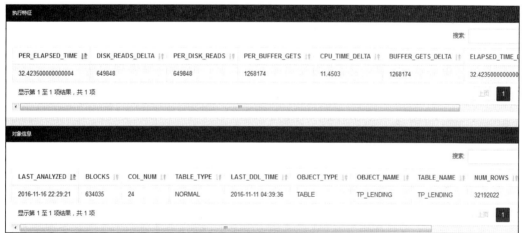

图 21-13 单条违反规则的 SQL 语句详细信息

此外，平台也提供了导出功能，可导出 Excel 文件供用户查看。这里不再展示。

数据库审核平台实践：规则

作为一家金融企业，宜信的大量业务重度依赖数据库。如何提高公司整体数据库应用水平，是 DBA 的一大挑战，也非常具有现实意义。在宜信多年的工作中，笔者与团队一起总结并整理了针对传统关系型数据库的使用规则，并借助自研的数据库审核平台落地，借此帮助研发团队评估数据库开发质量，达到尽早发现问题、解决问题之目的。

本章将从 4 个维度阐述 Oracle、MySQL 数据库在平台中的规则实现，并且详细地说明规则的名称、含义、初始阈值的设置等，帮助用户快速了解规则，以及根据自己的需求灵活调整阈值，以达到更好的审核效果。

22.1 对象级

常用的数据库对象包括表、分区表、视图、索引等。通过前面内容的学习，我们了解到表和索引对象设计开发的最佳实践。下面学习基于对象的审核规则，如何快速发现数据库中使用不规范的数据库对象以及存在潜在问题的其他对象。

22.1.1 Oracle

Oracle 数据库的对象审核规则几乎涉及实际使用场景中的所有常用对象，如表、视图、索引、序列等，并且基于某个特定的对象，均有相应的审核维度，如表对象审核维度包括实际存储的物理大小、表记录数量、并行属性等。

1. 表、分区

表 22-1 所示是业务开发经常用到数据库对象——表，为满足一定的业务需求，除使用普通的堆表外，还会使用分区表。本节介绍表和分区表的审核规则。

表 22-1　Oracle 数据库表 / 分区表审核规则

规则编号	规则类别	规则说明
1	表 / 分区	表物理大小超过 2GB 规模且没有分区（空间、效率、维护）
2		单表或单分区记录数量超过 1 000 000
3		大表过多
4		分区表数量大于 10
5		单表分区数量超过 500
6		复合分区数量超过 200
7		存在启用并行属性的表

我们一共从 7 个维度来介绍表以及分区表的对象审核规则，审核的核心是表的物理大小、存放的记录数，以及超过特定规模的表的数量等。

（1）超过指定规模且没有分区的表

17.1.4 节提到大表设计建议遵循的原则：物理尺寸超过 2GB，应该考虑进行分区设计。因为单表的规模过大，将影响表的访问效率，也会增加维护成本。常见的解决方案是使用分区表，将大表转换为分区表。本规则的目的是从数据库中筛选出超过指定物理大小但没有分区的表的信息。

❑ 审核对象：该规则的审核对象为堆表。

❑ 审核范围：审核范围为被审核 Schema 下的所有堆表。

阈值说明：默认阈值为 2GB，即表物理大小超过指定阈值，会被筛选出来。也可根据自身业务系统的特点调整阈值。

（2）单表或单分区记录数过大

在大表设计时，建议控制单个表或单个分区的数据规模，提高单一对象的访问效率。如果记录数过多，应考虑分库、分表、分区等策略，或者定期清理数据来控制单表体量，避免单表体量过大带来的性能降低以及维护管理的成本增加。本规则的目的是从数据库中筛选出满足阈值的堆表或分区表的单分区信息。

❑ 审核对象：该规则的审核对象为单表。

❑ 审核范围：审核范围为被审核 Schema 下单表以及单分区记录数。

阈值说明：默认阈值为 1 000 000，即单表或单分区记录数超过指定阈值，会被筛选出来。

（3）大表过多

同"单表或单分区记录数过大"类似，建议控制数据库中大表的数量。当大表数量超过一定阈值时，大表会被筛选出来，为业务开发人员提供必要警示。

❑ 审核对象：该规则的审核对象为单表。

❑ 审核范围：审核范围为被审核 Schema 下表的物理大小。

阈值说明：默认阈值为 25%，即物理大小超过 2GB 的表的数量与该 Schema 下总的表数量占比超过指定阈值，相关的表信息会被筛选出来。

（4）单表分区数量过多

虽然建议在物理大小以及单表记录数过多的情况下考虑使用分区表，但是单表分区过多也会带来运维成本的增加。本规则用来协助业务开发人员了解当前分区表的使用情况，如果分区表中分区的数量超过指定阈值，相应的分区表信息则会被筛选出来。

❑ 审核对象：该规则审核对象为分区表。

❑ 审核范围：审核范围为被审核 Schema 下分区表的分区数量。

阈值说明：默认阈值为 500，即分区表的数量超过指定阈值，相应的分区表信息会被筛选出来。

（5）分区表数量过多

分区表数量过多，常伴随大表数量过多出现。建议根据需求进行垂直拆分，减小单库规模。该规则用来统计当前分区表的使用数量。

❑ 审核对象：该规则审核对象为分区表。

❑ 审核范围：审核范围为被审核 Schema 下分区表的数量。

阈值说明：默认阈值为 10，分区表数量超过指定阈值，相关的分区表信息就会被筛选出来。

（6）复合分区数量过多

同"分区表数量过多"类似，复合分区数量过多的常见原因是大表较多。建议根据需求，考虑进行垂直拆分，减小单库规模。本规则用来统计分区表的复合分区的使用数量。

❑ 审核对象：该规则审核对象为分区表的复合分区。

❑ 审核范围：审核范围为被审核 Schema 下分区表的复合分区的数量。

阈值说明：默认阈值为 200，即单表单分区的子分区数量超过指定阈值，相应分区表信息会被筛选出来。

（7）存在启用并行属性的表

开启并行属性能够帮助业务实现性能提升。本规则的目的是帮助业务开发人员评估并行属性的合理性。

❑ 审核对象：该规则审核对象为单表。

❑ 审核范围：审核范围为被审核 Schema 下所有表并行属性的开启情况。

阈值说明：默认阈值为 1，即超过指定阈值，就认为开启了并行属性。

2. 索引

17.1.7 节提到了 Oracle 数据库中索引的设计和使用原则。本节索引的审核规则可以帮助用户发现和评估业务数据库中索引使用不规范或者过度使用的情况。

表 22-2 列出的是索引审核规则的 12 个维度，包括单表索引数量、位图索引、函数索引、失效索引的审核评估等。

表 22-2　Oracle 数据库索引审核规则

规则编号	规则类别	规则说明
1	索引	组合索引数量超过 30
2		单表索引数量超过 3
3		存在 7 天内没有使用的索引
4		字段重复索引
5		失效索引
6		存在全局分区索引
7		存在位图索引
8		索引高度超过 3 层
9		存在函数索引
10		存在启用并行属性的索引
11		外键没有索引的表
12		存在聚簇因子过大的索引

（1）外键没有索引的表

外键没有索引会导致主子表关联查询时关联效率低。本规则用于筛选表对象中的字段建立了外键约束，但是没有在该字段创建索引的情况。

❑ 审核对象：该规则的审核对象为单表上的外键。

❑ 审核范围：审核范围为被审核 Schema 下所有存在外键的列索引创建情况。

阈值说明：该规则无阈值，即存在规则描述的情况会被筛选出来。

（2）单表索引数量过多

索引能够加速查询，但是过犹不及。索引数量过多会导致空间消耗过大，且索引维护成本较高，影响 DML 效率，因此应控制索引数量，构建战略索引。本规则用于统计单表索引创建的数量，并筛选出超过指定阈值的表对象以及索引信息。

❑ 审核对象：该规则审核对象为单表索引。

❑ 审核范围：审核范围为被审核 Schema 下单表上索引的数量。

阈值说明：默认阈值为 3，即单表索引数量超过指定阈值，相关表信息及索引信息会被筛选出来。

（3）存在 7 天内没有使用的索引

索引在数据库一段时间内，没有被任何 SQL 语句使用，需要评估此索引的有效性。本规则用于发现 7 天内未使用的索引，目的是帮助用户根据实际的业务需求来评估索引构建和使用的合理性。

❑ 审核对象：该规则的审核对象为单表上的索引。

❑ 审核范围：审核范围是被审核 Schema 下所有索引在 7 天之内的使用情况。

阈值说明：该规则无阈值，即存在 7 天被使用的索引，表信息及索引信息会被筛选出来。

（4）字段重复索引

同"存在 7 天内没有使用的索引"规则类似，一个字段被多个索引引用，需考虑构建策略，删除不必要的索引。本规则用于提示用户评估索引的合理性。

❑ 审核对象：该规则的审核对象为索引。

❑ 审核范围：审核范围是被审核 Schema 下同一张表的同一个字段被多个索引引用。

阈值说明：该规则无阈值，即存在相同字段被多个索引引用，相应的表、字段以及索引信息会被筛选出来。

（5）存在全局分区索引

与本地分区索引不同，一个全局分区索引可能指向任意数目的表分区中的数据，当分区发生变化时，需要维护全局索引的有效性。本规则用于筛选数据库中全局分区索引。

❑ 审核对象：该规则的审核对象为索引。

❑ 审核范围：审核范围是被审核 Schema 下所有分区表建有全局分区索引的情况。

阈值说明：该规则无阈值，即存在全局分区索引的数据库会被筛选出来。

（6）失效索引

索引的有效性与执行计划效率密切相关。本规则用来筛查数据库中状态失效的索引。

❑ 审核对象：该规则的审核对象为索引。

❑ 审核范围：审核范围是被审核 Schema 下所有索引的状态的有效性。

阈值说明：该规则无阈值，即状态为 INVALID、UNUSABLE 的索引会被筛选出来。

（7）索引高度超过指定高度

同"失效索引"规则类似，索引高度会对 SQL 语句的执行效率产生影响，增加 I/O 成本。本规则用于查询当前数据库中索引的高度，帮助业务开发人员评估索引是否需要重建。

❑ 审核对象：该规则的审核对象为索引。

❑ 审核范围：审核范围是被审核 Schema 下所有索引的高度情况。

阈值说明：默认阈值为 3，即索引高度超过该阈值，索引信息会被筛选出来。

（8）存在位图索引

OLTP 环境中不建议使用位图索引，如果表对象经查做 DML 操作（INSERT、UP-DATE、DELETE），会在一定程度上阻塞相关操作。因为位图索引不同于传统的 B 树索引，位图索引包含一个 ROWID 范围及其范围对应的编码。如果删除一条记录，那么不仅仅锁定这一条记录，而且锁定位图索引中与这条记录在同一索引范围内的所有记录。本规则用于筛选数据库中的位图索引，帮助业务开发人员重新评估位图索引合理性。

❑ 审核对象：该规则的审核对象为位图索引。

❑ 审核范围：审核范围是被审核 Schema 下位图索引的使用情况。

阈值说明：该规则无阈值，即数据库中存在位图索引，会被筛选出来。

（9）存在函数索引

实际的业务场景中，建议少用、不用函数索引，推荐在业务端实现相关内容。本规则用于筛选数据库中的函数索引。

❑ 审核对象：该规则的审核对象为函数索引。

❑ 审核范围：审核范围是被审核 Schema 下函数索引的使用情况。

阈值说明：该规则无阈值，即数据库中存在函数索引，会被筛选出来。

（10）组合索引数量过多

组合索引过多，将导致空间消耗较大、索引维护成本较高，也可以从侧面反映出索引在构建上可能存在不合理的情况，因此应考虑构建战略性索引结构，不要每个需求都通过创建索引解决。本规则用于筛选数据库中的组合索引。

❑ 审核对象：该规则的审核对象为组合索引。

❑ 审核范围：审核范围是被审核 Schema 下组合索引的使用情况。

阈值说明：默认阈值为 30%，即单表上组合索引的数量与该表的索引总量的百分比超过该阈值，组合索引会被筛选出来。

（11）存在启用并行属性的索引

开启并行属性能够帮助业务实现性能提升，但是一般情况下不建议对索引设置并行属性。本规则用于筛选开启并行属性的索引，帮助业务开发评估并行属性的合理性。

❑ 审核对象：该规则审核对象为索引。

❑ 审核范围：审核范围是被审核 Schema 下索引并行属性的开启情况。

阈值说明：该规则无阈值，即开启并行属性的索引会被筛选出来。

（12）存在聚簇因子过大的索引

聚簇因子是基于表中索引列上的一个值，每一个索引都有一个聚簇因子，用于描述索引块与表块存储数据在顺序上的相似程度，也就是说表中数据行的存储顺序与索引列上顺序一致程度。如果差异较大，建议评估优化。本规则用于筛选聚簇因子超过指定阈值的索引。

- ❏ 审核对象：该规则的审核对象为索引。
- ❏ 审核范围：审核范围是被审核 Schema 下所有索引的聚簇因子的情况。

阈值说明：默认阈值为 3，即聚簇因子与表记录数比率超过指定阈值，索引信息会被筛选出来。

3. 约束

数据库约束能够对数据进行唯一性、非空等验证。17.1.6 节提到了设计和使用约束的原则。本节将介绍平台中对于约束的审核规则，审核对象为主键以及外键约束。

Oracle 数据库约束审核规则如表 22-3 所示。

表 22-3　Oracle 数据库约束审核规则

规则编号	规则类别	规则说明
1	约束	表没有定义主键
2		表存在外键

（1）表没有定义主键

主键是关系型数据库中唯一确定一条记录的依据，没有任何理由不定义主键。本规则用于筛选没有定义主键约束的表。

- ❏ 审核对象：该规则的审核对象为表。
- ❏ 审核范围：审核范围是被审核 Schema 下表对象主键的使用情况。

阈值说明：该规则无阈值，即未定义主键约束的表会被筛选出来。

（2）表存在外键

该规则用于筛选使用外键的表对象，原则上不建议使用外键约束。数据一致性通过应用端解决。

- ❏ 审核对象：该规则的审核对象为表。
- ❏ 审核范围：审核范围是被审核 Schema 下表对象外键的使用情况。

阈值说明：该规则无阈值，即存在规则描述情况的表会被筛选出来。

4. 字段

前面我们介绍了数据库中的表、索引以及约束的审核规则，本节介绍字段的规则，包括字段数量，是否使用了大字段，实际存储的字段是否和定义的类型存在差异等。Oracle 数据库字段审核规则如表 22-4 所示。

表 22-4　Oracle 数据库字段审核规则

规则编号	规则类别	规则说明
1	字段	表字段过多
2		包含大字段类型的表
3		字段长度定义过长
4		不包含时间戳字段的表
5		表字段类型和实际使用的字段类型是否匹配

（1）表字段过多

随着字段数量的增加，小表会逐渐变为字段数量多的宽表。字段过多会导致记录长度过长。单个数据存储单元保存的记录数过少会影响访问效率。本规则用于统计和展示各个表的字段的数量，帮助业务开发人员设计表结构。

❑ 审核对象：该规则的审核对象为字段。

❑ 审核范围：审核范围是被审核 Schema 下单表字段的数量。

阈值说明：默认阈值为 100，即单表字段数量超过指定阈值，相关的表信息会被筛选出来。

（2）包含大字段类型的表

在数据库中，大字段类型的表应尽量避免。如有需要，可考虑在外部进行存储，建议使用搜索引擎、分布式文件系统。本规则用于筛选数据库中的大字段。

❑ 审核对象：该规则的审核对象为字段。

❑ 审核范围：审核范围是被审核 Schema 下单个表中大字段的使用情况。

阈值说明：该规则无阈值，即存在规则描述情况的大字段会被筛选出来。

（3）字段长度定义过长

在定义字段长度时，建议按需设计和存取。如果记录定义长度与实际存储长度差异过大，需要考虑字段类型定义是否合理，个别字段过长是否可分表存储。本规则通过比较表定义的字段长度以及实际存储的字段长度，快速发现记录长度定义过长的问题。

❑ 审核对象：该规则的审核对象为字段。

❑ 审核范围：审核范围是被审核 Schema 下单个表中字段的定义长度。

阈值说明：默认阈值为 0.5，即记录定义长度与实际存储长度占比超过定义的阈值，表的字段信息会被筛选出来。

（4）不包含时间戳字段的表

时间戳是获取增量数据的一种方法，并且在业务出现问题时，便于业务人员通过相应的记录来回溯和定位问题。建议在表内增加创建时间、更新时间的时间戳字段。时间戳命名方式为 CREATE_TIME、UPDATE_TIME。本规则用于筛选未使用时间戳的表对象。

❑ 审核对象：该规则的审核对象为字段。

❑ 审核范围：审核范围是被审核 Schema 下单个表中时间戳字段的使用情况。

阈值说明：该规则无阈值，即数据库中存在未使用时间戳的表对象，相关的表信息会被筛选出来。

（5）表字段类型不匹配

通常情况下，在字段类型定义时，建议"对号入座"。本规则通过采样以及正则形式，比较字段定义的类型以及实际存储的类型，找到不匹配的字段及其表名。常见问题如用数字、文本保存日期等。

❑ 审核对象：该规则的审核对象为字段。

❑ 审核范围：审核范围是被审核 Schema 下单个表中定义的字段类型与实际存储的字段类型相匹配的情况。

阈值说明：该规则无阈值，即数据库中存在定义和存储不匹配的字段，相关的表和字段信息会被筛选出来。

5. 其他对象

除上面的章节提到的数据库对象外，序列、存储过程等也会用于业务实现中。当然，针对有些对象，建议业务开发评估在应用端实现。Oracle 数据库其他对象审核规则如表 22-5 所示。

表 22-5　Oracle 数据库其他对象审核规则

规则编号	规则类别	规则说明
1		缓存小于 20 的序列
2	其他对象	存在存储过程及函数
3		存在触发器
4		存在 DBLINK

（1）缓存过小的序列

某些业务场景依赖序列生成唯一主键，或者将序列作为业务数据实现的一部分。在高并发场景中，建议开启序列缓存，系统默认缓存 20 个 ID，如过小将导致频繁查询数据字典，影响并发能力。本规则用于发现未启动缓存的序列。

❑ 审核对象：该规则的审核对象为序列。

❑ 审核范围：审核范围是被审核 Schema 下序列缓存的设置情况。

❑ 阈值说明：默认阈值为 1，即序列的缓存小于该阈值时表示未开启缓存，会被筛选出来。建议根据实际业务需求，调整阈值。

（2）存在存储过程及函数数量超过 20

存储过程将影响数据库的异构迁移能力，并存在代码维护性较差等原因。本规则用于筛选数据库中使用了存储过程及函数的对象。

❑ 审核对象：该规则的审核对象为存储过程和函数。

❑ 审核范围：审核范围是被审核 Schema 下存储过程和函数。

阈值说明：该规则无阈值，即数据库中存在存储过程及函数时，则相关的对象信息会被筛选出来。

（3）存在触发器

触发器将影响数据库的异构迁移能力。如果有数据一致性维护需求，应考虑在应用端实现。数据库中使用触发器时，该规则可以将触发器信息筛选出来。

❑ 审核对象：该规则的审核对象为触发器。

❑ 审核范围：审核范围是被审核 Schema 下触发器的使用情况。

阈值说明：该规则无阈值，即数据库中存在触发器即会被筛选出来。

（4）存在 DBLINK

同"存在触发器"规则类似，不建议在一个数据库中访问其他数据库，请考虑在应用端实现。DBLINK 将影响数据库的异构迁移能力，并存在代码维护性较差等原因。当数据库中使用 DBLINK 时，则会被筛选出来。

❑ 审核对象：该规则的审核对象为 DBLINK。

❑ 审核范围：审核范围是被审核 Schema 下 DBLINK 的使用情况。

阈值说明：该规则无阈值，即存在规则描述的情况，相关对象会被筛选出来。

22.1.2　MySQL

MySQL 数据库对象审核部分的规则较 Oracle 数据库来说相对简单，一方面是因为 MySQL 数据库支持的对象类型较 Oracle 数据库少，另一方面是因为 MySQL 数据库自身没有提供更为丰富的数据字典来供我们查询每个数据库对象的使用情况。所以，针对 MySQL 数据库对象的规则，我们只是从表和索引的某几个维度进行审核。

1. 表、分区表

MySQL 数据库表和分区表审核规则，如表 22-6 所示。

表 22-6　MySQL 数据库表和分区表审核规则

规则编号	规则类别	规则说明
1		超过指定规模且没有分区的表
2	表、分区表	单库数据表过多
3		单表（分区）数据量过大

（1）超过指定规模且没有分区的表

MySQL 作为一种轻量级数据库，不建议承载很大的规模。MySQL 单表的规模过大，访问效率可能会出现急剧下降的风险，并且增加了维护成本，不便于清理维护以及更新。本规则可根据用户指定的物理大小，筛选出满足阈值的大表，帮助业务或者运维人员及时缩减大表规模。

- ❏ 审核对象：该规则的审核对象为表。
- ❏ 审核范围：审核范围是被审核 DB 下的所有表对象。

阈值说明：默认阈值为 2GB，即表物理大小超过指定阈值，相应表信息会被筛选出来。

（2）单库数据表过多

同"超过指定规模且没有分区的表"规则类似，数据库中包含的表的数量可以从侧面说明当前数据库的体量。单库数据表过多，单库数据量可能过大、业务耦合度较高或存在废弃表。建议定期清理以及从业务角度进行拆分，如使用分区表或分库。本规则从表的数量维度帮助用户了解当前数据库的情况。

- ❏ 审核对象：该规则的审核对象为表。
- ❏ 审核范围：审核范围是被审核 DB 下的所有表对象。
- ❏ 阈值说明：默认阈值为 5000，即表的数量超过指定阈值，相关表信息会被筛选出来。

（3）单表（分区）数据量过大

同"超过指定规模且没有分区的表"规则类似，该规则从表的记录数的维度判断和统计当前数据库中大表的相关情况。

- ❏ 审核对象：该规则的审核对象为表或单分区。
- ❏ 审核范围：审核范围是被审核 DB 下所有表对象或单分区存放的记录数的情况。

阈值说明：默认阈值为 20 000 000，即表或单分区记录数超过指定阈值，相关的表以及分区表信息会被筛选出来。

2. 索引

17.3.5 节提到了 MySQL 数据库中索引设计和使用的建议。本节从单表索引数量、是否存在重复索引以及索引选择率三个维度进行相关说明，如表 22-7 所示。

表 22-7　MySQL 数据库索引审核规则表

规则编号	规则类别	规则说明
1		单表索引数量过多
2	索引	存在重复索引
3		索引选择率不高

（1）单表索引数量过多

索引的建立具有两面性。建立索引可以提高访问效率，但索引不是越多越好，数量过多反而会导致空间消耗过大、影响 DML 效率等问题，因此应控制索引数量，构建战略索引。用户可以根据当前业务访问、架构设计的特点，以及表对象索引的总体情况，设置本规则的阈值，将超过阈值的表和索引对象筛选出来。

- ❑ 审核对象：该规则的审核对象为索引。
- ❑ 审核范围：审核范围是被审核 DB 下所有索引对象单表创建的数量。

阈值说明：默认阈值为 7，即单表索引数量超过指定阈值，相关的表和索引信息会被筛选出来。

（2）存在重复索引

在设计索引时，业务开发人员会根据业务需求在一列或者多列上创建单列索引或者复合索引。此时，建议综合评估业务需求，构建战略索引，而不是为了满足某个具体的 SQL 需求，以达到在提高查询效率的同时控制索引数量过多带来的其他问题。本规则用于将同表同字段被多次引用的表、字段、索引筛选出来，提示平台用户是否需要重新评估该表的索引设计。

- ❑ 审核对象：该规则的审核对象为索引。
- ❑ 审核范围：审核范围是被审核 DB 下同一张表的同一个字段被多个索引引用。

阈值说明：该规则无阈值，即数据库中存在相同的字段被多个索引引用，相应的表、字段及索引信息会被筛选出来。

（3）索引选择率不高

数据的选择率是我们在构建索引时最重要的参考标准之一。基数越大表示选择率越高，相反则越低。业务人员可根据本规则自由调整阈值，将选择率低的索引对象筛选出来，进而综合评估索引构建的合理性。

- ❑ 审核对象：该规则的审核对象为索引。
- ❑ 审核范围：审核范围是被审核 DB 下所有已创建索引的列选择率。

阈值说明：默认阈值为 1%，即已创建索引的列选择率低于指定阈值，相关的索引会被筛选出来。

3. 约束

同 Oracle 的约束审核规则类似，MySQL 的约束审核规则也将从主键以及外键两个维度进行说明，如表 22-8 所示。

表 22-8　MySQL 数据库约束审核规则

规则编号	规则类别	规则说明
1	约束	表没有定义主键
2		表存在外键

（1）表没有定义主键

主键约束是关系型数据库中唯一确定一条记录的依据，没有任何理由不定义主键。而且在 MySQL 数据库中不使用主键，在批量做删除和更新操作时，可能会造成主从延时。在17.3.5 节我们提到了主键的类型以及主键设计使用相关规范。本规则用于筛选没有主键的表对象。

- ❑ 审核对象：该规则的审核对象为主键约束。
- ❑ 审核范围：审核范围是被审核 DB 下所有已创建表主键的使用情况。
- ❑ 阈值说明：该规则无阈值，即数据库中未定义主键约束的表会被筛选出来。

（2）表存在外键

本规则用于统计和显示表对象，原则上不建议使用外键约束。数据一致性通过应用端实现。

- ❑ 审核对象：该规则的审核对象为外键约束。
- ❑ 审核范围：审核范围是被审核 DB 下所有已创建表外键的使用情况。
- ❑ 阈值说明：该规则无阈值，即存在规则描述情况的表会被筛选出来。

4. 字段

17.3.4 节从字段数量、类型两个方面说明了在 MySQL 数据库中字段设计使用的相关规范。审核平台也围绕这两个方面设计了相关规则，如表 22-9 所示。

表 22-9　MySQL 数据库字段审核规则

规则编号	规则类别	规则说明
1	字段	存在大字段
2		单表字段数量过多
3		单表字段定义长度过长
4		单表主键字段定义长度过长
5		表没有定义时间戳字段
6		字段数据类型定义错误

（1）存在大字段

前面提到了 MySQL 数据库是一种"轻量级"数据库，大字段会让数据库变得"笨重"。大字段将影响存取性能、耗费较多空间，建议在数据库之外存储，可以使用搜索引擎、分布式文件系统。本规则用于筛选数据库中的大字段。

- ❑ 审核对象：该规则的审核对象为字段。
- ❑ 审核范围：审核范围是被审核 DB 下所有已创建表的字段中大字段类型的使用情况。
- ❑ 阈值说明：该规则无阈值，即数据库中大字段会被筛选出来。

（2）单表字段数量过多

同 Oracle 一样，在 MySQL 数据库中同样需要注意单表字段的数量，避免出现宽表现象。表设计时尽量符合三范式以避免数据冗余。将使用频率低的字段拆到另外一张表，必要时做表关联取数。这样做的好处是每条记录所占用的空间减小，提高数据访问效率。本规则用于将超过指定阈值的表对象及其定义的字段数量筛选出来。

❑ 审核对象：该规则的审核对象为字段。

❑ 审核范围：审核范围是被审核 DB 下所有已创建表的字段数量。

阈值说明：默认阈值为 40，即已创建表的字段数量超过指定阈值，相关表和字段会被筛选出来。

（3）单字段定义长度过长

在定义字段长度时，建议按需设计和存取。本规则可以将表定义的字段长度以及实际存储的字段长度中出现偏差的表和字段筛选出来。

❑ 审核对象：该规则的审核对象为字段。

❑ 审核范围：审核范围是被审核 DB 下所有已创建表的字段类型的定义情况。

阈值说明：默认阈值为 1000，即已创建表的字段定义长度超过指定阈值，相关的表和字段会被筛选出来。

（4）单表主键字段定义长度过长

主键是表中数据的唯一标识，在定义和使用时长度不宜过长，过长的主键会造成索引空间消耗过大。本规则用于筛选主键定义过长的表和字段。

❑ 审核对象：该规则的审核对象为字段。

❑ 审核范围：审核范围是被审核 DB 下所有已创建表的主键字段长度的定义情况。

阈值说明：默认阈值为 16，即已创建表的主键字段定义字节长度超过指定阈值，则表和主键会被筛选出来。

（5）表没有定义时间戳字段

本规则用于筛选没有定义时间戳字段的表对象的信息。

❑ 审核对象：该规则的审核对象为字段。

❑ 审核范围：审核范围是被审核 DB 下所有已创建表的时间戳字段的使用情况。

阈值说明：该规则无阈值，即数据库中未使用时间戳的表对象会被筛选出来。

（6）字段数据类型定义错误

字段数据类型定义错误会降低查询性能。本规则通过采样以及正则表达式比较字段定义类型以及实际存储类型，找到不匹配的字段及其表名，筛选出字段定义和实际存储出现偏差的表和字段信息。

❑ 审核对象：该规则的审核对象为字段。

❏ 审核范围：审核范围是被审核 DB 下所有已创建表的字段类型的定义情况。

阈值说明：默认提取目标表前 10 000 条记录，并进行字段类型判断，如果不匹配，相关表和字段信息会被筛选出来。

5. 其他对象

在平台设计实现中，除表、字段、约束、索引对象审核规则外，还有函数、触发器以及存储过程审核规则，如表 22-10 所示。

表 22-10　MySQL 数据库其他对象审核规则

规则编号	规则类别	规则说明
1	其他	单表存在函数、存储过程、触发器

对于单表存在函数、存储过程、触发器的情况，本规则会将相关对象筛选出来，便于业务开发人员自行评估该对象存在的合理性。

❏ 审核对象：该规则的审核对象为存在函数、存储过程、触发器。
❏ 审核范围：审核范围是被审核 DB 下存在函数、存储过程、触发器的使用情况。

阈值说明：该规则无阈值，即数据库中存在存储过程、函数、触发器，相关的对象信息会被筛选出来。

22.2　执行计划级

我们可以将执行计划简单地理解为数据库中 SQL 获取数据的路径，以便找到目标数据。SQL 执行过程包括解析、编译、执行等环节。数据库在选择 SQL 路径时会根据 RBO/CBO 进行评估，评估后使用最优路径找到目标数据。当然，实际使用过程中执行计划的选择相对复杂，感兴趣的读者可以查阅相关资料。本节会以 Oracle 和 MySQL 两个数据库为例介绍执行计划相关的规则。

22.2.1　Oracle

Oracle 数据库提供了相对丰富的数据字典来帮助我们获取 SQL 执行过程中 CBO 的选择，CPU、I/O 等资源的消耗以及更加细粒度的信息，如游标、执行计划的哈希值、版本信息等。审核规则主要从访问路径、表关联方式、是否出现了类型转换以及并行访问特性的使用情况 4 个维度进行说明。

1. 访问路径

SQL 在获取目标数据时，既可以通过表扫描、索引扫描，也可以通过索引加回表扫描等方式。本节主要介绍 SQL 访问路径相关审核规则，如表 22-11 所示。

表 22-11　Oracle 数据库 SQL 访问路径审核规则

规则编号	规则类别	规则说明
1		全表扫描
2		索引全扫描
3		索引快速全扫描
4	访问路径	索引跳跃扫描
5		分区全扫描
6		非连续分区扫描
7		跨分区扫描

（1）全表扫描

执行计划中如果出现全表扫描，有可能是 CBO 最优访问路径选择的结果，也有可能是索引设计不当导致的结果。平台用户可以自行定义出现全表扫描执行计划的表的物理大小以及访问的记录数的阈值，超过阈值的话相应的 SQL 语句会被筛选出来。

❑ 审核对象：该规则的审核对象为 SQL 执行计划。

❑ 审核范围：审核范围是被审核 Schema 在审核周期内所有 SQL 的执行计划。

阈值说明：默认当执行计划包含 TABLE ACCESS FULL 字样，并且被扫描表物理大小大于 10GB 或扫描的记录数大于 10 万行时，相应的 SQL 语句会被筛选出来。

（2）索引全扫描

INDEX FULL SCAN 表示对索引执行全扫描操作，并且对索引上所有数据进行有序读取。如果索引块没有在高速缓存中被命中，就需要读取数据文件中的单块。如果读取的目标索引比较大，那么访问效率会随之变低。

❑ 审核对象：该规则的审核对象为 SQL 执行计划。

❑ 审核范围：审核范围是被审核 Schema 在审核周期内所有 SQL 的执行计划。

阈值说明：默认当执行计划包含 INDEX FULL SCAN 字样并且扫描使用的索引物理大小大于 1MB 时，相应的 SQL 语句会被筛选出来。

（3）索引快速全扫描

INDEX FAST FULL SCAN 与 INDEX FULL SCAN 的差别是，前者是无序扫描，后者是有序扫描。对索引执行索引全扫描操作时，Oracle 数据库使用多块读的方式读取索引块，读取速率较高效，但为无序读取。因此，在 ORDER BY 执行时，一定存在对读取的块重新排序的过程，所以出现该访问方式时，需要进一步分析评估。建议结合实际的 SQL 逻辑进一步评估读取合理性。

❑ 审核对象：该规则的审核对象为 SQL 执行计划。

❑ 审核范围：审核范围是被审核 Schema 在审核周期内所有 SQL 的执行计划。

阈值说明：默认当执行计划包括 INDEX FAST FULL SCAN 字样并且扫描使用的索引物理大小大于 1MB 时，相应的 SQL 语句会被筛选出来。

（4）索引跳跃扫描

INDEX SKIP SCAN 表示在访问时使用复合索引来获取目标数据，但是使用的是非前导列。本规则用于筛选执行计划中含有 INDEX SKIP SCAN 的 SQL 语句，以便平台用户评估索引构建的合理性。

❑ 审核对象：该规则的审核对象为 SQL 执行计划。

❑ 审核范围：审核范围是被审核 Schema 在审核周期内所有 SQL 的执行计划。

阈值说明：默认当执行计划包括 INDEX SKIP SCAN 字样时，相应的 SQL 语句会被筛选出来。

（5）分区全扫描

分区全扫描表示单次扫描的范围是全分区，即进行全表扫描。如果遇到该情况，建议业务开发人员评估业务逻辑以及分区设计的合理性，提高 SQL 的访问效率，降低数据库资源消耗。

❑ 审核对象：该规则的审核对象为 SQL 执行计划。

❑ 审核范围：审核范围是被审核 Schema 在审核周期内所有 SQL 的执行计划。

阈值说明：默认当执行计划包括 PARTITION RANGE ALL 字样时，相应的 SQL 语句会被筛选出来。

（6）非连续分区扫描

非连续分区扫描，只访问某几个特定的分区数据，常见于查询条件中使用了 IN 或者 OR 关键字的情况。原则上，在设计分区表时，建议查询的目标数据尽可能落在一个分区中。如果出现非连续分区扫描，建议从业务逻辑以及分区设计方面评估合理性。本规则的目的是帮助业务开发人员评估分区表设计的合理性。

❑ 审核对象：该规则的审核对象为 SQL 执行计划。

❑ 审核范围：审核范围是被审核 Schema 在审核周期内所有 SQL 的执行计划。

阈值说明：默认当执行计划包括 PARTITION RANGE INLIST 或 PARTITION RANGE OR 字样时，相应的 SQL 语句会被筛选出来。

（7）跨分区扫描

同"非连续分区扫描"规则类似，跨分区扫描即单次访问多个分区。本规则用于筛选含有该情况的执行计划，帮助业务开发人员评估分区表设计的合理性。

❑ 审核对象：该规则的审核对象为 SQL 执行计划。

❑ 审核范围：审核范围是被审核 Schema 在审核周期内所有 SQL 的执行计划。

阈值说明：默认当执行计划包括 PARTITION RANGE ITERATOR 字样时，相应的 SQL

语句会被筛选出来。

2. 表间关联

当多表关联查询时，关联字段、驱动表和被驱动表的选择至关重要。第 12 章介绍了常见的表关联类型，本节介绍表关联相关的审核规则。Oracle 数据库表间关联审核规则如表 22-12 所示。

表 22-12　Oracle 数据库表间关联审核规则

规则编号	规则类别	规则说明
1	表间关联	笛卡儿积
2		嵌套循环层次过多
3		嵌套循环内层表访问方式为全表扫描
4		多表关联

（1）笛卡儿积

笛卡儿积是一个表的每一行依次与另一个表的所有行匹配。在一般的业务逻辑中，该类需求较少，因此笛卡儿积出现时，一般是由于表间缺少必要的关联条件或者是统计信息不准确，且执行计划中包含 CARTESIAN 字样。本规则用于筛选符合此类现象的执行计划。

❑ 审核对象：该规则的审核对象为 SQL 执行计划。

❑ 审核范围：审核范围是被审核 Schema 在审核周期内所有 SQL 的执行计划。

阈值说明：默认当执行计划包括 CARTESIAN 字样时，相应的 SQL 语句会被筛选出来。

（2）嵌套层次过多

在多表关联时，如果执行计划中出现嵌套层次过多的现象，有可能是表关联过多，或者子查询使用较为频繁。本规则用于筛选（包含 NESTED LOOP 或 FILTER 字样）且超过指定阈值的执行计划。

❑ 审核对象：该规则的审核对象为 SQL 执行计划。

❑ 审核范围：审核范围是被审核 Schema 在审核周期内所有 SQL 的执行计划。

阈值说明：当执行计划包含 NESTED LOOP 或 FILTER 字样并且默认嵌套层次大于等于 5 时，相应的 SQL 语句会被筛选出来。

（3）嵌套循环内层表访问方式为全表扫描

嵌套循环内层表访问方式为全表扫描，并且表的数据量或者物理大小过大，那么可能导致 SQL 访问效率低。本规则用于筛选目标执行计划。

❑ 审核对象：该规则的审核对象为 SQL 执行计划。

❑ 审核范围：审核范围是被审核 Schema 下审核周期内所有 SQL 的执行计划。

阈值说明：当执行计划包括 NESTED LOOP 或 FILTER 字样、内层表扫描方式为 TABLE ACCESS FULL 并且被扫描表的物理大小默认大于 10GB 或者表记录数大于 10 万行时，相应的 SQL 语句会被筛选出来。

（4）多表关联

同"嵌套层次过多"规则类似，在数据库中，建议控制表关联数量，简化 SQL 语句，提升查询效率。

❑ 审核对象：该规则的审核对象为 SQL 执行计划。

❑ 审核范围：审核范围是被审核 Schema 下审核周期内所有 SQL 的执行计划。

阈值说明：默认当执行计划中关联表的数量超过 5 时，相应的 SQL 语句会被筛选出来。

3. 类型转换

如表 22-13 所示，这里的类型转换主要是指隐式转换。出现隐式转换时，可能是字段定义类型或者谓词条件中的使用方式不当。该规则用于筛选存在隐式转换现象的 SQL 语句。

表 22-13　Oracle 数据库类型转换审核规则

规则编号	规则类别	规则说明
1	类型转换	隐式转换

隐式转换

在条件判断中使用隐式数据类型转换，平台用户可使用本规则将出现该现象的 SQL 语句筛选出来。

❑ 审核对象：该规则的审核对象为 SQL 执行计划。

❑ 审核范围：审核范围是被审核 Schema 在审核周期内所有 SQL 的执行计划。

阈值说明：默认当执行计划中出现 SYS_OP 关键字时，相应的 SQL 语句会被筛选出来。

4. 其他情况

针对 Oracle 数据库的审核规则，平台涵盖了并行访问以及视图访问，如表 22-14 所示。

表 22-14　Oracle 数据库其他情况审核规则

规则编号	规则类别	规则说明
1	其他	存在并行访问
2		存在视图访问

（1）存在并行访问

第 16 章介绍了并行访问的原理以及开启方式。如果 SQL 在执行过程中使用了并行访问，相应的 SQL 语句会被筛选出来。

- ❑ 审核对象：该规则的审核对象为 SQL 执行计划。
- ❑ 审核范围：审核范围是被审核 Schema 在审核周期内所有 SQL 的执行计划。

阈值说明：默认当执行计划中出现 PX 关键字时，相应的 SQL 语句会被筛选出来。

（2）存在视图访问

视图在逻辑上是一组 SQL 语句。在引用视图进行相关查询时，一般可以进行合并或者解嵌套。本规则用于筛选执行计划含有 VIEW 的 SQL 语句，用以评估视图的使用情况。

- ❑ 审核对象：该规则的审核对象为 SQL 执行计划。
- ❑ 审核范围：审核范围是被审核 Schema 在审核周期内所有 SQL 的执行计划。

阈值说明：默认当执行计划中出现 VIEW 关键字时，相应的 SQL 语句会被筛选出来。

22.2.2 MySQL

MySQL 数据库审核规则主要从访问路径、查询类型以及是否出现 filesort 和 using_temporary_table 三个维度说明，与 Oracle 数据库相比还是要简单一些的。

1. 访问路径

本节将从 4 个维度介绍 MySQL 数据库中 SQL 语句获取目标数据过程中，与访问路径相关的审核规则，如表 22-15 所示。

表 22-15 MySQL 数据库访问路径审核规则

规则编号	规则类别	规则说明
1	访问路径	全表扫描
2		索引合并
3		全文索引
4		unique_subquery

（1）全表扫描

17.3.3 节提到了 MySQL 数据库中表规模的建议值。本规则可以将平台中出现的低效且消耗数据库资源的全表扫描的 SQL 语句筛选出来。

- ❑ 审核对象：该规则的审核对象为 SQL 执行计划。
- ❑ 审核范围：审核范围是被审核 DB 在审核周期内所有 SQL 的执行计划。

阈值说明：默认当执行计划中 access_type 部分包含 ALL 字样，并且被扫描表物理大小大于 10GB，或扫描的记录数大于 10 万行时，相应的 SQL 语句会被筛选出来。

（2）索引合并

索引合并是 MySQL 自 5.1 版本开始引入的访问方式。若 WHERE 筛选条件中有多个条件涉及多个字段，它们之间由 AND 或者 OR 连接，并且以目标字段创建索引，此时就有可能使用 index merge 语句，即对多个索引分别进行条件扫描，然后将它们各自的结果进行交集或并集操作。执行计划中出现索引合并，在一定程度上说明 SQL 的访问逻辑较复杂。

❑ 审核对象：该规则的审核对象为 SQL 执行计划。

❑ 审核范围：审核范围是被审核 DB 在审核周期内所有 SQL 的执行计划。

阈值说明：默认当执行计划中 access_type 部分包含 index_merge 字样时，相应的 SQL 语句会被筛选出来。

（3）全文索引

全文索引即全文检索，使用分词技术达到快速检索查询结果的目的。在 MySQL 数据库中，创建全文索引将会占用大量磁盘资源，并且会增加维护的复杂度。建议使用专业的搜索引擎，如 ES，实现相应的功能。如果使用了全文索引，建议综合评估。

❑ 审核对象：该规则的审核对象为 SQL 执行计划。

❑ 审核范围：审核范围是被审核 DB 在审核周期内所有 SQL 的执行计划。

阈值说明：默认当执行计划中 access_type 部分包含 fulltext 字样时，相应的 SQL 语句会被筛选出来。

（4）unique_subquery

当 WHERE 筛选条件中包含子查询并且子查询返回的数据唯一时，执行计划会出现 unique_subquery 字样。此时，建议将子查询更改为关联查询。

❑ 审核对象：该规则的审核对象为 SQL 执行计划。

❑ 审核范围：审核范围是被审核 DB 在审核周期内所有 SQL 的执行计划。

阈值说明：默认当执行计划中 access_type 部分包含 unique_subquery 字样时，相应的 SQL 语句会被筛选出来。

2. 查询类型

根据 MySQL 数据库中执行计划的查询类型，我们可以简单判断 SQL 逻辑的复杂性。MySQL 数据库查询类型审核规则如表 22-16 所示。

表 22-16　MySQL 数据库查询类型审核规则

规则编号	规则类别	规则说明
1		DEPENDENT
2	查询类型	MATERIALIZED
3		CACHEABLE

（1）DEPENDENT

如果执行计划中出现 DEPENDENT 关键字，很可能是在 SQL 逻辑中使用了 UNION 或子查询。建议使用关联查询，减少子查询使用频率。

❑ 审核对象：该规则的审核对象为 SQL 执行计划。

❑ 审核范围：审核范围是被审核 DB 在审核周期内的所有 SQL 的执行计划。

阈值说明：默认当执行计划中 select_type 部分包含 DEPENDENT 字样时，相应的 SQL 语句会被筛选出来。

（2）MATERIALIZED

MySQL 查询中出现了 MATERIALIZED，表示将查询结果物化为临时表，然后使用该临时表与其他表进行连接。

❑ 审核对象：该规则的审核对象为 SQL 执行计划。

❑ 审核范围：审核范围是被审核 DB 在审核周期内的所有 SQL 的执行计划。

阈值说明：默认当执行计划中 access_type 部分包含 MATERIALIZED 字样时，相应的 SQL 语句会被筛选出来。

（3）CACHEABLE

执行计划中 CACHEABLE 为 FALSE，表示 SQL 中使用了子查询或者 UNION，并且其查询结果无法缓存，必须对外部查询的每一行重新扫描进行值匹配。如果出现了此情况，建议重视。

❑ 审核对象：该规则的审核对象为 SQL 执行计划。

❑ 审核范围：审核范围是被审核 DB 在审核周期内的所有 SQL 的执行计划。

阈值说明：默认当执行计划中 CACHEABLE 为 FALSE 字样时，相应的 SQL 语句会被筛选出来。

3. 其他

在 MySQL 数据库的执行计划中，如果出现了磁盘排序或者临时表，也需要我们关注，如表 22-17 所示。

表 22-17　MySQL 数据库其他情况审核规则

规则编号	规则类别	规则说明
1	其他情况	使用磁盘排序
2		使用临时表

（1）使用磁盘排序

SQL 中排序字段如果没有使用索引的排序，并且排序记录太多、sort_buffer_size 不够用，MySQL 会使用临时文件进行磁盘排序。建议评估业务访问逻辑以及索引创建的合理性。在进行排序时，推荐依赖原始索引自身的有序性，降低外部排序带来的性能开销。

❑ 审核对象：该规则的审核对象为 SQL 执行计划。

❑ 审核范围：审核范围是被审核 DB 在审核周期内的所有 SQL 的执行计划。

阈值说明：默认当执行计划中出现 using_filesort 关键字时，相应的 SQL 语句会被筛选出来。

（2）使用临时表

在 SQL 查询的过程中，可能会将某些结果存放在临时表中，常见于 ORDER BY 排序、GROUP BY 排序、关联查询以及 UNION 情况。此时，一般会伴随出现 using_filesort 字样。如果在执行计划中出现 using_temporary_table 字样则需要评估业务访问逻辑以及索引构建的合理性。

❑ 审核对象：该规则的审核对象为 SQL 执行计划。

❑ 审核范围：审核范围是被审核 DB 在审核周期内的所有 SQL 的执行计划。

阈值说明：默认当执行计划中出现 using_temporary_table 关键字时，相应的 SQL 语句会被筛选出来。

22.3 执行特征级

Oracle 数据库中提供的数据字典，如 DBA_HIST_SQLSTAT、DBA_HIST_SNAPSHOT，可以帮助我们了解一条 SQL 语句在某个运行周期内内存、CPU、VERSION COUNT、DISK READ、BUFFER GET 等资源的使用情况。MySQL 可以借助第三方工具与 Slowlog，来查看某条 SQL 语句的性能历史画像，分析执行计划是否稳定等。

22.3.1 Oracle

在 Oracle 数据库中，SQL 执行过程中的资源消耗包括子游标数量过多、Elapsed 时间与 CPU 时间过长、逻辑读和物理读过多等，如表 22-18 所示。

表 22-18　Oracle 数据库执行特征审核规则

规则编号	规则类别	规则说明
1		扫描块数与返回记录数比例过低
2		子游标数量过多
3		Elapsed 时间过长
4	stat	CPU 时间过长
5		SQL 逻辑读过多
6		SQL 物理读过多
7		SQL 执行次数过多

（1）扫描块数与返回记录数比例过低

扫描数据块，是一个代价很高的操作。如果数据在内存中，需要逻辑读；如果数据不在内存中，需要物理读（产生物理 I/O）。常见的优化策略就是尽量减少扫描块数，如果必须扫描，也希望提高其费效比，即扫描动作中能很高效地获取数据，而不是空耗。上面提出的执行特征"扫描块数与返回记录数比例"，可以在一定程度上反映执行扫描动作的费效比。

❑ 审核对象：该规则的审核对象为 SQL 执行计划。

❑ 审核范围：审核范围是被审核 Schema 在审核周期内的所有 SQL 的执行计划。

阈值说明：默认当扫描的块数与返回记录数比例为 10% 时，相应的 SQL 语句会被筛选出来。

（2）子游标数量过多

游标下存在多个子游标，说明这条 SQL 语句存在多个执行计划。在某些情况下，这是正常的。Oracle 数据库会根据数据特征等因素，生成多个执行计划，来满足不同的执行需求。但如果子游标数量过多，可能是某些参数不合理或 SQL 写法问题，还可能是触发了系统 Bug，因此需要关注此类情况。此外，从资源角度来讲，游标结构也是要常驻内存的，因此减少子游标有助于节省资源。

❑ 审核对象：该规则的审核对象为 SQL 执行计划。

❑ 审核范围：审核范围是被审核 Schema 在审核周期内的所有 SQL 的执行计划。

阈值说明：默认当子游标的个数超过 5 时，相应的 SQL 语句会被筛选出来。

（3）Elapsed 时间过长

Elapsed 时间大致可以理解为整个 SQL 执行的总耗时，包括 CPU 时间、User I/O 等待时间等。如果耗时较长，建议优化。

❑ 审核对象：该规则的审核对象为 SQL 执行计划。

❑ 审核范围：审核范围是被审核 Schema 在审核周期内的所有 SQL 的执行计划。

阈值说明：默认当 SQL 的 Elapsed 时间超过 100s 时，相应的 SQL 语句会被筛选出来。

（4）CPU 时间过长

CPU 时间是 SQL 执行过程中在 CPU 上的耗时指标。CPU 时间消耗过长的 SQL，是需要关注的。

❑ 审核对象：该规则的审核对象为 SQL 执行计划。

❑ 审核范围：审核范围是被审核 Schema 在审核周期内的所有 SQL 的执行计划。

阈值说明：默认当 SQL 的 CPU 时间超过 100s 时，相应的 SQL 语句会被筛选出来。

（5）SQL 逻辑读过多

逻辑读，是指从 Cache 中读取数据，而不是直接从磁盘中读取。逻辑读过多，在一定程度上反映扫描的数据过多。逻辑读可直观反映出 SQL 的负载。优化的最核心诉求就是减少逻辑读。建议以业务的角度调整 SQL 语句，缩减数据访问范围。

❑ 审核对象：该规则的审核对象为 SQL 执行计划。

❑ 审核范围：审核范围是被审核 Schema 在审核周期内的所有 SQL 的执行计划。

阈值说明：默认当 Buffer Get 的数据块个数超过 1000 时，相应的 SQL 语句会被筛选出来。

（6）SQL 物理读过多

如果数据不在缓存中，就需要读取磁盘，这就发生了物理读。物理读即把数据从磁盘读入 Buffer Cache 的过程。通常情况，如果需要数据的时候发现其不在 Buffer Cache 中，则执行物理读。如果物理读过多，建议检查 Buffer Cache 的相关配置，以及 SQL 的执行计划或效率。

❑ 审核对象：该规则的审核对象为 SQL 执行计划。

❑ 审核范围：审核范围是被审核 Schema 在审核周期内的所有 SQL 的执行计划。

阈值说明：默认当物理读的数据块的个数超过 1000 时，相应的 SQL 语句会被筛选出来。

（7）SQL 执行次数过多

SQL 执行次数越多，优化的价值越大。此类 SQL 也需要关注。

❑ 审核对象：该规则的审核对象为 SQL 执行计划。

❑ 审核范围：审核范围是被审核 Schema 在审核周期内的所有 SQL 的执行计划。

阈值说明：默认当 SQL 的执行次数超过 100 时，相应的 SQL 语句会被筛选出来。

22.3.2 MySQL

在 MySQL 数据库中，SQL 执行过程中执行资源相关的元数据来源于 Slowlog，主要包括锁定时间以及索引选择率两个维度。SQL 执行资源相关审核规则说明如表 22-19 所示。

表 22-19 SQL 执行资源相关的审核规则

规则编号	规则类别	规则说明
1	stat	锁定时间过长
2		索引命中率过低

（1）锁定时间过长

长时间的数据锁定无疑会降低系统的并发能力和吞吐量，而导致锁定过长的原因有很多。对于长时间锁定的情况，需要关注并进一步分析其原因，再有针对性地进行优化。本规则会过滤 Slowlog 的 SQL 执行过程中相关数据的锁定时间总和，这一指标对应于 Slowlog 中的 lock_time_sum。超过指定的阈值，相应的 SQL 语句会被筛选出来。

❑ 审核对象：该规则的审核对象为 SQL 执行计划。

❑ 审核范围：审核范围是被审核 DB 在审核周期内的所有 SQL 的执行计划。

阈值说明：默认当 SQL 执行过程中锁等待时间超过 60s，相应的 SQL 语句会被筛选出来。

（2）索引命中率过低

这一指标对应于慢查询的 index_ratio，它用 rows_examined_sum/rows_sent_sum（总的扫描结果与总的返回条目数的比值）来间接表示扫描动作的费效比。

❑ 审核对象：该规则的审核对象为 SQL 执行计划。

❑ 审核范围：审核范围是被审核 DB 在审核周期内的所有 SQL 的执行计划。

阈值说明：默认当 SQL 的执行计划中使用的索引扫描命中率低于 10 000 时，相应的 SQL 语句会被筛选出来。

22.4　文本级

标准 SQL 语句是业务系统与数据库交互的介质。为了满足业务需求，业务开发人员会使用单表查询、多表关联、子查询等标准 SQL 语句完成前台系统与后端数据库的交互。文本的编码形式是 SQL 语句的外衣。

22.4.1　Oracle

Oracle 数据库 SQL 文本的审核规则大致分为查询类、变更类以及绑定变量类。查询类规则涵盖子查询、外连接、全连接等维度；变更类规则重点考察的是在数据库中执行 DML 操作时，是否在未指定条件的情况下执行全表的更新或删除操作。Oracle 数据库中，我们强烈建议使用绑定变量减少 SQL 解析的代价。接下来依次解读这些规则。

1. 查询类

数据库文本级查询类相关审核规则如表 22-20 所示。

表 22-20　Oracle 数据库文本级查询类审核规则

规则编号	规则类别	规则名称
1		SELECT *
2		重复查询子句
3		查询字段引用函数
4		出现 UNION
5	查询类	多个过滤条件通过 OR 连接
6		谓词条件使用 Like '%xxx'
7		谓词中存在负向操作符（!=、<>、!<、!>、NOT EXISTS、NOT）
8		存在子查询
9		存在全连接或外连接
10		IN 元素过多

（1）SELECT *

"SELECT *"是开发人员常用的方法。这种方式的弊端在于，一方面可能导致某些执行路径无法选择（例如访问索引），另一方面可能导致扫描量大大增加，因此，建议返回有实际业务意义的字段，减少不必要的数据扫描。

❑ 审核对象：该规则的审核对象为 SQL 文本。

❑ 审核范围：审核范围是被审核 Schema 在审核周期内的所有 SQL 的文本。

阈值说明：默认当 SQL 文本中包含 SELECT * 字样时，相应的 SQL 语句会被筛选出来。

（2）重复查询子句

对优化器来说，重复查询子句无疑是一种资源浪费。通过一些改写手段，如使用 WITH-AS 替换重复的查询子句，可以提示优化器以更高效的方式执行。本规则用于筛选重复查询子句的 SQL 语句。

❑ 审核对象：该规则的审核对象为 SQL 文本。

❑ 审核范围：审核范围是被审核 Schema 在审核周期内的所有 SQL 的文本。

阈值说明：默认当 SQL 文本中出现重复查询子句时，相应的 SQL 语句会被筛选出来。

（3）查询字段引用函数

在查询字段中引用函数，建议函数写在表达式右边。当数据集很大时，开销很高，建议评估在应用端实现函数功能的可行性。

❑ 审核对象：该规则的审核对象为 SQL 文本。

❑ 审核范围：审核范围是被审核 Schema 在审核周期内的所有 SQL 文本。

阈值说明：默认当 SQL 文本中的查询字段引用函数时，相应的 SQL 语句会被筛选出来。

（4）出现 UNION

UNION（集合合并操作）需要额外通过排序去重。我们知道排序成本高，因此不建议使用 UNION，以防出现不必要的排序操作，可改写为 UNION ALL 或在业务逻辑层去重。

❑ 审核对象：该规则的审核对象为 SQL 文本。

❑ 审核范围：审核范围是被审核 Schema 在审核周期内的所有 SQL 文本。

阈值说明：默认当 SQL 文本中包含 UNION 字样时，相应的 SQL 语句会被筛选出来。

（5）多个过滤条件通过 OR 连接

多个过滤条件通过 OR 连接，对于优化器来说，无疑是一个灾难。过于复杂的逻辑条件很可能导致优化器选择较差的执行路径，因此简化语句很关键。如果有 OR 连接需求，可以通过改写临时表存入变量来规避相关问题。本规则用于筛选 OR 条件超过指定阈值的 SQL 语句。

❑ 审核对象：该规则的审核对象为 SQL 文本。

❑ 审核范围：审核范围是被审核 Schema 在审核周期内的所有 SQL 文本。

❑ 规则描述：SQL 中存在多个过滤条件通过 OR 连接时，优化器可能会出现选择异常，建议改用临时表存入变量。

阈值说明：默认当 SQL 文本中的 OR 条件超过阈值 5 时，相应的 SQL 语句会被筛选出来。

（6）谓词条件使用 LIKE '%xxx'

SQL 中使用 LIKE 进行模糊匹配，并且形式如 '%xxx'，可能会无法使用索引，导致执行上只能扫描全部数据，然后逐条判断，这是比较低效的操作。建议从业务角度出发，分析是否可以使用精确运算符或如 LIKE'xx%'形式的语句来筛选目标数据。

❑ 审核对象：该规则的审核对象为 SQL 文本。

❑ 审核范围：审核范围是被审核 Schema 在审核周期内的所有 SQL 文本。

阈值说明：默认当 SQL 的文本中包含 LIKE 字样，并且查询条件形如 '%xxx' 时，相应的 SQL 语句会被筛选出来。

（7）谓词条件中出现负向操作符

负向的操作符，即 !=、<>、!<、!>、NOT EXISTS、NOT。如果列值连续，可以通过否定操作更改为两个区间。其他情况下不建议使用不等值运算。因为对于优化器来说，这会导致很多优化措施无法使用，很多情况下只能简单提取前端过滤。

❑ 审核对象：该规则的审核对象为 SQL 文本。

❑ 审核范围：审核范围是被审核 Schema 在审核周期内的所有 SQL 文本。

阈值说明：默认当 SQL 的文本中包含负向操作符（!=、<>、!<、!>、NOT EXISTS、NOT）时，相应的 SQL 语句会被筛选出来。

（8）存在子查询

对于优化器来说子查询是一个灾难。虽然优化器已经可以实现对子查询的部分优化，例如解嵌套合并到外部查询，但仍然有很多子查询是无法优化的。此时，子查询可能会执行多次（具体取决于使用位置）。减少、简化子查询的使用，有助于提高性能。

❑ 审核对象：该规则的审核对象为 SQL 文本。

❑ 审核范围：审核范围是被审核 Schema 在审核周期内的所有 SQL 文本。

阈值说明：默认当 SQL 的文本中 SELECT、FROM、WHERE、HAVING 子句分别出现子查询语句时，相应的 SQL 语句会被筛选出来。

（9）存在全连接或外连接

全连接或外连接会导致很多优化操作无法执行，一般都是数据质量不好或设计模式有缺陷才会使用全连接或外连接，建议改为 INNER JOIN。从根本上去掉全连接或外连接一劳永逸。

❑ 审核对象：该规则的审核对象为 SQL 文本。

❑ 审核范围：审核范围是被审核 Schema 在审核周期内的所有 SQL 文本。

阈值说明：默认当 SQL 的文本中包含 CROSS JOIN 或 OUTER JOIN 字样时，相应的

SQL 语句会被筛选出来。

（10）IN 元素过多

SQL 中同一个谓词包括多个通过 IN 连接的过滤条件，可能会出现处理低效、优化器选择异常的问题，建议改用临时表存入变量。

❑ 审核对象：该规则的审核对象为 SQL 文本。

❑ 审核范围：审核范围是被审核 Schema 在审核周期内的所有 SQL 文本。

阈值说明：默认当 SQL 谓词中的 IN 元素超过阈值 20 时，相应的 SQL 语句会被筛选出来。

2. 变更类

Oracle 数据库文本级变更类审核规则如表 22-21 所示。

表 22-21　Oracle 数据库文本级变更类审核规则

规则编号	规则类别	规则名称
1	变更类	UPDATE 中出现 ORDER BY 子句
2		UPDATE 中必须出现 WHERE 子句
3		更新主键
4		DELETE 中出现 ORDER BY 子句
5		DELETE 中必须出现 WHERE 子句

（1）UPDATE 中出现 ORDER BY 子句

UPDATE SQL 中有时会出现 ORDER BY 子句，但是原则上在执行更新操作时，无须使用 ORDER BY 子句。因为该子句会增加语句执行成本，并且不使用该子句也不会影响变更结果，除非有特殊的变更需求。更新操作中的排序毫无意义，除非有特殊的变更需求。

❑ 审核对象：该规则的审核对象为 SQL 文本。

❑ 审核范围：审核范围是被审核 Schema 在审核周期内的所有 SQL 文本。

阈值说明：默认当执行 UPDATE SQL 语句并且包含 ORDER BY 关键字时，相应的 SQL 语句会被筛选出来。

（2）UPDATE 中必须出现 WHERE 子句

UPDATE SQL 未使用 WHERE 子句进行条件更新，而选择全表更新。原则上，建议按条件 OR 分批更新，将大事务拆分成小事务，提高单次更新效率。为了避免可能的误操作，建议在所有更新语句上增加 WHERE 子句条件过滤。

❑ 审核对象：该规则的审核对象为 SQL 文本。

❑ 审核范围：审核范围是被审核 Schema 在审核周期内的所有 SQL 文本。

阈值说明：默认当执行 UPDATE SQL 语句并且未包含 WHERE 关键字时，相应的 SQL

语句会被筛选出来。

（3）更新主键

一般情况下主键是不应变化的，因为很多数据的审计、溯源都需要依据主键完成。如果主键因某种特定的需求需要变化，可以考虑使用自然主键。

❑ 审核对象：该规则的审核对象为 SQL 文本。

❑ 审核范围：审核范围是被审核 Schema 在审核周期内的所有 SQL 文本。

阈值说明：默认当执行 UPDATE SQL 语句，并且更新的是主键时，相应的 SQL 语句会被筛选出来。

（4）DELETE 中出现 ORDER BY 子句

本规则用于筛选 DELETE 语句中的 ORDER BY 子句。一般情况下，在执行删除操作时，无须使用 ORDER BY 子句，因为该子句会增加语句额外的执行成本，并且不使用该子句原则上也不会影响变更结果。因此，删除语句中的排序是有必要的，除非有特殊的变更需求。

❑ 审核对象：该规则的审核对象为 SQL 文本。

❑ 审核范围：审核范围是被审核 Schema 在审核周期内的所有 SQL 文本。

阈值说明：默认当执行 DELETE SQL 语句并且包含 ORDER BY 关键字时，相应的 SQL 语句会被筛选出来。

（5）DELETE 中必须出现 WHERE 子句

本规则用于筛选未使用 WHERE 子句执行条件更新而选择全表删除的 SQL 语句。原则上，建议按条件 OR 分批更新，将大事务拆分成小事务，提高单次更新效率。并且如果业务需求是清空全表数据，那么建议使用 TRUNCATE 操作。

❑ 审核对象：该规则的审核对象为 SQL 文本。

❑ 审核范围：审核范围是被审核 Schema 在审核周期内的所有 SQL 文本。

阈值说明：默认当执行 DELETE SQL 并且未包含 WHERE 关键字时，相应的 SQL 语句会被筛选出来。

3. 绑定变量类

Oracle 数据库文本级绑定变量类审核规则如表 22-22 所示。

表 22-22　Oracle 数据库文本级绑定变量类审核规则

规则编号	规则类别	规则说明
1	绑定变量类	类似业务 SQL 未使用绑定变量
2		SQL 绑定变量过多

（1）类似业务 SQL 未使用绑定变量

在交易型系统中，业务逻辑类似 SQL，建议使用绑定变量，减小 SQL 解析代价，提高

SQL 执行效率。关于绑定变量，读者可查看第 6 章相关内容。

❑ 审核对象：该规则的审核对象为 SQL 文本。

❑ 审核范围：审核范围是被审核 Schema 在审核周期内的所有 SQL 文本。

阈值说明：默认情况下，当业务逻辑相类似的 SQL 语句数量超过阈值 100 且未使用绑定变量时，相应的 SQL 语句会被筛选出来。

（2）SQL 绑定变量过多

SQL 中推荐使用绑定变量，减小 SQL 解析代价。相对地，绑定变量过多也会在一定程度上带来 SQL 总执行耗时增长的问题。因为每一个绑定变量都需要替换成实际的值，绑定变量越多，替换的时间会相应拉长，故建议合理使用绑定变量。

❑ 审核对象：该规则的审核对象为 SQL 文本。

❑ 审核范围：审核范围是被审核 Schema 在审核周期内的所有 SQL 文本。

阈值说明：默认情况下，当 SQL 语句中绑定变量的个数超过阈值 100 时，相应的 SQL 语句会被筛选出来。

22.4.2　MySQL

MySQL 数据库遵循的也是 SQL92 标准，故 SQL 文本级规则审核部分与 Oracle 大同小异（绑定变量类规则除外），读者可自行参考 Oracle 数据库 SQL 文本的审核规则，如表 22-23 所示。

表 22-23　MySQL 数据库文本级审核规则

规则编号	规则类别	规则名称	备注
1	查询类	SELECT *	同 Oracle
2		重复查询子句	同 Oracle
3		查询字段引用函数	同 Oracle
4		出现 UNION	同 Oracle
5		多个过滤条件通过 OR 连接	同 Oracle
6		谓词条件使用 LIKE '%xxx'	同 Oracle
7		谓词中存在负向操作符（!=、<>、!<、!>、NOT EXISTS、NOT）	同 Oracle
8		存在子查询	同 Oracle
9		存在全连接或外连接	同 Oracle
10		IN 元素过多	同 Oracle
11	变更类	UPDATE 中出现 ORDER BY 子句	同 Oracle
12		UPDATE 中必须出现 WHERE 子句	同 Oracle
13		更新主键	同 Oracle
14		DELETE 中出现 ORDER BY 子句	同 Oracle
15		DELETE 中必须出现 WHERE 子句	同 Oracle

常用技巧

A.1　样例数据说明

这里对书中常用的几个示例表进行说明。

1. EMP

EMPNO 为主键字段，DEPTNO 为外键字段，引用自 DEPT 表。

```
SQL> desc emp;
名称                    是否为空  类型
----------------- -------- ------------------
EMPNO                         NUMBER(4)
ENAME                         VARCHAR2(10)
JOB                           VARCHAR2(9)
MGR                           NUMBER(4)
HIREDATE                      DATE
SAL                           NUMBER(7,2)
COMM                          NUMBER(7,2)
DEPTNO                        NUMBER(2)

SQL> select * from emp;
 EMPNO ENAME      JOB          MGR HIREDATE      SAL   COMM  DEPTNO
------ -------- ---------- ----- ----------- ----- ------ -------
  7369 SMITH      CLERK       7902 17-12月-80    800           20
  7499 ALLEN      SALESMAN    7698 20-2月 -81   1600    300     30
  7521 WARD       SALESMAN    7698 22-2月 -81   1250    500     30
  7566 JONES      MANAGER     7839 02-4月 -81   2975           20
  7654 MARTIN     SALESMAN    7698 28-9月 -81   1250   1400     30
  7698 BLAKE      MANAGER     7839 01-5月 -81   2850           30
```

```
        7782 CLARK     MANAGER      7839 09-6月 -81   2450            10
        7839 KING      PRESIDENT         17-11月-81   5000            10
        7844 TURNER    SALESMAN     7698 08-9月 -81   1500       0    30
        7900 JAMES     CLERK        7698 03-12月-81    950            30
        7902 FORD      ANALYST      7566 03-12月-81   3000            20
        7934 MILLER    CLERK        7782 23-1月 -82   1300            10
```

2. DEPT

DEPTNO 为主键字段。

```
SQL> desc dept;
名称             是否为空    类型
-------------- -------- --------
DEPTNO                   NUMBER(2)
DNAME                    VARCHAR2(14)
LOC                      VARCHAR2(13)


SQL> select * from dept;
    DEPTNO DNAME                        LOC
---------- ---------------------------- --------------------
        10 ACCOUNTING                   NEW YORK
        20 RESEARCH                     DALLAS
        30 SALES                        CHICAGO
        40 OPERATIONS                   BOSTON
```

3. DBA_OBJECTS

这是 Oracle 的一个字典表，在 11g R2 版本下大约有 18 000 条记录。

```
SQL> DESC DBA_OBJECTS;
名称                是否为空    类型
------------------- -------- -----------------
OWNER                        VARCHAR2(30)
OBJECT_NAME                  VARCHAR2(128)
SUBOBJECT_NAME               VARCHAR2(30)
OBJECT_ID                    NUMBER
DATA_OBJECT_ID               NUMBER
OBJECT_TYPE                  VARCHAR2(19)
CREATED                      DATE
LAST_DDL_TIME                DATE
TIMESTAMP                    VARCHAR2(19)
STATUS                       VARCHAR2(7)
TEMPORARY                    VARCHAR2(1)
GENERATED                    VARCHAR2(1)
SECONDARY                    VARCHAR2(1)
NAMESPACE                    NUMBER
EDITION_NAME                 VARCHAR2(30)
```

4. DBA_USRES

这是 Oracle 的一个字典表，在 11g R2 版本下大约有 20 条记录。

```
SQL> desc dba_users;
名称                                 是否为空 类型
---------------------------- -------- ----------------
USERNAME                     NOT NULL VARCHAR2(30)
USER_ID                      NOT NULL NUMBER
PASSWORD                              VARCHAR2(30)
ACCOUNT_STATUS               NOT NULL VARCHAR2(32)
LOCK_DATE                             DATE
EXPIRY_DATE                           DATE
DEFAULT_TABLESPACE           NOT NULL VARCHAR2(30)
TEMPORARY_TABLESPACE         NOT NULL VARCHAR2(30)
CREATED                      NOT NULL DATE
PROFILE                      NOT NULL VARCHAR2(30)
INITIAL_RSRC_CONSUMER_GROUP           VARCHAR2(30)
EXTERNAL_NAME                         VARCHAR2(4000)
PASSWORD_VERSIONS                     VARCHAR2(8)
EDITIONS_ENABLED                      VARCHAR2(1)
AUTHENTICATION_TYPE                   VARCHAR2(8)
```

5. DBA_TABLES

这是 Oracle 的一个字典表，在 11gR2 版本下大约有 1700 条记录。

```
SQL> desc dba_tables
名称                                 是否为空 类型
---------------------------- -------- ----------------
OWNER                        NOT NULL VARCHAR2(30)
TABLE_NAME                   NOT NULL VARCHAR2(30)
TABLESPACE_NAME                       VARCHAR2(30)
CLUSTER_NAME                          VARCHAR2(30)
IOT_NAME                              VARCHAR2(30)
STATUS                                VARCHAR2(8)
PCT_FREE                              NUMBER
PCT_USED                              NUMBER
INI_TRANS                             NUMBER
MAX_TRANS                             NUMBER
INITIAL_EXTENT                        NUMBER
NEXT_EXTENT                           NUMBER
MIN_EXTENTS                           NUMBER
MAX_EXTENTS                           NUMBER
PCT_INCREASE                          NUMBER
FREELISTS                             NUMBER
FREELIST_GROUPS                       NUMBER
LOGGING                               VARCHAR2(3)
BACKED_UP                             VARCHAR2(1)
NUM_ROWS                              NUMBER
BLOCKS                                NUMBER
EMPTY_BLOCKS                          NUMBER
AVG_SPACE                             NUMBER
CHAIN_CNT                             NUMBER
AVG_ROW_LEN                           NUMBER
```

```
AVG_SPACE_FREELIST_BLOCKS              NUMBER
NUM_FREELIST_BLOCKS                    NUMBER
DEGREE                                 VARCHAR2(40)
INSTANCES                              VARCHAR2(40)
CACHE                                  VARCHAR2(20)
TABLE_LOCK                             VARCHAR2(8)
SAMPLE_SIZE                            NUMBER
LAST_ANALYZED                          DATE
PARTITIONED                            VARCHAR2(3)
IOT_TYPE                               VARCHAR2(12)
TEMPORARY                              VARCHAR2(1)
SECONDARY                              VARCHAR2(1)
NESTED                                 VARCHAR2(3)
BUFFER_POOL                            VARCHAR2(7)
FLASH_CACHE                            VARCHAR2(7)
CELL_FLASH_CACHE                       VARCHAR2(7)
ROW_MOVEMENT                           VARCHAR2(8)
GLOBAL_STATS                           VARCHAR2(3)
USER_STATS                             VARCHAR2(3)
DURATION                               VARCHAR2(15)
SKIP_CORRUPT                           VARCHAR2(8)
MONITORING                             VARCHAR2(3)
CLUSTER_OWNER                          VARCHAR2(30)
DEPENDENCIES                           VARCHAR2(8)
COMPRESSION                            VARCHAR2(8)
COMPRESS_FOR                           VARCHAR2(12)
DROPPED                                VARCHAR2(3)
READ_ONLY                              VARCHAR2(3)
SEGMENT_CREATED                        VARCHAR2(3)
RESULT_CACHE                           VARCHAR2(7)
```

A.2 构造测试数据

在进行测试时，经常需要自己构造一些数据，除了使用 CTAS 从系统表中复制一些数据外，还可以应用以下方法。

1. 层次查询

从 9i 开始，Oracle 提供了丰富的层次查询语法及函数，以满足层次化数据的查询和格式化需求。应用其中的某些特性，可以很方便地快速构造大量数据。

```
--构造序列(rownum方法)
select rownum rown from dual connect by rownum<5;
//增增序列
select rownum+15 rown from dual connect by rownum<5;
//从16开始的递增序列
select rownum-10 rown from dual connect by rownum<5;
//从-9开始的递增序列
```

```
select rownum/100+0.09, rown from dual connect by rownum<=(0.8-0.1)/0.01;
//小数递增序列
select 10-rownum rown from dual connect by rownum<5;
//递减序列
select 3*rownum -9 rown from dual connect by rownum<5;
//等差间隔序列
select power(2,rownum) rown from dual connect by rownum<5;
//非等差间隔序列

--构造序列(level方法)
select level from dual connect by level<5; => 1、2、3、4

--构造日期序列
select to_date('2009-10-12','yyyy-mm-dd') + (rownum-1) from dual
connect by rownum <= (to_date('2009-10-20','yyyy-mm-dd') - to_date('2009-10-
    12','yyyy-mm-dd'));
//指定日期间的所有天

select add_months(to_date('2009-10','yyyy-mm'),rownum-1) from dual
connect by rownum <= months_between(to_date('2012-10','yyyy-mm'),to_date('2009-
    10','yyyy-mm'));
//指定日期间的所有月

create table t (time date);
insert into t(time) values (to_date('20100514','yyyymmdd'));
insert into t(time) select to_date('20100514','yyyymmdd')+level/24/60 from t
    connect by rownum <=10;
//插入指定时间内的分钟数
```

2. 文本加载

也可以通过操作系统构造文本文件，通过 SQL*Loader 加载到数据库中。

```
$ seq 10000 > data.txt
$ seq -w 100 > data.txt
$ seq -f "%g,1" 10 > data.txt
$ seq 100|awk '{print $1",str"$1}' > data.txt
$ for i in `seq -f "20090"%03g 305 320`; do echo `date -d $i '+%Y %m %d` 2>/dev/
    null`; done
```

SQL 优化参数

❑ optimizer_index_caching：这个参数表示在 SQL 语句执行嵌套循环或者 In-List 方式执行后，通过索引随机读取访问数据，此时索引块被缓存到缓存中的概率。默认值为 0，表示数据库认为高速缓存中没有索引块；当设为 100 时，表示数据库认为高速缓存中具有所有索引块。这个参数设置较大，将降低随机访问读取的成本，进而提高优化器选择嵌套循环或 In-List 执行方式。

❑ optimizer_index_cost_adj：这个参数用于通过索引扫描改变访问表的开销。参数可用值范围为 1 到 10 000，默认值是 100。这个参数越小，表访问单个块的成本就越低；反之，成本就越高。这个参数可以反映执行多块 I/O（与全表扫描有关）的成本与执行单块 I/O（与索引读取有关）的成本。如果保持这个参数的默认值 100，则多块 I/O 与单块 I/O 的成本相同。若参数值超过 100，则数值越大单块 I/O 成本越高，索引扫描的成本越高，导致查询优化器更加倾向于使用全表扫描。相反，若参数小于 100，则数值越小，索引扫描成本越低，查询优化器越倾向于使用索引扫描。

❑ optimizer_mode：Oracle 为基于成本的优化器提供了几种选择。

　❍ all_rows：优化器将寻找能够在最短时间内完成语句的执行计划。该参数值没有在代码中构建特别的约束。

　❍ first_rows_N：N 可以为 1、10、100 或 1000（如果需要进一步优化，可以采用 first_rows(n) 提示的形式，其中 n 可以为任意正整数）。优化器首先通过彻底分析第一个连接顺序来估计返回行的总数目。这样就可以知道查询可能获得的整个数据集的片断，并重启整个优化进程。其目标在于找到能够以最小的资源消耗返回整个数据片断的执行计划。这是在 9i 中引入的。

- ○ first_rows：出于向后兼容的原因，予以保留。该选项的作用是寻找能够在最短时间内返回结果的第一行的执行计划。
- ○ rule：基于规则的优化器已经过时，只在某些内部的 SQL 中仍然使用 /*+ rule*/ 提示，而且 10g 中最终不再支持 RBO。
- ○ choose：为优化器提供一种运行时选择的方式，可以在基于规则的优化器和 all_rows 之间进行选择。

❏ optimizer_features_enable：限定优化器的特性。在升级数据库时，可以利用它来避免任何优化器升级带来的变化。

❏ optimizer_dynamic_sampling：指定 Oracle 的动态采样策略，默认值为 2，意味着针对没有统计信息的任何表都采用动态采样。

❏ cursor_sharing：游标共享是通过参数 cursor_sharing 来控制的。

- ○ EXACT：只有当发布的 SQL 语句与缓存中的语句完全相同，才用已有的执行计划。
- ○ FORCE：如果 SQL 语句是字面量，则迫使优化器始终使用已有的执行计划，无论已有的执行计划是不是最佳的。优化器将 SQL 语句所有字面常量替换为系统产生的绑定变量，并检查是否存在一个以前生产的共享游标以用于修改后的语句。
- ○ SIMILAR：如果 SQL 语句是字面量，则只有当已有的执行计划最佳时才使用它。如果已有执行计划不是最佳，则重新对这个 SQL 语句进行分析并制定最佳执行计划。首先将字面变量替换为绑定变量，然后窥视绑定变量的值。如果有必要，将在每次单独分析调用该语句时对输入值进行优化。该参数指定在存在柱状图信息时，对不同的变量值重新解析，从而利用柱状图更为精确地指定 SQL 执行计划。即当存在柱状图时，SIMILAR 的表现和 EXACT 一样；当柱状图不存在时，SIMILAR 的表现和 FORCE 相同。

❏ db_{keep_|recycle_|nK_}cache_size：数据库高速缓存的大小。由特定的参数指定 KEEP 池、回收池、默认池以及缓存不同数据块的池子的大小。

❏ db_block_size：数据库的数据块大小。

❏ db_file_multiblock_read_count：对于默认的块尺寸来说，这个参数指定了一次最多读取的数据块数目。在多块读的情况下（全表扫描或索引快速全扫描），数据库使用的最大 I/O 数值就取决于 db_file_multiblock_read_count 和 db_block_size 的乘积。

❏ memory_target：Oracle 的 SGA 和 PGA 内存的目标大小。

❑ pga_aggregate_target：实例可供消耗的总体的 PGA 内存的目标大小。

❑ hash_area_size：内存哈希排序的工作区大小。通常，只有在参数 memory_target 与 pga_aggregate_target 都没有设置的情况下，才会设置此参数。

❑ sort_area_size：内存中排序工作区的大小。只有在参数 memory_target 与 pga_aggregate_target 都没有设置的情况下才有效。

❑ sga_target：Oracle SGA 的目标大小。

SQL 优化数据字典

- ❏ **V$SQL**：本视图存储具体的 SQL 语句信息。一条语句可以映射多个 cursor（子游标），因为对象所指的 cursor 可以有不同用户。如果有多个 cursor 存在，由 V$SQLAREA 为所有 cursor 提供集合信息。在个别 cursor 上，V$SQL 可被使用。该视图包含 cursor 级别信息。当试图定位 session 或用户以分析 cursor 时被使用。plan_hash_value 列存储的是数值表示的 cursor 执行计划，可被用来对比执行计划，不必一行一行对比即可轻松鉴别两条执行计划是否相同，即一个 child cursor 对应一行。

- ❏ **V$SQLAREA**：本视图持续跟踪所有共享池中的共享 cursor，在共享池中的每一条 SQL 语句都对应一行，也就是一个 parent cursor 对应一行。本视图在分析 SQL 语句资源使用方面非常重要。每条记录都显示一个 SQL 语句的详细统计信息，包括历史以来的执行次数、物理读、逻辑读、耗费时间等重要信息。

- ❏ **V$SQLTEXT**：本视图包括共享池中 SQL 语句的完整文本，一条 SQL 语句可能分成多个块，被保存于多个记录内。其按每行 64 字节分布，piece 为行号，只包括前 1000 个字符。

- ❏ **V$SQL_PLAN**：本视图提供了一种方式检查那些执行过的并且仍在缓存中的 cursor 的执行计划。本视图提供的信息与打印出的 EXPLAIN PLAN 非常相似。不过，EXPLAIN PLAN 显示的是理论上的计划，并不一定在执行的时候就会被使用，但 V$SQL_PLAN 中包括的是实际被使用的计划。EXPLAIN PLAN 语句的执行计划与具体执行的计划可以不同，因为 cursor 可能被不同的 session 参数值编译（如

HASH_AREA_SIZE）。

❑ V$SQL_PLAN_STATISTICS：本视图从行级别显示每个 child cursor 的执行情况。

❑ V$SQL_SHARED_CURSOR：本视图可以查看游标不共享的具体原因。

❑ V$SQL_SHARED_MEMORY：该视图显示有关内存快照共享的游标信息。在共享池中共享的每个 SQL 语句都有一个或多个与之相关的子对象。每个子对象包括几部分，其中一个是上下文堆栈，它拥有查询计划。

❑ V$SQL_WORKAREA：这个视图显示了被 SQL 游标使用的工作区的信息。存储在共享池中的每条 SQL 语句都有一个或多个 cursor 标，它们能被 V$SQL 显示。而 V$SQL_WORKAREA 显示被这些游标所使用的工作区信息。可以将它与 V$SQL 进行关联查询。

❑ V$SQL_WORKAREA_ACTIVE：这个视图包含系统当前分配的工作区的瞬间信息。可以通过字段 workarea_address 关联 V$SQL_WORKAREA 来查询工作区信息。如果工作区溢出到磁盘，则这个视图就包含这个工作区所溢出的临时段的信息。通过与视图 V$TEMPSEG_USAGE 关联，可以得到更多的临时段信息。

❑ V$SQL_WORKAREA_HISTOGRAM：这个视图包含系统分配的工作区的历史信息。

❑ V$SQL_BIND_CAPTURE：这个视图显示每个 cursor 的绑定变量信息。

❑ V$SQL_BIND_DATA：这个视图显示客户机为每个游标中每个明确绑定变量发送的绑定数据。前提是服务器中可得到这个数据，其中游标归属于查询这个视图的会话。

❑ V$SQL_BIND_METADATA：查看 child cursor 的绑定变量情况。这个视图显示客户机为每个游标中每个明确绑定变量提供的绑定元数据，其中游标为查询这个视图的会话所拥有。

❑ V$SQL_CS_SELECTIVITY：这个视图显示与每个子游标的每个选择条件相关的选择性范围。数据库不会为每个绑定变量值创建一个子游标，而是将具有相同选择性并可能会导致生成同一个执行计划的绑定变量值组合在一起，生成一个新的子游标。

❑ V$SQL_CS_STATISTICS：这个视图说明是否使用了窥视，并展示了对应于每个子游标的相关执行统计信息。根据这些统计信息，往往可以理解为什么子游标采用了不同的执行计划。

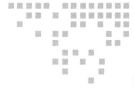

附录 D  *Appendix D*

SQL 优化等待事件

❑ buffer busy waits：当一个会话将数据块从磁盘读到内存时，它需要找到空闲的内存空间来存放这些数据块，当内存没有空闲的空间时，就会等待；除此之外，还有一种情况就是会话在做一致性读时，需要构造数据块在某个时刻的前映像。此时需要申请内存块来存放这些新构造的数据块，如果内存中无法找到这样的内存块，也会发生这个等待事件。

❑ buffer latch：内存中数据块的存放位置记录在一个哈希列表当中。当一个会话需要访问某个数据块时，它首先要搜索这个哈希列表，从列表中获得数据块的地址，然后通过这个地址访问需要的数据块。Oracle 会使用一个 latch 来保护这个列表的完整性。当一个会话需要访问这个列表时，需要获取一个 latch。只有这样，才能保证这个列表在这个会话的浏览当中不会发生改变。

❑ db file sequential read：通常是与单个数据块相关的读取操作，大多数情况下读取一个索引块或者通过索引读取一个数据块，会发生等待事件。该事件说明在单个数据块上完成读取需要大量等待。该值过高通常是由于表间连接顺序很糟糕，或者使用了非选择性索引。通过将这种等待与 statspack 报表中已知的其他问题联系起来（如效率不高的 SQL），并检查确保索引扫描是必须的，并按多表连接的连接顺序来调整。DB_CACHE_SIZE 可以决定该事件出现的频率。这个等待事件在实际生产数据库中也非常常见。当 Oracle 需要每次 I/O 只读取单个数据块时，会产生这个等待事件。最常见的情况有索引的访问（除 IFFS 以外的方式）、回滚操作、以 ROWID 的方式访问表中的数据、重建控制文件、对文件头做 DUMP 等。

❑ db file scattered read：这是一个用户操作引起的等待事件，当用户发出每次 I/O 需要读取多个数据块这样的 SQL 操作时，会产生这个等待事件。最常见的两种情况是全表扫描和索引快速扫描。这个名称中的 scattered（发散）可能会导致很多人认为它是以 scattered 的方式来读取数据块的。其实恰恰相反，当发生这种等待事件时，SQL 的操作都是顺序读取数据块的，比如 FTS 或 IFFS 方式。其实这里 scattered 指的是读取的数据块在内存中的存放方式。它们被读取到内存中后，是以分散的方式存放在内存中的，而不是连续的。

❑ direct path read：这个等待事件发生在会话中，将数据块直接读取到 PGA 当中而不是 SGA 中，这些被读取的数据通常是这个会话私有的数据，所以不需要放到 SGA 作为共享数据，因为这样做没有意义。这些数据通常是临时段上的数据，比如一个会话中 SQL 的排序数据，并行执行过程中间产生的数据，以及 Hash join、Merge join 产生的排序数据，因为这些数据只对当前会话的 SQL 操作有意义，所以不需要放到 SGA 当中。当发生 direct path read 等待事件时，意味着磁盘上有大量的临时数据产生，比如排序、并行执行等操作，或者 PGA 中空闲空间不足。

❑ direct path write：发生在 Oracle 直接从 PGA 写数据到数据文件或临时文件，这个操作可以绕过 SGA，在磁盘排序中最为常见。对于这种情况应该找到操作最为频繁的数据文件（如果是排序，很有可能是临时文件），分散负载。

❑ library cache lock：这个等待事件发生在不同用户在共享池中由于并发操作同一个数据库对象导致的资源争用的时候。比如当一个用户正在对一个表做 DDL 操作时，其他的用户如果要访问这张表，就会发生 library cache lock 等待事件，它要一直等到 DDL 操作完毕后，才能继续操作。

❑ library cache pin：这个等待事件和 library cache lock 一样是发生在共享池中并发操作引起的等待事件。通常来讲，如果 Oracle 要对一些 PL/SQL 或视图这样的对象做重新编译，需要将这些对象 pin 到共享池中。如果此时这个对象被其他的对象持有，就会产生一个 library cache pin 的等待。

❑ log file sync：这是一个用户会话行为导致的等待事件。当一个会话发出一个 commit 命令时，LGWR 进程会将这个事务产生的 redo log 从 log buffer 里写到磁盘上，以保证用户提交的信息被安全地记录到数据库中。会话发出 commit 指令后，需要等待 LGWR 将这个事务产生的 redo 成功写入磁盘之后，才可以继续执行后续的操作，这个等待事件就称为 log file sync。当系统中出现大量的 log file sync 等待事件时，应该检查数据库中是否有用户在做频繁的提交操作。这种等待事件通常发生在 OLTP 系统上。OLTP 系统中存在很多小的事务，如果这些事务频繁被提交，可能引起大量 log file sync 的等待事件。

- ❑ SQL*Net message from client：表明前台服务器进程等待客户进行响应。这个等待事件是由等待用户进程的响应所引起的，它并不表明数据库存在什么不正常。如果网络出现故障，这种等待事件就会经常发生。
- ❑ SQL*Net message to client：这个等待事件发生在服务器端向客户端发送消息的时候。当服务器端向客户端发送消息产生等待时，可能的原因是用户端太繁忙，无法及时接收服务器端送来的消息，也可能是网络问题导致消息无法从服务器端发送给客户端。

SQL 优化提示

基于代价的优化器是很智能的，在绝大多数情况下它会选择正确的优化器，减轻了 DBA 的负担。但有时它也选择很差的执行计划，使某个语句的执行变得奇慢无比。此时就需要 DBA 人为干预，告诉优化器使用指定的存取路径或连接类型生成执行计划，从而使语句高效的运行。hint 是 Oracle 提供的一种机制，用来告诉优化器按照告诉它的方式生成执行计划。

E.1 使用方法

1. 语法

```
{DELETE|INSERT|SELECT|UPDATE} /*+ hint [text] [hint[text]]... */
or
{DELETE|INSERT|SELECT|UPDATE} --+ hint [text] [hint[text]]...
```

❑ DELETE、INSERT、SELECT 和 UPDATE 是标识一个语句块开始的关键字，包含提示的注释只能出现在这些关键字的后面，否则提示无效。

❑ "+"号表示该注释是一个提示，必须跟在 "/*" 的后面，中间不能有空格。

❑ hint 是下面介绍的具体提示之一，如果包含多个提示，则提示之间需要用一个或多个空格隔开。

❑ text 是说明 hint 的注释性文本。

2. 对象

```
SELECT /*+ INDEX(table_name index_name) */ ...
```

- ❏ table_name 是必须要写的，且如果在查询中使用了表的别名，在 hint 也要用表的别名来代替表名。
- ❏ index_name 可以不必写，Oracle 会根据统计值选一个索引。
- ❏ 如果索引名或表名写错了，那这个 hint 就会被忽略。
- ❏ 如果指定对象是视图，需要按 /*+hint view.table ...*/ 指定，其中 table 是 view 中的表。

E.2 提示——最优化目标

- ❏ **OPT_PARAM**：这个提示的作用就是使我们在某条语句中指定某个系统参数值。在 Oracle 中存在许多参数能够影响 SQL 的查询计划，如 hash_join_enabled、optimizer_index_cost_adj 等。正确调整这些参数能够解决不少 SQL 引起的性能问题。但是，在调整这些参数时需要注意一点，它们是对整个实例起作用的，影响范围很大。Oracle 10g R2 就提供了一个这样的提示——opt_param，可以在语句一级调整参数设置。
- ❏ **ALL_ROWS**：为实现查询语句整体最优化而引导优化器制定最少成本的执行计划。这个提示会使优化器选择一条可最快检索所有查询行的路径，而代价就是检索一行数据的速度很慢。
- ❏ **FIRST_ROWS**：为获得最佳响应时间而引导优化器制定最少成本的执行计划。这个提示会使优化器选择可最快检索出查询的第一行（或指定行）数据的路径，而代价就是检索很多行时速度就会很慢。利用 FIRST_ROWS 来优化的行数，默认值为 1，取值介于 10 到 1000 之间。FIRST_ROWS(n) 新方法是完全基于代价的方法。它对 n 很敏感，如果 n 值很小，CBO 就会生成包含嵌套循环以及索引查找的计划；如果 n 很大，CBO 会生成由哈希连接和全表扫描组成的计划（类似 ALL_ROWS）。
- ❏ **CHOOSE**：依据 SQL 中所使用到的表的统计信息存在与否，来决定使用 RBO 还是 CBO。在 CHOOSE 模式下，如果能够参考表的统计信息，则将按照 ALL_ROWS 方式执行。除非在查询中的所有表都没有经过分析，否则 CHOOSE 提示会对整个查询使用基于代价的优化。如果在多表连接中有一个表经过分析，那么就会对整个查询进行基于代价的优化。
- ❏ **RULE**：使用基于规则的优化器来实现最优化执行，即引导优化器根据优先顺序规则来决定查询条件中所使用到的索引或运算符的执行顺序来制定执行计划。这个提示强制 Oracle 优先使用预定义的一组规则，而不是对数据进行统计。同时，该提示还会使这个语句避免使用其他提示，除了 DRIVING_SITE 和 ORDERED（不管是否进行基于规则的优化，这两个提示都可使用）。

E.3　提示——数据读取方法

- FULL：告诉优化器通过全表扫描方式访问数据。这个提示只对所指定的表进行全表扫描，而不是查询中的所有表。FULL 提示可以改善性能。这主要是因为它改变了查询中的驱动表，而不是因为全表扫描。在使用其他某些提示时，也必须使用 FULL 提示。只有访问整个表时，才可利用 CACHE 提示将表进行缓存。并行组中的某些提示也必须使用全表扫描。

- ROWID：按照 ROWID 方式读取表。

- CLUSTER：引导优化器通过扫描聚簇索引从索引表中读取数据。

- HASH：引导优化器按照哈希扫描的方式从表中读取数据。

- INDEX：告诉优化器对指定表通过索引的方式访问数据。当访问数据导致结果集不完整时，优化器将忽略这个 hint。这个提示会使优化器选择提示中所指定的索引。每个表上有多个索引可以指定，但通常只需在给定查询中指定限制最多的索引，避免将每个索引的结果合并。如果已经指定多个索引，Oracle 将选择指定的索引（一个或多个），因此在指定索引时一定要注意，否则提示可能会被改写。如果没有指定索引，INDEX 提示将不会进行全表扫描。即使没有指定任何索引，优化器也会为这个查询选择最佳的索引。

- NO_INDEX：告诉优化器对指定表不允许使用索引。这个提示会禁止优化器使用指定索引。可以在删除不必要的索引之前在查询中禁止索引。如果使用了 NO_INDEX，但是没有指定任何索引，则会执行全表扫描。如果对某个索引同时使用了 NO_INDEX 和与之产生冲突的提示（如 INDEX），这时两个提示都会被忽略。

- INDEX_COMBINE：告诉优化器强制选择位图索引。这个提示会使优化器合并表上的多个位图索引，而不是选择其中最好的索引（这是 INDEX 提示的用途）。还可以使用 INDEX_COMBINE 指定单个索引（对于指定位图索引，该提示优先于 INDEX 提示）。对于 B 树索引，可以使用 AND_EQUAL 提示而不是这个提示。

- INDEX_JOIN：索引关联，当谓词中引用的列上都有索引的时候，可以通过索引关联的方式来访问数据。

- INDEX_FFS：告诉优化器以 INDEX FFS(index fast full scan) 的方式访问数据。这

个提示会执行一次索引的快速全局扫描，只访问索引，而不是对应的表。只有查询需要检索的信息都在索引上时，才使用这个提示。特别在表有很多列时，该提示可以极大地改善性能。

❑ INDEX_SS：强制使用 index skip scan 的方式访问索引。当在一个联合索引中，某些谓词条件并不在联合索引的第一列时（或者谓词并不在联合索引的第一列时），可以通过 index skip scan 来访问索引获得数据。当联合索引第一列的唯一值很少时，这种方式比全表扫描的方式效率要高。

❑ NO_INDEX_SS：引导优化器不对该提示所指定的表索引来进行跳跃式扫描。

E.4　提示——查询转换

❑ USE_CONCAT：将含有多个 OR 或者 IN 运算符所连接的查询语句分解为多个单一查询语句，并为每个单一查询语句选择最优化查询路径，然后将这些最优化查询路径结合在一起，以实现整体查询语句的最优化目的。只有在驱动查询条件中包含 OR 的时候，才可以使用该提示。

❑ NO_EXPAND：引导优化器不要使用 OR 运算符（或 IN 运算符）的条件制定相互结合的执行计划。正好和 USE_CONCAT 相反。

❑ REWRITE：当表连接的对象是数据量比较大的表或者需要获得使用统计函数处理过的结果时，为了提高执行速度可预先创建物化视图。当用户要求查询某个查询语句时，优化器会在从表中和物化视图中读取数据两种方法中选择一种更有效的方法。该执行方法称为查询重写。使用 REWRITE 提示引导优化器按照该方式执行。如果在该提示中指定了物化视图的名称，则优化器将会不惜代价地从该物化视图读取数据。此时优化器不会考虑使用提示中没有指定的其他物化视图。如果提示中没有指定物化视图的名称，则优化器同样会不惜代价地从可以使用的物化视图中选择一个来使用。

❑ NOREWRITE/NO_REWRITE：在使用该提示的情况下，即使参数 QUERY_REWRITE_ENABLED 设置为 true，也仍然可以引导优化器不要执行查询重写的操作。这个提示会使得查询仍然从原表中得到最新数据值。

❑ REWRITE_ON_ERROR：由于不存在比较合适的物化视图，使得优化器无法执行查询重写操作。在此情况下，如果使用该提示，则会发生 ORA-30393 错误，从而中断查询语句的执行。

❑ MERGE：为了能以最优方式从视图或者嵌套视图中读取数据，可通过变换查询语句来直接读取视图使用的基表数据，该过程被称为视图合并。不同的情况下，其具体使用类型也有所不同。该提示主要在视图未发生合并时被使用。尤其是对比较复杂的视图或者嵌套视图（比如使用了 GROUP BY 或 DISTINC 的视图）使用该提示，有时会取得非常好的效果。

❑ NO_MERGE：NO_MERGE 提示阻止优化器在视图（存储的以及内联的）上的自动操作以及在子查询中的非相关操作。从技术上讲，它只是阻止了复杂视图归并（complex view merging）的发生。如果想要真正阻止归并连接，除非升级到 10g 并使用 NO_USE_MERGE 提示，否则没有直接可用的提示。

❑ FACT：在星型转换连接中为指定事实表而使用该提示，用来帮助优化器选择正确的事实表。

❑ NO_FACT：不要将该提示所指定的表作为事实表来使用。

❑ STAR_TRANSFORMATION：引导优化器按照星型转换连接的方式执行表连接。它是多个数据量较少的维度表和事实表各自通过使用位图索引来缩减查询范围的连接方式。在该连接方式中，优化器对查询语句执行转换之后再制定执行计划。

❑ NO_STAR_TRANSFORMATION：不使用星型转换连接。

❑ UNNEST：提示优化器将子查询转换为连接的方式。也就是引导优化器合并子查询和主查询并且将其向连接类型转换。

❑ NO_UNNEST：引导优化器让子查询能够独立执行完毕之后再与外围的查询做 FILTER。

E.5　提示——表连接顺序

❑ LEADING：引导优化器使用 LEADING 指定的表作为表连接顺序中的第一个表。该提示既与 FROM 中所描述的表的顺序无关，又与作为调整表连接顺序的 ORDERED 提示不同，并且在使用该提示时并不需要调整 FROM 中所描述的表的顺序。当该提示与 ORDERED 提示同时使用时，该提示被忽略。

❑ ORDERED：引导优化器按照 FROM 中所描述的表的顺序执行连接。如果和 LEADING 提示一起使用，则 LEADING 提示将被忽略。由于 ORDERED 只能调整表连接的顺序并不能改变表连接的方式，所以为了改变表的连接方式，经常将 USE_NL、USE_MERGE 提示与 ORDERED 提示放在一起使用。

E.6　提示——表连接操作

❑ USE_NL：该提示用于引导优化器按照嵌套循环连接方式执行表连接。它只是指出表连接的方式，对于表连接顺序不会有任何影响。

- ❑ NO_USE_NL：HINT NO_USE_NL 使 CBO 执行循环嵌套，将指定表格作为内部表格，并将每个指定表格连接到另一原始行。

- ❑ USE_NL_WITH_INDEX：这项提示使 CBO 通过嵌套循环把特定的表格加入另一原始行。只有在以下情况中，它才将特定表格作为内部表格。如果没有指定标签，CBO 必须使用一些至少有一个作为索引键值加入判断的标签；反之，CBO 必须能够使用至少有一个作为索引键值加入判断的标签。

- ❑ USE_MERGE：引导优化器按照排序合并连接方式执行连接。在有必要的情况下，推荐将该提示与 ORDERED 提示一起使用。

- ❑ NO_USE_MERGE：此提示使 CBO 通过将指定表格作为内部表格的方式，拒绝 SORT-MERGE 把每个指定表格加入另一原始行。

- ❑ USE_HASH：该提示引导优化器按照哈希连接方式执行。在执行哈希连接时，如果由于某一边的表比较小，则可以在内存中实现哈希连接，以便获得非常好的执行速度。由于在大部分情况下优化器会通过对统计信息的分析来决定 Build Input 和 Prove Input，所以建议不要使用 ORDERED 提示随意改变表的连接顺序。但是当优化器没能做出正确判断时，或者像从嵌套视图中所获得的结果集合那样不具备统计信息时，可以使用该提示。

- ❑ NO_USE_HASH：该提示使 CBO 通过将指定表格作为内部表格的方式，来拒绝哈希连接把每个指定表格加入另一原始行，引导优化器不要按照哈希连接的方式执行连接，而是用其他方式执行表连接。

E.7 提示——并行相关

- ❑ PARALLEL：指定 SQL 执行的并行度，这个值将会覆盖表自身设定的并行度。如果这个值为 default，CBO 使用系统参数。

- ❑ NOPARALLEL/NO_PARALLEL：在 SQL 语句中禁止使用并行。在有些版本中用 NO_PARALLEL 提示来代替 NOPARALLEL 提示。

- ❑ PQ_DISTRIBUTE：为了提高并行连接的执行速度，使用该提示来定义使用何种方法在主从进程之间（例如生产者进程和消费者进程）分配各连接表的数据行。

- ❑ PARALLEL_INDEX：为了按照并行操作的方式对分区索引执行索引范围扫描而使用该提示，并且可以指定进程的个数。

- ❑ NO_PARALLEL_INDEX：如果在创建或者修改索引时设置了 PARALLEL 参数，而在 SQL 中使用了该提示，则优化器将忽视该索引上的 PARALLEL 参数，按照非并行操作的方式执行索引范围扫描。在有些版本中，用 NO_PARALLEL_INDEX 提示来代替 NOPARALLEL_INDEX 提示。

E.8 提示——其他

❑ APPEND：让数据库以直接加载的方式（Direct Load）将数据加载入库。这个提示不会检查当前是否有插入所需要的块空间，相反它会直接将数据添加到新块中。这样会浪费空间，但可以提高插入的性能。需要注意的是，数据将被存储在 HWM 之上。

❑ APPEND_VALUES：在 11.2 中，Oracle 新增了 APPEND_VALUES 提示，使得 INSERT INTO VALUES 语句也可以使用直接路径插入。

❑ NOAPPEND：这个提示改写 PARALLEL 提示（PARALLEL 提示在默认情况下使用 APPEND 提示），在使用新块之前检查当前块中是否有剩余空间。

❑ CACHE：引导优化器将通过全表扫描方式获取的数据块缓存在 LRU 列表的最近、最常使用端，这样可以使数据块持久保留在数据库实例缓存中。数据量比较少的表使用起来比较有效。使用该提示，优化器将无视表中已经定义的默认缓存属性。

❑ NOCACHE：引导优化器将通过全表扫描方式获取的数据块缓存在 LRU 列表的最后位置，这样可以让数据库实例缓存中的这些数据块被优先清除。这是优化器在 Buffer Cache 中管理数据块的默认方法（仅针对全表扫描）。

❑ PUSH_PRED：该提示可以将视图或嵌套视图以外的查询条件推入视图内部。

❑ NO_PUSH_PRED：该提示可以确保视图或嵌套视图以外的查询条件不被推入视图内部。

❑ PUSH_SUBQ：该提示可以引导优化器为不能合并的子查询制定执行计划。不能合并的子查询被优先执行之后，该子查询的执行结果将扮演缩减主查询数据查询范围的提供者角色。通常在无法执行子查询合并的情况下，子查询扮演的都是检验者角色，所以子查询一般放在最后执行。在无法被合并的子查询拥有较少的结果行，或者该子查询可以缩减主查询查询范围的情况下，可以使用该提示引导优化器最大限度地将该子查询放在前面执行，以提高执行速度。但如果子查询执行的是远程表或者排序合并连接的一部分连接结果，则该提示不起任何作用。

❑ NO_PUSH_SUBQ：该提示可以引导优化器将不能实现合并的子查询放在最后执行。在子查询无法缩减主查询的查询范围，或者执行子查询开销较大的情况下，将这样的子查询放在最后执行可以在某种程度上提高数据库整体的执行效率。也就是说，尽可能地使用其他查询条件最大限度地缩减查询范围之后，再执行子查询。

❑ QB_NAME：该提示可以为查询语句块命名，在其他查询语句块中可以直接使用该查询语句块的名称。

❑ CURSOR_SHARING_EXACT：在将参数 CURSOR_SHARING 的值设置为 EXACT 时，不将 WHERE 条件中指定的常量转换为绑定变量进行解析。将参数 CURSOR_SHARING 的值置为 FORCE 或者 SMILAR 时，即使在查询条件中使用了常量，优化器也会将该常量视为绑定变量来制定执行计划，从而提高执行计划的共享性。在有些情况下，也可以通过命令 alter session 来改变该参数的值。在参数 CURSOR_SHARING 的值为 FORCE 或者 SIMILAR 时，由于优化器不能根据 SQL 中所指定的不同值来制定不同的执行计划，所以为了获得与 CURSOR_SHARING 参数值为 EXACT 时相同的效果而使用该提示。

❑ DRIVING_SITE：这个提示在分布式数据库操作中有用。指定表是处理连接所在的位置。可以限制通过网络处理的信息量。此外，还可以建立远程表的本地视图来限制从远程站点检索的行。本地视图应该有 WHERE 子句，从而使视图可以在将行发送回本地数据库之前限制从远程数据库返回的行。

❑ DYNAMIC_SAMPLING：提示 SQL 执行时动态采样的级别。这个级别为 0～10，覆盖系统默认的动态采样级别。级别越高，所获得统计信息的准确率越高。该提示的功能就是确保将动态采样原理应用在单个 SQL 中。

❑ SPREAD_MIN_ANALYSIS：通过该提示，你可以忽略一些关于（如详细的关系依赖图分析等）电子表格的编译时间优化规则。其他的一些优化，如创建过滤以有选择地定位电子表格访问结构并限制修订规则等可以继续使用。在规则数非常大的情况下，电子表格分析会很长。该提示可以帮助我们减少由此产生的数百小时的编译时间。

❑ SPREAD_NO_ANALYSIS：该提示可以使无电子表格分析成为可能。同样，通过该提示，你可以忽略修订规则和过滤产生。如果存在电子表格分析，编译时间可以减少到最低。

❑ MERGE_AJ：这个提示将 NOT IN 子查询转换为排序合并的反连接。

❑ AND_EQUAL：这个提示会使优化器合并表上的多个索引，而不是选择其中最好的索引（这是 INDEX 提示的用途）。这个提示与前面的 INDEX_JOIN 提示有区别，以此指定的合并索引随后需访问表，而 INDEX_JOIN 提示则只需访问索引。如果发现需经常用到这个提示，可能需要删除单个索引而改用一个组合索引，需要查询条件里面包括所有索引列，然后取得每个索引中得到的 ROWID 列表，随后对这些对象做 MERGE JOIN，过滤出相同的 ROWID 后再去表中获取数据或者直接从索引中获得数据。在 10g 中，AND_EQUAL 已经废弃了，只能通过提示才能生效。

❑ CARDINALITY：该提示定义了对由查询或查询部分返回的基数的评价。注意如果没有定义表格，基数是整个查询返回的总行数。

❑ SELECTIVITY：该提示定义了对查询或查询部分选择性的评价。如果只定义了一个表格，则选择性是指在所定义表格里满足单一表格判断的行部分与整体的一个选择。如果定义了一系列表格，选择性是指在合并所有判断的全部表格后，所得结果中的行部分与整体的一个选择。然而，如果 CARDINALITY 和 SELECTIVITY 定义在同样的一批表格，二者都会被忽略。

推荐阅读